산과 사람

②

Mountains and Man

A Study of Process and Environment

by Larry Price

한국연구재단총서 학술명저번역 657

산과 사람 ②

산의 과정과 환경에 관한 연구

Mountains and Man: A Study of Process and Environment

래리 프라이스 지음 | **이준호** 옮김

차례

2권

1권

2권 세부 차례

제8장

산악식생

그러니 이 메마른 솔방울을 낭비하지 말라.

식물대 위는, 숲이 굶주리는 곳.

– 랠프 월도 에머슨(Ralph Waldo Emerson),

『모나드녹(*Monadnoc*)』(1845)

산은 작은 수평 거리 내에서 수직으로 서로 다른 환경 체계로 확장되기 때문에, 지구의 어느 지역에서도 보기 어려운 매우 빠르고 두드러진 식생의 변화를 보여준다. 산비탈의 서로 다른 식생대를 인정한 것이 식물 지리학자의 초기 활동 중 하나였다. 「알프스산맥(Die Alpen)」의 저자인 알브레히트 폰 할러(Albrecht von Haller)는 1742년에 알프스산맥의 식생에 관한 논문을 발표했고(Braun Blanquet 1932, p. 348에서 인용), 그 이후 연구 건수는 꾸준히 증가하고 있다. 한 가지 중요한 연구는 18세기 말 알렉산더 폰 훔볼트(Alexander von Humboldt)가 신대륙 열대지방에서 조사한 것이었다. 훔볼트는 식생에 기초하여 기후대(열대, 온대, 냉대)를 확인하고 이를 묘사하며 설명하기 위해 티에라 칼리엔테(tierra caliente),[1] 티에라 템플라다

---

1) 안데스 산지의 경우 해발 600~900m의 열대에 속하는 지역으로 연평균 기온이 22~26℃이며

(tierra templada),[2] 티에라 프리아(tierra fria)[3]라는 용어를 확립했다. 또한 훔볼트는 열대의 산에서 보이는 저지대의 무성한 열대우림부터 가장 높은 높이의 영구동결[4]과 만년설까지 수직으로 배열된 기후와 식생의 순서가 위도의 변화에 따라 열대지방에서 극지방으로 유사하게 나타나는 기후대와 식생대의 축소판이라고 암묵적으로 추정했다. 고도에 따른 기후변화와 위도에 따른 기후변화 사이의 이러한 유사성은 수많은 오해를 불러일으켰다. 왜냐하면 유사성의 진실은 문자 그대로 어떻게 받아들이는가에 달려 있기 때문이다. 매우 광범위하고 단순한 수준에서의 기후와 식생의 패턴은 비슷하지만 중요한 세부 사항에서는 전혀 비슷하지 않다. 불행히도 이러한 구분은 보통 기초 문헌에서 다루어지는 것이 아니며, 심지어 몇몇 선도적인 식물 지리학자(Good 1953)가 이 개념을 무비판적으로 수용한 것은 문제를 영속화했다.

열대의 높은 산의 기후와 한대 기후 사이의 유일한 기후 유사성은 연평균 기온이다. 총체적인 일반화의 목적을 제외하고, 이것은 무의미하다. 왜냐하면 시공간적으로 온도 분포가 매우 크게 다르기 때문이다(Troll 1948, 1959, 1968). 한대 기후는 극한 계절의 하나이며, 매우 긴 낮의 짧은 여름과 매우 긴 밤의 긴 겨울이 나타난다. 그러나 낮과 밤 사이의 온도 변화는 작다. 왜냐하면 햇볕이 항상 비추거나(따라서 '백야의 나라') 거의 완전히

:

열대우림이 무성하다.
2) 1,800~1,950m의 온대에 해당하는 지역으로서 연평균 기온은 18~22℃이며 활엽수림이 무성하다.
3) 3,000~4,000m의 냉대지역으로 연평균 기온이 12~18℃이다.
4) 극지방 한대에서 볼 수 있는 지구에서 가장 한랭한 기후로서 가장 따뜻한 달의 평균기온이 얼음점 이하이기 때문에 연간을 통해 빙설이 거의 녹지 않으므로 지표면은 두꺼운 얼음층으로 덮여 있다.

비추지 않기 때문이다. 열대 고지대에서는 상황이 정반대이며, 본질적으로 (습하고 건조한 계절이 아니라면) 연중 계절적인 기온의 변화는 없다(그림 4.17, 4.18). 겨울과 여름이 없고 낮과 밤의 길이는 거의 같다. 태양은 매일 머리 위로 높이 떠 있어 지표면을 따뜻하게 할 수 있는 열용량이 크지만, 밤에는 같은 시간 태양이 없기 때문에 우주의 차가운 어둠 속으로 빠르게 열을 빼앗길 수 있다. 따라서 열대지방의 기온교차는 보통 겨울과 여름 사이보다 낮과 밤 사이에 더 크다.

중위도의 산악기후는 예상대로 열대의 산악기후와 극지방의 기후 사이 어딘가에 있다. 열대의 산과는 대조적으로 중위도의 산은 극단적인 환경을 동반하는 계절적 발달이 뚜렷하고, 동시에 일 변동도 한대 기후의 일 변동을 능가한다. 이들 세 가지 환경 시스템 사이의 본질적인 차이에 대한 증거는 어떤 환경의 식물들이 보통 다른 환경에서 자라는 것이 어렵다는 사실이다. 이것은 심지어 동일 종(specie) 내에서 볼 수 있는데, 예를 들어 캘리포니아주 시에라네바다산맥의 고산수영(*Oxyria digyna*)과 북극툰드라의 고산수영이 그것이다. 두 지역 모두 한랭기후를 나타내고 있지만, 성장기 낮의 길이가 매우 다르기 때문에, 두 지역의 식물 개체 수는 약간 다른 특징을 보인다. 어느 환경에서 하나의 식물을 채취하여 다른 환경에 심으면 식물은 대개 살아남지 못하고, 살아남아도 번식하지 못한다(Mooney and Billings 1961).

전 지구적인 규모의 식생과 기후의 분포는 고도와 위도에 따라 다르고, 북반구에서 남반구에 이르기까지 다양하다. 이것은 주로 육지와 물의 불균등한 분포 때문이다. 북반구는 지구 육지 면적의 3분의 2를 포함하고 있으며, 대륙의 대부분은 북위 30°~70°에 위치한다(그림 8.1). 이것은 북반구에서 훨씬 더 큰 수준의 대륙도를 생성하고, 결국 냉대림(북방침엽수림)과

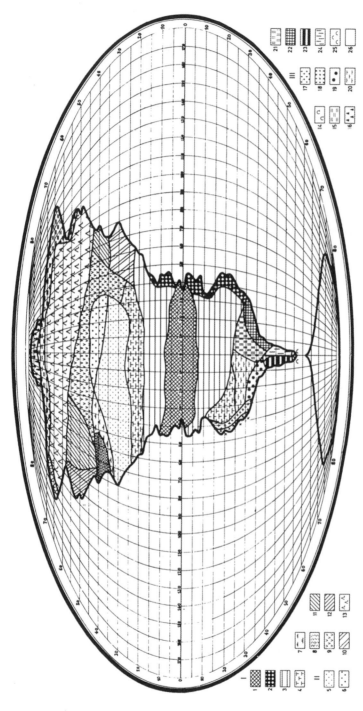

그림 8.1 북반구와 남반구의 육지와 기후식생대의 비대칭 분포(개괄적인 대륙에 나타냄). I. 열대기후. II. 북반구의 온대기후. III. 남반구의 온대기후. I. 열대기후: 1. 적도우림, 2. 겨울의 지향 강우에 기조된 열대 우림, 3. 열대의 습한 사바나 지대, 4. 열대의 건조한 가시나무 사바나 지대, 5. 뜨거운 사막, 6. 한대 겨울의 온화한 대륙 사막, 7. 아열대 겨울의 습한 상록수 관목지, 8. 지중해식 난온대 관목지, 9. 한랭한 겨울의 대륙 초지 스텝, 10. 아열대 여름의 뜨거운 온순 기후의 상록 활엽수 소림지, 11. 아한대 냉온대 낙엽수 소림지, 12. 해양 냉온대 낙엽수와 상록수 소림지, 13. 북쪽 침엽수림, 14. 북쪽 자작나무 삼림지, 15. 아북극툰드라, 16. 북극 동경암설 사막, 17. 적당히 온난한 여름의 해안사막, 18. 해안사막, 19. 건조한 여름의 난온대 상록수 소림지, 20. 아열대 가시나무와 다육 관목, 21. 아열대 초지, 22. 아열대 우림, 23. 서늘한 온대 냉온대 스텝, 24. 온화한 겨울의 냉온대 초지, 25. 아늠극 다발식물계 초지, 26. 남극의 빙모와 서리 사막. (출처: Troll 1968, p. 31)

498

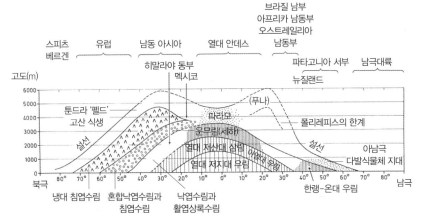

그림 8.2 일반적인 고도 및 위도의 관계를 보여주는 주요 습한 식생 유형의 수직 단면도. 남반구에는 상대 식물이 없는 여러 유형의 식생이 북반구에 존재한다는 점에 주목하라. 이는 주로 불균등한 수륙분포에 기인한다.(출처: Troll 1968, p. 30)

북극툰드라의 발달에 유리하게 작용했다. 실질적으로 이들 식생에 상응하는 어느 것도 남반구에서는 찾아볼 수 없다. 두 반구 사이의 전 지구적 식생의 기본적인 비대칭성은 수직 횡단면도에 잘 나타나 있다(Troll 1959, 1968)(그림 8.2). 식생의 유형은 적도의 양쪽에 불균등하게 분포하며, 북쪽의 높은 고도와 열대의 산 사이에 급격한 변환이 있다. 중위도 남반구의 산은 계절적 극단을 완화하는 강한 해양의 존재 때문에 기후적으로 그리고 식물의 생장과 관련해 열대의 산과 한층 더 유사하다(Troll 1960).

고도 및 위도에 따라 발생하는 정상적인 변화 외에도, 산의 존재는 전 지구의 기후에 미치는 영향뿐만 아니라 종의 이동과 진화에 관한 통로, 장벽, 섬으로서의 역할을 엄격하게 하는 생물학적인 역할을 통해 지구의 생물지리하에 기대한 영향을 미친다. 산은 식물 이동의 통로 역할을 한다. 왜냐하면 산은 온도가 낮은 지역으로 확장해 극지방 가까운 곳에서 발견되는 것과 같은 환경을 제공하기 때문이다. 한랭기후에서 진화하여 이들 조건에 적응한 식물은 산마루를 따라 어느 방향으로든 자유롭게 이동할 수 있으며, 특히 산맥이 아메리카 대륙의 경우처럼 남-북으로 향할 때는 더욱 그러하다. 여기서 코르디예라, 예를 들어 안데스산맥과 로키산맥에서는 종의 교류가 촉진되고 있다(Weber 1965; Van der Hammen 1968; Troll 1968; Lauer 1973). 유럽과 열대 아프리카 사이에는 교류가 훨씬 더 적게 이루어졌지만, 수많은 아프로알파인(Afroalpine)[5] 식물이 온대 위도의 종과 관련되어 있다(Engler 1904; Good 1953, p. 185; Hedberg 1961, 1969, 1971). 서로 연결되는 어떠한 산맥도 없는 유럽의 동-서 방향의 산과 더불어 지중해와 사하라 장벽(barrier)의 존재는 종의 자유로운 교류를 방해하고 있다. 히말라야산맥도 동-서로 향하지만, 훨씬 더 거대하고 말레이시아와 인도네시아를 통해 서로 연결되는 산맥이 있기 때문에, 오스트랄라시아의 높은 산맥에서 광범위한 종의 교류가 이루어졌다(Van Steenis 1934, 1935, 1962, 1964; Raven 1973).

또한 산은 종의 이동에 장벽으로 작용한다. 산맥이 이주의 방향을 차단하는 경우, 높은 고도의 적대적인 환경에서 생존할 수 없는 종은 산을 넘을 수 없게 된다(Janzen 1967). 일반적으로 산맥의 풍상측과 풍하측에서 발달하는 상이한 조건도 장애물로 나타난다. 비록 어떤 종이 산맥을 가로질러 (아마도 계곡을 횡단하여) 간신히 지나갈 수 있다고 해도 여전히 스스로

∴

5) 삼림한계의 상부로부터 빙설대의 하한, 즉 설선까지의 범위이다. 열대로부터 고위도를 향해서 표고가 낮아져서 극지역에서는 저지가 되어 툰드라와 일치한다. 저온으로 수목이 생육할 수 없는 점에서는 수평 분포의 한대에 대응하나 저위도의 열대 고산에서는 환경조건과 식물 경관이 비교적 특이하여 동부 아프리카에서는 아프로알파인(afroalpine), 북부 안데스의 습윤 고산대는 파라모(paramo), 중부 안데스의 건조한 고산대는 푸나(puna), 또한 동남아시아의 고산대는 열대성 알파인 등 고유한 호칭이 있다.

자리를 잡지 못할 수 있다. 왜냐하면 다른 쪽의 부적합한 환경뿐만 아니라 이러한 조건에 더욱 잘 적응하는 다른 종과의 경쟁 때문이다.

산, 특히 고립된 산봉우리와 수 킬로미터의 저지대로 인해 서로 분리된 산괴는 종종 본토 섬의 역할을 하며, 대양도의 수많은 생물지리학적 특징을 나타내고 있다(MacArthur 1972; Carlquist 1974). 산으로 또는 산에서 이주하는 것은 환경이나 식생이 다른 '바다'로 인해 방해를 받는다. 서로 다른 고도에서 산괴의 크기가 작을수록, 그리고 멀리 떨어져 있을수록 종의 교류는 더욱 어려워진다. 본토 섬의 가장 좋은 예로는 사바나로 둘러싸여 있는 아프리카의 높은 열대의 산맥 및 수 킬로미터의 사막 관목에 의해 서로 분리되는 미국 서부의 베이슨앤드레인지산맥이다(그림 9.2, 9.3). 이러한 격리 (isolation)의 중요한 결과는 외부에서 다른 개체가 거의 유입되지 못하여 각각의 종이 제한된 유전자풀을 가지게 된다는 것이다. 결과적으로 적응은 주로 국지적인 환경조건에 맞게 조정되며, 진화는 종종 이 산에서만 발견되는 종(고유종)[6]의 생성을 초래한다. 섬과 같은 산의 분포가 동물에게 미치는 영향에 대해서는 다음 장(이 책 600~608쪽)에서 더욱 자세히 논의한다.

고도가 높아질수록 수많은 전형적인 식물군락의 특성이 나타난다. 그중 가장 중요한 것은 종의 수가 감소하는 것이다. 또한 변화는 식물의 형태와 구조 및 어느 주어진 지역에서 자라는 종의 군집에서 일어난다. 이러한 경향은 작고 덜 정교한 식물을 지향하는 것으로, 식물의 성장 속도가 느리고, 생산성이 감소하며, 식물 다양성이 감소하고, 종간 경쟁이 줄어든다. 물론 예외도 있다. 예를 들어 몇몇 열대 운무림에서 다양성이 증가하는

----

6) 특정 지역에만 분포하는 생물의 종으로, 이 종은 주로 지리적 격리가 원인이 되어 나타난다. 섬에서만 발견되는 특산종이 대표적인 예이다.

것과 몇몇 사막 산맥에서 고도에 따라 종이 증가하는 것이다(Myers 1969; Pearson and Ralph 1978). 하지만 이것은 특수한 상황이고 일반적인 경향을 부정하지 않는다.

산아시생의 주요 특징은 고도에 따라 일련의 식물군락이 존재한다는 것이다. 분명하고 인지할 수 있는 식생대나 식생구역이 존재하는지 여부는 또 다른 문제이다(Beals 1969). 열대지방에서는 이러한 식생대가 상당히 뚜렷하고 명백할 수 있지만, 극지방에 가까운 위도대에서는 식생대의 식별이 어려운 경우가 더 많다. 게다가 식생의 상태가 중요하다. 교란된 장소는 일반적으로 장기간 교란되지 않은 장소와 서로 다른 식물군락을 유지한다. 식생을 분류하고 작도하는 경우, 가장 자주 이용하는 접근 방식은 식물군집이나 식물군락이 극상(climax)[7]으로 존재한다는 인식에 기초한다(Oosting 1956; Daubenmire 1968). 극상군락[8]은 자연적인 식물 천이의 절정 단계이며, 종 복합체(species complex)[9]는 서로 잘 순응하여 오랜 기간 동안 (적어도 수 세기 동안) 스스로 번식하고 유지할 수 있다(Churchill and Hanson 1958). 예를 들어, 임상(forest floor)[10]에 있는 나무 묘목이 숲에서 가장 오래된 나무와 동일한 종이라면, 식물군락은 분명히 스스로를 유지하고 있는 것이며, 따라서 이는 극상에 해당한다. 마찬가지로, 산불로 부분적으로 파괴된 식물군락이 결국 중간 식생 유형의 천이를 통해 대체되고, 그런 다음 더 이상의 방향 변화 없이 비교적 안정적으로 유지된다면,

7) 식물공동체 발달의 최종 단계이다. 식물군락의 천이에서 군락은 낮은 데서 높은 곳으로 변해가며, 결국 다른 식물이 침입할 수 없는 안전한 상태를 장기간 계속 유지하는 것을 의미한다. 환경조건이 좋을 때는 많은 종류의 식물군락에서 극상을 볼 수 있다.
8) 극상의 식물군을 이루는 군락을 말하며, 그러한 산림을 극상림 또는 산림극상이라고 한다.
9) 모양이 너무 비슷하여 종 사이의 경계가 불분명하고 밀접하게 관련된 유기체들의 집합이다.
10) 산림의 아래쪽에서 사는 관목, 초본, 이끼 등을 통틀어 일컫는 말이다.

이 식물군락은 해당 지역의 극상으로 간주할 수 있다. 극상의 개념을 둘러싼 수많은 논란이 있지만, 그럼에도 이 책의 목적에 따라 극상의 식생 유형은 기후로 인해 제어된다고 가정할 것이다. 하지만 물론 다른 국지적인 요인들, 예를 들어 암석 유형, 지형, 다양한 종류의 지속적인 교란 등은 기후가 일반적으로 제어하는 것을 가로막거나 대체할 수 있다.

고도에 따른 식생대에 대한 연구에서는 여러 가지 다른 접근 방식을 제안하였다(Merriam 1898; Daubenmire 1943, 1946; Troll 1958b, 1972a, 1973b; Holdridge 1957; Love 1970). 이러한 각각의 접근 방식을 어느 한 지역이나 또 다른 지역에는 잘 적용할 수 있지만, 전 지구적인 규모에 적용하는 것은 어렵다. 그럼에도 대부분 산에서는 상부 사면에서 연속적인 어떤 종류의 삼림식생이 나타난다. 그리고 만약 산이 충분히 높으면, 나무가 없는 지대가 나타난다. 낮은 산악림은 일반적으로 (흔히 상부와 하부의 지역으로 나뉘어) 아저산지대 또는 저산지대[11]로 알려져 있다. 높은 숲은 아고산지대로 구성된다. 위쪽의 나무가 없는 지역은 고산지대로 알려져 있다(Daubenmire 1943, 1946; Marr 1961; Love 1970).

산악림

숲은 세 가지 우점하는 생명 형태, 즉 침엽상록수(소나무, 가문비나무), 활엽상록수(반얀나무, 목련), 활엽낙엽수(참나무, 단풍나무)로 이루어져 있다.

11) 수직 분포에서 아고산지대(subalpine zone)와 아저산지대(submontane zone) 사이에 위치한다.

침엽수는 주로 북반구의 중위도와 고위도 지방에서 자라며, 남반구의 저산대 삼림에서 발견되는 침엽수와는 매우 다른 모습을 보인다. 남반구 저산대 삼림의 침엽수는 침엽수의 특징이 뚜렷하지 않으며 주로 활엽상록수와 관련된 종으로 나타난다. 남반구이 침엽수는 다른 속(genus)에 속하며 북반구의 소나무, 가문비나무, 전나무와는 다른 생물 형태를 띤다. 북반구에서 정원 장식용으로 널리 식재되어 있는 남아메리카의 아라우카리아소나무(Araucaria pine), 즉 칠레소나무(*Araucaria spp.*)[12]가 대표적인 예이다. 활엽상록수는 기온교차가 작은 온난하고 습한 지역에서 우점하는 경향이 있다. 이러한 조건은 열대지방 및 남반구 중위도 지방의 전형적인 사례가 되는데, 이곳에서 해양의 존재는 계절적인 온도의 극값을 감소시킨다. 대륙도와 계절적 대비가 훨씬 더 큰 북반구에서 우점하는 활엽수는 상록수라기보다 오히려 낙엽수이다.

북반구 산악림

침엽상록의 침엽수는 북반구 산악림의 고도가 더 높은 지역에서 우점하고 있다. 이들 숲의 종은 냉대림(The Great North Woods)의 종과 밀접하게 관련되어 있다. 이 냉대림은 북극툰드라의 바로 남쪽 북아메리카와 유라시아를 가로지르는 거의 끊이지 않은 띠로 뻗어 있다. 광범위한 산악지역의 기후는 분명히 아극지방의 기후와 다르지만, 고도가 높아짐에 따라 일

..

12) 소나무라 불리지만 소나무과가 아니라 아라우카리아과에 속한다. 키가 30~40m까지 자라는 교목으로, 나무껍질은 회갈색이며, 나무진이 있고 가지는 돌려 난다. 가지에는 빳빳하고 날카로운 잎사귀가 붙어 있다.

반적으로 기온이 낮아지고 그 결과 짧은 성장기는 냉대림 종이 심지어 아열대지방까지 확장될 정도로 유사하다. 어떤 경우에는 이들이 동일한 종으로 지속되고 있지만, 다른 경우 이들 종은 두 지역에서 서로 다르지만 관련되어 있다. 하지만 이들 종의 공통 기원에 대해서는 의문의 여지가 없다. 이것은 북반구 산에서 우점하는 침엽수종의 90%가 단지 세 개의 속, 즉 소나무(Pinus spp.), 가문비나무(Picea spp.), 전나무(Abies spp.)에 속한다는 놀라운 사실로 증명된다.

활엽낙엽수림은 북반구의 산에서, 특히 중위도와 저중위도 지방의 습한 지역에 있는 하부 사면과 중간 사면에서 우점하는 생물 형태로 나타난다. 이들 숲은 주로 서유럽, 동아시아, 미국 동부에 집중되어 있다. 이들 활엽낙엽수림은 모양과 구조가 매우 유사하다. 비록 종은 구별되지만, 이들 속(genus)은 비슷해서 현재 널리 분리된 식물군계 사이의 과거 연관성을 시사한다. 공통적으로 주요 속은 참나무(Quercus spp.), 단풍나무(Acer spp.), 너도밤나무(Fagus spp.), 느릅나무(Ulmus spp.), 히코리(Carya spp.),[13] 밤나무(Castanea spp.), 양물푸레나무(Fracsinus spp.), 서어나무(Carpinus spp.), 자작나무(Betula spp.) 등이다(Eyre 1968, p. 78). 높은 고도에서 활엽낙엽수는 일반적으로 침엽수로 바뀌지만, 조건이 너무나 불리해져서 더 이상 자랄 수 없을 때까지 상부 사면에서 지속된다. 몇몇 지역에서는 활엽낙엽수(주로 자작나무)가 상부 수목한계선을 형성하지만, 이것은 규칙이라기보다 예외이다(Troll 1973a).

활엽낙엽수는 중위도 지방의 광범위한 지역에 걸쳐 있으며 후빙기에 매우 번창하였지만, 침엽수는 놀랄 만한 적응력 범위를 보이며 특히 불모서

13) 쌍떡잎식물 가래나무목 가래나무과 카리아속에 속한 낙엽교목의 총칭이다.

식처[14]를 점유하는 데 성공했다. 따라서 침엽수림은 캐스케이드산맥의 흐리고 비에 흠뻑 젖은 기후, 북아프리카 아틀라스산맥의 햇볕으로 몹시 건조한 사면, 북반구 전역의 산에 있는 상부 수목한계선의 한랭하고 바람이 부는 사면 등과 같은 이질적인 산악환경에서 우점하고 있다. 이처럼 한랭한 겨울과 짧은 성장기뿐만 아니라 그 밖의 여러 가지 불리한 환경 조건에도 침엽수는 적합한 것으로 입증되었다. 침엽수의 형태는 보통 치밀하며, 점차 가늘어져 끝이 뾰족해 환경에 최소한의 표면을 노출시키는 유선형의 왕관 모양을 나타내고 있다. 이것은 눈을 빨리 떨구고 바람에 덜 취약하다는 이점이 있다. 또한 바늘 모양의 잎은 바람의 피해에 노출되거나 증산을 통한 수분 손실에 노출되는 면적이 작다는 점에서 넓은 잎에 비해 유리하다. 이것은 태양의 고도가 높아 건조한 여름에, 그리고 뿌리가 얼어 나무의 수분 공급을 보충할 수 없는 겨울에 매우 중요하다.

대부분의 침엽수종은 활엽수보다 토양의 영양소를 덜 필요로 해 한층 더 유리한 위치에 있으므로 높은 산에서 발견되는 다양하고 암석이 많은 기층을 이용할 수 있다. 동일한 이유로, 침엽수는 잎이 떨어지고 엽적이 집적되는 것을 통해 토양에 영양소를 더 적게 반환하기 때문에, 침엽수림 아래에서 형성되는 토양은 활엽낙엽수림 아래에서 발달하는 토양에 비해 상대적으로 산성이고 비옥하지 않다(Hoff 1957). 상록침엽수의 또 다른 장점은 봄에 조건이 허락되는 대로 광합성을 시작할 수 있는 능력이 있는 반면에, 활엽낙엽수는 광합성을 시작하기 전에 새로운 잎을 틔우는 데 귀중한 시간을 소비해야 한다는 것이다. 이것은 특히 성장기가 매우 짧은 지역에서 중요하다. 물론 시베리아 북부의 일부 지역 및 몇몇 높은 산악지역에서

..

14) 생물 개체군의 서식이 희귀하여 번식이 거의 불가능한 지역을 말한다.

처럼 환경이 너무 혹독해지면 상록침엽수는 단순히 상록이라는 이유만으로 사라질 수도 있다. 나무는 극도로 추운 겨울에는 살아 있는 잎을 유지할 수 없다. 이러한 환경에서 나무가 조금이라도 자라는 경우 상록침엽수는 잎갈나무(*Larix spp.*)의 낙엽침엽수 또는 자작나무(*Betula spp.*)나 사시나무(*Populus spp.*)와 같은 활엽낙엽수로 대체된다(Troll 1973a, p. 7).

식물은 물리적 환경뿐만 아니라 다른 종과의 경쟁에도 반응한다. 어떤 지역에서는 침엽수가 환경에 더욱 잘 적응하기 때문에 우점하지만, 또한 이 지역에서 자라는 활엽수가 싹트는 데 강한 햇빛을 필요로 하고 숲의 그늘에서 잘 번식하지 못해 상대적으로 오래 살지 못하는 종이기 때문에 침엽수가 우점할 수 있다. 이것은 변화의 속도와 종의 전환을 재촉한다. 수많은 지역에서 활엽낙엽수는 가장 먼저 교란된 장소를 차지하지만, 결국 침엽수로 대체된다. 그렇지만 활엽수종은 혹독한 환경 때문이 아니라 경쟁으로 인해 제거된다. 이것은 로키산맥의 유럽사시나무(*Populus distuloides*) 분포에서 잘 나타난다. 이곳에서 유럽사시나무는 주로 교란된 지역, 예를 들어 랜드슬라이드나 이류 또는 산불로 전소된 지역 등에서 자란다. 사시나무 잎이 물드는 가을이면 로키산맥 위를 비행하며 최근 교란이 발생한 지역을 쉽게 작도할 수 있다(Ives 1941). 어떤 경우에 사시나무는 결국 아고산전나무(*Abies lasiocarpa*)와 엥겔만가문비나무(*Pichea engelmannii*)와 같은 한층 더 내음성(shade-tolerant)의 침엽수종으로 대체된다(Marr 1961, p. 65). 침엽수가 없다면 무슨 일이 일어날지 추측하는 것은 흥미롭다. 만약 그렇다면 사시나무가 극상 종(climax species)인가? 이것은 네바다주와 오리건주 남동부의 베이슨앤드레인지산맥의 몇몇 산에 해당하는 것으로 보인다. 이들 산은 사막 관목의 바다 가운데 높은 섬처럼 우뚝 서 있으며, 숲이 우거진 다른 지역과 상당히 멀리 떨어져 분리되어 있다(그림 9.3). 이들

그림 8.3 오리건주 스틴스(Steens)산의 2,700m 높이에 상부 수목한계선을 형성하는 유럽사시나무 (*Populus siduloides*). 바람에 의해 편향되고 왜소한 나무의 모습에 주목하라.(저자)

의 식생 발달사는 복잡하지만, 여기서 중요한 점은 상부 사면에 침엽수가 많이 부족하기 때문에 사시나무가 당연히 우점하는 종이 되고 교목한계를 형성한다는 것이다(Faegri 1966)(그림 8.3).

활엽낙엽수가 극상식생 유형을 이루는 산에서, 예를 들어 서유럽, 동아 시아, 미국 동부의 낮은 고도와 중간 고도에서 활엽낙엽수는 보통 교란 후 에 같은 종류로 대체된다. 그러나 이와 동일한 산의 상부에서, 그리고 미국 서부의 산과 같은 여러 다른 산의 모든 높이에서 활엽수는 대개 침엽수로 대체된다. 결과적으로 침엽수림이 극상식생 유형을 형성하는 지역에서 활엽 낙엽수의 존재는 최근의 교란에 대한 증거이다. 대부분의 산악 지표면은 시 간과 공간 모두 매우 불안정하기 때문에, 전형적으로 나타나는 결과는 대 조적인 서식지의 모자이크를 점유하고 있는 식생군락의 다양한 세대와 구성에 대한 모자이크이다. 만약 어떤 지역이 실질적인 교란 없이, 그리고 특히 산불 없이 오래되면, 다양성은 감소하고 식생군락은 점점 더 배타적이 된다. 이에 대한 대표적인 사례들이 20세기 초부터 엄격한 산불 진압 조치가 시행되고 있는 미국 서부의 산악림에서 많이 나타나고 있다. 미국 서부의 산악림에서는 20세기 초부터 엄격한 산불 진압 조치가 시행되고 있다.

이것은 환경 정책에 대하여 철학적이고 실용적인 여러 중요한 문제를 제기한다. 미국에서는 산악지역을 자연 상태로 보존해야 한다는 엄청난 압력이 있었다. 1964년 야생보호법(Wilderness Act)은 이러한 지역의 관리에 인간이 최소한으로 간섭함으로써 자연의 특성을 유지하는 것을 목표로 하고 있다. 이 법의 철학은 오랫동안 지속된 삼림화재 방지 정책과 정면으로 충돌한다. 산불은 파괴적이고 부자연스러운 힘인 것처럼 보이지만, 대부분의 생태계에서 매우 자연스러운 부분이다. 이것은 특별히 번갯불이 흔한 현상인 산악림에서 더욱 그렇다. 만약 있는 그대로의 자연적인 '야생보호' 구역을 유지하려고 진정으로 계획한다면, (조심스럽게) 불이 나는 것을 허용해야 한다(Heinselman 1970; Habeck 1972a; Wright 1974).

지난 50년 동안 미국 서부의 산악림에서는 삼림화재를 엄격하게 통제함으로써 주요한 생태학적 변화가 일어났다. 일반적으로 우점하는 종은 서식지 다양성을 희생하면서 해당 지역을 점유해왔다. 작은 산불이 자주 일어나지 않는다면, 불에 탄 지역에서 자랄 수 있는 활엽수 천이종의 중요성은 훨씬 더 크게 감소하게 될 것이다. 이것은 결국 식물과 동물이 점유할 수 있는 잠재적인 생태적 지위[15]를 낮춘다(Loucks 1970). 좋은 사례는 사

15) 한 종이 생존과 성장 및 번식을 위해 이용하는 모든 자원을 말하며, 보통 생태계의 먹이 사슬에서 차지하는 지위에 따라 결정된다.

슴, 엘크(elk), 무스(moose)와 같은 풀을 뜯어 먹는 대형 동물들에게 일어나는 것으로, 이들 동물은 자작나무, 사시나무, 오리나무, 버드나무와 같은 천이종의 어리고 부드러운 잎을 먹고 산다. 숲이 어떤 종류의 큰 교란도 없이 발달할 수 있게 된다면, 이들 수종은 결국 제거되고 대체되어 이들 동물의 먹이 공급원이 크게 감소하고, 그 결과 동물의 개체 수가 감소하게 된다. 다른 생태학적 고려사항뿐만 아니라 이러한 요인을 인식하여, 한때는 산불로부터 조심스럽게 보호되던 수많은 숲이 현재 선택적으로 불에 타고 있다(Kilgore and Briggs 1972; Wright and Heinselman 1973).

숲에 불을 놓을 수 있도록 허용하는 결정을 쉽게 내릴 수는 없었다. 이것은 사고방식에 중대한 반전을 요구하고 있다. 이는 몬태나주 서부와 아이다호주 북부의 셀웨이-비터루트 자연보호구역(Selway-Bitterroot Wilderness)에서 일하는 한 계몽된 삼림관리인의 논평에서 두드러지게 나타난다.

화요일 아침에 우리는 동쪽으로 오래된 벨 포인트 트레일을 향해 등고선을 따라 산허리 둘레에 길을 냈고, 이스트 무스 크릭(East Moose Creek)이 내려다보이는 첫 번째 전망대에서 풋스톨 포인트(Footstool Point) 서쪽의 급경사면에서 타오르는 작은 불을 목격했다. 번개로 시작된 이 작은 연기는 명백히 자연경관의 일부였다. 거대한 큰불이 일어날 가능성은 우리가 사는 동안 적기 때문에, 불이 나야 한다. 그리고 어떤 일련의 생명은 이 자연보호구역에서 번성할지도 모른다. 그래서 불에 타야 한다. 시즌 전과 후의 정책이 적용된다면 감시하에 불에 타도록 할 것이다. 하지만 일단 발견되면, 만약 산불 진압을 하려고 태어난 사람들에게서 생성된 아드레날린이 저 산 위에서 생명을 주는 불꽃을 일으키게 할 수 있을지 궁금하다.(Habeck 1972a, p. i에서 인용)

산악 초지는 숲이 우거진 지역에서 작용하는 자연적 과정과 인간의 의지 사이에서 발생할 수 있는 충돌의 종류에 대한 또 다른 흥미로운 예를 제시한다. 이들 풀이 무성하고 나무가 없는 숲속의 공지는 대개 배수가 불량하거나 눈이 너무 많이 내리며 또는 불에 타기 때문이다. 초지는 숲과 시각적이고 생태적인 대비를 나타내며, 노래의 음표 사이의 공간처럼 아고산 경관의 아름다운 부분을 상당히 차지한다. 따라서 최근 캐스케이드산맥과 시에라네바다산맥의 산악 초지에 침엽수가 대규모 침입한 것을 다소 불안한 마음으로 관찰하였다(Brink 1959; Franklin et al. 1971). 가장 큰 침입이 있었던 시기는 1930년대였고, 그래서 상당히 고른 수령의 나무들로 잘

그림 8.4 오리건주 캐스케이드산맥 스리시스터스 야생보호구역의 아고산지대 1,800m 높이에서 일어난 초지의 침입. 어린 나무는 모두 25∼35년 된 것으로 주로 마운틴헴록(*Tsuga mertensiana*)으로 이루어져 있다.(Jay Marcotte, Portland State University)

발달된 입목이 현재 초지의 일부를 따라잡기 시작했다(그림 8.4). 이러한 발달은 분명히 1800년대 후반에서 1940년대 중반 사이에 경험했던 온난화와 건조화의 경향, 특히 강설의 감소에 기인한다(Franklin et al. 1971). 이러한 침입은 오래가지 못했다. 이후로 묘목이 거의 자리 잡지 못했다. 그러나 이미 자리를 잡은 나무들이 다 자라 빛을 차단하고 씨앗을 떨어뜨리면서, 초지의 존재를 위협하게 된다. 초지는 주요 휴양 명소이며 사냥감과 가축에게 먹이를 제공하는 곳이기 때문에 이것은 흥미로운 관리 문제를 제기한다. 만약 나무의 침입을 자연적으로 진행되도록 허용한다면, 초지는 확실히 수십 년 내에 숲의 일부가 될 것이다. 다른 한편으로 초지를 보존하려면 어린나무와 묘목을 잘라야 할 필요가 있다(Franklin et al. 1971). 이것은 산악지역에서 점점 더 많이 나타나고 있는 문제들의 특징이다. 세심한 배려와 어려운 결정을 해야 하지만, 인간의 역할은 지구의 관리자로서 문제에 직면하고 (현명하게) 행동해야 한다는 것이다(이것은 희망사항이다).

열대의 산악림

열대의 산악림은 북반구의 산악림과 매우 다르다. 열대의 산악림은 둥근 우산 모양의 수관과 비교적 풍성한 잎을 가진 활엽상록수와 침엽수로 이루어져 있다. 수많은 종류의 종이 일 년 내내 어느 정도 계속해서 꽃을 피우며 나타난다. 습한 열대지방에는 어떤 계절도 없으며, 낮에서 밤으로 오직 주기적인 변화만 있다. "겨울은 매일 밤, 여름은 매일 낮"이나 "영원한 봄"이라는 오래된 진부한 표현은 수많은 경우에 부적절하지 않다. 어떤 날은 다른 날과 많이 비슷하다. 계절적 징후는, 만약 존재한다면, 일반적으로 온도보다는 오히려 수분의 변화에서 비롯한다. 일부 열대지방에는

표 8.1 필리핀 제도 마킬링(Maguiling)산에서 고도에 따른 열대림의 특성 변화(출처: Brown 1919, p. 110; Richards 1966, p. 355에서 인용)

	디프테로카프[16] 삼림 (450m)	산 중턱의 삼림 (700m)	선태림(운무림) (1,020m)
나무 층의 개수	3	2	1
구획에서 가장 키가 큰 나무 높이(m)	36	22	13
층의 평균 높이(m)	27, 16, 10	17, 4	6
높이 2m 이상 목본식물 개체의 수	353	539	610
높이 2m 이상 목본식물 종의 개수	92	70	21

우기와 건기가 있다. 계절적 차이가 극심한 경우, 나무는 중위도 지방에서 발견되는 것과 유사하게 적응할 수 있다. 예를 들어, 나무는 낙엽수가 되어 건기에 잎을 떨어뜨린다. 또한 수분의 변화는 온도 차이를 발생시킨다. 낮에는 흐리고 밤에 맑으면 더 서늘하다. 하지만 위도 15°~20°에 도달할 때까지 일반적으로 뚜렷한 열적 계절은 존재하지 않는다.

열대우림의 이곳저곳에서 가장 분명한 식생 변화는 고도에 따라 나타나는 식생의 변화이다. 저지대의 무성한 열대우림은 사면 상부에서 높이와 복잡성이 점진적으로 감소하여, 빈약한 종과 단순한 구조의 식생 군락으로 대체된다. 저지대에서 흔히 볼 수 있는 전형적인 3개 층의 외양은 2개 층의 숲으로 대체되고, 그런 다음 1개 층의 숲으로 대체된다(표 8.1). 잎은 크기가 줄어들고, 길쭉한 잎의 뾰족한 끝부분이 없어지며, 건조하고 햇볕이 잘 드는 조건에 적응한 여러 다양한 형태가 나타난다. 나무줄기의 버팀 작용은 그 빈도가 낮아져 결국 사라지는 반면에, 나무껍질은 두꺼워

16) 동남아시아 열대에서 주로 번식하는 용뇌향과 교목의 총칭이다.

진다. 풍부한 덩굴(liane)[17](매달려 늘어진 덩굴식물)과 수많은 정교한 꽃식물이 감소하는 반면에, 지의류 식물과 이끼는 사면의 상부에서 증가한다(Richards 1966, p. 373; Grubb 1977, p. 84). 수많은 온대성 속이 1,000m 이상에서 나타난다. 이들 식물은 일반적으로 온대 지방에서 소수의 종으로만 대표되지만, 일부는 열대지방에서 아주 많은 수의 뚜렷한 종으로 번식했다. 예를 들어, 멕시코에는 40종 이상의 소나무(*Pinus spp.*)와 200종 이상의 참나무(*Quercus spp.*)가 있다. 말레이시아에서도 이와 유사한 발달을 관찰할 수 있다(Troll 1960, p. 532). 그럼에도 고도가 높아짐에 따라 전체 종의 수는 감소하고 있다(표 8.1).

열대우림은 일반적으로 고도에 따라 주요 식물군락이 잘 발달한 대상 분포를 보여준다(그림 8.5). 이러한 전형적인 추이는 열대의 저지대에서 아저산대로, 그런 다음 저산대로, 그리고 아고산 숲으로, 마지막으로 결국 풀과 관목의 고산지대까지 이른다. 이들의 가장 두드러진 특징은 이른바 선태림이나 왜소성(elfin) 소림지이며, 1,000~3,000m의 저산지대와 아고산지대 모두에서 또는 어느 한 지대에서 발견된다. 이것은 본질적으로 이 높이에서 지속되는 구름의 그늘과 습기에 적응한 운무림이다(이 책 202~204쪽 참조). 운무림은 높이가 6m 정도 되는 단일 층의 왜소하고 옹이가 많은 나무로 이루어져 있으며, 거의 압도적으로 풍부한 착생이끼류와 우산이끼류가 있다. 이들은 말 그대로 모든 나무줄기와 가지를 덮고 있어서 축축하고 거무칙칙한 숲을 이루고 있다(그림 8.6). 열대의 산의 특징인 이들 숲은 말레이시아, 아프리카, 남아메리카의 거의 동일한 높이에서 발

••

17) 줄기나 덩굴손으로 물체에 감기거나 흡반으로 물체에 붙어 기어오르며 자라는 식물의 총칭이다.

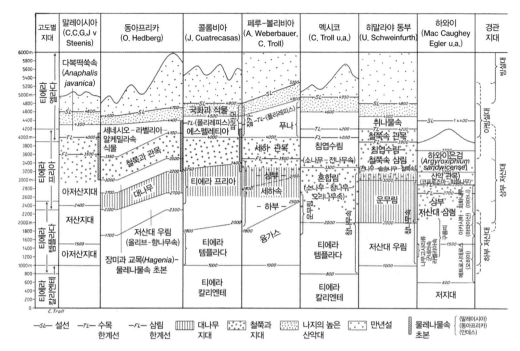

그림 8.5 열대 산악지역에서 식생의 연직 대상 분포를 보여주는 일반적인 도표(출처: Troll 1968, p. 35)

견할 수 있다(그림 8.5). 열대의 안데스산맥에서는 운무림을 세하 데 라 몬타냐(Ceja de la Montaña)('산의 눈썹')라고 부른다. 넓게 분리된 지역에서 종은 서로 다르지만, 숲의 일반적인 모습은 비슷하다(Grubb 1974). 운무림의 위는 양지바르고 건조한 조건으로 인해 거리 차가 크지 않음에도 불구하고 나무의 키가 커질 수 있지만, 혹독한 환경이 증가하면서 곧 다시 키가 작아진다. 숲은 계속되지 않고 풀과 함께 산재하는 패치(patch)로 나뉜다. 낮은 온도는 수림을 제한하는 중요한 요인이므로, 기온이 낮은 고도 3,500~4,000m가 되면 나무는 완전히 사라지고 풀, 관목, 암석투성이 나

그림 8.6 코스타리카와 파나마의 국경 부근 2,290m 높이에 있는 세로 판도(Cerro Pando) 선태림[18]
(Charles W. Myers, American Museum of Natural History)

지로 대체된다. 인간이 일으킨 오랜 산불의 역사는 종종 높은 열대의 산에 있는 식생과 기후의 상호작용을 해석하기 어렵게 만든다. 수많은 곳에서 이러한 산불은 수목한계선을 기후 한계보다 훨씬 더 아래로 끌어내리는 원인이 되고 있다(Gillison 1969, 1970; Hope 1976; J. M. B. Smith 1975, 1977A).

저지대의 열대림부터 고산의 관목과 풀에 이르는 식생대의 순서는 기후적 수목한계선에 도달할 수 있을 만큼이나 높은 열대의 산에서 관측된 결과에서 추정한 것이다. 대부분의 산은 이 높이까지 연장되어 있지 않지만,

··

18) 임목의 수간이나 가지 및 지상 등에 선태식물로 덮여 있는 특이한 상관을 가진 삼림을 말한다. 열대산지의 강수량이 많고 습도가 높은 지역에 발달한다.

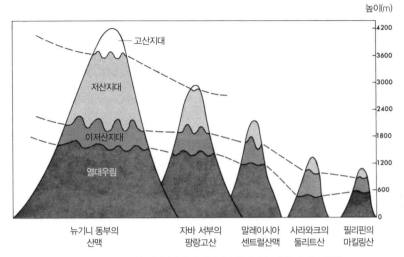

그림 8.7 인도-말레이시아의 습한 열대지방에서 산괴가 식생대의 높이에 미치는 영향(Eyre 1968, p. 267에서 인용)

열대지방 세 곳에는 각각 몇 개의 대표적인 식생대가 존재한다. 하지만 이것은 단순한 문제가 아니다. 왜냐하면 산이 클수록 어느 주어진 식물군락의 고도는 높아지며, 이와 반대로 낮은 산에서도 동일한 식생군락이 나타날 수 있지만 낮은 고도에 있기 때문이다(그림 8.7). 이는 역사적으로 산이 클수록 산악기후가 더 많이 바뀐다는 가정에서 '산괴효과'를 반영하는 것으로 해석되고 있다(이 책 164~168쪽 참조). 이 개념은 유효하고 여전히 광범위하게 지지받고 있지만, 열대기후가 균일하고 계절이 없으며 이곳의 해양 조건이 우세하기 때문에 산괴효과만으로 습한 열대지방의 식생 분포를 설명하는 것은 충분하지 않다. 왜냐하면 이 모든 개념이 산괴효과를 압도하는 경향이 있기 때문이다(Van Steenis 1961; Grubb 1971). 최근 한 이론은 열대지방의 식생대 고도가 지속적인 구름의 형성으로 인해 조절된다

그림 8.8 서인도 제도 트리니다드 노던산맥(Northern Range)의 식생 횡단면도. 총수평거리는 20km이다. 작은 높이 차이에도 불구하고 식생의 뚜렷한 대상 분포가 나타난다. 이들 지대는 탁월한 무역풍의 영향 때문에 섬 동쪽의 말단 쪽으로 하강하고 있다.(Beard 1946, p. 41에서 인용)

고 설명한다. 작은 산에서 식생대의 높이가 낮아진 것은 토양의 수분 함량을 증가시키고 유기물의 분해 속도를 늦추는 경향이 있는 구름층이 낮아진 결과이다. 이러한 조건은 결국 식물에게 영양소의 공급을 감소시켜 각 식물군락이 아래로 이동하도록 조정한다(Grubb 1971, 1974, 1977). 정확한 근거나 이유가 무엇이든 간에, 높이가 1,000m를 넘지 않는 수많은 열대의 산에서 독특한 '산악식생'을 발견할 수 있다(Beard 1946; Richards 1966; Howard 1971; Grubb 1974)(표 8.1).

삼림대[19] 하강의 유사한 패턴을 풍상과 해안의 산에서 볼 수 있는데, 이는 풍하나 대륙의 산과 비교된다. 식생대의 하강은 북위 약 10°의 베네수엘라 연안의 섬 트리니다드의 낮은 산에 숲이 분포하고 있다는 것을 보여준다(그림 8.8). 아저산지대, 저산지대, 왜소성(elfin) 소림지대는 이런 낮은 높이에서도 나타난다. 또한 이들 식생대는 탁월한 무역풍에 면하는 섬의 동쪽을 향해 하강하고 있다(Beard 1946, p. 41).

위도 및 고도와 관련하여 수분의 부족도 열대지방의 산악식생 분포를

••

19) 산림의 분포상태를 나타내는 것으로, 산림식물대라고도 한다. 기후가 습윤한 곳에서는 산림이 안정된 식물군락으로 성립하며, 기온의 변화와 함께 종류가 변해간다.

조절하는 주요 요인이 되고 있다. 모든 지역이 울창한 숲을 유지하는 것은 아니다. 어떤 지역은 너무 건조해서 나무가 자라지 않고, 다른 지역은 특정 지역에서만 나무가 자랄 수 있다. 이것은 동아프리카의 킬리만자로, 케냐, 루웬조리 등의 고립된 산봉우리에서 보이는데, 이들 산봉우리는 숲과 사바나 초원이 산재하고 있는 비교적 건조한 고원에 솟아 있다. 선태림은 약 2,400m의 높이에서 나타난다. 선태림은 방금 논의한 습한 우림의 순서에서 나타나지는 않지만, 다른 열대 지역의 경우와 외관상 유사하다. 그리고 이 높이 이상의 식생대는 말레이시아와 안데스산맥의 동쪽에서 발견되는 것과 비슷하다(그림 8.5와 8.9). 대나무 숲은 동아프리카 산의 독특한 식물군락이다. 이들 숲은 다른 열대의 산에서도 나타나지만 동일한 정도는 아니다. 심지어 동아프리카에서도 대나무 숲은 특정 산악지역에서만 발견되고 킬리만자로에서는 전혀 발견되지 않는다. 몇몇 연구에서는 대나무가 그 독특한 수명주기로 나타나는 큰 성쇠 때문에 저산대 삼림의 과도기적

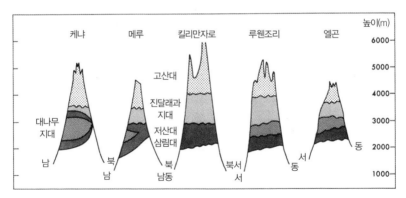

그림 8.9 동아프리카 여러 산의 식생대. 각 산이 가장 습한 곳은 왼쪽에 있다. 일부 지역에는 저지대 열대우림이 있지만, 사바나 또는 스텝 식생이 저산대 삼림지대 아래를 우점하고 있다. 오직 수직거리만 축척에 맞게 그려져 있다.(Hedberg 1951, p. 165에서 인용)

인 단계로만 여겨야 한다고 생각한다(Hedberg 1951, p. 165).

수분 부족의 가장 극단적인 사례는 열대 사막의 융기한 고지대에서 나타난다. 아하가르(Ahaggar)고원과 티베스티(Tibesti)산맥과 같은 사하라의 산맥은 3,000m를 넘지만, 상당히 건조하여 숲을 유지하지 못한다. 하지만 산재하는 (가뭄에 적응한) 건생식물(xerophytic vegetation)의 관목과 나무는 1,500m 이상에서 나타난다(Messerli 1973). 안데스산맥 서쪽의 일부 지역은 너무 건조하여 계곡에서 산봉우리까지 어디에서도 나무가 자라지 않는다. 극한 환경의 전모를 보여주는 안데스산맥은 저산대 삼림에서의 위도, 고도, 수분 가용성 사이의 상호작용을 연구하기에 이상적인 장소이다

m / 티에라 단계	(저산대 삼림)	습한	건조	가시나무·다육식물	사막
6000–5000 티에라 네바다 (눈이 많은 단계)	설선				
~4000 티에라 엘다 (높은 산의 단계)	파라모	습한 푸나	건조 푸나	가시나무 푸나	사막 푸나
~3000 티에라 프리아	열대 상부 저산대 삼림	습한 '시에라' (습한 '시에라' 덤불)	건조 '시에라' (건조 '시에라' 관목)	가시나무와 다육식물 '시에라' (가시나무 관목)	사막 '시에라'
~2000 티에라 템플라다	열대 하부 저산대 삼림	습한 '바예' (숲과 초지)	건조 '바예' (숲과 초지)	가시나무와 다육식물 '바예' (몬테 유형)	사막 '바예'
1000–0 티에라 칼리엔테	열대우림	습한 사바나 (낙엽수와 초지)	건조 사바나 (낙엽수와 초지)	가시나무와 다육식물 사바나 (카팅가 유형)	사막 사바나

습한 달의 개수 12 11 10 9 8 7 6 5 4 3 2 1 0

그림 8.10 열대의 안데스산맥에서 온도와 강수에 대한 식생의 관계. 온도를 조절하는 고도 변화는 왼쪽에 표시되며, 주로 위도에 의해 조절되는 수분 변화는 맨 밑에 표시된다. 지속적으로 수분이 있는 곳에서는 숲이 전체적으로 우점한다(왼쪽), 그러나 수분이 감소하면서 나무는 점차 희소해지며, 가장 건조한 국면에서는 완전히 사라진다(오른쪽).(출처: Troll 1968, p. 44)

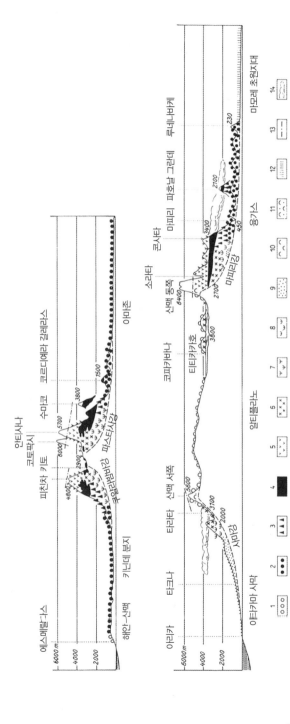

그림 8.11 적도의 안데스산맥(위) 및 남부 16° 티티카카호의 이월대 안데스산맥(아래)의 주요 식물군락의 횡단면도. 식생 유형의 기호는 다음과 같다. 1. 저지대 반1늘상수림, 2. 저지대 열대림, 3. 열대의 하부 저산대 삼림, 4. 열대의 상부 저산대 삼림(운무림), 5. 습한 고산 관목(파라머), 6. 상록 관목 및 풀리레피스 소림지, 7. 가시나무와 다육 소림지, 8. 가시나무와 다육 관목, 9. 사막, 10. 습한 초지의 푸나, 11. 건조한 가시나무의 푸나, 12. 습한 저지대 사바나, 13. 설선, 14. 구름띠.(출처: Troll 1968, p. 45)

(그림 8.10, 8.11). 에콰도르 북부와 콜롬비아의 적도 부근에서는 우림이 양쪽의 유사한 높이까지 상승한다(그림 8.11 위). 대류 과정은 양쪽 사면에서 작용하며 강수는 동일하게 매우 많이 내린다. 하지만 북쪽이나 남쪽으로 몇 도 벗어나지 않은 곳에서 이들 지역은 북동무역풍과 남동무역풍의 영향을 받는다. 안데스산맥의 동쪽은 습한 반면에, 서쪽은 비그늘로 사막 환경이 우세하다. 이는 산맥을 가로질러 식생의 비대칭 분포를 현저하게 형성한다(그림 8.11, 아래)(Troll 1968, p. 46).

수분 부족이 나무 성장에 미치는 부정적인 영향에도 불구하고, 나무는 건조지대의 가장 높은 고도에서도 자란다. 이러한 역설적인 상황은 구름양이 적은 지역에서 열이 많이 축적된 결과로 보인다. 햇볕이 오랜 시간 동안 지면에 도달하게 되어, 주변 대기 온도보다 지표면 온도를 더 높이 상승시킨다. 설선은 동일 지역에서 가장 높은 고도에 도달한다. 소나무 숲(*Pinus hartwegii*)은 멕시코 중부의 북위 20°의 고지에서도 최대 4,000m 자란다. 볼리비아 서부 남위 18°의 건조한 푸나(Puna)[20] 지대에서는 4,800m 높이에 왜소한 폴리레피스 숲(*Polylepis tomentella*)이 존재한다(그림 8.14). 이것은 세계에서 가장 높은 삼림한계(forest limit)로 여겨진다(Troll 1968, p. 44).

남반구 산악림

남반구의 산악림은 주로 활엽상록수로 이루어져 있다. 이들 산악림은

‥

20) 열대 고산지인 안데스 산지의 이차적 초원을 말하는 것으로 대체로 해발 3,000~4,000m에 분포한다. 건기가 계속되어 파라모 초원이 건조해지면 주로 원주민들이 파라모 초원을 불태우는데, 그 후에 자라난 초지를 말한다.

북반구보다 더 많은 종의 나무, 관목, 덩굴식물(liane), 착생식물(epiphyte), 허브 등으로 상당히 다양하고 무성해 보인다. 남반구의 수많은 온대 산악림의 하층에는, 심지어 수목한계선 부근에도 정교한 목생 양치류가 자란다. 북반구와 남반구 사이에도 어떤 종의 교류가 이루어졌지만, 적도의 양쪽에 있는 식물상은 거의 개별적으로 진화했고, 따라서 비교적 그 차이가 뚜렷하다.

습한 열대지방에는 적도의 북쪽과 남쪽의 종 구성에 거의 차이가 없지만, 계절적 대비가 나타나기 시작하는 위도 15°~20°에 이르면 그 차이가 뚜렷해지고, 특히 높은 고도에서 더 뚜렷해진다. 볼리비아에서 멕시코로 확장되는 저산대 삼림에는 매우 유사한 속이 나타나는데, 바인마니아(*Weinmannia*), 포도카푸스(*Podocarpus*),[21] 후크시아(*Fuchsia*)[22]가 도처에 걸쳐 나타나지만, 높이 2,000m에 이르면 북쪽의 숲 조성은 뚜렷하게 냉대림(boreal)이 되는 반면에, 남쪽의 숲은 남반구 종이 우점하게 된다. 이러한 패턴은 아마도 현재 기후의 차이보다 주로 지질학적 역사와 식물 진화에서 비롯했을 것이다. 왜냐하면 적도 부근의 산악환경이 유사하기 때문이다. 하지만 이 상황은 열대지방의 북회귀선과 남회귀선 너머에서 빠르게 변화하는데, 북반구와 남반구 고위도 지방에 있는 지괴의 대조적인 크기 때문이다(그림 8.1). 그 결과, 남반구에서는 해양의 영향을 크게 받으며, 이것은 전형적으로 서늘하고 습한 기후를 생성하는 경향이 있다.

파타고니아와 뉴질랜드의 서늘한 저지대의 온대 숲은 열대의 말레이시

---

21) 나한송과 죽백나무속의 각종 상록수를 가리키는데, 성장이 느려지만 수명은 매우 길다. 나무의 밀도가 낮고 품질이 좋아 가구 제작에 많이 사용된다.
22) 속씨식물속의 하나로 쌍떡잎식물 도금양목 바늘꽃과의 소관목이다.

아, 동아프리카, 안데스산맥의 상부 저산대 삼림과 매우 흡사하다(그림 8.2).
식생의 고도적 변화와 위도적 변화 사이의 유사성은 남반구에 다소 적용할
수 있다. 남반구의 중위도 지방에서 발견되는 수많은 나무의 속과 종은 열
대의 산에서도 발견된다(Troll 1960, p. 532). 적도 바로 아래 뉴기니의 산악
림과 훨씬 더 남쪽의 위도 40°에 위치한 뉴질랜드 사이에 비교가 가능하다.
두 숲 모두 상록 남부너도밤나무(*Nothofagus spp.*) 및 나한송(*Podocarpus
spp.*)과 샐러리소나무(*Phyllocladus spp.*)와 같은 침엽수로 이루어져 있지만,
뉴기니에는 훨씬 더 많은 종과 혼합된 종이 있는 반면에, 뉴질랜드 숲에는
상록 남부너도밤나무의 순종 입목만 나타나는 경향이 있다(Wardle 1973a).
오스트레일리아에서도 비슷한 상황이 나타난다. 이곳에서 숲의 상부는 상
록 고무나무, 특히 눈고무나무(*Eucalyptus niphophila*)가 우점한다(Costin
1957, 1959). 칠레 남부에서는 상록 남부너도밤나무가 다시 두려지며, 마
찬가지로 아라우카리아소나무(*Araucaria spp.*)와 남부사이프러스(*Fitzroya
spp.*)[23]도 현저하다. 하지만 북반구에서와 같이 수목한계선 높이가 뚜렷하게
감소하고 적도로부터의 거리에 따라 종의 수가 눈에 띄게 감소하고 있다.

수목한계선

산비탈에서 숲이 툰드라로 이행하는 것은 지구상에서 가장 극적인 추이
대(ecotone)[24] 중 하나이다. 여기서 수십 미터쯤 되는 수직 거리 안에서 생

:

23) 겉씨식물 구과목 측백나무과의 교목이다. 키가 큰 원뿔형 교목으로, 황적색의 나무껍질은
    단단하고 질기며, 회갈색 열매가 열린다. 한번 베어내면 재생하지 않지만 다른 종에 비하여
    완전히 말라 죽기까지 오랜 시간이 걸린다.

물 형태로서의 나무는 사라지고 낮은 관목, 허브, 풀로 대체된다. 수목한계선의 정확한 특성은 장소마다 다르지만, 일반적인 패턴은 단일 현상으로 논의될 수 있을 정도로 전 세계적으로 매우 유사하다. 어떤 이유나 여러 다른 이유의 조합 때문에 나무는 특정 높이까지만 자란다. 이 사실은 모든 형태의 생물에 중대한 영향을 미친다. 예를 들어, 수목한계선 너머에는 다람쥐나 나무좀이 없다. 새들은 노래하기 위한 횃대나 둥지를 지을 장소를 다른 곳에서 찾아야 한다. 그늘지고 정적인 상태의 임상(forest floor)[25]은 개방된 툰드라의 노출되고 급변하는 환경으로 바뀐다. 이것은 정말로 별개의 세상이다.

생태학자들은 오랫동안 수목한계선의 상한선에 매료되었고, 이 지대에서의 연구를 위해 다수의 용어를 도입했는데, 그중 일부는 여기서 정의해야 한다. 수목한계선은 울폐림에서 나무 없는 개방된 툰드라로 완전히 전환되는 것을 암시하는 포괄적인 단어이다. 삼림한계선은 연속된 숲의 상한계이다. 이러한 이행이 매우 갑작스러운 곳에서 삼림한계선은 본질적으로 수목한계선과 일치한다. 숲에서 툰드라로 점진적으로 이행하는 곳에서는 삼림한계선이 상대적으로 불분명할 수 있다. 교목한계선(treeline)은 나무의 직립 모양 성장의 상한계로 보통 산재한 여러 무리의 나무들이나 삼림한계선 너머의 고립된 개체로 표현된다. 하지만 나무를 구성하는 것이 무엇인지 정확히 결정하는 것은 때때로 어렵다. 따라서 보통 2~3m의 임의 높이를 할당한다. 이것은 교목한계선과 왜소한 관목과 비슷한 나무의 상한계인 관목한계선(scrubline) 또는 크룸홀츠 한계선(krummholz line)을 구별하기 위해 행힌디(Arno 1967). 일부 지역, 예를 들어 애팔래치아산맥 남부 또는 네바다주 그레이트베이슨의 벼과 식물 지역에서는 다양한 국지적인 요인들 때문에 기후한계[26] 이하로 존재하는 비정상적으로 낮은 수목한계선이 나타난다(Billings and Mark 1957; Gersmehl 1971, 1973). 또한 수많은 반건조 산악지역에서는 보통 수분이 부족하기 때문에 수목한계선이 낮아진다. 여기서 숲은 수목한계선 하부의 가장자리에 위치한 사막 관목이나 풀의 일부가 된다(Daubenmire 1943). 그러나 우리의 관심사는 수목한계선의 상한선과 기후한계에 있다.

수목한계선의 특성

일반적으로 수목한계선의 상한선은 열대지방에서 가장 높고 극지방에서 가장 낮다(그림 8.12). 그러나 절대 최고 수목한계선은 습한 열대지방보다는 오히려 페루의 건조한 푸나 데 아타카마와 티베트의 높은 고원이 있는 위도 20°~30°에서 나타난다. 수목한계선은 극지방의 해수면에서부터 습한 열대지방의 3,500~4,000m까지 분포하며, 건조 아열대지방에서는 극단적인 상한계로 최대 4,500m 또는 약간 더 높은 곳까지 이르고 있다. 중위도 지방의 수목한계선은 위도 약 30°의 아열대지방에 도달할 때까지

──

26) 기후 요인으로 따졌을 때 식물이 살 수 있는 최소한의 조건을 말한다. 이 조건은 식물의 품종이나 재배 기술에 따라 달라진다. 기상한계라고도 한다.

위도마다 평균 110m씩 상승하며, 아열대지방에서는 수목한계선이 갑자기 수평을 이루거나 적도 쪽으로 약간 내려간다(Daubenmire 1954). 일반적으로, 수목한계선은 해안 지역에서 낮고 대륙 지역에서 높다. 예를 들어 미국에서는 뉴햄프셔주 워싱턴산의 수목한계선은 1,500m에서 나타나며, 몬태나주 남부와 와이오밍주의 로키산맥에서는 3,000m 이상까지 상승하고, 오리건주의 캐스케이드산맥에서는 다시 1,800m로 하강한다. 또한 수목한계선은 산괴효과 때문에 작은 산보다 큰 산에서 더 높은 고도에 도달하는 경향이 있다(이 책 164~168쪽 참조). 확고한 이런 관계를 모든 기후 지역에서 관찰할 수 있다. 우리는 이미 열대의 산에서 이 점에 주목했다(하지만 정확한 메커니즘이 열대지방에서는 다소 다를 수 있다)(그림 8.7과 8.8), 그리고 이

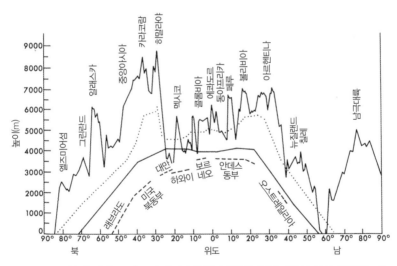

그림 8.12 가장 높은 정상(맨 위의 실선) 및 관다발식물의 상한계(점선)에 대한 남·북의 기략적인 그림. 수목한계선 고도는 건조한 대륙 환경(아래의 실선)과 습한 해양 환경(파선)으로 표시했다.(출처: Swan 1967, p. 32)

관계는 중위도 대륙의 산에서 더 현저하지는 않지만, 마찬가지로 잘 나타난다. 따라서 알프스산맥 중부에서 나무는 주변부 산맥에서보다 더 높은 곳에서도 자라며, 로키산맥에서도 비슷한 패턴을 볼 수 있다(Brockmann-Jerosch 1919; Griggs 1938).

전 지구적 규모에서 수목한계선의 또 다른 주요 특징은 상록수종의 우점도이다. 어떤 지역에서는 활엽낙엽종이 수목한계선을 형성하고 있지만, 대체로 상록수가 우세하다. 이것은 남반구와 열대지방의 상록침엽수와 너도밤나무에서, 또한 북반구의 침엽수에서 볼 수 있다. 결론적으로, 수목한계선의 상한선에서의 극단적인 환경은 낙엽수보다 상록수에 상당한 이점이 있음이 틀림없다(이 책 506~509쪽 참조)(Daubenmire 1954, p. 122).

식물상 연구

북반구 산의 수목한계선 나무는 모두 소나무과의 냉대림과 밀접하게 관련되어 있다. 가장 우점하고 있는 소나무과의 나무는 특히 소나무(*Pinus spp.*), 가문비나무(*Picea spp.*), 전나무(*Abies spp.*)가 대표적이다. 이들 속은 북반구 전역의 산에 있는 비슷한 종으로 대표되며, 수많은 경우 유사한 생태적 지위를 차지하고 있다. 이러한 점은 캐스케이드산맥과 시에라네바다산맥 및 로키산맥 일부의 상부 수목한계선을 점유하고 있는 화이트바크소나무(*Pinus albicaulis*)에 의해 두드러지게 잘 나타난다. 이 나무의 크고 날개 없는 씨앗은 바람에 의해 운반될 수 없다. 대신에 이들 씨앗은 캐나다 산갈가마귀(*Nucifraga columbiana*)에 의해 흩어지는데, 이 새는 씨앗의 일부를 먹지만 나머지는 저장하는 커다란 회색어치(Gray jay)와 비슷하다. 산갈가마귀는 변함없이 저장 장소를 찾지만 1m 깊이의 눈에서는 보통 몇 개의 씨앗을 잃어버려서, 결국 이들 씨앗은 다음 계절에 싹을 틔우고 자랄 수 있다. 따라서 나무와 새의 관계는 양쪽 모두에게 유리하게 작용한다. 소나무와 산갈가마귀 사이의 관계는 알프스산맥에서 캅카스산맥에 이르는 서유럽의 스위스잣나무(*Pinus cembra*)와 잣가마귀(*Nucifraga caryocatactes*) 사이에서, 그리고 아시아 동부 산맥의 눈잣나무(*Pinus pumila*)와 잣가마귀(*Nucifraga caryocatactes* var. *japonicus*) 사이에서 동일하게 발견된다(Holtmeier 1972, p. 95; Franklin and Dyrness 1973, p. 273).

수목한계선에서 발견되는 소나무과(Pinaceae)의 다른 구성원으로는 솔송나무(*Tsuka spp.*)와 낙엽송(*Larix spp.*)이 있다. 이 솔송나무는 북아메리카 서부의 캐스케이드산맥과 코스트산맥의 산솔송나무(*Tsua Mertensiana*)와 미국솔송나무(*T. hereophyella*)로만 대표된다. 낙엽침엽수인 낙엽송(*Larix spp.*)은 북아메리카와 유라시아에서 소수의 종으로 대표된다. 노간주나무(*Juniperus spp.*)는 대부분의 북반구 산에서 발견되지만 일반적으로 산재하며 낮은 관목으로 자란다(Wardle 1974, p. 372)(그림 6.16).

활엽낙엽수는 일부 지역, 특히 스칸디나비아, 아시아 동부, 히말라야산맥의 일부 지역에서 수목한계선을 형성한다(Troll 1973a, p. 7). 우점하는 속은 자작나무(*Betula spp.*)이지만, 사시나무, 오리나무(*Alnus spp.*), 너도밤나무와 같은 다른 속들도 나타난다(그림 8.3). 이들 활엽수속이 어떤 지역에서는 수목한계선에서 자라지만, 일반적으로 침엽수와 심하게 경쟁하지 않는 곳에서 나타난다. 활엽낙엽수는 침엽수가 우점하는 곳이라도, 특히 불안정한 지역에서는 연관된 종으로 존재할 수 있다. 예를 들어, 눈사태 경로에서는 활엽수가 자주 우점하는데, 왜냐하면 이들 나무는 땅속의 식물기관(organs)에서 재생할 수 있으며, 또한 나무줄기가 유연해서 눈을 움직이는 것으로 변형을 견딜 수 있기 때문이다(그림 8.13).

열대지방과 남반구 산에서의 수목한계선 지역은 북반구보다 훨씬 더 제

그림 8.13 구소련 돔바이(Dombai) 부근 캅카스산맥 북부의 눈사태 통로. 활동적인 상태의 눈사태 발생지대의 활엽낙엽수(사시나무)의 우점에 주목하라. 이는 활엽수가 교란 후에 천이되며, 침엽수보다 회복력이 더 뛰어나 스트레스를 잘 견디기 때문이다. 따라서 이 지대에서는 활동적인 상태의 눈사태가 계속되는 한 활엽수가 계속해서 우점하게 될 것이다. 전면에 쓰러진 나무들은 지난겨울 눈사태의 결과이다.(저자)

한적이지만 식물구계 연구에서는 더 다양한 면을 볼 수 있다(Wardle 1974, p. 373). 수목한계선이 나타날 수 있을 만큼 높은 산은 남아메리카를 가로지르는 남-북의 산릉을 형성하지만, 아프리카에서는 열대지방에만 한정되어 있다. 그리고 이들 산에는 오직 오스트랄라시아의 대군락 속에 고립된 작은 식물군락이 산재하듯이 존재한다. 이곳에서 가장 넓은 수목한계선 지역은 뉴질랜드에서 나타난다. 활엽상록수종은 남반구 전역에서 우점하고 있으며 상록 남부너도밤나무가 단연 가장 두드러진다. 이 속의 분포는 특히 주목할 만한데, 왜냐하면 이 속이 멀리 흩어지는 것에 잘 적응하지 못함에도 남아메리카, 태즈메이니아, 오스트레일리아, 뉴질랜드, 뉴칼레도니아, 뉴기니 등과 같이 널리 분리된 지역에서 발견되기 때문이다. 이러한 사실과 호기심을 자아내는 여러 다른 식물과 동물의 분포에 기초하여, 남반구의 수많은 생물지리학자는 초기에 대륙이동의 확고한 지지자가 되었다(Darlington 1965). 남부너도밤나무(*Nothofagus*)는 일반적으로 상록수이지만, 파타고니아, 태즈메이니아, 뉴질랜드의 약간 더 건조하고 대륙적인 지역에서는 낙엽수가 된다. 침엽수종의 남양삼나무(*Araucaria*), 나한송(*Podocarpus*), 리보세드루스(*Libocedrus*), 파푸아세드루스(*Papuacedrus*)가 남부너도밤나무와 함께 자란다. 그러나 오스트레일리아에서는 수목한계선의 상한선에 거의 전적으로 눈고무나무(*Eucalyptus niphophila*)가 우점하고 있다(Costin 1959).

수많은 열대의 산에서 수목한계선 식생은 히스(Heath)과의 진달래과(*Ericaceae*)가 우점하고 있다. 이 과의 종들은 특유의 질기고 가죽 같은 잎을 가진 상록수 관목과 나무로 자란다. 우점하는 속은 진달래과의 가울테리아(*Gaultheria*), 산앵도나무(*Vaccinium*), 진달래(*Rhododendron*), 베파리아(*Befaria*), 페르네트야(*Pernettya*), 에리카(*Erica*), 필리피아(*Philippia*) 등을 포함하며, 단지 일부를 명명한 것이다. 열대의 산에서 진달래과의 정확한 중요성은 아직 밝혀지지 않았다. 그렇지만 이 과의 수많은 종들이 산불과 불안정에 강하여 한 지역이 불에 타거나 교란당한 후에 빠르게 번식한다(Sleumer 1965). 트롤(Trol, 1959, 1968)은 모든 열대의 산에서 '진달래과 지대'를 식별했다(그림 8.5). 열대 안데스산맥에서는, 장미과(*Rosaceous*)에 속하는 폴리레피스(*Polylepis*)속 식물들이 운무림 위의 가파른 암석투성이 사면에서 관목 나무로 자란다. 이들 중 하나인 고산 퀴노이(*Polylepis tomentella*)는 거의 4,800m까지 서식하는데, 이것은 세계에서 가장 높은

그림 8.14 칠레 북부 푸나 지대의 4,600m 높이에 있는 고산 퀴노아의 작은 서식 구역. 이곳은 전 세계 나무 성장의 절대 상한계에 가깝다.(Carl Troll, 1927, University of Bonn)

나무 성장의 고도이다(Troll 1973a, p. 11)(그림 8.14).

열대 아프리카의 높은 산맥에서 에리카(*Erica*)와 필리피아(*Philippia*)의 철쭉과는 3,500~4,000m까지 소림지를 이룬다. 이보다 높은 곳에서는 다발식물체 초지가 매우 흥미를 자아내는 자이언트 세네시오스(*Senecios*)와 숫잔대(*Lobelias*)속과 함께 나타난다(그림 8.15). 이와 대등한 식물 형태를 열대 안데스산맥의 높은 산악 초지(에스펠레티아*Espeletia spp.*)[27](그림 8.16)뿐만 아니라 하와이의 가장 높은 고산지대(은검초*Argyroxiphium spp.*)에서도 볼

---

27) 해바라기과의 다년생 하위 관목의 속으로, 일반적으로 'frailejones'로 알려졌다. 주로 콜롬비아, 베네수엘라 및 에콰도르에서 유래한다.

그림 8.15 텔레키 계곡의 4,200m 높이의 두부에서 바라본 5,199m 케냐산의 모습. 거의 정확히 적도에 위치한 이 산에는 아직도 빙하가 있다. 왼쪽에 틴들(Tyndall) 빙하가 있고 오른쪽에 루이스(Lewis) 빙하가 있다. 곡상에 있는 키가 큰 원주형 식물은 숫잔대(*Lobelias spp.*)이고 오른쪽 아래 구석에 있는 나무와 이와 같은 식물들은 세네시오(*Senecios spp.*)이다.(A. Holm; Olov Hedberg, University of Uppsala 제공)

수 있다. 이렇게 광범위하게 분리된 지역에 유사한 생물 형태가 존재하는 것은 일반적으로 유사한 환경에서의 수렴진화[28]를 나타내는 것으로 해석된다. 이들 거대한 식물은 매우 기이하다. 이들 식물은 수 미터 높이까지

그림 8.16 콜롬비아 안데스산맥 톨리마 화산의 기슭(표시되지 않음) 부근 높이 4,200m에 위치한 파라모 식생. 지피식물의 초지와 함께 있는 에스펠레티아(*Espeletia spp.*) 군락이다. 이들 식물의 기이한 형태와 동아프리카 산맥의 세네시오나 숫잔대(그림 8.15) 사이의 유사성에 주목하라.(Jose Cuatrecasas, 1932, Smithsonian Institution)

자라 나무와 비슷하지만, 실제로는 키가 크고 거대하며 가지가 없는 원주형 허브이다. 이들 식물을 나무라고 불러야 하는지 여부에 대한 혼란은 이들 지역에서 수목한계선을 구분하는 것에 다소 문제를 일으켰다(Hedberg 1951; Troll 1960, 1973a).

∵
28) 계통분류학적으로 서로 다른 생물종이 각기 살아온 서식처 환경조건에 적응한 결과, 즉 자연선택의 결과와 유사한 형태를 나타내는 현상으로 동형진화라고도 한다.

수목한계선 패턴

수목한계선의 패턴은 열대지방에서 극지방에 이르기까지 매우 다양하다. 이것은 서로 다른 종과 생물 형태뿐만 아니라 상이한 환경의 지역과 국지적인 조건의 무한한 변화로 인해 나타난다. 그럼에도 모든 위도대에서 일반적인 수목한계선 패턴은 숲의 밀도와 높이가 점차적으로 감소함으로써, 결국 숲이 관목이나 다른 낮게 누운 식생이 우점하는 초지나, 공원 같은 숲 사이의 공지로 인해 분리된 나무숲(tree clump)이 산재하는 곳으로 변하여 수목한계선이 침입하는 것이다. 북반구에서는 삼림한계선 너머의 나무들이 흔히 왜소하며, 이들 나뭇가지는 바람의 힘으로 인해 깃발 모양이 된다(그림 8.17, 8.18). 종종 키가 큰 나무를 중심으로 바깥의 주변부로 높이가 낮아지는 나무들이 작은 숲을 이루는 섬의 형태를 만든다. 이러한 나무섬(tree island)은 북반구의 툰드라 숲 추이대의 특징적인 모습이다(그림 8.18). 이들은 보통 개방된 툰드라의 적합한 미소 환경이나 유리한 장소를 찾은 단일 나무 주위에 자리 잡는다. 이 나무는 자라면서 주변 환경을 약간 변형시킨다. 즉 나무의 색이 짙어 열 흡수가 크기 때문에 눈은 더 빨리 녹으며, 이로 인해 바로 근처에 있는 묘목에 더 나은 서식처를 제공한다. 게다가 수목한계선의 수많은 나무는 층을 이루어 번식할 수 있는 능력이 있다. 즉 가지가 지면에 닿고 뿌리를 내리고 결국 별도의 나무로 자란다. 이러한 방식으로 나무숲이 생겨나고 확장한다. 장기적인 기후 추세가 유리하면 결국 서로 합쳐져 숲을 형성할 수도 있지만, 이 과정은 매우 느리다.

수목한계선에는 높은 산맥의 왜소하고 울퉁불퉁하고 비틀린 기형적인 나무인 크룸홀츠[29]도 나타나기 시작한다(그림 8.19). 고도기 높아지면서 나무는 점점 더 누워서 볼품없게 된다. 특징적으로 작은 나무숲에는 중앙에

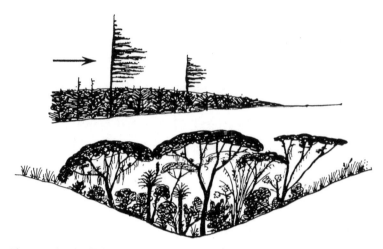

그림 8.17 북반구 수목한계선의 특징적인 깃발 모양의 나무(위)와 습한 열대지방의 우산 형태의 수관 (아래)이 대조를 이룬다.(출처: Troll 1968. p. 28)

키가 큰 한두 그루의 나무가 있는데, 줄기가 밑동을 중심으로 수평으로 뻗어 있는 큰 가지와 어린 가지의 밀생한 덮개(skirt)로 둘러싸여 있다(그림 8.20). 이 덮개의 높이는 겨울눈의 깊이를 반영한다. 눈 아래에서는 키 작은 나무의 성장이 보호되지만, 눈 위로 튀어나온 싹이나 어린 가지는 한랭하고 건조한 겨울바람에 죽는다(그림 8.19와 8.20). 가장 많이 노출된 장소에서는 나무가 오직 수 센티미터 높이로 뒤틀려 관목같이 자라는 낮게 깔린 매트(mat)로만 존재한다. 이것은 아마도 교목한계의 전형적인 모습일 것이다. 외진 곳에서 활 모양으로 휘어져 뒤틀린 나무들이 한랭하고 바람

..

29) 높은 고도와 고위도 지역의 삼림한계의 특성으로 작고 비틀어진 삼림지와 관련된 기형목을 의미하는 독일어이다. 이러한 종류의 나무는 바람과 추위가 복합된 결과로 만들어지며, 이러한 현상은 일반적으로 고위도에서 아고산지대의 삼림과 고산지대의 툰드라 지대 사이의 점이지대에 잘 나타난다.

그림 8.18 오리건주 왈로와산맥의 2,700m 높이에 위치한 수목한계선의 상한선 부근에 잘 발달한 나무 섬. 가운데 있는 큰 나무는 화이트바크소나무(*Pinus albicaulis*)이고, 주변의 작은 나무는 아고산전나무(*Abies lasiocarpa*)와 엥겔만가문비나무(*Picea engelmannii*)이다.(저자)

그림 8.19 워싱턴주 올림픽산맥의 1,800m 높이 산릉에서 비람에 휩쓸려 누운 나무(크룸홀츠)의 성장. 사진은 북서쪽을 향하며 탁월풍은 (사진의 왼쪽에서 불어오는) 남서풍이다. 종은 아고산전나무(*Abies lasiocarpa*), 화이트바크소나무(*Pinus albicaulis*), 마운틴 헴록(*Tsuka mertensiana*)이다.(저자)

에 노출된 산비탈에 끈질기게 매달려 있다. 북반구의 산에서 이것은 상당히 정확한 이미지인 반면에, 열대와 남반구의 산에서는 크룸홀츠가 존재하지만 일반적으로 잘 발달하지 않는다. 상록 남부너도밤나무로 수목한계선이 형성되는 뉴질랜드에서는 삼림한계선이 대개 상당히 뚜렷하여, 곧은 나무에서 낮게 누운 관목 지대로 급격하게 변화한다. 하지만 이들 관목은 숲의 종과는 다른 종으로 이루어져 있고, 자연적으로(유전적으로) 낮게 자라며, 환경적 요인에 의해 키가 줄어들지 않는다. 이것은 북반구의 수목한계선과 근본적으로 대조를 이룬다(Wardle 1965). 몇몇 북반구 종, 예를 들어 유럽 알프스산맥의 키 작은 무고소나무(*Pinus mugo*)는 유전적으로 왜소해진 것이다. 하지만 대부분은 환경적 스트레스에 반응하여 변형되고 왜소하다. 크룸홀츠 생성에 있어 내적(유전) 요인과 외적(환경) 요인의 상대적 기여도는 여전히 잘 알려져 있지 않다(Clausen 1963; Wardle 1974; Grant and Mitton 1977).

뉴질랜드에서 삼림한계선이 갑자기 나타나는 이유는 상록 남부너도밤나무의 묘목이 명백히 매우 연약하고 그늘이 필요해서 울폐림 너머에 서식지를 형성하지 않기 때문이다(Wardle 1973b). 습한 열대지방에도 유사한 패턴이 존재한다. 뉴기니의 빌헬름(Wilhelm)산에서 교목한계는 약 4,000m 높이에서 나타난다(Wade and McVean 1969). 나무들이 다소 왜소하지만, 우산 모양의 꼭대기를 유지하고 있고 수관은 여전히 3~6m 높이에 있다(그림 8.17). 이 높이에서 숲은 크룸홀츠에 대한 뚜렷한 경향 없이 다소 갑작스럽게 풀이나 관목의 일부가 된다. 이는 이곳에는 상대적으로 탁월풍이 강하게 불지 않음을 의미한다. 또한 삼림한계선이 갑자기 나타나는 것은 산불의 역사 때문일 것이다(Gillison 1969, 1970; Hope 1976; J. M. B. Smith 1975, 1977a).

그림 8.20 핀란드 북부(북위 68°) 높이 500m의 수목한계선 상부에 위치한 동일한 작은 나무섬의 여름과 겨울의 모습. 종은 가문비나무(*Picea abies*)이다. 눈은 분명히 낮은 관목 성상을 보호하고 고립시킨다. 관목의 높이는 거의 정확히 겨울눈의 깊이로 제한된다. 이 위로는 나무가 바람과 추위에 완전히 노출되는 큰 타격을 견뎌야 한다.(F. K. Holtmeier, University of Minster)

열대 지역

북쪽 지대

그림 8.21 열대 및 중위도의 산에서 수목한계선의 일반적인 패턴. 나무는 보통 습한 열대지방의 계곡(물결 모양 화살)에서 가장 높은 고도에 도달하는 반면에, 중위도 지역에서는 산릉(파선)의 가장 높은 고도에 도달한다.(출처: Troll 1968, p. 29)

열대지방과 북반구의 수목한계선 분포 패턴의 또 다른 기본적인 차이점이 북반구에서는 나무가 산릉의 더 높은 고도까지 자라는 반면에, 열대지방에서는 나무가 계곡의 가장 높은 지점에 도달한다는 것이다(Troll 1968)(그림 8.21). 북반구의 수목한계선은 특히 새로운 나무가 자리 잡거나 다 자란 나무가 성공적인 번식에 필요한 신진대사 과정을 마칠 수 있을 만큼 눈이 빨리 녹지 않는 곳에서 적설의 깊이와 눈의 지속

시간에 크게 영향을 받는다. 중위도 북반구 산의 계곡과 함몰지는 눈이 많이 집적되는 지역이므로 나무는 건조한 바람에 더 많이 노출되고 토양이 얇고 잘 발달하지 않았음에도 산릉에서 보통 더 높이 자란다.

눈이 상대적으로 중요하지 않은 열대지방에서 계곡은 많이 노출된 산릉보다 더욱 유리한 서식지를 제공한다. 낮의 강한 기후 체계에서 계곡은 산릉보다 기온교차가 작고 동결의 위험이 적다. 또한 계곡은 토양이 깊고 햇볕에 덜 노출되기 때문에 식물이 한층 더 많은 수분을 이용할 수 있다(Troll 1968, p. 28). 그러나 가파른 사면으로 둘러싸인 높은 곡저평탄면[30]은 예외

∙∙

30) 산지나 대지 등을 흐르는 하천의 연안에 발달한 평탄한 지형을 말한다. 기반의 침식면이 얇은 하성퇴적물로 덮인 경우가 많다.

540

지역으로, 나무보다는 고산 식생을 지탱하는 경우가 많다. 이로 인해 수목한계선이 역전하게 되며, 또한 이는 배수가 불량한 토양이나 산불도 원인이 될 수 있지만, 일반적으로 차가운 공기가 곡저평야로 이동하면서 연못을 형성하고 상혈(frost pocket)[31]을 생성하는 것이 원인이라고 생각된다. 수목한계선 아래에서 발생하는 유사한 산악 초지의 발달이 중위도 산에 존재하며, 그 이유는 거의 동일하다(이 책 511~512쪽 참조). 하지만 적설이 증가하고 배수가 불량한 토양이 이들 지역의 배기(air drainage)[32]보다 더 중요할 것이다(Wardle 1974, p. 388).

다양한 수목한계선 패턴의 마지막 사례는 로키산맥 중심부의 리본 숲(ribbon forest)[33]과 임간공지(glade)[34]에 의해 나타난다(Billings 1969)(그림 8.22). 이러한 현상은 폭설, 강한 겨울바람, 서늘한 여름에 노출되는 완만한 상부 사면에서 발생한다. 이러한 환경에서 나무리본은 탁월풍에 직각으로 발달하여 자연적인 방설책 역할을 하고, 그 결과 눈이 풍하에 집적되어 늦여름까지 지속되고 숲의 확장을 억제하며 임간공지로 인해 분리된 나무리본의 패턴을 유지한다(Billings 1969).

••

31) 야간에 빙점 이하로 냉각된 대기가 지형적인 요지에 정체하게 되면 그 지역 일대가 냉각되어 서리가 내리게 되는데 이러한 조건을 갖춘 분지상의 지형을 가리킨다.
32) 중력으로 인해 만들어지는 비교적 차가운 공기의 내리바람이다.
33) 로키산맥의 아고산지대의 교목한계선 부근에서 발견되는 독특한 서식지를 말한다. 깊은 눈과 바람으로 인해 나무들은 아고산의 숲과 초지의 띠를 이루며 자라 충분한 피난처 역할을 한다.
34) 임내에서 쓰러짐이나 병충해 고사목이 발생하거나 택벌작업 시 벌채임목 등에 의하여 생기는 공간으로, 숲 사이의 빈터를 말한다.

그림 8.22 몬태나주 글레이셔 국립공원의 1,950m 높이에 눈 덮인 작은 공터로 분리된 리본 숲. 숲의 띠 (strips)는 가로로 10∼50m이고 탁월풍과 직각을 이루며 남북으로 향하고 있다. 탁월풍은 숲의 띠 바로 풍하에 표류하는 눈을 쌓는 경향이 있다. 깊은 적설은 숲의 잠식을 억제한다. 높이와 바람 노출이 증가함에 따라 리본 숲은 더 작은 나무 구획에, 그리고 결국에는 크룸홀츠에 자리를 내준다.(Ernest Hartley; W. D. Billings, Duke University 제공)

수목한계선의 원인

산 중턱에서 나무의 성장이 중단된 것에 대한 궁극적인 설명은 아직 알려지지 않았다. 수많은 이론이 제시되었지만, 수목한계선의 원인은 여전히 논쟁의 여지가 있다. 어떤 특정한 지역이나 장소에서, 우리는 과도한 눈과 강한 바람, 그리고 열악하거나 과도한 배수와 토양의 부족 및 최근의 산불이나 질병 또는 화산 분출에 의한 교란과 같은 요인을 통해 수목한계선을 설명할 수 있다. 예를 들어 워싱턴주의 캐스케이드산맥 남부 세인트헬렌스산의 수목한계선 높이는 1,340m인데, 이는 북쪽이나 남쪽으로 수 킬로미터 떨어진 레이니어산이나 후드산의 수목한계선보다 300m 이상 낮다. 왜냐하면 화산추가 바로 최근(2,000년 이내)에 형성되었기 때문이다(Lawrence 1938). 하지만 대부분의 연구자들은 전 지구적인 규모에서 수목한계선이 나타나는 전반적인 유사성(그림 8.12)에 대해 다음과 같이 확신하였다. 즉 몇몇 가장 중요한 생태학적 원리가 수목한계선에서의 국지적인 변이를 초월하여 나무의 형태를 근본적으로 설명할 수 있도록 작용해야 한다는 것이다. 하지만 이에 대해 논의하기 전에 나무의 성장을 제한하는 것으로 알려진 주요 환경 요인을 검토해야 한다.

눈

눈은 여러 면에서 생물에게 유리하다. 눈은 추위와 바람으로부터 식물을 탁월하게 보호하며 봄에 녹으면 수분의 공급원이 된다. 그러나 너무 많은 눈은 나무를 질식시킬 수 있고, 눈사태나 눈포행(snow creep)은 나무를 손상시키고 피괴할 수 있다. 늦게 내린 눈에는 나무를 공격하는 곰팡이의 균류가 포함되어 있다(Cooke 1955). 더 중요한 것은 늦게 내린 눈이 묘목이 자리를 잡을 수 없을 정도로 실질적인 성장기를 단축시킨다는 점이다. 이것이 대부분의 중위도 산에서 나무가 계곡보다 주로 산릉을 따라 높은 고도에서 자라는 이유이다(Shaw 1909)(그림 8.21). 물론 어떤 높은 고도의 산에서처럼 환경이 너무나 혹독하면, 나무가 자라는 가장 높은 고도는 다시 계곡에서 나타나게 된다. 이런 경우, 눈이 지속해서 내리더라도 계곡은 노출된 사면보다 유리하다. 이들 노출된 사면의 환경이 너무나 혹독해서 나무가 존재할 수 없기 때문이다. 하지만 눈이 수목한계선의 위치에 미치는 명백한 영향에도 불구하고, 전 세계적으로 궁극적인 제어 요인이 될 수는 없다. 왜냐하면 수많은 열대의 산과 건조한 산에서 눈은 중요하지 않기 때문이다. 폭설이 중요한 중위도의 지역에서도 눈은 아마도 수목한계선에 작용하는 복합적인 요인 중 하나로 가장 많이 간주될 것이다.

바람

풍속은 고도에 따라 증가하며, 높은 산에서, 특히 나무에는 심각한 스트레스 요인이 될 수 있다. 왜냐하면 나무가 땅 위로 높게 뻗어 있기 때문이다. 바람은 나무를 쓰러뜨리거나 큰 가지와 나뭇가지를 부러뜨릴 수 있는데, 특히 가지가 상고대로 덮여 있거나 얼음과 눈으로 싸여 있을 때 그렇다. 또한 바람은 모래, 토양, 눈 입자를 날려 나무를 손상하는 연마제 역할을 하게 한다. 풍상측에서 나무껍질은 매끄럽게 닳게 되고 큰 가지와 나뭇가지가 바람에 부러져 깃발 모양의 나무를 만들 수 있다(그림 8.17과 8.18).

하지만 가장 중요한 것은 겨울바람이 상록수의 어린 가지와 싹에 입히는 피해이다. 이것은 나무뿌리를 통해 차갑거나 얼어붙은 땅에서 수분을 공급받는 것보다 더 빠르게 수분을 빼앗기 때문이다(Griggs 1938; Sakai

1970; Tranquillini 1979). 건조한 바람은 정원사가 관목을 다듬는 것과 같은 역할을 한다. 일번지[35]를 잘라 내는 것은 측면의 성장을 촉진한다. 이 결과는 분명해서 깃발 모양의 나뭇가지, 크룸홀츠 나무 형태, 평평한 수관, 그리고 특징적인 것으로 바깥쪽의 키 작은 나무들과 중심에 키 크고 더 보호받는 개체가 있는 유선형의 나무숲 등이 나타나는 것을 볼 수 있다. 매우 높은 노출된 장소에서는 눈 위로 돌출되어 있는 나뭇가지가 바람으로 인해 고사한다(그림 8.19, 8.20).

물론 만약 바람에 너무 많이 노출되는 장소라면 나무는 살아남기는커녕 자리를 잡을 수조차 없다(Wardle 1968; Caldwell 1970). 대부분의 나무 씨앗은 낮은 높이의 숲에서 바람에 날려 운반되는데, 수목한계선에 있는 나무는 종종 생육할 수 있는 씨앗을 생산하지 못하기 때문이다. 알프스산맥의 유럽가문비나무(*Picea abies*)에 대한 연구는 이 나무가 유리한 장소에서는 3~5년마다 솔방울을 생산하고, 높은 고도에서는 6~8년마다 솔방울을 생산하며, 수목한계선에서는 9~11년마다 솔방울을 생산한다는 것을 밝혀냈다. 게다가 수목한계선에서 생산된 솔방울에는 대개 미숙한 씨앗이 들어 있거나 아예 들어 있지 않다(Tranquillini 1979, p. 11). 아래 낮은 곳에서 생산된 씨앗이 높은 고도에 도달하는지 여부는 바람과 지형의 국지적인 조건에 따라 결정된다. 생육할 수 있는 씨앗이라도 높은 곳에 도착하면 생존 가능성은 상대적으로 낮은데, 가파르고 암석투성이 지표면이 식물이 자라기에 적합하지 않기 때문이다. 또 한편으로 바람에 노출되고 눈이 내리지 않으며, 겨울에 묘목을 보호하지 않고 여름에 수분을 제공하지 않는 넓고 평평한 고지의 지역도 마찬가지이다.

··

35) 제일 먼저 생장하고 발육하는 싹이나 가지를 말한다.

바람의 중요성에도 불구하고, 바람은 수목한계선을 조절하는 궁극적인 요인으로 간주될 수 없다. 이 점은 수목한계선에 도달하는 수많은 지역에서, 예를 들어 열대지방에서 바람이 상대적으로 중요하지 않다는 사실로 입증된다. 또한 수목한계선의 분포와 미친가지로 위도나 대륙도와 풍속 사이에는 아무런 상관관계가 없다(그림 8.12). 알류샨 열도와 같이 바람이 많이 부는 곳에 나무가 없다는 점에서 알 수 있듯이, 바람은 확실히 국지적인 수목한계선을 제어하는 주요한 요인이다. 알류샨 열도는 기온이 알래스카 내륙처럼 결코 낮지 않지만, 나무는 알류산 열도보다는 훨씬 더 고위도인 내륙의 극지방 부근에서 자란다. 또한 바람의 중요성은 산맥의 풍상측에서 수많은 국지적인 수목한계선의 두드러진 하강으로도 입증된다(그림 8.8).

일조량

몇몇 이론은 수목한계선의 위치가 일조량이 너무 많거나 너무 적은 결과라고 주장한다(Daubenmire 1954 참조). 높이가 높으면 공기가 희박하기 때문에 햇빛의 세기는 높이에 따라 증가한다. 상대적으로 높은 자외선 성분이 광합성 과정을 방해할 수 있고, 따라서 나무가 올라갈 수 있는 고도를 제한할 수 있다(Collaer 1934). 또한 토양 표면의 과도한 열 증가가 나무의 성장을 제한할 수 있다는 주장도 제기되었다(Aulitzky 1967). 자외선은 식물에 다소 해로운 영향을 미치는 것으로 입증되었지만, 그 규모는 여전히 제대로 알려져 있지 않다(Caldwell 1968)(이 책 151~154쪽 참조). 빛의 강도와 열 집적이 수목한계선 분포를 전반적으로 제한하는 요인이라는 주장에 반대되는 주된 근거는 햇빛의 세기가 지구상의 어느 곳보다 큰 티베트와 페루의 건조한 아열대지방에서 나무가 가장 많이 자란다는 것이다.

숲의 상한계를 설명하기 위해 구름양[36]도 비슷하게 인용되었다. 수목한계선은 대륙 지역보다 해양 지역에서 항상 낮기 때문에 구름양과 낮은 수목한계선 사이에 상관관계가 있지만, 열대지방 이외의 지역에서는 구름의 영향을 바람, 강수(특히 눈), 온도의 영향과 분리하기 어렵다. 예를 들어 수목한계선은 캐스케이드산맥의 서쪽(풍상)보다 동쪽(풍하)에서 평균 500m 더 높지만, 구름양의 비율은 고려해야 할 환경적 차이 중 하나에 불과하다. 서쪽의 두꺼운 구름양과 관련된 것은 세찬 바람, 많은 강수(눈), 그리고 낮은 온도이다.

생물적 요인

나무껍질을 먹는 고슴도치, 어린나무를 갉아먹는 쥐나 토끼, 잎과 새싹을 뜯어 먹는 더 큰 초식동물은 모두 나무의 성장을 조절하는 생물적 요인의 중요성을 보여주는 사례들이다. 300여 년 전 알프스산맥에서 과도한 사냥으로 몰살된 아이벡스(*Capra ibex*)는 1920년대에 다시 도입되었다. 정부의 보호 아래 이들의 수는 현재 스위스 일부의 수목한계선에 상당한 피해를 주고 있을 정도로 늘어났다(Holtmeier 1972, p. 96)(그림 8.23). 곤충과 질병은 수목한계선의 숲을 상당히 파괴할 수 있다. 나무좀(*Dendrocotonus engelmannii*)[37]과 가문비나무좀(*Choristoneura occidentalis*)[38]은 모두 로키산맥의 수목한계선에서 심각한 해충이다(Johnson and Denton 1975; Schmid and Frye 1977). 알프스산맥과 스칸디나비아산맥에서는 나방(*Oporinia*

---

36) 특정 지점에서 관찰할 때 구름이 하늘을 덮고 있는 정도를 말한다. 구름양을 크기에 따라 10분수로 나타내고 0에서 10까지의 11계급으로 구분한다. 운량이라고도 한다.
37) 느릅나무좀과의 곤충. 또는 나무좀과에 속하는 곤충의 총칭으로 침엽수의 해충이다.
38) 잎말이나방과 나방의 유충으로 가문비나무, 전나무 따위의 잎을 먹는다.

그림 8.23 스위스 알프스산맥의 수컷 아이벡스(*Capra ibex*). 이 아이벡스는 300년 전에 서유럽의 산에서 멸종되었지만, 1920년대에 다시 도입되었다. 보호 중인 이들 개체 수가 너무 많이 증가해서 현재 일부 지역의 수목한계선에 피해를 주고 있다.(Nicholas Shoumatoff)

*autumnata*와 *Zeiraphera grisena*)이 높은 고도의 숲을 주기적으로 해친다(Holtmeier 1973). 오스트레일리아 스노위(Snowy)산맥의 아고산 삼림에서는 곤충들이 유칼립투스의 성장률을 크게 억제한다(Morrow and LaMarche 1978). 각종 동고병균[39]과 녹병균[40] 및 눈 속에 사는 다른 병원균도 수목한계선 수종에 상당한 피해를 준다(Cooke 1955).

　인간 역시 수목한계선의 상한선 위치를 크게 바꿀 수 있다. 선사시대 이

39) 균의 기생으로 일어나는 식물의 병의 하나이다. 자낭균 및 불완전 균의 침입으로 과실 나무나 임목의 줄기, 또는 큰 가지 일부에 갈색 또는 검은색의 작은 돌기가 생기는 병이다. 병든 부위 위쪽의 가지나 줄기가 말라 죽는다.
40) 양치식물이나 종자식물에 기생하여 녹병을 일으키는데, 녹병이 발생한 곳은 세포 분열이나 가지치기가 촉진되어 녹과 같은 모양이 되거나 혹 모양의 기형이 되기도 한다.

래로 인간은 사냥하기 위해 불을 사용하고 농업을 위해 땅을 개간했다. 이러한 활동을 가장 오래 행한 열대지방에서는, 만약 있다면, 극히 소수의 열대 수목한계선만이 진짜 '자연스러운' 것일 가능성이 높다. 철쭉과의 히스(heath)[41]는 산불 이후 재생할 수 있는 능력 때문에 정확히 이러한 환경의 수목한계선 부근에 많이 있다(Sleumer 1965; Janzen 1973). 또한 철쭉과(*Ericaceae*)는 북반구 산의 아고산지대와 고산지대에도 잘 나타나고 있다. 미국 태평양 북서부 지방(Pacific Northwest)의 인디언들은 정기적으로 월귤나무(*Vaccinium spp.*)를 따는 장소를 유지하고 증가시키기 위해 산의 상부 숲에 불을 놓는다. 일부 지역에서는 산불(인위적이고 자연적인 것 모두)이 너무 중요하기 때문에 몇몇 나무는 산불에 적응하게 되었다. 예를 들어 미국 서부의 산맥에서는 웨스턴낙엽송(웨스턴라치)(*Larix occidentalis*), 로지폴소나무(*Pinus contorta*), 유럽사시나무(*Populus tremuloides*)가 모두 산불 후에 빠르게 재생한다. 이들은 천이종이지만, 수목한계선의 다른 종으로 대체되는 것은 종종 매우 느린 과정이다. 오스트레일리아에서 볼 수 있는 눈고무나무(*Eucalyptus niphophila*)는 산불로 수관이 파괴된 후에도 땅속의 식물기관에서 재생이 가능하다(Costin 1959). 그러나 수목한계선의 종 대부분은 산불에 적응하지 못하고, 예전과 같이 복구되는 데 시간이 오래 걸린다. 이러한 이유로 수목한계선 지역에서 산불의 영향은 수 세기 동안 지속될 수 있다.

또한 인간은 목재, 농경지, 땔감(특히 숯)을 마련하기 위해 벌목함으로써 수목한계선의 위치를 크게 변화시켰고, 가축을 집중적으로 방목하여 어린

41) 한대에서 온대에 걸쳐 일반적으로 얼마쯤의 이탄(peat)이 함유된 모래흙에 나는 철쭉과의 관목이 우점하는 저지의 식물군집을 말한다.

그림 8.24 다보스 바로 동쪽 스위스 알프스산맥의 2,300m 높이 플루엘라 고개(Fluela Pass) 부근의 과거 광범위했던 숲의 잔유물. 이것이 인위적인 것이고 기후적 수목한계선이 아니라는 증거는 나무의 곧은 성장 형태 및 깃발 모양의 나무가 적거나 나무에 미치는 다른 환경적 스트레스에 대한 증거에 있다. 수 세기 동안 벌목하고 방목하는 것이 이러한 지역에 피해를 주었다.(저자)

나무를 파괴하고 묘목이 자리를 잡지 못하게 했다. 수많은 지역에서 수목한계선의 높이가 원래의 높이보다 수십에서 수백 미터 낮아졌다(Costin 1959; Molloy et al. 1963; Budowski 1968; Pears 1968; Holtmeier 1972; Eckholm 1975; Plesnik 1973, 1978)(그림 8.24). 이것은 특히 수천 년 동안 수많은 인구를 지탱해온 안데스산맥, 알프스산맥, 히말라야산맥의 일부 지역에서 사실이다. 그 결과 빠른 유출로 인해 침식과 홍수가 증가하고, 눈 저장 용량이 감소하며, 무엇보다 눈사태로 인한 위험이 크게 증가했다. 현재 알프스산맥에서는 산비탈을 다시 삼림으로 녹화하여 수목한계선의 자연적인 한계를 복원하기 위해 공동으로 노력하고 있다(Douguedroit 1978). 이는 특히

그림 8.25 스위스 엥가딘 계곡 상부의 유명한 건강 휴양지 폰트레시나(Pontresina). 과거 사면의 삼림파괴 때문에 발생하는 눈사태로 이 소도시는 상당한 위험에 처해 있다. 수목한계선 위로 광범위한 방지구조물이 설치되었지만, 나무가 없는 눈사태 여울에서 볼 수 있듯이 눈사태는 여전히 발생한다. 이 문제에 대한 유일한 만족스러운 해답은 재녹화[42]이다. 한편, 위험한 런아웃(runout)[43] 지대에서는 생명과 재산을 보호하기 위해 긴박한 토지이용 규제를 시행해야 한다.(Lochau; F. K. Holtmeier, University of Münster 제공)

- -

42) 본래 산림이었으나 산림 이외의 용도로 전환되어 이용케온 토기에 인위적으로 다시 산림을 조성하는 것을 말한다.

43) 정상 위치에서 벗어나 있는 범위의 크기나 그 정도를 말한다.

그림 8.26 스위스 다보스 부근의 가파른 나지의 사면에서 스위스 눈사태 연구소(Swiss Avalanche Institute)가 진행하고 있는 재조림 사업.(저자)

눈사태 위험을 줄이는 숲의 역할 때문에 겨울 관광객에 크게 의존하는 지역에서 매우 실질적인 의미를 갖는다(그림 8.25). 눈사태 방지책을 수립하는 데 엄청난 양의 돈과 시간을 사용했지만, 궁극적인 방법은 숲을 다시 조성하는 데 있다는 사실을 이제야 깨닫게 되었다. 이것은 국지적인 환경의 혹독함 때문에 느리고 어려운 과정이 되겠지만(Aulitzky 1967), 아마도 이 일의 필요성과 중요성을 인식하는 데 가장 큰 장애물은 이미 제거되었을 것이다(그림 8.26). 운이 좋게도 북아메리카는 비교적 손상되지 않은 고산의 수목한계선이 유지되고 있다. 이 유산은 가치가 크므로 어떤 대가를 치르더라도 지켜야 한다.

온도

오랫동안 수목한계선의 궁극적인 원인을 낮은 온도로 간주해왔다. 이러한 결론은 북극툰드라와 고산툰드라는 매우 한랭한 곳이라는 것과, 기온이 연속적으로 하강하는 곳을 따라가면 결국 나무가 더 이상 자랄 수 없는 어느 한 지점에 도달한다는 단순하고 논리적인 관찰에 근거한다. 그러나 주요 대사 과정과 성장 과정이 여름에 발생하기 때문에 겨울의 혹독함은 여름의 온난함보다 훨씬 덜 중요하다. 북극 지역과 고산지역 모두에서 관측한 바에 따르면 수목한계선이 가장 온난한 달의 10°C 등온선과 밀접한 관련이 있다는 사실이 밝혀졌다(Brockmann-Jerosch 1919). 이러한 관측을 충분히 입증하기에는 이들 지역에 기상 관측소가 불충분하지만, 상당히 정확한 것으로 보이며 사실로 널리 받아들여지고 있다.

그러나 낮은 온도가 나무의 성장을 멈추게 하는 정확한 메커니즘은 여전히 알지 못한다. 하지만 보이센-엔센(Boysen-Jensen, 1949, p. 10)은 이 메커니즘이 정상적인 신진대사 과정을 유지하기 위해 할당된 에너지의 양과 새로운 목재의 생산을 위해 남겨진 양의 함수라고 제시했다. 만약 정상적인 신진대사 과정을 유지하는 것에만 이용 가능한 모든 에너지를 쓴다면, 나무는 성장을 멈춘다. 이 이론에 따라 나무 성장의 적응이 나무줄기와 뿌리의 비생산적인 조직에 갇혀 있는 에너지의 양을 줄일 수 있을 것으로 기대할 수 있다. 실제로, 100년 이상 된 키 작은 나무, 즉 키가 1m 이하이고 나무줄기의 지름이 2.5cm 이하인 나무를 수목한계선에서 발견하는 것은 드문 일이 아니다. 이들 나무의 연간 나이테는 너무 촘촘하기 때문에 그것을 세는 데 현미경이 필요하다. 하지만 느린 성장 자체가 수목한계선의 제한 요인이 될 필요는 없다. 현손하는 가장 오래된 나무 중 하나인 (수령이 최대 8,000년인) 강털소나무(*Pinus longaeva*)는 미국 남서부 산맥의 수목한계선에서 자란다(Ferguson 1970; LaMarche and Mooney 1972). 일부 연구자들은 매우 느린 성장 속도가 실제로 짧은 성장기에 대한 긍정적인 적응일 수 있다고 생각한다. 왜냐하면 느린 성장 속도는 어린 가지의 조직이 다 자랄 수 있도록 하는 반면에, 빠른 성장 속도는 그렇지 않을 수 있기 때문이다(Wardle 1974, p. 383).

워들(Wardle, 1971, 1974)은 나무의 휴지(休止)에 대한 궁극적인 설명으로 어린 가지가 조직을 다 자라게 할 수 없기 때문이라는 가설을 세웠다. 이것은 어린 가지가 동결되거나 메마르게 되었을 때 발생할 수 있다. 왜냐하면 어린 가지는 뿌리를 통해 공급받을 수 있는 것보다 더 많은 수분을 대기 중에 빼앗기고 있기 때문이다. 어린 가지는 계절적 생장을 마치고 수분 함량이 높아져 다육식물의 모습이 없어졌을 때 다 자란 것으로 간주된다. 수목한계선에 있는 나무의 다 자란 어린 가지는 불침투성 표면을 가지고 있어 낮은 온도와 건조에 견딜 수 있으며, 나무 세포는 얼음 결정의 성장으로 손상받지 않는다(Wardle 1971, p. 373). 그러므로 수목한계선의 상한선은 나무의 수관 높이에 존재하는 환경조건에서 나무의 어린 가지가 생장하여 다 자랄 수 있는 가장 높은 고도를 나타낸다. 결정적인 요인은 겨울철 건조에 대한 보호이다. 고도에 따라 성장기가 줄어들면서 침엽과 어린 가지가 다 자라게 되는 데 걸리는 시간이 줄어든다. 결과적으로, 나무가 한층 더 얇은 큐티클(cuticle)[44](보호 덮개) 및 가뭄에 대한 약한 내성을 갖게 되는 동시에 환경 스트레스는 심해진다(Tranquillini 1979, pp.

----

44) 생물의 체표를 덮고 있는 세포, 즉 식물의 표피세포는 그 바깥쪽으로 여러 가지 물질의 층을 분비하는데, 이 층이 굳은 막 모양 각질층의 총칭이다. 큐티클은 육상식물에는 잘 발달하지만, 수중식물에는 발달하지 않는다.

109~110). 그러나 여름에 어린 가지가 다 자랄 수 있는 시간이 있는 나무는 혹독한 겨울 조건을 견뎌낼 수 있다. 이 점이 온화한 해양 지역보다 혹독한 겨울이 있는 극심한 대륙 지역에서 높은 고도에 도달하는 나무의 명백한 이상 현상을 설명한다. 물론 서로 다른 종은 다양한 극한의 기후에 대해 상이한 유전적 내성을 가지고 있다(Clausen 1963). "따라서 빌헬름산(뉴기니)에만 수목한계에 약 13개의 종이 있는 반면에, 콜로라도주 로키산맥 전체에는 단지 4~5종만이 있을 뿐이다"(Wardle 1974, p. 381).

수목한계선의 원인이 무엇이든지 간에, 키 큰 식물과 키 작은 식물에 다른 영향을 미친다. 크룸홀츠 나무 및 다른 목본성 식물은 지면 근처에서 낮 시간의 한층 더 온난한 기온의 혜택을 받아 삼림한계선 위로 멀리 뻗어 있다. 게다가 지면 근처에서는 바람의 스트레스가 한층 더 적고 겨울에는 눈으로 보호받는다. 높은 산의 지표면 근처 서식지에 대한 매력을 상쇄하는 여름의 열적 증대는 어떤 경우에 너무나 지나쳐서 겨울보다 이 시기에 한층 더 큰 스트레스를 식물에 가할 수도 있다(Aulitzky 1967).

그럼에도 나무는 지표면 근처의 온난한 조건을 이용하여 가장 높은 고도에 도달한다. 나무는 거의 항상 그늘진 사면보다 양지바른 사면의 더 높은 곳에서 자라며, 또한 흐린 해양 기후보다 양지바른 대륙 기후에서 더 높은 곳에서 자란다. 이러한 모든 관측은 수목한계선의 상한선 고도를 설정하는 데 온도의 중요성을 분명히 보여준다. 그럼에도 수십 년 동안 식물의 에너지 관계와 수목한계선에서의 순동화작용(net assimilation)[45] 속도에 대한 연구는 결정적인 결과를 도출하지 못했다. 어린 가지 조직의 성장에

----

45) 식물의 동화기관(잎, 엽병, 수피, 과피, 과경 등)이 행하는 동화작용 총량과 그 기간 동안 진행되는 호흡작용 총량과의 차이이다.

대한 개념은 신선한 대안을 제공하고 새로운 접근법을 열어준다. 그렇다 하더라도 궁극적으로 상부 수목한계선을 완벽하게 이해하기 위한 설명으로는 여전히 부족하다.

고산툰드라

툰드라는 러시아어로 '나무 없는 평원'을 의미한다. 원래는 수목한계선 북쪽의 북극 지역에 사용되었는데, 나중에는 식물군락의 유사성 때문에 멀리 남쪽 산악지역의 수목한계선 위의 지역에도 적용되었다. 북극툰드라와 고산툰드라를 비교하고 대조하는 수많은 연구가 이루어졌다(Bliss 1956, 1962, 1971, 1975; Billings and Mooney 1968; Billings 1973, 1974a). 고위도의 산에서 수목한계선 위의 지역에 있는 식생은 근본적으로 북극툰드라의 경우와 동일하다. 하지만 중위도 지방의 고산툰드라에 있는 종의 절반 미만이 또한 북극지방에서 발견되며, 중위도 산의 툰드라에 있는 전체 식물상도 북극지방의 경우보다 훨씬 더 풍부하고 다양하다. 이는 산악환경의 다양성, 산재한 분포와 고립, 다양한 발달사 때문이다. 이 차이는 열대지방으로 가면서 계속 증가하여, 툰드라라는 단어의 사용이 부적절하게 된다. 식물상과 생물 형태는 거의 완전히 다르고 극지의 대표적인 것들은 거의 없다(Van Steenis 1935, 1962; Hedberg 1951, 1961, 1964; Troll 1958b, 1959; Cuatrecasas 1968). 남반구에서는 툰드라가 북반구보다 훨씬 더 제한적이다. 남극대륙은 대부분 얼음으로 덮여 있어, 툰드라를 유지하는 유일한 곳은 남극대륙의 작은 섬과 산악지역이다. 식물상은 (양 반구 극지의 소수 식물을 제외하고) 북반구의 경우와 완전히 다르지만, 기능과 구조가 유사하기 때문에 툰드라라는 단어의 사용은 정당하다(Ward and Dimitri 1966; Billings 1974a, p. 403). 그런데도 연구자 대부분은 남반구와 열대의 산에서 기후 수목한계선 위에 자라는 낮게 누운 식물군락을 지칭하는 데 고산 식생이라는 용어의 사용을 선호해왔다(Van Steenis 1935; Hedberg 1964; Costin 1967; Mark and Bliss 1970, p. 382).

고산툰드라는 북극지방에서와 마찬가지로 일반적으로 낮은 툰드라, 중간 툰드라, 높은 툰드라로 구분된다(Polunin 1960; Swan 1967). 낮은 고산 툰드라는 수목한계선과 바로 인접한 지대로, 낮게 누운 관목, 허브, 풀의 상당히 완전한 피복으로 이루어져 있다(그림 8.27). 가장 많은 수의 종과 다양성이 이 지역에서 발견되고 있으며, 일반적으로 툰드라 내에서 가장 생산적인 지역이다. 예를 들어, 수목한계선 위에서 이루어지는 대부분의 방목은 낮은 고산툰드라에서 일어난다(Bliss 1975). 이 스펙트럼의 반대쪽 끝에는 높은 고산툰드라 지대가 있는데, 이는 북극지방 또는 극지사막에 해당한다. 산에서 식생이 있는 가장 높은 지역은 이끼, 지의류 식물, 키 작은 관다발식물(vascular plant)[46]이 있는 암석투성이 나지를 특징으로 한다. 종의 수는 크게 감소하고, 결국 외로운 보초처럼 서 있는 마지막 한 종이 있는데, 이는 다른 어느 종보다 높이 자란다.

관다발식물(통도조직[47]의 가닥이 있는 진화된 식물)이 도달하는 가장 높은 고도는 짐작하는 바와 같이 열대지방이 아니라 위도 20°~30°의 히말라야산맥과 안데스산맥에 있으며, 여기서 높이가 5,800~6,100m까지 뻗어 있다 (Zimmermann 1953; Webster 1961; Swan 1967). 적도의 열대지방에서는 관

---

46) 관다발이 있는 식물군을 말한다. 식물계에서는 녹색식물만이 관다발이 발달해 있으므로 녹조에서 진화한 관다발을 가지는 식물군을 말하며 유관속식물, 관속식물이라고 한다.
47) 식물체 내에서 수분이나 양분 등의 통로 역할을 하는 조직이다.

그림 8.27 워싱턴주 올림픽산맥의 1,800m 높이 수목한계선 바로 위의 낮은 고산툰드라. 풍부한 꽃식물은 빙하백합(*Erythronium Grandiflorum*)이다.(저자)

다발식물이 최대 약 5,200m 높이까지 확장하는데, 이 지역의 구름양이 온도를 낮추는 경향이 있기 때문이다. 또 다른 요인은 가장 높은 산맥, 즉 히말라야산맥과 안데스산맥이 아열대 위도에 위치해 있다는 단순한 사실이다. 게다가 이들 산맥은 열대지방에 있는 대부분의 산보다 훨씬 더 거대하며, 내부 산맥은 수분을 포함한 공기로부터 어느 정도 보호받고 있다. 이곳의 건조한 조건은 높은 설선과 긴 성장기를 의미한다(Swan 1967, p. 36).

현화식물[48]의 높이 너머에는 또 다른 생물 지역이 존재하는데, 이를 풍성대[49]라고 한다(Swan 1961, 1963a, b, 1967; Mani 1962; Papp 1978; Spalding 1979). 풍성대는 히말라야산맥의 높은 곳에서 곤충, 조류(algae), 균류, 갑각류 그리고 마지막 녹색식물의 높이보다 멀리 위에 있는 새를 관찰한 과학자에 의해 처음 인식되었다. 대부분의 생물 형태가 거주하는 식물에서 나오는 에너지에 의존하기 때문에 다음과 같은 의문이 생겼다. 어떻게 이런 형태의 생물이 존재하는가? 이들의 먹이 공급원은 무엇인가? 처음에 곤충은 단순히 서로 먹으며 사는 것으로 믿었다(Hingston 1925, p. 194). 이것이 사실이라면 얼마나 타락한 상황인가! 이러한 불합리성은 곧 입증되었고(Glennie 1941), 따라서 지금은 곤충이 바람에 의해 높은 고도까지 운반되는 꽃가루, 포자, 씨앗, 죽은 곤충, 식물 조각 등과 같은 다양한 유기물질을 먹으며 살고 있다는 것이 알려졌다. 이와 유사한 생물분포대(life zone)가 극단적인 사막지방과 극지방에도 존재하는 것으로 생각된다.

••

48) 식물군 중 꽃을 생식기관으로 가지고 밑씨가 씨방 안에 들어 있는 식물군을 가리킨다. 가장 많은 종을 포함하고 있는 식물군으로 전체 식물의 약 80%가 현화식물군에 속한다.
49) 고등식물의 상한이며 바람으로 운반된 유기물로 유지되는 지역이다.

고산툰드라 환경의 변화 정도

고산툰드라를 처음 방문하는 사람은 식생의 외관상 단조로움에 놀랄 수도 있지만, 자세히 조사해보면 서로 다른 경관 특징에 반응하는 다양한 식물군락을 발견할 수 있을 것이다. 하지만 대부분의 고산식물은 폭넓은 내성 범위[50]와 다양한 서식지를 점유할 수 있는 능력을 가진 일반종[51]이다. 실제로 수많은 종이 중위도의 잡초와 밀접하게 관련이 있다(Griggs 1934). 툰드라 식물은 이런 점에서 폭 좁은 내성 범위와 한정된 생태적 지위를 점유하는 열대 저지대의 고도로 특화된 식물과는 매우 다르다. 하지만 고산 종도 극한 환경에 대한 민감도가 다양하며, 단거리 내에서 발생하는 급격한 환경의 변화 정도에 대응하여 독특한 패턴이 나타난다.

적절한 기층, 즉 맨 암석이나 수직 곡두벽 이외의 것을 가정하면, 고산 툰드라의 가장 가혹한 환경은 바람과 눈의 상호작용에서 비롯된다(Billings and Mooney 1968, p. 496). 노출된 산릉은 일반적으로 바람이 불어 눈이 쌓이지 않으므로, 수분이 거의 공급되지 않거나 바람으로부터 보호받기 어렵다. 오직 지의류 식물, 이끼, 그리고 몇몇 누운 방석 식물만이 이러한 장소에서 자랄 수 있다. 또 다른 극단으로는 눈이 집적되어 계절이 끝날 때까지 지속되는 지역이 있다. 어떤 경우에는 마지막 눈이 녹은 후 수일 이내에 눈이 다시 내리기 시작한다. 따라서 성장기가 너무 짧아 식물이 살아남을 수 없다. 다른 한편으로 눈이 바로 녹을 수 있는 곳은 눈이 집적되는 지역

..
50) 생물이 생존할 수 있는 비생물 환경요인의 범위를 말한다.
51) 생태계에서 생태적 지위의 범위가 넓은 종으로 기회는 많으나 출현 종 간의 기능과 역할이 세분되지 않아 경쟁이 많은 종을 가리킨다.

이 겨울에 식생을 보호하고 여름에 수분을 공급하기 때문에 식생에 가장 유리하고 생산적인 지역에 속할 수 있다. 이처럼 눈이 집적되고 융해되는 패턴은 고산의 식생 패턴을 확립하는 주요한 요인이 된다(Billings and Bliss 1959; Canaday and Fonda 1974; Webber et al. 1976). 극한의 고산 환경에서 미소서식지의 존재는 삶과 죽음, 그리고 성공과 실패의 크나큰 차이를 만들 수 있다. 식물은 아마도 자신을 어느 정도 보호해주는 작은 암석의 피난처에서 살 수 있지만, 어느 쪽이든 수 센티미터도 존재할 수 없다. 고산식물이 이러한 극한 환경에서도 자라는 것은 고산식물의 끈기와 회복력의 증거이다. 이들 고산식물은 조건이 가장 유리한 장소를 이용하여 부분적으로는 번성한다. 만약 씨앗이 한 지점에 떨어져 식물이 자란다면, 씨앗은 보통 이곳에서 계속해서 살아남을 수 있다(그리고 재난을 막는다).

어떤 식물은 심지어 만년설 지대 안에서 자란다. 암석투성이인 산봉우리는 작은 틈새에 미세 물질이 집적하여 식물이 뿌리를 내릴 수 있는 충분한 거점을 제공하면서 이러한 현상이 나타난다. 소규모 설전[52]은 겨울 동안 키 작은 식물을 보호하고 이듬해 여름에 생기를 돋우는 수분을 공급한다. 이들 눈의 갈라진 틈에 있는 식물은 이러한 미소서식지를 이용하여 예외적으로 높은 고도에 도달한다. 작은 (빙하)미나리아재비(*Ranunculus glacialis*)는 알프스산맥에서 관다발식물이 자랄 수 있는 가장 높은 고도인 4,270m의 핀스터아어호른(Finsteraarhorn)에 도달한다. 또 다른 미나리아재비(*Ranunculus grahami*)는 뉴질랜드 알프스산맥의 말트 브룬(Malte

---

52) 주위보다 융설이 늦어 사면이 고립된 잔설 구역을 말한다. 사면상의 요지나 산릉의 풍하사면 등에는 바람에 날려 쌓인 두꺼운 적설이 생겨, 융설기에도 녹기 않고 남아 있기 때문에 설전의 눈은 융해·동결을 반복하여 변질되어 밀도가 높은 권곡이 된다. 사계절을 통해 녹지 않는 것은 만년설, 만년설전이라고 한다.

그림 8.28 히말라야산맥 마칼루(Makalu)산의 5,900m 높이에 위치한 식물 성장의 절대 상한계 부근의 암석 아래 또는 눈의 갈라진 틈에서 자라는 식물(별꽃속 *Stellaria decumbens*). 이 종과 동일한 식물이 마칼루산의 적어도 610m 이상 더 높은 곳에서도 자라는데, 한층 더 작고 드물다.(L. W. Swan, San Francisco State College)

Brun)산에 있는 영구설선[53] 위의 2,900m 높이에서 나타난다(Billings and Mooney 1968, p. 497). 히말라야산맥 마칼루산의 대략 6,100m 높이에서 자라는 식물은 세계에서 가장 높은 곳에서 자라는 것으로, 이들 미나리아재비와 생태학적으로 동일한 것이다(그림 8.28). 이들 식물은 햇볕으로 따뜻해진 암석이 작은 눈더미[54]를 녹이는 곳에서 자란다. 융수는 충분한 수분

..
53) 연중 눈이 지표를 덮고 있는 지역의 최하단이나 가장 낮은 위치의 표고를 말한다.
54) 눈이 내릴 때 또는 눈이 내린 후에 강한 바람이 불면 쌓인 눈의 표면에서 눈이 다시 공중으로 날려 올라가 풍하측을 향해서 이동하여 눈보라가 되며, 눈보라 유량의 수렴으로 형성된 주위보다도 적설이 많은 곳이다. 눈언덕 또는 날려쌓인눈이라고도 한다.

과 온난함을 식물에 공급하여 기온 자체가 드물게 영상으로 상승하는 (그리고 만약 기온이 영상이어도 눈이 녹지 않는) 고도에서도 식물이 살아갈 수 있게 한다.

고산식물의 특성과 적응

고산식물의 주요 적응은 낮은 온도, 짧은 성장기, 영양소 부족, 일반적인 불안정성 등을 특징으로 하는 가변적인 극한 환경에서 살아가는 것이다. 이들 고산식물은 다른 유기체가 아니라 주로 환경과 관련되어 있다. 종 간에는, 특히 한층 더 유리한 장소에서는 어느 정도 경쟁이 있을 수 있지만, 서로 다른 종들 사이의 경쟁은 대부분의 다른 환경에 비해 상대적으로 중요하지 않다. 고산식물은 수많은 종류의 형태학적, 생리학적, 생태학적 적응을 보여준다. 하지만 이들 중에서 가장 중요한 부분에 대해서만 여기서 짚어보도록 하겠다. 더 많은 정보를 원한다면, 블리스(Bliss, 1956, 1962, 1971, 1975), 트랜퀼리니(Tranquillini, 1964), 빌링스와 무니(Billings and Mooney, 1968), 빌링스(Billings, 1974a, b)의 훌륭한 논문을 읽어볼 것을 권한다.

식물상

널리 산재하는 산악 식물상의 크기와 조성은 위도, 일반적인 기후 체계, 산괴의 크기, 다른 산이나 북극지방에 대한 연속성이나 고립성, 툰드라 지표면의 연대(특히 최종 빙기 이후), 국지적이거나 지역적인 식생사 등과 관련된 수많은 요인에 따라 달라진다. 고산식물상은 일반적으로 저위도로 갈수록 북극의 경우와 매우 달라진다. 북극툰드라에는 대략 1,000종의 식물이 있으며, 이 중 약 500종은 북반구의 중위도 지방에 이른다. 또한 북극 지방에서 발견되는 소수의 속은, 예를 들어 새포아풀(*Poa*), 꽃다지(*Draba*), 남도자리(*Arenaria*), 양지꽃(*Potentilla*)은 열대지방의 가장 높은 높이까지 확장하며, 2~3개 속은 북극지방에서 아남극지방에 이르는 진정한 양 반구 극지의 속이다. 이들 중 하나는 벼과 식물 잠자리피(*Trisetum spicatum*) 이다. 조금 더 많은 지의류 식물과 이끼는 양 반구 극지의 식물이다(Billings and Mooney 1968, p. 482).

어떤 경우에는 뉴햄프셔주 프레지덴셜산맥의 워싱턴산에서와 같이 중위도 산의 식물상임에도 주로 북극 종으로 이루어져 있다. 이 지역에는 약 75종의 고산 종이 있는데, 거의 모든 고산 종이 북극지방에서 나타난다(Bliss 1963). 다른 한편으로 캘리포니아주 시에라네바다산맥에는 약 600종의 고산식물상이 있지만, 단지 약 20%만이 북극과의 유연[55]을 나타내고 있다. 대부분은 주변의 사막이나 로키산맥과 캐스케이드산맥이나 둘 중 하나와 관련이 있다(Went 1948; Chabot and Billings 1972). 로키산맥은 북극 종이나 고산 종과 관련하여 중간 위치를 차지하고 있다. 몬태나주와 와이오밍주의 경계에 있는 베어투스산맥에는 192종이 있으며, 이 중 50%는 또한 북극지방에도 존재한다(Billings 1974b, p. 138). 콜로라도주의 남쪽으로 갈수록 고산 종의 수는 약 300여 종으로 증가하는 반면에, 북극 종의 비율은 40% 이하로 감소한다(Bliss 1962, p. 118).

유사한 패턴이 유라시아에도 존재한다. 스칸디나비아산맥과 시베리아 산맥에는 북극지방과의 인접성과 연속성 때문에 북극과 관련된 종의 수가 가장 많이 있다. 스칸디나비아에는 고산 종이 180종 있는데, 이 중 63%

··

55) 특정한 성분, 기관, 구조에 대하여 선천적인 유사 또는 관계를 말한다.

가 극지 부근에 있다. 이에 비해 스위스 알프스산맥에는 고산 종이 420종 있으며, 이 중 약 35%가 북극과의 유연을 보인다. 마찬가지로, 중앙아시아의 알타이산맥에는 고산 종이 300종 있으며 40%가 북극과의 유연을 보인다. 북쪽으로 가면서 이 수치는 사얀(Sayan)산맥에서 50%로, 그리고 스타노보이(Stanovoi)산맥에서 60%로 증가한다(Major and Bamberg 1967, p. 99). 파미르고원, 톈산산맥, 알타이산맥, 히말라야산맥, 카라코람산맥, 힌두쿠시산맥, 캅카스산맥과 같은 중앙아시아 산맥의 고산식물상은 어떤 다른 북반구 산악지역의 식물상보다 현저하게 더 많고 독특하다. 왜냐하면 이들 산맥에서는 대부분의 다른 중위도 산맥처럼 빙하얼음이 범람하지 않았기 때문이다. 결과적으로, 식생은 발달과 분화에 더 오랜 시간이 걸린다. 히말라야산맥 지역은 플라이스토세 전 기간에 걸쳐 동식물 모두에게 레퓨지아(refugium)[56] 역할을 한 것으로 여겨지며, 고산툰드라의 수많은 종이 이곳에서 유래되었을 수도 있다(Hoffmann and Taber 1967). 정확한 수치는 없지만, 이들 중앙아시아의 높은 산맥에 있는 고산식물의 수는 아마도 1,000종이 넘을 것이며, 25~30%가 또한 북극지방에 존재한다(Major and Bamberg 1967, p. 98).

열대지방에서는 산꽃이 점점 더 고립되고 분리된다. 동아프리카의 높은 화산에는 고산 종이 대략 300종 있는데 80%는 (단지 국지적으로만 발견되는) 고유종(endemic species)[57]이다. 이들 아프로알파인(Afroalpine) 식물은 주로 주변의 저지대 식생으로부터 종 분화[58]를 통해 진화해왔으며, 중위도 지방

56) 빙하기와 같은 대륙 전체의 기후변화기에 비교적 기후변화가 적어서 다른 곳에서는 멸종된 것이 살아남은 지역이다.
57) 특정 지역에만 분포하는 생물의 종을 가리킨다.
58) 시간이 경과함에 따라 다양한 종이 생기는 현상을 말한다. 새로운 종이 생기는 과정에 대하

의 그 어떤 식물과도 매우 다르다(Hedberg 1965, 1969, 1971). 이와 유사한 발달 과정이 안데스산맥의 식물상에서, 그리고 말레이시아, 인도네시아, 뉴기니 산맥의 식물상에서도 뚜렷하게 나타난다(Van Steenis 1934, 1935, 1962, 1972; Troll 1958b, 1959; Cuatrecasas 1968).

키 작은 성장의 형태

아마도 고산식물의 가장 두드러진 특징은 키 작은 성장의 형태일 것이다. 이 특징은 식물이 지면 부근의 더 유리한 환경을 이용할 수 있게 해주며 지표면 위 1~2m에서의 현저하게 가혹한 조건을 피할 수 있게 해준다. 바람은 지면 부근에서 크게 줄어들기 때문에 물리적인 스트레스와 증산의 스트레스가 적어진다. 태양 에너지가 지표면에 흡수되고 열이 바람으로 인해 그렇게 빨리 운반되지 않기 때문에 지표면 부근은 훨씬 더 온난하다. 식물이 잎을 내어 잎과 줄기는 공기보다 훨씬 더 따뜻해질 수 있다. 콜로라도주 로키산맥에서의 한 연구에 따르면 날이 맑은 기간 동안 식물의 온도가 기온보다 22℃ 정도 더 높은 것으로 나타났다(Salisbury and opomer 1964). 낮은 온도가 생물의 생육을 제한하는 지역에서 지표면 부근의 이러한 추가적인 열의 중요성은 아무리 강조해도 지나치지 않다. 마지막으로 키 작은 성장의 형태는 겨울에 적설의 단열 특성을 이용할 수 있다. 그러므로 적어도 고산툰드라 식물의 관점에서 볼 때, 높은 산의 수많은 지역에서 지표면 부근의 환경은 생각만큼 심각하지 않다. 이들 식물은 여름 동안 지표면 부근의 비교적 온난한 조건을 겪으며, 종종 눈의 보호 덮개 아래에

∙∙

여 이소적 분화, 동소적 분화 등의 가설이 있는데 주로 분화가 일어나는 집단이 지리적으로 얼마나 떨어져 있느냐를 바탕으로 한다.

서 겨울의 혹독함을 피한다.

고산 환경에서 키 작은 성장의 형태가 우점하는 것에 대한 예외는 열대의 산에 있는 몇몇 식물의 특징으로 자이언트 로제트(rosette)[59]의 형태이다 (그림 8.15, 8.16) 독특한 양초 모양의 이들 이상한 식물은 높이가 수 미터에 이른다. 이들은 동아프리카 화산의 자이언트 세네시오와 숫잔대를 포함하며, 남아메리카 파라모(paramo)[60]의 에스펠레티아(*Espeletia*)와 루핀 (*Lupinus*)의 2차적 유사 성장의 형태와 관련된다. 이와 밀접하게 관련된 형태는 하와이의 높은 고도에서 자라는 은검초(*Argyroxiphium sandwicense*) 이다(Troll 1958b, 1959). 열대의 산악환경에서는 일 년 내내 신진대사 과정이 이루어지기 때문에, 이들 대형 원주형 식물의 주요 적응은 밤에 일어나는 동결로부터 싹을 보호하는 다양한 메커니즘에 있다. 즉 솜털로 덮인 큰 잎이 밤에는 안으로 굽어 싹을 에워싸고, 코르크 같은 외피가 존재하며, 위급한 시기에 액체가 싹 위로 분비된다. 털이 많으며 솜털로 덮인 잎이 줄기를 덮어씌우는 것 또한 낮에 강렬한 햇빛으로부터 원주형 식물을 보호하는 데 도움이 된다(Hedberg 1964, pp. 41~64).

다년생식물

고산툰드라의 식물 대부분은 다년생식물[61]이다. 이곳 식물상의 단지 1~2%만이 일년생식물이다(Billings and Mooney 1968, p. 493). 이것은 영속

··

59) 짧은 줄기의 끝에서부터 땅에 붙어서 사방으로 나는 잎들을 말한다.
60) 열대 고산지역인 안데스 산지는 해발고도가 4,350~4,500m의 지역으로 연중온도가 낮아서 농경지대나 수목의 한계를 넘어서며 연평균 기온이 0℃로 설선이 위치한다. 이 지대의 아랫부분에 고산이 수목이 없고 파아플과(科) 식물이 주로 자라는 연중 푸른 초지 지역은 파라모라 한다.
61) 개체가 2년 이상 생존하는 성질의 식물을 지칭한다.

성에 생존가(survival value)[62]가 있다는 것을 암시한다. 고산식물은 일단 조건이 허락되면 빠르게 신진대사를 할 수 있어야 하고, 그 결과 이들 고산식물의 생활주기[63]는 허용된 짧은 시간 내에 완료될 수 있다. 중위도와 고위도의 산에서 서늘하고 짧은 성장기는 일년생식물에 유리하지 않다. 씨잇이 이렇게 짧은 기간에 발아하고, 꽃을 피우고, 열매를 맺는 것은 어렵다. 반면에, 다년생식물은 발아 과정과 초기 성장 과정에 귀중한 시간과 에너지를 소비할 필요가 없다. 툰드라 다년생식물은 몇 가지 다르게 적응하여 생활주기를 더 빨리 완료할 수 있다. 예를 들어, 툰드라 다년생식물은 일반적으로 미리 형성된 어린 가지와 꽃봉오리를 발달시키기 때문에 일단 조건이 허락된다면, 한층 더 빠르게 어린 가지가 자라고 꽃을 피운다(Billings 1974a, p. 412). 수많은 툰드라 식물은 상록수로, 광합성이 시작되고 나서야 새로운 잎이 자라도록 하고, 동시에 오래된 잎에 예비 영양소를 저장할 수 있게 된다.

툰드라 식물은 상대적으로 크고 광범위한 근계(root system)[64]를 발달시킨다. 이 근계는 공기 중에 있는 식물의 작은 부분이 필수적으로 생명을 유지할 수 있도록 지원하고, 불모의 기간을 극복하는 데 도움이 된다. 대부분의 툰드라 식물은 지면의 위보다 아래에 2~6배 더 많은 생물량을 가지고 있다(Daubenmire 1941; Webber and May 1977)(그림 8.29). 예비 영양소는 탄수화물과 녹말의 형태로 뿌리에 저장되며, 식물은 봄철의 빠른 초기

----

62) 개체가 나타나는 여러 특성의 적응도를 높이는 기능이나 효과를 의미한다.
63) 세대에서 세대로 이어지는 한 개체의 일련의 생식 발달 단계를 말한다.
64) 식물의 고착기관인 동시에 수분 및 영양염류의 흡수를 한다. 모래땅이나 사막 등 토양이 건조한 곳의 식물은 지하수를 향하여 깊게 자라고, 많은 분기로 흡수 면적을 증가시키며 내건성이 크다.

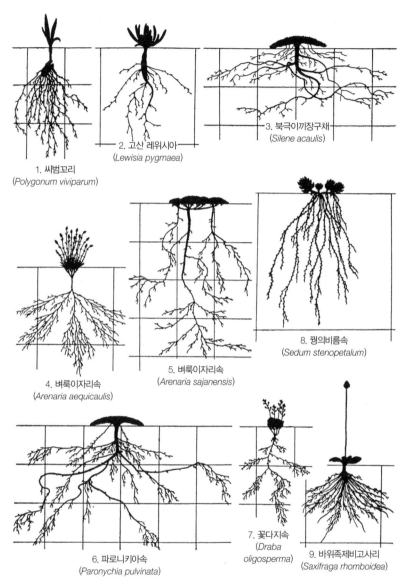

1. 씨범꼬리
(*Polygonum viviparum*)

2. 고산 레위시아
(*Lewisia pygmaea*)

3. 북극이끼장구채
(*Silene acaulis*)

4. 벼룩이자리속
(*Arenaria aequicaulis*)

5. 벼룩이자리속
(*Arenaria sajanensis*)

8. 꿩의비름속
(*Sedum stenopetalum*)

6. 파로니키아속
(*Paronychia pulvinata*)

7. 꽃다지속
(*Draba oligosperma*)

9. 바위족제비고사리
(*Saxifraga rhomboidea*)

그림 8.29 띵 위의 싹이 드는 면적에 비해 상대적으로 근계가 몹시 발달한 고산식물의 윤곽(출처: Daubenmire 1941, p. 372)

성장에 이 저장된 에너지를 이용한다. 또한 커다란 근계는 가뭄 조건이 만연하는 여름에도 유용하다. 높은 산에서 수분 스트레스의 중요성은, 예를 들어 식물이 두꺼운 밀랍질의 잎, 코르크 같은 나무껍질, 다육성 및 뿌리가 토양의 유효 수분을 흡수할 수 있게 해수는 높은 삼투압을 통해 건조한 조건에 적응하는 것에서 나타난다(Tranguillini 1964). 일년생식물에 비해 다년생식물의 최종적인 장점은 다 자란 식물이 유년기의 어린 식물보다 보통 예상 밖의 환경 변화에 한층 더 내구력이 있고 저항력이 강하다는 단순한 사실이다. 이것은 거의 모든 형태의 생물에 적용된다. 다 자란 개체는 어린 개체보다 불리한 조건과 스트레스를 더욱 견뎌낼 수 있다.

생식

장기간에 걸쳐 생존하고 연속성을 유지하기 위한 어떤 유기체의 적합성은 결국 성공적으로 생식하는 능력에 달려 있다. 이것은 특히 수목한계선 위의 혹독한 환경에서 매우 중요하다. 수년 동안 조건이 너무나 불리하면 꽃 피는 것과 열매 맺는 것이 심각하게 저해되고 생육할 수 있는 씨앗이 거의 또는 전혀 생산되지 않는다. 또한 생산되더라도 이러한 씨앗은 몇 년 동안 나타나는 불리한 조건에서 발아하는 데 어려움을 겪는다. 성경의 비유에서처럼 "돌밭에 떨어진 씨"의 가능성도 뚜렷하다. 만약 툰드라 식물이 새로운 세대를 생산하는 것을 전적으로 씨앗에만 의존한다면, 뒤이어 계속되는 식생 패턴은 해마다 매우 산발적일 것이다. 하지만 다행히 그렇지 않다. 왜냐하면 다년생식물이 우점하고 생식의 다른 메커니즘이 존재하기 때문이다.

낮은 온도로 인해 곤충의 활동이 여름의 짧은 기간으로 제한되기 때문에 수분은 고산식물에 주요한 문제이다(Billings 1974a, p. 452). 어떤 경우에는 단지 맑은 날에만 국한된다. 예를 들어 벌은 일반적으로 기온이 10°C 이상인 경우에만 날아다닌다. 따라서 히말라야산맥의 4,000m 이상의 고도에서는 벌에 의해 수정되는 꽃은 사라지며 다른 곤충에 의해 수분되는 꽃으로 대체된다(Mani 1962, p. 181). 벌새는 열대의 산에서 중요하며(Cruden 1972; Carpenter 1976), 낮 동안 여전히 적당한 열이 있는 중위도 지방, 예를 들어 로키산맥의 남부 또는 캘리포니아주 시에라네바다산맥에서는 제한적으로 중요하다. 하지만 이들 벌새는 극지의 산에는 살지 않는다. 중위도와 고위도의 산에서 가장 중요한 수분 매개자[65]는 벌, 파리, 나비, 나방이다.

작은 줄기에 비해 고산식물의 꽃의 크기와 아름다움은 전설적이다(그림 8.30). 거의 모든 사람은 알프스산맥에 사는 한 젊은이가 여자 친구를 위해 위험을 무릅쓰고 (거의 수직의) 암석투성이 높은 절벽에 올라 에델바이스 꽃을 꺾었다는 이야기를 알고 있다(분명히 수많은 사람이 그렇게 했기에, 에델바이스는 지금 멸종위기에 처해 법으로 보호받고 있다). 크고 화려한 꽃의 생물학적 가치는 몇 가지로 설명할 수 있지만, 적어도 부분적으로는 곤충을 유인하는 능력의 기능이다. 오는 게 있으면 가는 게 있다. 왜냐하면 꽃의 존재는 곤충의 개체 수를 유지하는 데 도움이 되는 꿀을 제공하기 때문이다. 크고 화려한 꽃이 피는 것에 대한 예외는 뉴질랜드의 산에서 찾아볼 수 있는데, 이곳에서는 고산의 꽃이 작고 납작하며 비교적 단조로운 흰색과 노란색을 띠고 있다. 이는 뉴질랜드에 긴 혀를 가진 벌이 존재하지 않기 때문이며, 따라서 파리를 비롯한 다른 작은 곤충들을 수분 매개자로 끌어들이기 위해 식물이 진화한 것으로 설명한다(Heine 1937).

∴

65) 꽃의 꽃가루를 수술에서 같은 꽃 또는 다른 꽃의 암술로 옮기는 데 도움을 줄 수 있는 것을 모두 일컫는다.

그림 8.30 와이오밍주 남동부 메디신보(Medicine Bow)산맥의 리비플랫산 3,300m 높이에서 자라는 깃털잎개망초(*Erigeron pinnatisectus*)를 근접촬영한 모습. 큰 크기의 꽃에 비해 줄기나 잎은 작은 것을 볼 수 있다.(L. C. Bliss, University of Washington)

대부분의 고산식물은 곤충에 의해 수분되지만, 환경조건이 한층 더 혹독해질수록 바람에 의한 수분과 자가수분이 상대적으로 더욱 중요해진다. 곤충 수분은 식물과 곤충 모두의 적응 형태에 따라 달라지는데, 이러한 곤충 수분의 한층 더 정교하고 관련한 과정을 유지하는 데 필요한 에너지가 이 시스템에는 부족하다(Hocking, 1968; Macior 1970; Heinrich and Raven 1972; Hickman 1974). 게다가 조건이 점점 더 제한될수록 이런 중요한 일을 운에 맡기는 것은 좋은 생존전략이 아니다. 하지만 바람에 의한 수분과 자가수분은 지속적인 생식을 보장해주지만, 타가수분(cross-pollination)[66]보

66) 한 식물의 꽃가루가 다른 식물의 암술로 이동하여 꽃가루받이가 일어나는 것을 말한다.

다 적은 유전적 다양성을 초래하고, 결국 다양성도 생존에 중요할 수 있다는 점을 지적해야 한다(Bliss 1962, p. 129).

생육할 수 있는 씨앗의 생산은 수분 작용을 따를 수도 있고, 그러지 않을 수도 있다. 수많은 것이 환경조건에 달려 있다. 꽃이 피는 시기에 극심한 동결이나 눈보라가 몰아치면 그해의 씨앗이 생기지 않을 수도 있다. 만약 생육할 수 있는 씨앗이 생산되었다 하더라도, 뒤이은 몇 년 후 조건이 한층 더 유리해진 다음에야 비로소 발아할 수 있게 된다. 결과적으로, 대부분의 고산툰드라 식물은 달리 택할 생식 방법을 가지고 있는데, 가장 흔한 것은 근경(rhizomes)[67]을 통한 것이다. 이것은 새로운 어린 가지를 올려 보낼 수 있는 능력을 가진 식물에서 나오는 뿌리 같은 줄기이다. 수 미터의 면적을 점유하고 있는 단일 식물을 발견하는 것은 드문 일이 아니다. 지표면의 어린 가지들은 수많은 개별 식물의 모습을 보여줄 수 있지만, 이들은 모두 근경의 상호 연결 시스템을 통해 서로 연관되어 있다. 이것은 특히 동결 활동과 매스웨이스팅이 있는 산악환경에서 유용하게 적응한 것으로, 식물의 일부가 파괴되면 나머지 부분이 생식하여 확산할 수 있기 때문이다. 고산툰드라에는 식생의 여러 가지 다른 생식 방법, 즉 휘묻이,[68] 기는줄기, 무수정생식, 이삭발아[69] 등이 널리 퍼져 있다. 높은 산에서 씨앗

각각의 식물은 자라면서 주어진 환경에 의해 유전자들이 변하기도 하고, 우발적으로 변이가 일어나기도 한다.

67) 땅속에 있는 식물의 줄기로 뿌리와 비슷하나 관다발의 배열양식이 다르다.

68) 살아 있는 나뭇가지의 한끝을 휘어 땅속에 묻어서 뿌리를 내린 뒤에 그 가지를 잘라서 새로운 한 개체를 만든다.

69) 식물에서 이삭발아는 종자나 배(embryo)가 모체에서 분리되기 전에 발아하는 현상으로 식물체에 붙어 있는 이삭이나 과실이 연속되는 강우로 인하여 수확기 전에 발아하는 현상을 말한다.

의 생산과 발아에 대한 신뢰도가 낮아짐에 따라 이들 방법이 더욱 중요해진다고만 해도 충분할 것이다(Billings and Mooney 1968, p. 519). 식물은 여전히 씨앗을 생산할 수 있지만 전적으로 씨앗에 의존하지는 않는다. 이것은 극한의 환경에서 "한 바구니에 모든 달걀을 담지 않는" 생존기를 보여준다.

생산성

고산 환경은 지구상에서 가장 혹독한 환경 중 하나이고 이곳에서 자라는 식생은 크기와 다양성이 크게 감소하지만, 고산식물은 성장기 동안 놀라울 정도로 높은 수준의 생산성을 보여준다. 중위도의 고산툰드라에서 건물(dry matter)[70]의 생산성은 일 년 내내 일평균 $0.20 \sim 0.60g/m^2$로 측정되었다. 단지 성장기(30~70일) 동안의 생산 속도를 계산하는 경우, 그 값은 일평균 $1 \sim 3g/m^2$이다(Bliss 1962, p. 138). 이것은 오직 지면 위의 생산에 불과하다. 뿌리의 생물량이 어린 가지 생물량의 2~6배에 달하기 때문에, 전체 생산성은 이러한 수치에 약 3배를 곱해야 한다(Billings and Mooney 1968, p. 521; Webber and May 1977). 연간 기준으로 이러한 속도는 사막과 비슷하고 온화한 환경의 경우보다 훨씬 더 느리지만, 성장기의 일 기준으로 고산툰드라의 생산성은 수많은 온화한 환경에 비해 유리하다(그리고 심지어 초과할 수 있다)(Bliss 1962, 1966; Scott and Billings 1964; Bliss and Mark 1974; Webber 1974).

고산식물의 비교적 빠른 생산성 속도에 대한 설명은 낮은 온도에 잘 적응하고 영하의 온도에서 신진대사를 할 수 있다는 사실에 있다(그림 8.31).

70) 생물체의 원상태에서 수분을 제거한 것이다.

그러므로 이들 고산식물은 매우 이른 봄에 자라기 시작하고 가을에는 가능한 마지막 날까지 자랄 수 있다. 일부 고산식물은 영하 6℃의 낮은 온도에서도 광합성을 계속할 수 있다(Billings 1974a, p. 424). 대부분의 고산식물은 꽃이 피는 동안 동결되는 것을 견딜 수 있다. 이것은 유콘 준주의 산맥에서 이른 아침에 담자리꽃나무(*Dryas octopetela*)와 눈미나리아재비(*Ranunculus nivalis*)의 꽃이 얼음에 싸여 있으며, 한낮에 얼음이 녹은 후에도 식물이 어떤 뚜렷한 피해 없이 계속해서 꽃을 피우는 것에서 볼 수 있다. 또 다른 요인은 빠른 속도로 신진대사를 계속할 수 있는 고산식물의 능력이다. 이들은 높은 열량을 가지고 있으며, 초기에는 오래된 잎과 커다란 뿌리 시스템에 저장된 예비 영양소에 크게 의존한다. 그런 다음 이러한 예비 영양소는 이 시기의 후반에 다시 보충된다. 성장 속도는 성장기의 기간과 매일의 조건에 따라 결정된다. 눈이 일찍 녹는 지역에서는 식물이 비교적 느리게 발달하여 다양한 생물계절학적[71] 과정에 충분한 시간이 필요하다. 하지만 눈이 늦게 녹는 지역에서는 이 과정이 크게 압축되어 전체 생활주기가 수주 내에 완료된다(Billings and Bliss 1959; Rochow 1969). 광합성과 호흡 작용에 관하여 다양한 생리학적 세부 사항을 언급할 수 있지만, 환경적인 맥락에서 고산식물은 상당한 효율성을 보여주는 것으로 알려져 있다.

산악림과 고산툰드라의 식물 지리학과 생태학은 대조적인 연구 결과를 발표한다. 전반적으로 식생의 형태와 기능에는 놀라운 유사성이 있다. 이

71) 여러 가지 계절 현상이 지역 차, 해에 따른 변동, 계절 현상에 대한 기상·기후의 영향 등을 조사하며, 계절 현상을 지표로 하여 기상·기후의 특성을 구명하는 것을 말한다. 계절 현상학이라고도 한다.

그림 8.31 워싱턴주 노스캐스케이드산맥의 1,800m 높이에서 늦게 내린 눈이 쌓인 눈둑 도처에서 자라는 빙하백합(*Erythronium grandiflorum*). 이 식물은 매우 한랭하고 습한 곳에서 자랄 수 있다.(저자)

것은 주요 식생대나 식생 지대에 표시되며, 증가하는 고도에 따라 발생하는 예측 가능한 특성의 변화로 표시된다. 하지만 국지적으로는 종의 조성과 식물상의 구조가 크게 다르다. 어느 산악지역의 식물 종은 이주, 적응, 진화의 산물이다. 어떤 경우에, 예를 들어 대부분의 중위도 산에서 식물 종은 광범위한 플라이스토세 빙하의 융해 이후 최근 도착한 것으로, 이전의 조건에 적응한 종이 이를테면 어느 하나의 환경에서 다른 환경으로 이동한다. 이들 식물 종은 본질적으로 이전에 서식했던 지역을 되찾아 다시 점유하고 있다(그림 9.4). 다른 경우에 식물은 한 지역에 남아 있는 매우 오래된 뿌리줄기에서 진화해왔다. 이 식물은 수천 년 동안 산맥이 생성되고 융기된 것처럼 천천히 적응하고 있다. 또 다른 경우에 산악식생은 주변의 저지대 종으로 이루어져 있는데, 이들 종은 높이의 조건에 적응할 수 있었고 천천히 점진적으로 산비탈 위로 이동했다. 이들은 일반적으로 고립되어 저지대(특히 열대지방)에 있는 먼 동족과 더 이상 교류하지 않게 되었다. 수많은 고산툰드라 종은 중위도 저지대의 잡초로 존재하는 식물과 밀접한 관련이 있다. 극도의 내구력, 불안정한 조건에서 살아가는 능력, 새로운 장소를 개척하는 능력은 툰드라의 잡초 같은 종이 생존하고 우점할 수 있도록 하는 몇 가지 특질이다. 국지적인 적응 형태가 존재하고 일부 식물은 그 분포가 제한되어 있지만, 다른 식물은 저지대에서 고지대에 이르기까지 매우 폭넓은 범위로 발달했다.

산악식생의 현재 상태는 (아마도 항상 그랬듯이) 다이너미즘(dynamism)[72]과 플럭스의 하나이다. 환경, 유전, 생물, 인간 등의 압력에 대한 반응으로

··

72) 기본적으로는 데카르트의 기계론에 반대하여, 물질을 포함한 모든 자연현상을 힘으로 환원하여 생각하려는 발상을 말한다. 역본설 또는 역동설이라고도 한다.

끊임없이 변화가 일어나고 있다. 기술의 급격한 변화, 인구 증가, 토지이용 등으로 인해 인간은 결정적인 요인이 되었다. 이것은 매우 우려되는 문제이고 산에서의 인간 행동에 대한 세심한 고려를 필요로 하지만, 지나친 경각심을 유발하지는 않는다. 산악식생의 전체 발달사는 불안정성과 변화에 대처하는 과정이었다. 전 세계의 산에서 유사한 식물군락의 현재 상태와 존재는 이러한 점에서 그 성공을 증명해준다.

제9장

야생 동물

킬리만자로의 서부 정상 가까이에
메마르고 얼어붙은 표범의 사체가 있다.
어느 누구도 표범이 이 고도에서
무엇을 찾고 있었는지 설명하지 않았다.
– 헤밍웨이(Ernest Hemingway),
『킬리만자로의 눈(*The Snows of Kilimanjaro*)』(1927)

산에 서식하는 동물의 특성과 분포에 대한 연구는 식생의 연구보다 다소 더 어렵다. 왜냐하면 동물은 움직이고 은신하는 것이 한층 더 쉽기 때문이다. 식물군락의 견고하게 뿌리내린 개체는 쉽게 관찰할 수 있고 그 분포를 지도화할 수 있다. 하지만 동물의 경우에는 일반적으로 확장된 표본추출 기법을 통해서만 가능하다. 또한 동물 분포는 주야이동 또는 계절이동으로 인해 복잡하다. 따라서 동물의 겨울 서식지, 여름 서식지, 번식 지역, 이동 경로를 모두 고려해야 한다(Udvardy 1969). 어떤 동물은 서식지가 넓고 분산되어 있으며, 다른 동물은 서식지가 제한되어 있다. 일부는 상시 정주하지만, 다른 일부는 임시 정주하거나 잠시 방문하고, 또는 심지어 우연히 이주한다. 예를 들어, 때때로 저지대의 곤충 떼가 상승기류로 인해 높은 곳으로 끌어 올려져 설원에 떨어진다.

높은 고도에서 볼 수 있는 동물들 대부분은 여름철에만 그곳에 정주하고, 한 해의 대부분은 낮은 고도나 저위도에서 보낸다. 이들은 한층 더 크고 더 이동성이 있는 많은 종들을 포함한다. 물론 새는 이동성이 가장 뛰어나며, 독수리나 매와 같은 몇몇 종은 매일 고산툰드라로 왕복한다. 이들은 종종 아고산이니 지신대의 지대에 둥지를 틀고, 여름날 사면의 미풍을 타고 올라가 수목한계선 위의 작은 포유류를 먹이로 찾아다닌다. 반면에, 높은 산에서 영구히 정주하거나 적어도 생식하는 종은 이 책의 목적에 맞는 가장 큰 의미가 있다. 왜냐하면 이들은 산악환경에서 살아남는 데 필요한 특성과 적응 형태를 가장 분명하게 드러내기 때문이다.

동물 개체군은 역동적이고 다면적인 특성에도 불구하고 수많은 특징과 패턴을 산악식생과 공유한다. 이들 가운데 가장 두드러진 것 중 하나는 (몇몇 사막의 산을 제외하고) 고도에 따라 종의 수가 감소하는 것이다. 이것은 사실상 동물계의 모든 목이나 과에서 관찰할 수 있다. 따라서 스위스 알프스산맥의 침엽수림에는 96종의 나비가 있지만 관목과 초원의 지대에는 오직 27종의 나비가 있는 반면에, 높은 툰드라에는 8종의 나비만이 분포한다(Hesse et al. 1951, p. 592). 콜로라도주 프런트산맥 기저의 1,650m에는 61종의 메뚜기가 있다. 고도 3,300m에서 종의 수는 17종으로 감소하고, 4,300m에서는 2종에 불과하다(Alexander 1964, p. 79). 뉴기니에서는 320종의 조류가 저지대에 서식하는 반면에, 2,000m에서 이 수는 128종으로 줄어들고 4,000m 이상에서는 단지 8종만 발견된다(Kikkawa and Williams 1971). 솔트(Salt, 1954)는 킬리만자로산의 상층부에 서식하는 조류, 포유류, 파충류, 양서류, 곤충류 등과 같은 동물상 전체를 높이별로 조사했다. (표 9.1)

고도에 따라 종의 수가 감소하면 종 다양성이 감소하고, 잠재적으로 종간 경쟁이 줄어든다. 주된 적응 형태는 유기체가 혹독한 물리적 환경에서

표 9.1 탄자니아 북동부 킬리만자로산의 상층부에서 높이에 따른 생물분포대 및 서식하는 동물 종의 수(Salt, 1954, p. 409)

생물분포대	높이(m)	종의 수
운무림	2,000~2,800	600
저지의 황무지	2,800~3,500	300
고지의 황무지	3,500~4,200	150
고산의 사막	4,200+	43

살아남을 수 있도록 하는 것이다. 식생과 마찬가지로, 적은 수의 종은 어느 주어진 종 내에서 개체 수의 증가로 다소 균형을 이룰 수 있지만, 그럼에도 총생물량과 생물량의 생산성은 감소한다. 이는 특히 수목한계선 위에서 더욱 그러하다. 왜냐하면 은신처와 충분한 먹이 어느 하나도 없는 고산툰드라의 극단 상태를 일 년 내내 극복할 수 있는 큰 포유류의 수가 상대적으로 적기 때문이다. 결과적으로, 동물군집[1]의 조성은 지면 부근에서, 돌 사이에서, 눈 밑에서 은신처와 먹이를 찾을 수 있는 작은 동물로 바뀐다.

높은 산의 환경은 상대적으로 개발되지 않은 생태계이며, 대다수의 서식동물은 개척자이다. 이주종[2]인 이들 동물은 기회주의자로, 개체 수가 많지 않은 새로운 땅을 거칠지만 쓸 만한 공지로 이용하는 것을 볼 수 있다.

∴

1) 어떤 지역에 생식하는 모든 동물집합체를 가리킨다. 동물은 각기 고유의 환경조건을 요구함과 동시에 다른 생물에 대하여 특유한 상호 관계를 맺는 관계로 어떤 지역 내에서 일정한 종류, 조성, 개체 수 구성 등을 유지하려는 경향이 있다. 인접 지역이 다른 군집과의 한정적인 경계가 보이는 것보다는 이행적으로 변화하는 것이 보통이다.
2) 기후 및 생태적 특성으로 한 장소에서 다른 장소로 옮기는 종이다.

개척자인 대부분의 종은 스펙트럼의 폭이 좁은 상황에 매우 특화된 전문가가 아니라 광범위한 환경조건에 대처할 수 있는 만능선수이다. 다재다능함과 유연성은 생존가가 가장 높은 자질이다.[3] 이러한 이유로, 식물상이 주로 잡초 같은 종인 깃처럼 높은 고도의 동물상 대부분은 설치류, 청소동물류,[4] 종 분화되지 않은 곤충류이다.

이 시점에서 전형적인 고산동물 개체군의 구성 요소를 살펴보는 것이 도움이 될 것이다. 베어투스산맥은 엘로스톤 국립공원에서 동쪽으로 약 50km 떨어진 곳에 위치해 있다. 이곳은 3,300~3,800m 높이에 약 160km²의 면적을 나타낸다. 패티와 베어백(Pattie and Verbeek, 1966, 1967)은 이러한 고산지대의 조류와 포유류를 연구하였다.

13종의 초식성 포유류는 다소 고산지대에 영구적으로 정주한다. 이러한 포유류는 먹이사슬의 토대를 제공하고, 1종의 땅다람쥐(*Thomys talpoides*), 1종의 얼룩다람쥐(*Sperophilus lateralis*), 4종의 들쥐(*Arvicola, Clethrionomys, Microtus* 및 *Phenacomys spp.*), 1종의 새앙토끼(*Ochotona princeps*), 1종의 산토끼(*Lepus townsendii*), 1종의 꼬마다람쥐(*Eutamias minimus*), 1종의 마멋(*Marmota flaviventris*), 흰발생쥐(*Peromyscus maniculatus*), 큰뿔야생양(*Ovis canadensis*), 로키산양(*Oreamnos americanus*)을 포함한다(마지막은 사람이 도입한 외래종이다)(그림 9.1). 6종의 초식성 조류와 식충성 조류, 예를 들어 해변종다리(*Eremophila alpestris*), 갈색양진이(*Leucosticte atrata*), 밭종다리(*Anthus spinoletta*) 등은 이 지역의

• •

3) 생존가는 개체가 나타내는 각 종의 특성이 적응도를 높이려고 애쓰고 있는 기능 또는 효과를 의미한다. 이는 행동, 형태, 색채 등에 관한 특성과 생물의 생존율이나 번식 성공률의 관계를 논할 때 자주 사용한다.
4) 죽은 동물을 먹고 사는 동물이다.

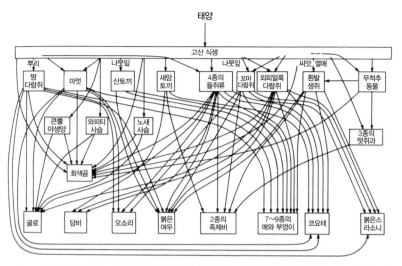

그림 9.1 몬태나주 베어투스산맥의 수목한계선 위에서 적어도 한 해의 일부(여름) 동안 사는 온혈 포유류 사이에 형성된 영양 그물의 개략적인 표현(출처: Hoffmann 1974, p. 515)

수목한계선 위에서 정기적으로 번식한다. 그러나 이들 모두 겨울에는 태어난 곳을 떠나 기후가 온난한 지역으로 이주한다. 육식동물로는 족제비(*Mustela spp.*), 솔담비(*Martes americana*), 오소리(*Taxidea taxus*), 회색곰(*Ursus arctos*), 붉은여우(*Vulpes vulpes*), 코요테(*Canis latrans*), 붉은스라소니(*Lynx rufus*) 등이 포함된다. 족제비와 담비를 제외한 나머지 동물들은 주로 여름동물이기도 하다. 왜냐하면 육식동물이 먹이로 하는 작은 포유류는 겨울에 땅속이나 눈 속의 서식지에 은신하기 때문이다. 검독수리(*Aquila chrysaetos*)를 비롯해 포식성의 매와 올빼미 종은 7~8종이나 있지만 이들 대부분은 역시 겨울에 이 지역을 떠난다(Hoffmann 1974, p. 515).

　사실상 이들 진정한 고산 종 이외에노, 때때로 수목한계신을 넘어 피돌아다니는 다른 종도 있다. 이들 약 10종의 포유류로는, 예를 들어 눈산토끼(*Lepus americanus*), 호저(*Erethizon dorsatum*), 검은꼬리사슴(*Odocoileus hemionus*), 엘크(*Cervus canadensis*) 등이 있고, 15~20종의 미조,[5] 예를 들어 개똥지빠귀(*Turdus migratorius*), 캐나다 산갈마귀(*Nucifraga columbiana*), 큰까마귀(*Corvus corax*), 산파랑시빠귀(*Sialia currucoides*), 검은방울새(*Spinus pinus*) 등이 있다. 가축 양도 이 목록에 추가되어야 하는데, 해마다 수백 마리의 양 떼를 여전히 구릉 지대로 몰아 방목하고 있기 때문이다(Pattie and Verbeek 1967, p. 114). 따라서 와이오밍주 베어투스산맥의 수목한계선 위에서는 여름에 약 30종의 포유류와 30종의 조류가 한 번 이상 방문하곤 한다. 이러한 포유류 사이의 관계 및 이들이 형성한 영양 그물은 그림 9.1에 나타나 있다. (이 그림은 서식하는 종의 총수가 15~20종으로 줄어드는 겨울에 상당히 많이 바뀐다.)

정확한 종의 수와 조성은 환경조건과 크기, 나이(역사), 다른 산악지역과의 관계에 따라 산악지역마다 다를 것이다. 일반적으로 산악지역이 클수록 종의 수는 많아진다. 따라서 히말라야산맥의 지역에는 가장 많은 수의 산악 종이 존재한다. 이 지역에 대한 정확한 조사는 없지만, 종의 수가 수백 종에 이른다(Hoffmann 1974, p. 516). 작고 고립된 산은 이 반대에 해당해 가장 적은 종 다양성을 보인다. 한 가지 좋은 사례는 빅 스노위(Big Snowy)산맥으로, 이는 몬태나주 중부의 그레이트플레인스에 있는 작고 고립된 산맥이다. 이 고산지역에는 7종의 포유류와 4종의 조류만이 번식하는 것으로 알려져 있다(Hoffmann 1974, p. 515). 베어투스고원에서와 마찬

∴

5) 길 잃은 새를 뜻하는 말로, 원래의 서식 지역이 아닌 곳이나, 이동 경로를 벗어난 지역에서 발견되는 새를 의미한다. 이는 주로 태풍, 지구온난화, 엘니뇨현상 등 주로 기상이변에 의한다고 알려져 있다.

가지로 여름에 수많은 다른 종들이 방문하지만, 그 수는 상당히 차이가 난다.

고산지대와 북극지대에는 수많은 공통점이 있지만, 이들 사이의 근본적인 차이를 형성하는 것은 섬 같은 산의 비대칭적 분포와 북극지방의 크고 거의 연속적인 극둘레 지대이다. 북극 동물은 비교적 수많은 개체 수를 유지할 수 있고, 또한 동일한 종이 전역에 걸쳐 나타나면서 상당한 수준의 연속성과 상호교류가 있다. 이것은 분산[6]과 점유[7]의 어려움 때문에 분리되고 널리 산재하고 있는 산에서는 불가능하다. 따라서 식물상과 동물상은 극지방에서 멀어질수록 점점 더 다양해진다. 포유류는 "온난한 지방의 산에 있는 고산[툰드라]과 북극툰드라 모두에서 공통으로 볼 수 있는 툰드라 종은 단 하나도 없다"라는 점에서 가장 배타적이다(Hoffmann 1974, p. 475). 하지만 이는 오직 북극툰드라나 고산툰드라에서만 사는 종에 대해 사실이다. 한층 더 널리 분포하는, 즉 아북극과 아고산의 수많은 종이 때때로 두 환경을 모두 점유하고 있다. 조류, 곤충류, 식생은 덜 배타적이다. 수많은 종이 북극툰드라와 고산툰드라에 살고 있다. 양서류와 파충류 모두 이 두 지역에서는 눈에 띄게 드물다(Hock 1964a, b).

6) 번식의 관점에서 본 개체의 이동을 의미한다. 분산의 원인과 결과를 파악하는 것은 개체군 조절이나 환경 변화에 따른 개체군의 반응을 예측하는 데 있어 중요한 역할을 한다. 최근의 기후변화나 서식지 파편화, 외래종의 침입 등에 대해 개체군이 어떻게 반응하는지 파악해야 할 필요성이 증대되고 있어 그 중요성이 커지고 있다.
7) 새로운 지역의 생물체에 의한 점유 현상, 또는 생태적인 범위를 확대시키는 현상이다. 점유 현상이 진행되기 위해서는 효과적인 분산과 이동, 발아와 성장, 새로운 지역에서의 생존 등 세 가지 단계가 필수적이다.

제한 요인

　분포의 차이에도 불구하고, 북극과 고산의 동물은 생존에 대해 비슷한 접근법을 가지고 있다. 생물 지리학에서 일찍이 관찰된 것 중 하나는 위노와 고도가 증가함에 따라 동물상과 식물상에서 나타나는 것처럼 환경의 수렴경향(convergent tendency)[8]에 대한 것이었다. 현재 이 간단한 규칙에는 아주 많은 예외가 있다는 것이 알려져 있지만, 가장 광범위한 수준에서는 여전히 유용하다(이 책 495~499쪽 참조).

　고도와 위도가 높아질수록 더욱 한랭해지기 때문에, 낮은 온도를 생존의 주요 제한 요인 중 하나라고 오랫동안 가정했다. 최근 이러한 아이디어가 도전받고 있지만 현대 생태계는 여전히 이러한 토대 위에서 작용하고 있다. 던바(Dunbar, 1968)는 낮은 온도가 종의 수 감소의 직접적이거나 간접적인 원인이 될 수 있지만, 궁극적인 이유는 아니라고 주장한다. 궁극적인 제한 요인은 오히려 대규모 환경의 변동, 영양소 부족, 서식지 다양성의 부족, 생태계의 유년기 등이다(Dunbar 1968). 고산 환경에는 이러한 모든 문제와 더불어 두 가지 다른 제한적 특성, 즉 산악지역의 분리된 섬 같은 분포 및 고도에 따른 산소의 감소가 나타난다. 온도가 궁극적인 제한 요인이든 아니든 간에, 위에서 언급한 각각의 요인은 산악생물에게 피해를 입히지만 산악 생물이 존재하는 환경 체계를 구축하는 데 도움이 된다.

---

8) 계통적으로 다른 조상에서 유래하고 생물 간에 유사한 기능이나 구조가 나타나는 현상이다. 어류와 고래는 직접적인 공통의 조상은 없지만, 물속에서 헤엄칠 수 있는 방향으로 적응한 결과, 형태상의 유사성이 수렴으로 나타났다.

온도

온도가 산에서 유기체의 분포를 조절하는 근본적인 요인으로 여겨지고 있지만, 모든 기후 요인은 서로 연관되어 있다. 한 가지 요인의 변경은 다른 모든 요인을 변화시키며, 특정한 경우에 이들 요인 중 어느 한 요인이 온도의 영향을 상회할 수 있다. 이것은 함축적인 것이지만, 어떤 주어진 현상을 하나의 원인으로 한정해 설명하는 것에는 설득력 있는 무언가가 있다. 대표적인 사례가 하트 메리엄(C. Hart Merriam)의 생물분포대(life zone)[9] 개념으로, 그는 북아메리카의 식물상과 동물상이 온도에 따라 각기 다른 생물분포대로 구분된다는 것을 보여주려고 시도했다(Merriam 1890, 1894, 1898). 이 개념은 북아메리카 생태계에 지대한 영향을 미쳤지만, 특히 온도에 대한 독특한 의존성 때문에 평판이 나빠졌다(Daubenmire 1938, 1946; Kendeigh 1932, 1954). 이러한 접근 방식은 여러 요인의 조직망이 상당히 일정하게 유지되는 작은 지역에서 유용할 수 있지만, 근본적인 관계가 변화하는 경우 각각의 상대적 중요성도 또한 변화하게 될 것이다. 알렉산더 폰 훔볼트의 기후대, 즉 티에라 칼리엔테, 티에라 템플라다, 티에라 프리아가 습한 열대지방에서는 상당히 잘 적용되지만 다른 곳에서는 그렇지 않다. 마찬가지로, 메리엄의 생물분포대, 즉 북극-고산 지대, 허드슨 지대, 캐나다 지대 등은 그의 원래 연구 지역인 애리조나주 샌프란시스코산맥에서는 (위도와 고도의 가정된 전환 가능성이 의심스럽지만) 상당히 유

..

9) 지구상의 생물상이나 생태계에서의 온도, 강수량, 습윤도 등의 기후 조건에 대한 대싱퍼 변화의 가장 고차적인 단위이며 기후대와 거의 대응한다. 식생에서는 군계의 단위에 상당하고 식생대와 대응한다.

용하게 적용될 수 있지만, 다른 지역에서도 반드시 적용할 수 있는 것은 아니다.

하나의 제한 요인으로 온도의 또 다른 주요 문제는 온도가 유기체에 미치는 영향을 확인하는 것이다. 훔볼트와 메리엄의 생물분포대 및 다른 많은 연구의 생물분포대는 식물과 동물의 분포와 온도 사이의 상관관계에 기초하고 있다. 어떤 종은 특정한 높이에 도달하지만, 더 높이 올라가지는 않는다. 해당 높이에서 온도가 이러한 최대 분포 지점의 원인이 되는 것으로 추정되지만, 관련된 특정 과정을 식별하는 것은 어렵다. 예를 들어, 수목한계선의 상한선은 가장 온난한 달의 10℃ 등온선과 밀접하게 일치한다는 것이 잘 확립되어 있다. 하지만 이러한 관계에 대한 이유는 여전히 밝혀지지 않고 있다(이 책 553~556쪽 참조). 수많은 동물의 고도 한계가 수목한계선에 도달하지만, 이들 생물이 실제로 나무가 없는 것으로 인해 단순히 제한되는 경우를 온도로 인해 제한된다고 말하는 것은 위험할 수 있다. 따라서 이 경우 온도는 수목한계선의 위치에 다소 직접적인 원인이 될 수 있지만, 해당 동물 종의 분포에 대해서는 오직 간접적인 원인이 될 수 있다. 그러나 언급된 모든 것에도 불구하고, 건조기후에서의 수분처럼 온도는 한랭기후에서 여전히 주요한 환경 요인이다.

온도는 여러 가지 방법으로 작용하여 생존을 제한한다. 처음이자 가장 분명한 것은 온도가 유기체의 내성한계[10]를 초과하는 경우이다. 모든 종은 견딜 수 있는 온도의 상부 문턱값[11]과 하부 문턱값을 가지고 있으며, 이

---

10) 각종 환경 스트레스를 주는 온도(고온, 저온), 적설, 물(결핍, 침수), 방사선, 화학물질(산소, 염류, 중금속, 유해 가스 등) 등에 대한 생물의 생존한계를 말한다.
11) 경계 또는 새로운 영역의 시초 및 측정이 가능한 최저치를 말한다.

범위 내에 종에게 최적이거나 우선적인 수준이 있다. 모든 환경 요인에 대해서도 마찬가지라고 말할 수 있으며, 서로 다른 잠재력, 내성, 역량이 있는 동물은 가능한 한 자신이 선호하는 범위를 찾아낸다. 이것이 지구상에 종이 분포하는 기본적인 이유 중 하나이다. 모든 생명체는 0∼50°C의 상당히 좁은 온도 범위 내에 존재한다. 지구의 온도는 이러한 한계를 훨씬 넘어서지만, 대부분의 유기체는 수단과 방법을 가리지 않고 극한의 상황에서 벗어난다. 절대 저온의 한계는 체액이 동결되기 시작할 때인데, 보통 순수한 물의 어는점 아래로 몇 도 이내이다. 상한계는 체액이 유해한 화학적 변화를 겪기 시작할 때이다. 그러나 이 두 효과는 동일하지 않다. 이러한 온도 스펙트럼의 높은 쪽보다 낮은 쪽에서 훨씬 더 큰 유연성이 있다. 높은 온도는 보통 되돌릴 수 없는 손상과 죽음을 초래하지만, 어떤 동물의 세포는 돌이킬 수 없는 손상 없이 동결될 수 있으며, 온도가 상승하는 경우 활동을 재개할 수 있다(Hesse et al. 1951, p. 18). 물론 이 온도에 노출되는 시간과 극한의 온도는 중요하지만, 수많은 생물, 특히 곤충은 겨울에 영하의 온도에서도 살아남는다. 1829∼1833년에 존 로스 경(Sir John Ross)이 캐나다 북극지방을 2차 항해하던 중에 부서지기 직전까지 얼어붙은 상태의 나비 유충을 발견했다. 표본을 안으로 들여와 해동하자 유충은 두 시간 이내에 활동하게 되었다. 그런 다음 유충을 다시 바깥의 영하 40°C의 날씨로 옮겨 다시 동결했다. 이 과정을 세 번이나 반복했고, 폐사율이 상당했지만, 일부 유충은 여전히 봄에 번식을 했다(Downes 1964, p. 283에서 인용).

이것은 극단적인 경우이지만, 곤충은 모든 동물 중에서 가장 다재다능하고 적응력이 뛰어나다. 대부분의 농물계에는 한층 너 넓석하세 동세되는 내성한계가 있으며, 각각의 종은 온도 스펙트럼의 어느 주어진 부분을 따라 분포한다. 전 세계 모든 종과 비교해볼 때, 극도의 추위에 적응한 종은 극소수에 불과하다. 한랭기후에서 종의 수가 감소하는 한 가지 주된 이유는 유기체가 추위에 적응하고 혹독한 환경에 대처하는 데 에너지의 많은 부분을 사용해야 하고, 따라서 한층 더 유리한 환경에서보다 다변화에 이용할 수 있는 에너지가 더욱 적기 때문이다.

온도는 발달 속도를 늦추는 것으로 생존을 제한한다. 온도는 신진대사의 수준 및 활동, 생식, 번식의 속도를 감소시킨다(Andrewartha and Birch 1954). 캘리포니아주 시에라네바다산맥의 흰발생쥐(*Peromyscus maniculatus*)는 고도 3,760m에서 지낼 때에 비해 1,360m 높이에서 서식할 때 세 배나 많은 새끼를 낳는다(Dunmire 1960). 이는 주로 높은 고도의 낮은 온도로 인해 번식기가 단축되었기 때문이다. 사실 새도 마찬가지이다. 고산 종은 일반적으로 1년에 한 번만 둥지를 트는 반면에, 낮은 높이에 사는 새는 두세 번 둥지를 틀 수 있다(Lack 1954, p. 53). 높은 고도에서 곤충은 종종 그 수명을 다하는 데 2~3년이 걸린다(그림 9.12). 곤충은 완전한 변형이 이루어질 때까지, 즉 뒤이은 수년 동안 알, 유충, 번데기, 성충의 서로 다른 발달 단계에서 동면할 수 있다(Mani 1962, p. 112). 이렇게 낮은 수준의 생산성은 결국 다변화와 종 분화[12]의 기회를 감소시킨다. 또한 온도는 지형, 식생, 토양 발달에 미치는 영향을 통해 동물 분포에 많은 간접적인 영향을 미치며, 이는 환경의 안정성, 서식지의 다양성, 먹이 공급에 기여한다.

∴

12) 하나의 생물종이 종 내의 두 집단 혹은 여러 집단 간에 유전자 교류가 중단되고 생식적 격리가 생겨서 두 개 혹은 그 이상의 여러 종으로 나뉘는 과정이다.

환경의 변동

환경조건의 변동은 위도와 고도에 따라 증가한다. 이는 극지방에서 가장 크고 열대지방에서 가장 작다. 따라서 유기체는 광범위한 조건에 적응해야 한다. 위도는 낮의 길이와 계절을 조절하는 반면에, 고도는 위도와 결합하여 이러한 효과를 더욱 두드러지게 한다. 예를 들어, 어느 주어진 위도에서 성장기는 일반적으로 산에서 더 짧다. 뚜렷한 계절성이 없는 습한 열대지방에서도 매일의 환경적 극단의 범위가 고도에 따라 증가한다. 종은 매일 오후 강렬한 햇빛과 매일 밤 얼어붙는 온도에 대처해야 할 수도 있다. 이러한 조건에서 살아남을 수 있는 종의 수는 높이에 따라 감소하고, 종 개개의 감소는 군집구조[13]와 환경의 동시 발생적인 변화를 가져온다. 가장 두드러진 변화는 숲이 완충재 역할을 하는 서식지를 제공하기 때문에 수목한계선에서 발생한다. 수목한계선 너머에서는 나무에 의존하는 종이 개방된 서식지에 적응하거나 사라진다. 환경 자체도 변화한다. 토양은 햇볕, 비, 바람, 극단의 온도 등의 큰 타격에 노출된다. 이로 인해 동결포행과 솔리플럭션의 증가와 같은 다른 발달로 이어질 수 있으며, 이는 결국 한층 더 커진 침식, 하천 침투,[14] 서식지 불안정으로 이어진다. 결과적으로, 나무가 없어지면 군집구조는 훨씬 덜 복잡해진다. 먹이는 부족하고 생태적 지위는 낮아지며 환경은 극한으로 내몰린다.

겨울이 길어지면 몇몇 결과가 더해진다. 주로 식물의 성장 기간이 단축되

----

13) 생물군집의 구성 종 간의 생물학적 유연관계를 파악한 결과를 가리키는 용어로, 경쟁, 포식과 피식, 공생 등과 관련된 가종이 생물학적 지위(ecological niche)를 비롯해 군집의 유지 또는 변화의 원인을 알게 하는 종간 관계의 구조를 이른다.
14) 물이 토양 표면 경계로부터 토양 단면으로 들어가는 현상을 말한다.

기 때문에, 식량 공급이 감소한다. 여름에는 먹이가 충분할 수 있지만, 겨울에는 거의 구할 수 없다. 유기체는 더 유리한 조건을 찾아 이 지역을 떠나거나(이주), 생리적으로 먹이에 대한 필요를 줄이거나(동면), 또는 다른 방법으로 먹이가 필요한 상황을 피해야 한다. 예를 들어, 땅다람쥐(*Thomomys spp.*)는 눈 덮인 지역에서 굴을 파고 식물 뿌리를 채취하며 겨울 내내 활동적인 상태를 유지한다. 또한 먹이 부족을 처리하는 수많은 동물의 전략은 커다란 극한의 환경을 다루는, 즉 이주하거나 동면하고 또는 눈을 틈타 탈출하는 등 문제를 해결하는 것이다. 그러나 이러한 모든 절차는 다변화나 지위 한정적응(niche specialization),[15] 또는 생식에 사용할 에너지를 필요로 한다. 환경의 변동이 증가함에 따라 영양소와 유효개체 수[16]의 변동이 증가하며, 시스템을 통한 에너지 흐름[17]이 중단된다(Dunbar 1968, p. 66). 습한 열대의 저지대에서는 이 반대에 해당한다. 이 지역에서는 환경이 크게 안정되고, 종이 복잡하며, 시스템을 통한 에너지 흐름이 최대이다. 환경의 변동은 분명히 생태계의 안정을 방해하고 생존을 제한한다.

영양소 부족

어떤 시스템에서 영양소의 풍부함은 궁극적으로 이용 가능한 총에너지 자원, 즉 태양에서 나오는 열과 빛 에너지, 그리고 암석, 토양, 유기물질

15) 어떤 동물 또는 기관의 한정된 기능이나 적응이다.
16) 육종 과정에서의 적정 개체 수를 말한다.
17) 생태계에서 생물요소 및 생물과 비생물요소 사이의 에너지 흐름이다. 태양에서 오는 빛 에너지의 일부는 생산자에 의해 화학 에너지로 전환되고, 그 후 먹이사슬과 부식 연쇄의 영양 단계를 통해 흘러간다.

에 갇혀 있는 화학 에너지와 유기 에너지 및 물, 바람 등의 이동에 따른 운동 에너지 등의 함수이다. 영양소의 가용성과 생산성의 크기는 일반적으로 높이에 따라 감소한다. 이것은 주로 성장기의 기간과 온도의 함수이며, 산악토의 불량한 특질 및 적절한 장소의 부족과 결부된다. 고위도의 길고 어두운 겨울은 중위도 산의 고산지대에 대응하는데, 높은 산의 많은 적설이 지표면을 태양으로부터 차단하고 있다. 높은 산의 식물 대부분은 성장기 및 다른 불리한 조건들에 잘 적응하기 때문에 여름에는 일일 생산성이 대부분의 저지대 환경과 완전히 같다(Bliss 1962; Webber 1974). 문제는 이 과정이 축약되어 있다보니 연간 생산성이 상당히 떨어진다는 점이다(이 책 574~575쪽 참조). 이것은 풍요나 기근의 문제이다. 상대적인 기준으로 짧은 성장기에 먹이가 풍부하므로 놀랄 만큼 다양한 동물이 높은 산에서 여름을 보낸다. 만약 먹이가 충분하다면 겨울에 머무를 수도 있지만, 그렇지 못하다. 영양소 부족은 일 년 내내 고산툰드라를 점유하는 데 있어 거의 극복할 수 없는 문제이며, 이런 점에서 생태계의 이용과 효율을 제한한다.

서식지 다양성의 부족

높은 산의 경관이 보이는 근본적인 특징은 낮게 깔린 고산 식생과 맨 암석이라는 서식지의 개방성이다. 나는 이러한 경관에서 예상보다 길어진 첫 경험을 항상 기억하고 있다. 당시 유콘 준주 남서부의 루비산맥에서 논문 연구를 하던 중이었다. 이 지역의 수목한계선은 1,150m에서 나타났는데, 내가 여름을 보낸 연구지역은 1,800m에 위치해 있기 때문에, 가장 가까운 나무는 약 3km 정도 떨어져 있었다. 6일 초에 헬리콥터를 타고 들어갔다. 나는 첫 짐을 싣고 들어가, 헬리콥터가 짐을 내려주고 떠나는 것을 지켜본

흥분이 가라앉은 후에 조용히 서서 주위를 둘러보았다. 나는 처음 본 주변 환경에 다소 당황스러웠다. 일생의 대부분을 나무에 둘러싸인 채 시간을 보낸 사람에게 갑자기 나무가 없다는 것은 조금 두려운 기분이 들게 했다. 나는 무방비 상태로 노출된 것을 느꼈고 자연력[18]에 매우 취약했다(그래서 휴대용 석유난로에 전적으로 의존했다). 이 경관에 익숙해지고 편안해지기까지 오래 걸리지 않았지만, 내 초기 대응은 고산툰드라의 근본적인 특징과 제한 요인 중 하나, 즉 서식지 다양성의 부족에 따른 문제에 집중하는 것이었다.

툰드라는 본질적으로 2차원적인 서식지이다. 나무가 없는 것은 수직적 성분을 제거하고 생태적 지위를 낮추고 다양성을 감소시킨다. 먹이나 은신처를 숲에 의지하는 종은 개방된 지대에 적응하는 것을 제외하고는 사라진다. 이곳의 새는 지상에 둥지를 틀고 공중에서 맴돌면서 짝짓기를 해야 한다. 수목한계선 위의 식생은 단순한 군집구조에 이곳저곳 변화가 거의 없는 풀과 초본 종으로 이루어져 있다. 보통 암석이 풍부하고, 서식지로 점점 더 중요해진다(Hoffmann 1974, p. 497). 일부 생물, 예를 들어 새앙토끼(*Ochotona spp.*)와 마멋(*Marmota spp.*)은 거의 전적으로 암석이 많은 지역에서 발견된다(그림 9.7). 또한 적설은 주요 고려사항이다. 수많은 종은 겨울에 단열과 보호를 위해 적설에 의존한다. 수많은 작은 생물의 개체군 분포 패턴은 눈의 분포와 직접적으로 관련이 있다(Pruitt 1960, 1970; Sleeper et al. 1976; Stoecker 1976).

고산지대에서 서식지 다양성의 가장 중요한 근원은 지형 그 자체이다.

∵

18) 사람의 노력을 도와주는 자연계의 힘을 말하며, 풍력, 화력, 수력 등의 원시적 자연력과 증기력과 전기력 등의 유도적 자연력이 있다.

지형은 주로 암석과 눈의 분포를 조절한다. 암석의 크래그(crag),[19] 절벽, 계곡 및 사면 경도와 노출의 차이는 기후, 지형, 토양, 생물과 같은 요인 사이의 상호작용에 다양한 지표면을 제공하며, 이로 인해 미소서식지의 모자이크가 발생한다. 일반적으로, 지형적 다양성이 가장 적은 지역(예: 평탄한 사면)은 생태적 지위가 가장 낮고 종 다양성이 가장 적은 반면에, 지형적 다양성이 최대인 지역은 생태적 지위가 가장 높고 종 다양성이 최대에 이르도록 한다. 최소 복잡성은 정상까지 똑바로 사면을 이루는 작고 단순한 산(예: 화산추)에서 발견되는 반면에, 최대 복잡성은 알프스산맥이나 히말라야산맥처럼 크고 다양한 습곡산맥에서 발견된다. 지형적 다양성은 북극툰드라보다 고산 환경에 더 많은 종이 존재하는 주요 이유이다 (Hoffmann 1974, p. 526). 그럼에도 저지대 환경에 비해 고산지역에서는 서식지의 다양성이 상당히 감소한다.

생태계의 유년기

대부분의 산은 비교적 최근의 지질학적 창조물이고, 동시에 심한 빙하작용을 받았기 때문에 유년기 경관이다. 6,500만 년에 걸쳐 계속된 제3기는 주요 조산작용의 기간이지만, 지난 200만~300만 년의 플라이스토세는 주요 기후 변동의 기간이었다. 제3기 동안의 조산작용은 초기 사건이었고 생물은 융기와 함께 증가하는 고도와 기복의 변화하는 조건에 적응해야 했지만, 산에 있는 생물의 현재 분포에 관해서는 플라이스토세가 단연코

---

19) 험준한 바위 벼랑으로 지형의 특성상 영국에서 많이 쓰이는 용어다. 보통 깎아지른 울퉁불퉁한 암벽을 뜻하지만 해안에 위치한 해안 벽을 지칭하기도 한다.

가장 중요했다. 적어도 네 번의 주요 빙기가 플라이스토세 기간 동안 발생했는데, 이 중 가장 최근의 빙기는 약 1만 년 전에 끝났다. 커다란 육괴 및 그 결과로 초래된 대륙성 기후 때문에, 북반구가 가장 큰 영향을 받았다. 기대한 지지대 빙상이 북극지방에서 중위도 지방까지 확장되이 빙하로 뒤덮인 지표면을 크게 파괴했다. 또한 산은 눈과 얼음이 집적하는 중심지 역할을 했다. 국지적인 빙모[20]가 발달했고, 곡빙하는 아래쪽으로 그리고 사방으로 이동했다. 결과는 흙과 느슨한 물질이 제거되어 그 자리에 윤이 나는 맨 암석이 그대로 남게 되었다.

빙하의 이동은 살아 있는 생물에게 파괴적인 영향을 미친다. 오직 눈에서 사는 곤충, 조류(algae), 몇몇 철새만이 빙하에서 살아남을 수 있다. 다른 유기체는 이주하거나 사라진다. 어떤 경우 이는 단순히 낮은 곳으로의 이동을 수반할 수 있다. 다른 경우에는 수백 킬로미터의 위치 변경이 포함될 수 있다. 산악 종은 다른 환경에서 잘 지내지 못할 수 있다. 이들 산악 종은 서로 다른 먹이와 은신처의 공급원을 찾아야 하며, 점점 더 치열해지는 경쟁과 포식에 직면하게 된다. 살아남은 종은 단지 생존하기 위해 그리고 생육할 수 있는 개체군을 유지하기 위해 상당한 노력과 에너지를 소모해야 한다. 다변화의 기회는 거의 없다. 산악 종은 오직 얼음이 녹은 후에야 고지대 환경을 다시 점유할 수 있지만, 이것은 재난이 닥친 후에 집으로 돌아오는 것과 비슷하다. 이 집은 완전히 재건되어야 한다. 빙하는 모든 것을 파괴하고, 그 여파로 오직 척박한 암석과 각력(角礫)만 남게 된다. 환경이 다시 모든 종류의 생물 전체를 유지할 수 있기까지는 오랜 시간이

20) 산정부나 고원을 덮은 돔형의 얼음덩어리를 말한다. 면적은 대체로 5만 km² 이하로 빙관이라고도 한다. 빙모의 지름이 500km를 넘을 때는 지각 보상운동에 의해 지반이 침강할 수도 있다. 빙모보다 규모가 큰 것을 빙상이라 한다.

걸릴 것이다.

가장 최근의 빙기(위스콘신)에 대한 증거는 여전히 비교적 새롭고, 빙하 발달의 패턴을 쉽게 재구성할 수 있다. 저지대 빙하가 1만~1만 5,000년 전에 후퇴했지만, 산악빙하는 더 느리게 융해되었다. 가장 큰 현재의 빙하는 플라이스토세 빙하의 잔유물일 수도 있다. 하지만 대부분의 작은 산악빙하는 완전히 융해되었고, 약 5,000년 전에 끝난 온난한 최열기 (hypsithermal)[21] 직후에 다시 형성된 것으로 여겨진다. 지난 1만 년 동안 수많은 작은 전진과 후퇴가 일어났다. 예를 들어 지난 세기 동안 빙하가 광범위하게 후퇴했다는 증거가 많이 있다. 수많은 연구는 이렇게 후퇴하는 빙하로 인해 방치된 지역에서 토양과 식생의 발달 속도가 느린 것을 보여주었다(이 책 463~466쪽 참조). 최초의 서식 동물로는 톡토기[22]와 진드기의 원시 종이 있고, 다음으로 딱정벌레나 거미 같은 절지동물이 있다. 대부분의 초기 점유동물은 육식동물이다. 초식동물을 지탱하기에 충분한 1차 생산성[23]이 없기 때문이다(Brinck 1966, 1974). 이들 포식성 곤충은 조류(藻類), 유충 및 다른 곤충을 먹고 산다. 결국 생태계가 발달하면서 여러 가지 구성 요소와 지위가 다양한 생물 형태로 채워지지만, 그 과정은 느리다.

분명히 지표면의 나이는 생태계 발달의 주요 요인이다. 이것은 중앙아시아 고지대의 거대한 식물상과 동물상의 풍요로움이 거시적으로 입증하

---

21) 지금으로부터 2,500~9,000년 전 후빙기 동안 가장 따뜻했던 시기를 말한다. 중위도는 지금보다 평균기온이 2.5℃ 정도 높았을 것으로 추정하고 있다. 고위도에서는 빙하가 후퇴했고 툰드라가 없어졌으며 삼림이 성장하기 시작했다.
22) 전 세계에 8,500여 종이 존재한다. 점프할 수 있는 도약기라는 기관이 있으나 날개는 없다. 몸길이는 0.5~3mm로 낙엽이나 썩은 나무 밑, 물 위, 모래 등 전 세계 어느 곳에서나 서식한다.
23) 식물 등 광합성 생물의 생산자가 주어진 시간 안에 광합성으로 생산해내는 물질의 양이다.

고 있다(Sushkin 1925; Meinertzhagen 1928; Swan and Leviton 1962; Zimina and Panfilov 1978). 이 지역은 플라이스토세 동안 건조한 상태로 있었기에 광범위한 빙하작용에서 벗어날 수 있었고, 따라서 수많은 종의 레퓨지아 역할을 했다. 사실, 현재의 수많은 북극 종과 고신 종이 여기서 유래했으며, 이후에 북극지방 및 유럽과 북아메리카의 산맥으로 퍼져나간 것으로 여겨진다(Hoffmann and Taber 1967; Hoffmann 1974).

산악 생태계의 미성숙한 상태는 아마도 산과 저지대 열대 환경을 비교해봄으로써 가장 잘 알 수 있을 것이다. 습한 열대지방은 모든 환경 중에서 가장 오래되고 안정적이며, 가장 많은 종의 생물과 유기적인 복잡성을 포함하고 있다. 열대지방에 있는 생물의 주요 문제는 다른 종과의 경쟁이다. 따라서 유기체는 주로 다변화와 종 분화에 에너지를 사용한다. 그 결과 복잡한 네트워크를 이루는 종이 미로 같은 생태적 지위를 점유하여 이용 가능한 자원을 꽤 완전히 활용하고 있다(Dobzhansky 1950). 에너지의 대부분은 물리적 조건을 대처하는 데 사용하며, 다변화나 종 분화가 거의 없는 산에서는 단지 정반대에 해당한다. 그 결과 이용할 수 있는 자원의 일부만 사용하게 된다. 이는 아마도 최소한 중위도와 고위도 지방의 산에서는 언제나 해당하는데, 계절로 인해 나타나는 환경 스트레스 및 빙기로 인해 나타나는 훨씬 더 큰 환경의 변동 때문이다.

섬 같은 분포

산은 주변의 저지대의 경우와 달리 서식지를 제공하고 서로 다른 식물상과 동물상을 유지하기 때문에 진정한 섬으로 비유되고 있다. 그러나 이 유사성은 단지 대략적일 뿐이다. 주변의 저지대는 바다에 비해 육상의 고산 유기체에게 덜 적대적인 환경을 제공한다. 산악지역을 오가는 비행으로 지친 고산 조류는 저지대에서 멈춰 쉴 수 있지만, 바다 위에서 지치는 경우 거의 틀림없이 불행한 결말에 처하게 된다. 또 다른 차이점은 대양도의 환경 사이의 전이대[24]는 갑작스럽게 해안선에서, 그리고 항상 해수면과 동일한 높이에서 일어난다는 것이다. 하지만 해안선에 상당하는 산은 기후에 따라 다양한 절대 높이에서 발생하며 인접한 환경으로부터의 전이는 더욱 점진적이다.

그럼에도 산과 대양도는 수많은 생태학적 특성을 공유하고 있다(Diamond 1972, 1973, 1975, 1976; MacArthur 1972; Carlquist 1974; Mayr and Diamond 1976). 특히 종의 수와 다양성은 섬(산)의 크기와, 그리고 본토나 다른 섬(산)으로부터의 거리와 밀접한 관련이 있다. 섬이 클수록 자원기반(resource base)과 수용 능력[25]은 더욱 커지고 서식지의 다양성과 가용성이 더욱 높아진다. 다른 섬과의 거리가 멀수록 발견될 가능성이 있는 종의 수는 더 감소한다. 이들 두 가지 특성 모두 안데스산맥 북부의 고산 식생(파라모 paramo)의 작은 식물군락[26] 사이의 크기와 거리에 의해, 그리고 이들이 지탱하는 조류 종의 수에 의해 입증된다(그림 9.2).

섬의 또 다른 특징은 섬의 고립성에 따라 생물 분류학상의 특수성이 증가한다는 것이다. 섬이 더욱 외지고 고립된 곳일수록 식물상과 동물상은 한층 더 거의 유일무이해진다. 왜냐하면 진화는 국지적인 조건에서 작용

· ·
· ·

24) 인접하는 두 개의 서로 다른 서식처 간, 생태계 간, 식물군락 간, 심지어 생물군계 간의 경계 영역으로 추이대라고도 한다. 전이대는 늘 긴장되는 구간(tension zone)이라 할 수 있다.
25) 기존 생태계를 유지할 수 있는 범위에서 환경의 변화 없이 일정 동물이 서식될 수 있는 최대 능력을 말한다.
26) 대군락 가운데 고립된 조그만 식물군락을 말한다.

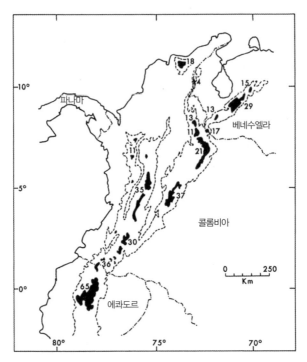

그림 9.2 북부 안데스산맥의 파라모 식생의 섬. 검은색으로 표시된 이들 지역은 크기와 국지적인 기후 체계에 따라 3,000~3,500m의 기저부 고도에 있다. 1,000m 등고선은 파선으로 표시했다. 숫자는 각 지역에 존재하는 조류 종의 총수를 나타낸다. 그림에서 볼 수 있듯이, 종의 수와 고산 '섬'의 크기 사이에는 양의 상관관계가 있다.(Vuilleumier 1970, p. 374에서 인용)

하여 고유의 분류군(taxon)[27]을 만들어내기 때문이다. 뉴질랜드나 갈라파고스 제도와 같은 섬에 사는 외래종만을 떠올려 확인하면 된다. 높은 산의 경우, 큰 섬이라 할 만한 곳은 열대지방에 존재한다. 이것은 그 어디에서도 찾아볼 수 없는 특이하고 기괴한 자이언트 세네시오(Senecio)와 숫잔대

∴

27) 종, 속, 과, 목 등의 어느 한 분류를 통하여 부여된 무리이며, 그 무리의 독특한 특징으로 다른 무리와 구별된다.

(*Lobelia*)에서 잘 나타난다(그림 8.15). 동아프리카의 고산지대에 존재하는 식물의 무려 80%가 고유종이다(Hedberg 1969). 동물들의 경우에도 비슷한 경향이 나타난다(Salt 1954; Coe 1967; Coe and Foster 1972).

북극과 아북극의 산에는 정반대의 상황이 존재한다. 저지대의 툰드라 종과 자유로운 교류가 있기 때문에, 사실상 어떤 고유종도 존재하지 않는다(Brinck 1974). 이런 점에서 중위도 산은 중간물이다. 이들이 섬처럼 고립된 것은 산의 나이 및 주변 서식지의 특성에 의해 결정된다. 예를 들어 로키산맥의 고산지대는 아고산 숲으로 둘러싸여 있고, 북극지방과 직접적으로 연결되어 있다. 따라서 식물과 동물은 북극과 아북극에서 고산과 아고산의 환경까지 상당히 쉽게 접근할 수 있다. 이 두 툰드라 사이의 차이는 남쪽으로 갈수록 증가한다. 콜로라도주에 있는 식물 종 절반 이상의 기원이 북극은 아니며, 동물의 경우에는 그 비율이 훨씬 더 높다. 어떤 고유종은 존재하지만, 상대적으로 중요하지 않다. 반면에 광활한 반건조 스텝이 넓게 퍼진 지역으로 인해 북극지방과 분리된, 흑해와 카스피해 사이의 캅카스산맥은 훨씬 더 고립되어 있다. 그 결과 이 지역에서 발견되는 종의 절반 이상이 고유종이다(Zimina 1967, 1978). 또 다른 주목할 만한 사례는 미국 서부의 베이슨앤드레인지(Basin and Range)산맥에서 볼 수 있다. 이들 산맥은 사막의 관목지대로 둘러싸인 고립된 고산의 넓은 지대로 존재한다. 따라서 섬처럼 극도로 고립되어 있다(그림 9.3). 고산의 개체군은 완전히 고립되어 있고 각각의 산봉우리에는 그 산만의 고유종이 있다(Faegri 1966; Brown 1971; Johnson 1975).

이론적으로, 어느 한 섬이 유지하는 종의 수는 새로운 종의 점유 속도와 다른 종의 멸종 속도 사이에 평형을 이루는 것으로 정해진다. 이 원리는 산에서도 적용된다(Vuilleumier 1970; Brinck 1974; Simpson 1974). 실제 섬

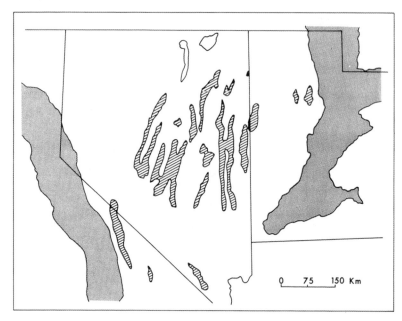

그림 9.3 시에라네바다산맥(왼쪽)과 로키산맥(오른쪽) 사이 그레이트베이슨의 '산의 섬'(빗금 쳐진 부분).
이들 각각의 섬은 적어도 3,000m 높이에 있으며, 사막 관목으로 이루어진 저지대 지역으로 둘러싸여
있다. 플라이스토세 기간에는 한 산악지역에서 다른 산악지역으로 비교적 쉽게 접근할 수 있었지만, 기
후가 점점 더 온난하고 건조해지면서 종은 개별 산악지역에 고립되었다. 맨 위에 있는 두 개의 섬은 동
물상이 잘 알려져 있지 않고 원래 조사에 이용되지 않았기 때문에 음영 처리되지 않았다.(출처: Brown
1971, p. 468)

은 본토나 다른 섬으로부터의 이입에 의해서만 점유될 수 있지만, 산은 여
러 다른 방법으로 점유될 수 있다. 이 중 하나는 인접한 저지대의 종이 높
은 고도의 서식지에 적응하는 것이다(그림 9.4a). 이것은 특히 필요한 적응
의 정도가 극단적이지 않을 정도로 식생이 비슷한 경우에 현저하다(Janzen
1967). 종 분화[28]는 일반적으로 단계별로 발생한다. 즉 산비탈의 위쪽에

:.
28) 진화를 통한 새로운 종의 형성을 뜻하며, 종형성이라고 하기도 한다.

서는 일련의 개별 종이 동일한 속(genus)에 속하며 근본적으로 관련이 있을 수 있지만, 형태나 행동을 통해 고립되어 이들 종은 더 이상 이종 교배되지 않거나 아주 최소한의 상호작용도 거의 일어나지 않는다. 대양도에서 이에 대한 가장 유명한 사례는 갈라파고스 제도의 다윈의 핀치(Darwin's finches)[29]이다. 열대 아프리카 산의 자이언트 세네시오와 숫잔대의 먼 사촌은 주변의 저산대 삼림에 서식한다(Hedberg 1969, 1971). 동아프리카 산맥에서의 또 다른 좋은 사례는 성경의 토끼(사반)(coney)와 관련된 작은 토끼 모양의 설치류인 바위너구리(hyrax)이다. 산비탈에는 여러 종이 서식하는데, 저지대의 종은 고립되어 있지 않고, 서로 다른 먹이 선호도를 보이며, 전적으로 나무에 서식한다. 고산지대의 바위너구리는 두꺼운 털가죽을 입고 있으며, 땅 밑에 굴을 파고, 암석이 많은 지역에 서식지를 형성한다(그림 9.9). 서로 다른 고도에 사는 종은 너무나 분화되어 더 이상 이종 교배하지 않게 되었다(Coe 1967, p. 120).

그러나 일반적으로 열대지방의 고산지역은 주변 저지대가 아닌 주로 다른 고산지역으로부터의 직접적인 이입을 통해 점유되었다(그림 9.4b). 이러한 이유는 저지대의 유기체가 상대적으로 안정된 특정 환경의 아주 오래된 군체에서 진화해왔으며, 아주 극소수의 유기체만이 새로운 서식지를 개척할 수 있는 능력이 있기 때문이다. 특별히 이들 새로운 서식지의 유기체는 열대의 저지대에서는 알려지지 않은 현상인 결빙을 견뎌낼 수 있는 능력이 필요하다. 결과적으로 열대지방의 높은 고도에 있는 종의 대부분은 중위

29) 남미 연안의 갈라파고스 제도 북쪽의 고고님에빈 서식하여 누디의 포상이 깇가시도 변화한 작은 새들을 일컫는 별칭이다. 핀치라고는 하지만 진짜 핀치(되새)는 아니다. 참새목 풍금조과에 속한다.

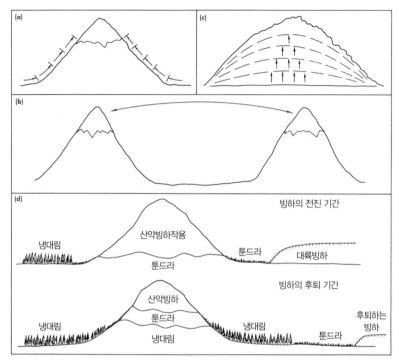

그림 9.4 산을 점유하는 다양한 방법의 개략적인 표현. (a) 연속적으로 더 높은 고도에서 저지대 종의 느린 적응. (b) 한 산악지역에서 다른 산악지역으로의 직접 이동. (c) 산의 융기에 따라 변화하는 조건에서 저지대 종의 느린 적응. (d) 기후변화의 시기, 특히 빙기 동안의 직접 이주.(저자)

도 지방의 종에서 유래되었으며, 열대의 저지대에서 발견되는 어떤 종과도 근본적으로 서로 다르다. 그러나 최근 안데스산맥에서의 조사에 따르면 열대지방의 기후변화는 일반적으로 알려진 것보다 상당히 큰 것이었을 수 있다. 어떤 경우에는 기후변화가 식생대를 1,500m만큼이나 크게 낮아지 도록 만들었을 수도 있다(F. Vuilleumier 1969, 1970; B. S. Vuilleumier 1971; Simpson 1974, 1975). 이런 상황에서 고산 식생의 섬은 크게 확장되었을 것 이고, 어떤 지역에서는 섬이 연결되어 종의 자유로운 교류가 가능했을 것이다. 이와 유사한 변화가 아프리카에서도 일어났을 수 있지만 화산 봉우리의 고립된 특질은 직접적인 접촉을 차단했다(Hedberg 1969, 1971, 1975).

높은 고도에서 종을 격리하는 원인이 되는 또 다른 방식은 산의 융기 과정이다(그림 9.4c). 몇몇 식물과 동물은 원래 저지대 종이었을 것으로 보이지만, 육지가 융기되면서 서서히 변화하는 조건에 적응할 수 있게 되었다. 이렇게 해서 이들 동식물은 저지대로부터 고립되었다. 열대 안데스산맥의 파라모 고원에 있는 도요타조(*Tinamous*)[30] 속의 새는 눈 부근이나 눈 위에서 살며 수목한계선의 위에서만 번식하는 반면에, 모든 다른 속의 종은 열대 저지대에서 서식한다. 이 새는 겉모습과 행동이 북반구의 뇌조(*Lagopus spp.*)를 닮았지만 구조와 분류의 측면에서는 동떨어져 있다. 이것은 분명히 수렴진화의 한 사례이다(Brown 1942, p. 13).

점유의 마지막 방법은 기후변화의 기간 동안 직접적인 이입을 통해 이루어진다(그림 9.4d). 이것은 주로 중위도 지방과 고위도 지방에서 일어났는데, 이곳에서는 빙기와 간빙기 동안 주요 이입이 이루어졌다. 종은 빙하보다 먼저 이동하였고 오늘날 북극과 고산의 지역에서 일어나는 것과 완전히 동일한 방식으로, 즉 처음에는 툰드라가, 다음으로 침엽수림이 빙하주변의 지대나 구역에 자리를 잡았다. 기후가 온난해지고 빙하가 융해되면서 이들 식물과 동물은 이전의 장소를 다시 점유하기 시작했다. 일부는 북쪽으로 이동한 반면에, 다른 일부는 적절한 서식지가 존재하는 산 위로 이동했다. 어떤 경우에는 로키산맥에서와 같이 종 교환의 가능성과 점유의

30) 내성적이고 혼자 있는 것을 좋아하는 도요타조는 라틴 아메리카의 열대 저지대가 원산이다. 1800년대에 남미 메추라기라는 이름으로 유럽에 전파되면서 야생 개체 수가 급격하게 줄어 지금은 거의 찾아볼 수 없게 되었다.

가능성이 계속된 반면에, 다른 작고 고립된 산맥에서는 고산 군락이 단절되어 잔존생물[31] 개체군이 되는 경우도 있다. 이에 대한 사례로 베이슨앤드레인지산맥의 고산 종이 있다(그림 9.3). 이러한 이유로 고산 종은 앞에서 언급한 평형 이론을 따르지 않는다. 멸종은 있었지만 새로운 점유는 없었다(Brown 1971).

산소 부족

유리산소는 생명체에 필수적이며, 우리가 아는 한 행성 지구에만 있는 독특한 것이다. 이는 전적으로 생물의 광합성 과정의 산물이기 때문이다. 대기의 조성은 비교적 일정하며, 해수면과 대기 상부 모두에서 약 21%의 유리산소(O_2)를 포함하고 있다. 그럼에도 공기는 압축될 수 있어 높은 고도에서보다 낮은 높이에서 단위 부피당 밀도가 높고 산소 분자가 많이 있기 때문에 높은 고도에서는 대기 중 산소가 감소한다. 산소의 가용성은 산소의 분압[32](pO_2)으로 표현되는데, 이는 대기의 전압력에 21%를 곱하는 것으로 도출된다. 따라서 해수면에서의 정상 대기압은 760mmHg이므로 pO_2는 159mmHg이다. 고도가 높아지고 대기압이 감소하면 pO_2는 이에 비례하여 감소한다(표 9.2).

높은 고도에서 산소 부족이 모든 유기체에 동일하게 영향을 미치는 것은 아니다. 일반적으로, 동물이 작을수록 체내 조절의 요건이 덜 제한적

31) 환경 변화로 한정된 지역에만 살아남은 생물을 말한다.
32) 대기와 같은 혼합기체의 각 성분 가운데 하나만 남기고 나머지 성분을 제거하였을 때 그 가스가 가지는 압력을 말한다. 혼합기체의 압력을 각 구성 가스 성분의 분압을 모두 합한 것을 전압력(total pressure)이라고 한다.

표 9.2 고도에 따른 기압의 자연적 감소와 O_2의 분압에 미치는 영향
(Houston 1964, p. 471)

고도(m)	기압계 압력(mmHg)	O_2의 분압(mmHg)
0	760	159
610	707	148
1,220	656	137
1,830	609	127
2,440	564	118
3,050	523	109
3,660	483	101
4,270	446	93
4,880	412	86
5,490	379	79
6,100	349	73
6,710	321	67
7,320	294	62
7,930	270	56
8,540	247	52
9,150	226	47

이기 때문에 고도에 대한 동물의 내성이 더 증가한다. 식생이나 곤충, 또는 파충류와 양서류에는 산소 결핍이 어떤 뚜렷한 영향을 미치지 않는 것으로 보인다(Bliss 1962; Mani 1962; Hock 1964a). 산소 부족이 조류에 미치는 영향에 대해서는 알려진 것이 거의 없지만, 조류는 산소 부족으로 인한 영향을 거의 받지 않는 것으로 보인다. 남아메리카 콘도르(*Sarcorhamphus gryphus*)는 안데스산맥의 높은 곳에 둥지를 틀지만 매일 해수면을 오가며 태평양 연안을 따라 죽은 물고기를 먹으며 살아간다. 인도기러기(*Anser indicus*)는 인도 저지대에서 겨울을 나지만 티베트산맥의 높은 호수에 둥지를 틀러 가는 중에 에베레스트의 정상 위를 날아간다. 이와 유사하게 수많은 포유류도 산소 결핍의 영향을 극복하여 먹이가 충분한 거의 모든 환경을 점유할 수 있다. 야크(*Bos grunntens*)는 히말라야산맥의 최대 6,000m 높이까지 서식하고, 라마(*Lama spp.*)는 안데스산맥의 5,000m 이상에서 서식한다. 이러한 이유로 일부 과학자는 산소 부족(저산소증hypoxia)이 실제로 생존의 제한 요인은 아니라고 여긴다. "고산지대는 동물상이 생리적으로 부적당한 것보다 오히려 비옥하지 않아서 불모지이다"(Morrison 1964, p. 49).

만약 동물이 어떤 환경에서 살고 번식한다면, 이것은 동물이 그곳에서 살아남을 수 있다는 명백한 증거이다. 유기체는 미소서식지로 후퇴하는 것으로 대부분의 환경 스트레스가 주는 큰 타격을 피할 수 있지만, 산소 결핍에서는 그것이 가능하지 않다. 그럼에도 몇몇 유기체가 저산소 조건에 적응했다고 해서 이러한 조건이 다른 유기체를 제한하지 않는다는 것을 의미하지 않는다. 이것은 낮은 고도의 어떤 포유류(인간 포함)가 높은 고도로 가는 경우 경험하게 되는 뚜렷한 증상으로 입증된다. 이들 포유류가 높은 고도로 빠르게 이동하면 급성 고산병(이 책 686~689쪽 참조)이나 다른 질병이 발병할 수 있으며, 이로 인해 결국 사망에 이를 가능성이 있다. 만약 천천히 올라가면, 변화하는 조건에 순응(acclimatization)[33] 할 수 있게 되지만, 저지대 포유류가 갈 수 없는 너머의 한계가 있다. 저지대 소의 경우 약 3,000m가 이에 해당한다(Alexander and Jensen 1959). 인간의 경우 약 5,450m이며, 이 고도 이상에서는 점진적으로 악화하기 시작한다.

∵

[33] 생물 개체가 고도, 온도, 광주기, pH 등 환경의 변화에 적응하여 자신의 내성 범위를 변화시켜 보다 다양한 범위에서 생물 활동을 유지할 수 있도록 하는 과정을 말한다.

유명한 산악인 조지 말로리(George Mallory)는 이 높이 위에 있는 것은 마치 "꿈속에서 걷는 병자"와 같다고 적절하게 표현했다(Houston 1972, p. 87에서 인용). 높은 고도의 원주민들과 같이 점유 기간이 장기간(수천 년)이어서, 사람들이 저산소 조건에 적응한 경우에도 한계는 여전히 약 5,450m로 보인다. 이것은 사람이 살고 있는 세계에서 가장 높은 취락으로 알려진 페루 안데스산맥의 5,400m 지점에 위치한 광산 공동체를 통해 입증되었다. 광산은 5,750m의 높이에 위치해 있으며, 원주민 광부는 매일 450m를 올라 광산에 도착했다. 5,600m 높이에 새로운 캠프를 건설했지만, 광부들은 그곳에서는 식욕이 없고 살도 빠지며 잠을 잘 수 없다고 말하며 반기를 들었다(Hock 1970, p. 53).

어떤 특정한 고도 이상에서의 산소 부족은 일부 포유류에게 제한 요인이 되지만, 다른 환경 스트레스 역시 애초에 이러한 높이에서 포유류가 서식하는 것을 방해할 가능성이 있다. 5,450m 이상의 고도에서는 충분한 토지 표면이 없고, 낮은 식물 생산성과 먹이가 부족한 것뿐만 아니라 추위, 바람, 건조, 태양 강도로 인한 일반적인 환경 스트레스도 대부분 포유류의 고도 범위를 제한한다. 하지만 산소 부족이 주요 스트레스 요인인 것은 사실이다. 즉 유기체가 낮은 온도에 적응할 수 있는 것처럼 환경 스트레스에 적응할 수 있는 것도 있지만, 피해를 받는 유기체도 있다(Bullard 1972).

생존 전략

유기체는 형태식 식응, 생리석 소성, 행통 패턴, 군락의 관세와 상호작용 등으로 환경 스트레스에 반응한다. 식물은 상대적으로 움직이지 않으며, 형태적이고 생리적인 적응을 통해 주로 반응하는 반면에, 동물은 주로 행동을 통해 반응한다(Kendeigh 1961). 동물은 종종 이주, 동면, 천공, 미소서식지 이용 등을 통해 극한의 환경에 대처한다. 성장과 번식의 특질과 시기 또한 극한 환경에서의 생존 전략에 중요한 부분을 이룬다. 단지 소수의 종만이 일 년 내내 기후의 큰 타격에 노출된다. 하지만 노출된 이들 종은 이러한 조건에서 존재하는 데 필요한 광범위한 적응을 보여준다. 극한의 환경에서 벗어나는 것이 (일부 신진대사 조절도 관련되어 있지만) 주로 행동의 기능이다. 하지만 동물도 극한의 조건을 견뎌내기 위해서는 식물과 마찬가지로 형태적이고 생리적인 적응에 의존해야 한다.

이주

이주성이 강한 종은 높은 산의 환경이 유리한 기간 동안에는 이주하여 그 환경을 충분히 이용하지만, 한층 더 스트레스가 많은 기간 동안에는 저지대나 다른 산으로 이주하며 서식한다. 엄밀히 말하면, 이주는 "번식이 제한된 지역과 월동이 제한된 지역 사이를 개체군이 매년 2회 대규모로 이동하는 것"이다(Lack 1954, p. 243). 산에서는 연 2회 이동하는 것이 중요하지만, 다른 작은 횟수의 이동도 동등하거나 더 중요하다. 여기서 산을 오르내리는 계절적 이주뿐만 아니라 산발적으로 발생하는 악천후[34]나 먹이가 부족한 해에 대한 반응으로 인한 불규칙한 이주도 관련된다. 이주의 본

··

34) 항공기의 운항에 심각한 영향을 미치며, 때로는 위험을 동반하는 현상으로 천둥·번개, 난기류, 열대저기압, 착빙, 산악파, 우박, 모래먼지 폭풍 등을 말한다. 이들 대부분은 규모가 작고, 수명이 짧기 때문에 정확한 예보가 어렵다.

질은 (떠나면 결코 돌아오지 않는) 단순한 이주가 아니라 주기적인 이동이라는 것이다.

어떤 조류는 여름 동안 매일 이주하지만, 중위도와 고위도의 이주는 일반적으로 계절과 일치한다. 저위도에서는 이주가 덜 중요하지만 어느 정도는 발생한다(Moreau 1951, 1966). 산의 섬 같은 특징은 동물의 임시 점유를 크게 촉진한다. 왜냐하면 동물이 비교적 짧은 연직 이주로 수목한계선 위의 지역에 도달하거나 벗어날 수 있기 때문에, 이것은 고산 환경과 북극 환경 사이의 근본적인 차이점 중 하나이다. 북극지방에서는 매일의 점유가 불가능하다. 그리고 이주는 거의 전적으로 조류에게만 국한된다. 순록을 제외하고, 포유류는 필요한 먼 거리를 이동하려는 어떤 시도도 하지 않는다(Irving 1972). 이와는 대조적으로, 포유류는 비교적 쉽게 고산툰드라를 오가지만, 이주하는 포유류는 고산툰드라에서 거의 번식하지 않는다. 수많은 초식동물(예: 토끼, 고슴도치, 사슴, 엘크 등)과 다양한 육식동물(예: 족제비, 오소리, 여우, 늑대, 곰)은 여름에 수목한계선의 위를 돌아다니지만, 겨울에는 낮은 고도로 후퇴한다. 고산툰드라에 있는 조류의 수는 짧은 여름철에 홍수처럼 밀려오면서 기하급수적으로 증가한다. 수많은 조류가 저위도에서 월동을 하고 돌아오는 반면에, 다른 조류는 단지 주변의 저지대에서 위쪽으로 이주하고 있다. 초봄부터 가을까지 지나가는 행렬에서 고지 지대에 맨 먼저 등장하는 조류는 대개 초식동물이다(또한 눈 위에서 죽은 곤충을 잡아먹기도 한다). 조건이 개선되고 곤충이 많아짐에 따라, 식충동물이 우점하게 된다. 이들 초식동물과 식충동물의 상당히 높은 비율이 고산툰드라에서 번식한다. 여름 후반에는 맹금류가 새로 태어난 한 떼의 작은 설치류를 포획하기 위해 이동한다. 맹금류는 수목한계선 위에서 번식하는 경우가 드물지만 고산지역을 매일 오갈 수 있을 만큼 이동성이 뛰어나다.

와이오밍주의 베어투스산맥에서는 맹금류가 보통 7월 말 이전에는 나타나지 않지만, 이후부터 많아진다(Pattie and Verbeek 1966, p. 175).

이주는 주로 조류와 포유류에 제한된다. 파충류와 양서류는 이동성이 부족하며, 폭포나 비버 댐과 같은 장벽은 일반석으로 산악 물고기가 이동하는 것을 막는다. 산에서 곤충의 주목할 만한 이동이 일부 있지만, 진정한 곤충의 이동은 드물고 주로 저지대의 종 사이에서 일어난다. 예를 들어, 곤충은 산 정상을 찾는 기이한 경향을 보인다. 이는 산 정상의 군비(swarming)[35] 또는 힐토핑(hilltopping)[36]으로 알려져 있다(Hudson 1905; Van Dyke 1919; Chapman 1954; Edwards 1956, 1957; Shields 1967). 이것은 전 세계 여러 지역의 수많은 사람에 의해 관찰되었지만, 이러한 행동에 대한 정확한 이유는 여전히 밝혀지지 않고 있다. 어떤 사람들은 곤충이 자신의 의지에 반하여 불어오는 바람으로 인해 조난당한 것이라고 생각하는 반면에, 다른 사람들은 곤충이 주로 그들의 자유 의지대로 움직이고 바람은 아마도 곤충의 이동을 도와주는 것에 불과하다고 주장한다. 이 두 설명 모두 해당되는 것 같다. 다양한 저지대 곤충은 때때로 상승기류에 의해 높은 고도로 끌어올려지기도 하며, 만약 충분한 높이에 도달하게 되면 낮은 온도로 인해 얼어붙게 된다. 죽거나 기절한 곤충이 빙하와 설원에 대량으로 떨어지고, 이곳에 서식하는 조류와 눈에서 사는 곤충에게 중요한 먹이 공급원 역할을 한다(Swan 1961; Mani 1962; Papp 1978; Spalding 1979). 이러한 이동은 의도하지 않은 것이며, 분명히 일방적인 여행이다.

∴

35) 곤충이 어떤 목적을 가지고 큰 무리를 지어 비행을 하는 일이다.
36) 곤충이 높은 구릉지나 산지 정상의 수관부에서 바람을 타고 넓은 범위에 걸쳐 점유활동을 하는 일이다.

곤충이 자신의 의지대로 위쪽으로 이동하는 경우가 진정한 이주에 훨씬 더 가깝다. 이러한 행동을 보이는 주요 곤충군은 갑충류(딱정벌레, 바구미), 쌍시류(모기, 파리), 막시류(벌, 개미), 인시류(나비, 나방) 등이 있다(Shields 1967, p. 73). 이에 대해 설명하면 다음과 같다. 즉 타고난 충동으로 가장 높은 곳에 오르려고 하는 것, 먹이를 탐색하는 것, 열과 빛에 매혹되는 것, 짝짓기를 위한 장소로 가장 높은 곳을 이용하는 것이다. 이 중에서 한 가지만을 선택해야 할 이유는 없는데, 이들은 모두 한 번 이상 나타날 수 있기 때문이다. 하지만, 마지막 설명은 알려진 사실을 통해 가장 잘 입증된 것으로 보인다. 수많은 곤충이 짝짓기를 하기 위해 이용 가능한 가장 높은 지점을 찾는 경향은 고립되고 희박한 개체군 사이의 선택이익[37]을 내포하고 있다. 왜냐하면 이것은 수컷과 짝지어진 적 없는 암컷과의 만남을 보장하여 유전자 풀의 안정화에 도움이 되기 때문이다(Shields 1967, p. 72).

곤충 이주의 특화된 사례는 무당벌레(Coccinellidae)의 경우이다. 이들 다채로운 작은 생물의 거대한 무리가 전 세계의 산봉우리에서 관찰되고 있다(Edwards 1956, 1957; Mani 1962). 무당벌레는 여름에 저지대에서 특정 산봉우리로 떼 지어 올라가 그 수가 $1m^2$당 수천 마리에 이르는 개체의 군집으로 모인다. 한 작가는 워싱턴주의 레이니어산을 오르는 동안 많은 수의 무당벌레를 마주쳤다고 말한다. "무당벌레 떼가 내 몸과 얼굴 위로 몰려들었고, 점심식사를 방해했으며, 카메라 렌즈 속으로 기어들어 가려 했다. (…) 그 후 몇 달 동안 장비 안의 이상한 곳에서 찌그러진 무당벌레 잔해를 발견했다"(Edwards 1957, p. 41). 지금까지 기록된 가장 큰 단일 무리

----

37) 일정한 환경에서 어떤 성질을 갖고 있는 것이 그것을 갖지 않는 것보다도 생존 또는 증식에 유리한 상태를 말한다. 이러한 상태를 자연선택 요인으로 간주하기도 한다.

는 히말라야산맥 서부의 4,200m 높이에 있었다. 설원에서 발견된 이들 무당벌레는 지름이 10m에 이르는 딱딱한 설전을 뒤덮고 있었으며 그 수가 1m²당 약 20만 마리에 이르는 것으로 추산되었다. 당시는 5월이었고, 대부분의 딱정벌레들은 살아 있있지만 활동적인 상태는 아니었다. 한 줌의 생물을 퍼 올리는 것이 가능했고, 이들 곤충은 단지 억지로 약간만 움직일 수 있었다(Mani 1962, p. 138)(그림 9.5).

무당벌레가 산봉우리로 이주하는 정확한 목적은 분명하지 않은데, 이곳에서 짝짓기를 하지도 않고 먹이를 찾지도 않기 때문이다. 일부 과학자는 이들 곤충이 동면하러 이곳에 가는 것(Mani 1962, p. 137)이라 믿는 반면에, 다른 과학자는 무당벌레가 일부러 높은 산봉우리에서 월동하는 것이 아니라 단지 추운 날씨에 사로잡혀 다른 선택의 여지가 없는 것이라고 생각한

그림 9.5 히말라야산맥 서부의 달라다르(Dhauladar)산맥에 있는 라크카 고개 빙하(Lakka Pass Glacier)의 4,260m 높이에서 관찰된 무당벌레(*Coccinella septempunctata*)의 군집체(M. S. Mani, St. John's College, India)

다. 어떤 경우든 봄에는 암석 밑이나 틈새에서 많은 수의 죽은 딱정벌레가 발견되는 것은 드문 일이 아니며, 반면에 나머지 살아 있는 딱정벌레는 (위에서 언급한 히말라야산맥의 사례에서 보듯이) 저지대로 이동할 준비를 하는 것을 흔히 볼 수 있다. 이러한 다수의 벌레 떼는 주로 새와 육식 곤충과 같은 높은 고도에 사는 다른 생물의 먹이가 되지만, 또한 큰 포유류의 먹이가 된다. 히말라야곰(*Ursus thibetanus*)은 무당벌레를 찾아 돌을 뒤집는 것으로 알려져 있으며, 회색곰(*Ursus arctos*)도 틈나는 대로 이 벌레들을 먹이로 먹는다(Chapman et al. 1955; Mani 1962, p. 139).

산악 동물이 이동하는 또 다른 이유는 악천후 발생이나 먹이 부족에 있다. 이러한 이유로 인한 이주는 북극지방에서 잘 알려져 있는데, 예를 들어 나그네쥐와 들쥐 및 이들의 포식자인 북극여우(*Alopex lagopus*)와 흰올빼미(*Nyctea scandiaca*) 개체군이 변동하는 것이다. 그러나 이러한 주기적인 변동은 고산 환경에서는 흔한 일이 아니다(Hoffmann 1974, p. 541). 그럼에도 종이 아래쪽으로 이주하는 것은 특히 불리한 조건이 발생하는 경우 자주 관찰된다(Verbeek 1970, p. 427; Ehrlich et al. 1972). 이를 전문적으로 다루는 예시는 캐나다 산갈가마귀(*Nucifraga spp.*)에서 나타난다. 대형 어치에 해당하는 이 새는 북반구에 있는 수많은 산의 아고산지대에 살면서 땅속에 숨겨둔 소나무 씨앗을 먹으며 겨울을 난다. 씨앗 생산이 부진한 몇 년 동안 먹이 부족으로 인해 어치는 고지의 지대를 떠날 수밖에 없었을 것이다. 캘리포니아주의 시에라네바다산맥에서는 이 새가 저지대로 침입한 주요 사건이 1898년 이후 7건이나 발생했다(Davis and Williams 1957, 1964). 이러한 이동은 분명히 씨앗 생산이 부족한 결과이다. 봄이 오면서 이들 중 일부는 고지의 지대로 돌아가지만, 의심할 여지없이 모든 새가 다 그렇게 하지는 않는다.

동면

겨울의 추위와 먹이 부족을 효과적으로 피하는 또 다른 방법은 동면을 하는 것이다. 이 놀라운 적응으로 유기체는 활동하지 않게 되고, 동년의 상태에서 스트레스를 받는 기간을 지나게 된다. 이것은 본질적으로 장기간의 깊은 수면이다. 온혈 포유류의 신진대사 속도는 최대 2/3까지 감소할 수 있고 체온은 어는점 위로 수 도 이내까지 낮아질 수 있다. 수많은 냉혈 포유류와 곤충은 체온이 0°C 미만에서도 살아남는다(Hesse et al. 1951; Mani 1962). 이것은 유기체가 막대한 양의 에너지를 절약할 수 있도록 한다. 동면은 이주할 수 있을 만큼 이동성이 좋지 않은 종에게, 또는 겨울 내내 스스로 먹이를 먹으며 활동적인 상태로 남아 있을 수 없거나 남아 있기를 꺼리는 종에게 매우 효율적인 생존 메커니즘이다. 여기에는 조류를 제외한 거의 모든 동물 집단이 포함되는데, 조류는 그 기동력 때문에 이주하는 것이 훨씬 더 용이하기 때문이다(하지만 Carpenter 1974, 1976 참조). 동면은 주로 중위도 지방의 현상으로, 습한 열대지방에는 뚜렷한 계절이 없으며 극지방은 단순히 너무 춥기 때문이다. 영구동토는 동결되지 않는 은신처의 가능성을 배제한다.

고산 포유류 중에서 얼룩다람쥐와 마멋이 주로 동면을 한다. 이들 중에서 얼룩다람쥐(*Citellus spp.*)가 아마도 가장 주목할 만한 것이다. 얼룩다람쥐의 동면 기간은 8개월 이상 지속될 때도 있다. 몬태나주의 글레이셔 국립공원에서는 얼룩다람쥐의 행동에 대해 다음과 같이 설명했다.

겨울이 다가오기 훨씬 전에 다람쥐는 굴속으로 자취를 감추고 동면하는데, 이러한 굴은 한층 더 큰 굴 시스템의 일부일 수도 있고, 분리되어 멀리 떨어져 있는 것일 수도 있다. 어느 지역에서든 늙은 수컷이 먼저 사라지고, 그런 다음 늙은 암컷이, 그리고 마침내 그 해의 어린 수컷이 아마도 수주 후에 사라질 것이다. 수면 공간 자체는 약 60cm 길이의 흙 마개로 효과적으로 봉인된다. 여기서 다람쥐는 머리를 배 안으로 집어넣고 부분적으로 꼬리로 몸을 덮은 채 등을 대고 세로로 누워, 분명히 수개월 동안 깨지도 않고 먹지도 않으며 잠을 잔다. 동면 상태에 빠진 것이다. 체온은 정상인 36.7℃에서 약 4.5℃로 떨어진다. 봄의 적절한 시기가 되면 다람쥐는 똑바로 위로 파서 입구에서 나타난다. 높은 고도에서는 종종 1~2m 깊이로 쌓인 눈 속에 굴을 파기도 한다. 수컷은 봄에 암컷보다 1~2주 먼저 나타난다.(Manville 1959, p. 40)

동면의 시기는 환경조건, 특히 성장기의 기간에 크게 영향을 받는다. 몬태나주의 로키산맥에서는 4월 말이나 5월 초에 얼룩다람쥐가 산골짜기에 나타나는 반면에, 6월 중순에는 수목한계선 위에 나타난다. 마찬가지로, 8월 중순이 되면 계곡의 개체군은 굴속으로 사라지는 반면에, 고산 초지의 개체군은 눈이 내리기 시작하는 9월 말까지 활동적인 상태로 남아 있을 수 있다(Manville 1959, p. 40). 다람쥐의 개체군이 많을수록 가을에 이러한 여분의 시간이 필요한 것으로 보이는데, 가을에 새끼가 충분히 자라고, 겨울 내내 이들을 볼 수 있게 체지방을 축적하고, 봄까지 필요한 먹이를 충분히 저장하기 위한 것이다. 마멋 사이에서도 비슷한 행동 패턴을 관찰했다 (Pattie 1967; Hoffmann 1974, p. 505).

곤충류, 파충류, 양서류, 어류와 같은 냉혈동물은 모두 동면한다. 오직 온혈동물만이 겨울 동안 활동적인 상태로 남아 있을 수 있다. 어떤 무척추동물은 알로 월동하고, 다른 무척추동물은 애벌레나 번데기, 또는 성충으로 동면한다. 저지대에서는 보통 종이 성장을 마치는 데 한 계절이 걸리는 반면에, 높은 고도에서는 두 계절 이상이 걸릴 수 있다(Alexander and Hilliard 1969; Coulson et al. 1976). 알프스산맥의 나비는 한 세대에는 알로, 다음 세대에는 번데기로 월동하는 것으로 알려져 있다. 히말라야산맥 서부의 딱정벌레(Carabid beetle)는 한 해는 성충으로, 그다음 해에는 애벌레로 동면하는 것이 발견되었다(Mani 1962, p. 112). 비슷한 상황이 나방, 파리, 거미에서도 일어난다. 다른 한편으로 높은 고도의 파리와 모기는 한 계절에 성장을 마친다. 정확한 행동은 곤충의 유형과 환경조건에 따라 달라지지만, 성장기는 고도가 높아지면서 감소하기 때문에 점점 더 중간 형태로 월동하는 특성을 보여주게 된다(그림 9.12).

곤충은 얕은 굴을 파거나 암석 밑이나 틈새로 기어들어가 동면한다. 겨울에는 동면 지역을 알맞게 덮을 수 있는 눈이 내려야 한다. 눈 밑의 온도가 상당히 일정하게 어는점 수준에 있기 때문에, 동면하는 곤충은 극단의 변동하는 기온을 견뎌내지 않아도 된다. 곤충은 일반적으로 눈이 녹는 여름까지 동면에서 깨지 않는다. 그러므로 출현 패턴은 고도보다 국지적인 조건에 따라 크게 달라진다. 마찬가지로, 동면이 장기화하기 때문에 곤충이 생활주기[38] 또는 적어도 그 일부를 마치기 위해서는 일단 조건이 허락되면 매우 빨리 성장해야 한다. 조건은 해마다, 그리고 장소마다 매우 가변적이므로 유기체는 활동적인 상태의 시기에 상당한 유연성을 유지해야 한다. 산악환경에서 자연은 매우 정확하거나 예측 가능하지 않다. 가변성은 예외가 아니라 규칙이다. 수많은 동물 형태는 이들 동물이 나타날 때 유리한 조건을 이용할 수 있는 능력에서 일종의 기회주의를 보여주고, 이와 동일하게 불리한 기간에도 견뎌내고 지속될 수 있다(Downes 1964, p.

38) 산란한 때로부터 산란할 수 있는 성충의 성숙기까지의 기간을 말한다.

294). 예를 들어, 높은 고도의 수많은 곤충은 거의 모든 성장 단계에서 동면을 시작하고, 오랜 기간 동안 동면 상태로 남아 있을 수 있는 능력이 있다. 딱 들어맞는 사례는 눈사태가 곤충을 수년 동안 눈 밑에 가두어두는 경우이다. 곤충은 보통 죽지 않고 단순히 동면하는 상태로 남아 있을 뿐이며, 결국 눈이 녹으면 풀려나게 된다(Mani 1962, p. 112).

파충류와 양서류는 일반적으로 가장 높은 고도에서 서식하지 않지만, 일부는 하부 고산지대에 분포한다(Hesse et al, 1951; Pearson 1954; Swan 1952, 1967; Karlstrom 1962; Campbell 1970; Bury 1973; Pearson and Bradford 1976). 냉혈동물인 이들의 체온은 주변 환경에 따라 달라진다. 이들은 주로 태양이 빛나고 있는 기간으로 활동이 한정되며, 겨울에는 활동을 유지할 수 있을 만큼 충분한 열이나 먹이가 없다. 냉혈동물의 동면은 온혈동물의 동면과는 매우 다르다. 온혈동물은 체온이 세심히 조정된 엄청난 하강을 경험하지만, 냉혈동물의 경우에는 동면하는 개체와 동면하지 않는 개체 사이의 생리적인 차이를 파악하는 것이 어렵다. 그럼에도 명백히 심박수와 혈압은 떨어지고, 다른 미묘한 신진대사의 변화가 일어난다(Aleksiuk 1976).

뱀과 도마뱀은 암석 밑이나 동물의 굴속으로 기어들어가 동면을 준비한다. 이들은 무리를 지어 모이는 경향이 있기 때문에, 곤충을 포함한 다양한 생물 형태가 하나의 암석 밑에 모두 모여 있는 것을 발견하는 것은 드문 일이 아니다. 이것은 매우 잡다한 무리로 이어지는데, 같은 지붕 아래 포식자와 피식자가 모여, 이 기간 동안 서로 달라붙어 있다(그림 9.6). 달팽이, 개구리, 도롱뇽은 연못 바닥의 진흙이나 늪지대에 파묻혀 봄에 눈과 얼음이 녹을 때까지 계속되는 죽음 같은 잠에 빠져든다. 다른 생물 형태와 마찬가지로 높은 고도에서는 양서류의 성장이 지연될 수 있다. 따라서 알프스산맥에서 개구리는 보통 올챙이로 겨울을 나고, 완전한 성장을 위해

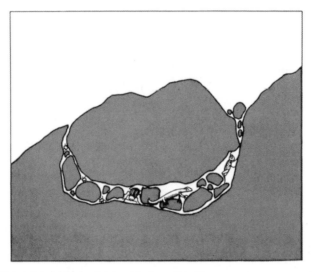

그림 9.6 암석 아래의 지역을 미소서식지로 이용하는 다양한 냉혈동물. 이러한 위치에서 크게 완화된 환경조건은 지표면 조건이 매우 열악한 지역에서 종이 생존할 수 있게끔 만든다.(출처: Mani 1962, p. 60)

서는 추가로 1년이 더 필요하다(Hesse et al. 1951, p. 602). 높은 산의 수많은 물고기는 일단 머리 위에 얼음이 형성되어 산소와 먹이 공급이 차단되면 동면을 한다. 이들 물고기는 보통 하천이나 호수의 바닥에 모여 작은 떼를 이루며 구름 같은 보호용 분비물을 내뿜어 자신을 감싸고 있다. 바닥까지 결빙된 얕은 호수나 하천에 사는 물고기는 실제로 해를 입지 않고 얼음 속에 갇혀 있을 수도 있다.

천공과 미소서식지 이용

고산 기후에 완전히 노출되는 것을 견딜 수 없지만, 이주하거나 동면할 수 없는 종은 굴을 파고 들어가거나 눈, 암석, 식생 아래의 미소 환경을 이용하는 것으로 극단적인 기후 상태를 벗어난다. 중위도와 고위도의 겨울에는 이러한 활동이 거의 활동적인 상태의 작은 포유류로 제한되는 반면에, 여름에는 (열대지방에서는 일 년 내내) 파충류, 양서류, 곤충류, 동면에서 나온 포유류 등으로 제한된다. 활동적인 상태로 남아 있는 작은 포유류는 두 가지 기본적인 행동 유형 중 하나를 보여준다. 한 그룹에서는 동물이 겨울에 이용할 먹이를 저장하고, 다른 그룹에서는 평상시처럼 계속해서 먹이를 찾아다닌다. 첫 번째 그룹에는 새앙토끼(*Ochofona spp.*), 흰발생쥐(*Peromyscus spp.*), 숲쥐(*Neotoma spp.*), 다양한 유라시아 햄스터(*Cricetinae*), 몇몇 들쥐(*Microtus spp.*) 등이 포함된다. 이들은 모두 초식동물로 식생 일부를 모아 겨울 먹이로 이용한다. 이들은 배수가 잘 되는 땅이나 암석 틈에 은신처를 짓고, 단열 처리는 존재하는 눈에 크게 의존한다. 어떤 종(예: 나그네쥐)은 지하 은신처에 옹기종기 모여 몸을 따뜻하게 하는 반면에, 다른 종(예: 새앙토끼)은 철저히 홀로 있다. 줄무늬다람쥐와 햄스터는 간헐적으로 동면 상태에 빠지는 능력이 있다. 이러한 중간 수준의 동면은 매우 유용한 적응이지만, 이들 동물은 때때로 수면 시간 중간에 잠에서 깨어나 먹이를 먹어야 한다. 땅다람쥐, 흰발생쥐, 새앙토끼와 같은 다른 종은 이런 능력은 없으며 겨울 내내 활동적인 상태를 유지해야 한다(Hoffmann 1974, p. 493).

새앙토끼는 특히 흥미로운 작은 생물이다(그림 9.7). 털은 회색을 띤 어두운 갈색이고, 새끼 토끼 정도의 크기이며, 작고 둥근 귀를 가지고 있으며, 날카로운 음조의 '앙크(ank)'[39]처럼 들리는 독특한 소리를 낸다(Broadbooks 1965, p. 309). 새앙토끼는 수목한계선 부근이나 그 위에 위치한 애추 사면

39) 입 안의 통로를 막고 코로 공기를 내보내면서 내는 소리이다.

과 암해와 같은 암석이 많은 곳에서 산다. 이들 새앙토끼는 강하게 텃세를 부리기 때문에 일정한 간격을 두고 굴이 있다(Barash 1973; Smith 1974, 1978). 새앙토끼의 여름 활동 대부분은 잔가지를 모으는 것으로 이루어지는데, 겨울 먹이로 중앙의 '건초 더미'에 나뭇가지를 보관하는 것이다. 새앙토끼의 정확한 겨울 행동은 알려져 있지 않다. 이들은 분명히 체지방을 저장하지 않고 동면 상태로 있지 않기에 건초 더미에 크게 의존한다. 새앙토끼의 굴은 건초 더미와 분리되어 있으므로 먹이를 먹기 위해서는 땅 위로 올라와야만 하는 반면에, 줄무늬다람쥐와 같은 다른 동물은 겨울 식량인 씨앗을 잠자리에 쌓아놓기 때문에 먹이를 먹기 위해서는 단지 머리를 돌리기만 하면 된다. 새앙토끼의 또 다른 특이한 식이 특성은 배설물을 다시 섭취하는 경향이다. 다른 토끼과의 동물처럼, 새앙토끼는 두 종류의 배설물을 배설한다. 하나는 재섭취하지 않는 익숙한 알갱이들이다. 또 다른 하나는 '야간' 대변 또는 '부드러운' 대변이라고 하는 길고 어두운 색의 덩어리인데, 이는 커다란 창자에 있는 낭의 우묵한 곳에서 나온 것으로 생각된다. 이 물질은 고농도의 단백질과 질소를 함유하고 있으며 새앙토끼가 이를 섭취하는 것으로 칼로리 섭취를 크게 증가시킨다(Johnson and Maxell 1966, p. 1060).

겨울에 계속해서 먹이를 찾는 작은 포유류로는 땅다람쥐(*Thomomys spp.*), 몇몇 들쥐(*Microtus spp.*), 뾰족뒤쥐(*Sorex spp.*), 족제비(*Mustela spp.*) 등이 있다. 뾰족뒤쥐와 족제비를 제외한 땅다람쥐와 몇몇 들쥐는 모두 먹이를 씨앗이나 뿌리 및 다른 식물성 물질에 의존한다. 이들의 생존에 결정적인 요인은 눈의 존재이다. 왜냐하면 극도로 낮은 온도에서 그들 스스로를 보호할 적절한 단열 방법이 없기 때문이다(그림 9.8). 눈이 내려도 온도는 어는점 부근에 머물러 있기 때문에 눈이 내리는 것이 차선책이다. 동

그림 9.7 콜로라도주 로키마운틴 국립공원의 3,760m에 위치한 전형적인 바위투성이 서식지에 있는 새 양토끼(*Ochotona princeps*)(L. C. Bliss, University of Washington)

물은 따뜻한 보금자리를 만들거나 함께 무리를 지어 체온을 나누고, 또 는 족제비의 경우처럼 높은 수준의 신진대사를 유지하는 것으로 상쇄한다 (Brown and Lasiewski 1972).

땅다람쥐는 겨울에도 계속해서 먹이를 찾는 작은 포유류의 대표적인 사 례이다. 이들 작은 생물은 땅을 파기 위해 앞발에 잘 발달된 발톱을 가지 고 있으며, 대부분의 시간을 땅속이나 눈 아래에서 보낸다. 땅다람쥐는 홀 로 있으며, 여름에 터널로 뻗은 식물 뿌리를 수확하는 자신만의 지하 굴 시스템을 유지한다(Aldous 1951). 하지만 겨울 동안 땅다람쥐는 깊은 적설 의 보호를 받으며 땅 위로 자유롭게 이동하고 지표면의 식생을 수확한다. 대부분의 동물이 굴착된 물질을 흙무덤으로 보관하는 반면에, 땅다람쥐는

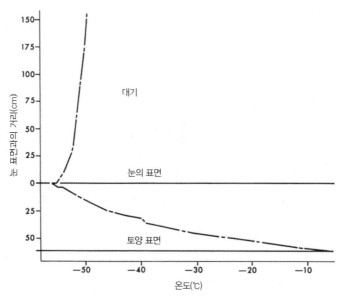

그림 9.8 아북극지방의 눈 덮인 지표면 위와 그 아래의 일반적인 기온경도. 높은 산악환경은 비슷하다. 최저 온도는 눈-공기 접촉면에서 발생하며, 기온은 눈 속에서 지표면으로 내려가면서 빠르게 상승한다는 점에 유의하라. 이것은 눈의 뛰어난 단열 특성을 보여준다.(출처: Pruitt 1970, p. 86)

찌꺼기를 위로 운반하여 눈 터널 안에 채워 넣는다. 이것은 종종 상당히 광범위하며, 봄에 눈이 녹은 후에 이 물질이 서로 엉켜 있는 흙 줄(rope)의 기이한 패턴으로 지표면 위에 퇴적된다(그림 7.2). 땅다람쥐가 굴착 활동을 통해 침식을 증가시키는지의 여부에 대한 문제를 두고 상당한 우려가 있었다. 눈 밑에 있는 풀과 사초(sedge)의 어린잎을 바싹 먹는 것이 일시적으로 피해를 줄 수 있는 것은 사실이지만, 식물을 죽이지는 않는다. 또한 매년 지표면에 새롭고 느슨한 토양이 퇴적되는 것도 약간의 손실을 초래할 수 있지만, 주된 침식의 증거는 없다(Ellison 1946; Stoecker 1976). 실제로 배설물과 토양의 지속적인 혼합은 일반적으로 산악 초지의 토양과 식생의 발달에 이로운 영향을 미치는 것으로 여겨진다(이 책 458~460쪽 참조)(Ingles 1952; Turner et al. 1973; Laycock and Richardson 1975).

이들 사례는 강한 계절적 대비가 존재하는 중위도와 고위도의 산에서 나온 것이다. 이곳에서 생존의 가장 큰 문제는 겨울로 인해 제기된다. 열대의 산에는 이와 유사한 장기간의 스트레스가 존재하지 않는다. 이곳에서는 극단적인 환경 상태가 매일 나타난다(이 책 176~180쪽 참조). 열대의 산에는 이주나 동면이 거의 없다. 대신에 동물은 굴을 파는 것(천공)과 미소서식지를 이용하는 것에 크게 의존한다. 동물 대부분은 낮에 활동하며, 태양의 세기가 강한 기간의 이른 아침과 늦은 오후에 가장 활동적이다. 밤에 이들은 암석과 식생의 사이에 있는, 또는 얕은 굴속에 있는 은신처로 도피한다. 대부분의 열대 산악 동물은 고산의 조건에는 크게 구애받지 않지만 추위에는 잘 적응하지 못하는 것으로 보인다. 이것은 만약 작은 동물이 밤에 사로잡혀 잠자리 없이 어는점 온도에서 1~2시간 이상 방치되면 살아남을 수 없다는 사실로써 입증된다(Coe 1969, p. 111). 하지만 이들 동물은 암석 밑의 공동이나 얕은 굴의 상당히 일정한 온도를 이용하며, 자신의 체온으로 밀폐된 공간의 온도를 높인다. 중위도 지방에서처럼 어떤 특정한 종이 옹기종기 모여 있는 것도 열 보존에 도움이 된다.

열대지방의 높은 산에 사는 포유동물의 좋은 사례는 동아프리카 케냐 산의 수목한계선 위에서 서식하는 케냐산 바위너구리(*Procavia johnstoni mackinderi*)이다(Coe 1967, p. 98; Roderick and Roderick 1973)(그림 9.9). 이 바위너구리는 절벽 아래, 그리고 빙퇴석 안에 있는 바위투성이 서식지를 점유하고 있다. 수많은 열대의 산악 동물처럼 바위너구리는 이른 아침에 나타나서 태양에 신체 부위를 최대한 노출시키기 위해 옆으로 뻗어서 햇볕을 쬔다. 이 행동으로 밤의 추위를 상쇄한다. 그런 다음 몇 시간

그림 9.9 동아프리카 케냐산 4,100m 높이의 암석 지대에 살고 있는 케냐산 바위너구리(*Procavia johnstoni mackinderi*). 이 동물의 키는 약 15cm이고 몸길이는 약 35cm이다. 바위너구리는 아프리카와 서아시아에서만 발견된다. 사진 속의 종은 케냐산에서만 발견되며 현재 법에 의해 보호받고 있다.(David Roderick, Nature Expeditions International)

동안 먹이를 먹고 하루 중 가장 뜨거운 시간에는 더위를 피해 시원한 곳에 숨어 있다가 오후 늦게 다시 나타나 먹이 활동을 한 후 하루를 마친다(Coe 1969, p. 109). 같은 산에 있는 또 다른 동물인 아프리카구치쥐(*Otomys orestes orestes*)는 자이언트 세네시오의 기부에 있는 축 처진 잎 아래로 기어들어 가 밤의 동결과 강렬한 태양으로부터 피신처를 찾는다. 바위너구리는 종종 구멍을 파낸 나무줄기의 공동에서 쉬는 시간을 보낸다(Coe 1967, p. 99).

냉혈동물인 파충류는 열대의 산에서의 일주기(日週期) 기후 체계에 훨씬 더 강한 영향을 받는다. 밤의 낮은 온도는 파충류를 비활동적인 상태에 있게 하며 움직일 수 없게 만든다. 이른 아침에 파충류는 간신히 해가 비추는 곳으로 기어나와 체온을 높이고 효율적으로 움직일 수 있게 된다. 이들 파충류는 아침에 나타나서는 햇빛을 최대한 받기 위해 방향을 잡으며, 암석이나 어두운 지표면 위에 자리를 잡고 햇볕을 쬐기 때문에 또한 아래에 가로놓인 지표면으로부터 가열된다. 온혈 포유류와 달리 이들은 햇볕에 가능한 한 오래 머무른다. 실제로 이들의 활동 기간은 거의 전적으로 일조량에 따른다. 구름만 지나가도 파충류는 허둥지둥 숨어버린다. 결과적으로 먹이를 먹는 시간은 일반적으로 하루에 4시간 이하로 제한된다. 밤에는 암석 밑이나 얕은 굴속에서, 또는 식생에서 은신처를 찾아 추위로부터 완전히 벗어난다(Pearson 1954; Pearson and Bradford 1976). 대부분의 파충류는 적어도 20cm 두께의 암석을 선택하는데, 이는 극한의 온도를 완화시킬 수 있을 만큼 큰 크기이다(Swan 1952, 1967; Coe 1969).

열대의 산에 있는 무척추동물도 활동 시기나 미소서식지를 능숙하게 이용함으로써 일상의 극단적인 상태에서 벗어나고 있다. 저지대의 매우 활동적이고 눈에 잘 띄는 곤충과는 대조적으로, 수목한계선 위의 곤충은 앉은 채 있으며 잠자코 숨어 있다. 결과적으로, 어느 주어진 시간에 눈에 잘 띄는 곤충은 거의 없다. 열대의 산에서 곤충 채집자는 표본 대부분을 암석 아래와 식생 속에서 발견하고 있다. 이러한 은둔성은 혹독한 환경에 적응하는 것으로 간주된다. 포유류처럼 곤충류는 주로 이른 아침과 늦은 오후로 활동이 제한된다. 낮은 밤 기온은 이들 곤충을 무기력하게 그리고 혼수상태로 만들기 때문에 곤충류가 이러한 행동을 하도록 강제한다(Salt 1954, p. 413).

곤충의 미소서식지 역할을 하는 식생의 훌륭한 사례는 자이언트 세네시오와 숫잔대에서 볼 수 있다(그림 8.15). 이들 식물은 낮에 잎을 열고 밤에 닫으며, 수많은 곤충은 이러한 습성을 이용하여 밤에 일어나는 동결을 피한다. 자이언트 숫산대(lobelia)의 온도를 측정한 결과 주변의 공기는 영하 2.4℃로 냉각되는 반면에, 꽃의 기저부는 3.3℃로 유지되었고 속이 빈 줄기의 중심은 4.0℃였다(Coe 1969, p. 120). 어떤 곤충은 결코 식물을 떠나지 않고 평생을 살아가는데, 케냐산에 있는 자이언트 로벨리아 케니엔시스(*Lobelia keniensis*)의 꽃 속에 사는 털파리과(*bibionidae*) 파리가 그것이다. 파리는 꽃 속에서 먹이를 먹고 번식하는데, 성충, 알, 애벌레, 번데기 등 모든 단계가 이들 꽃 속에서 발견된다. 이들 파리는 식물 앞에서 멈춰 떠 있거나 줄기의 위아래로 이동하면서 곤충을 먹이로 하는 진홍머리 공작태양새(*Nectarinia johnstoni johnstoni*)의 주요 먹이 공급원이 된다(Coe 1969, p. 121).

또 다른 훌륭한 식물 피난처는 케냐산에 있는 큰 풀의 다발식물체[40]가 제공한다. 이러한 다발식물체의 측정 결과에 따르면 온도는 바깥 주변에서 심하게 변동하고, 아래로 잎의 중간 정도에서는 변동이 적으며, 잎의 기저부에서는 상당히 일정하게 유지된다는 것을 보여준다(그림 9.10). 측정 기간 동안 잎이 있는 곳 바깥의 온도는 교차가 13.3℃ 정도로 나타난 반면에, 잎 기저부의 온도는 교차가 2.1℃ 정도에 불과했다(Coe 1969, p. 114). 다양한 곤충이 풀잎을 올라가거나 내려가는 것으로 체온을 조절하며 이들 다발식물체 속에서 살아가고 있다. 가장 흥미로운 것 중 하나는 나방으로,

••
40) 화본형의 잎을 가진 벼과 또는 사초과에 속하는 일부 종에서 관찰되는 사초기둥 모양을 말한다. 다설 지역이나 주기적인 범람원에서 주로 관찰되는 독특한 생태형질을 나타낸다.

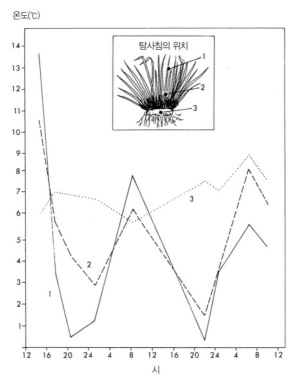

그림 9.10 동아프리카 케냐산의 4,000m 높이 고산지대의 벼과 식물(*Festuca pilgeri*)의 다발식물체 내부의 온도 차이. 측정은 1966년 3월 19일부터 21일까지 실시되었다. 다발식물체 주변의 온도는 내부 온도보다 훨씬 더 큰 변동을 나타내며, 이는 다발식물체 내부가 한층 더 유리한 미소서식지 조건임을 나타낸다.(출처: Coe 1969, p. 115)

애벌레는 잎의 기저부와 바깥쪽 사이에 실크로 된 관상부에 자리 잡는다. 번데기의 옆구리에 작은 가시모양 돌기가 달려 있기 때문에 관상부를 위아래로 이동하여 하루의 시간에 따라 최적의 온도를 선택할 수 있다. 마찬가지로 다발식물체 속에 사는 몇몇 종의 파리는 다음과 같은 뚜렷한 주행성 이동을 보여준다.

해질 무렵에는 수많은 파리가 다발식물체 잎의 끝에 앉아 있는 것을 볼 수 있다. 그리고 만약 온도가 어느점 아래로 내려가지 않는다면 다음 날 아침 해가 뜰 때까지 파리는 이러한 상태로 있을 것이다. 만약 온도가 어느점 아래로 내려가면 너무 추워서 적극적으로 피난처를 찾을 수 없기 때문에, 파리는 잡았던 풀줄기를 놓치게 되고 다발식물체의 틈새로 떨어진다. 다음 날까지 이곳에 남아 있게 된다면 풀줄기를 타고 서서히 올라가 끝자락에 도달하는 것을 볼 수 있을 것이다. 파리는 짧은 시간 동안 햇볕을 쬐고 나면 날아간다.(Coe 1969, p. 116)

활동 시기

높은 산에 있는 유기체의 주요 생존 전략은 가장 유리한 기간에 맞춰 중요한 활동을 하는 때를 맞추는 것이다. 이것은 이주, 동면, 미소서식지로의 도피 등과 관련하여 이미 논의되었다. 대부분의 작은 동물은 이들 방법 중 하나를 이용하는 것으로 극단적인 계절 상태를 피한다. 유리한 계절에도 대부분의 활동은 낮 시간에 국한된다. 이러한 이유로 (보통 저지대에서는 밤에 사냥하는) 북방족제비, 여우, 오소리 등과 같은 육식동물이 산에서는 낮에 사냥을 한다(Zimina 1967). 열대지방에서는 낮 시간에 활동을 제한하는 것이 훨씬 더 일반적이다(Hingston 1925; Brown 1942; Pearson 1951; Salt 1954; Coe 1967, 1969).

생식의 기간은 종이 존속하는 데 매우 중요하며, 또한 취약성이 큰 기간이기 때문에 이 기간은 가장 많이 흥미롭고 중요하다. 높은 산에서 생식의 주요 문제는 다른 기능, 즉 짧은 성장기, 먹이 부족, 혹독한 환경 등의 경우와 동일하다. 이러한 조건에 대처하기 위한 수많은 조정[41]이 이루어진다. 철새는 종종 이미 짝을 지어 도착하기 때문에, 구애하는 데 시간을 보낼 필요가 없다. 다른 새는 구애 기간을 줄인다(Hoffmann 1974, p. 501). 철새는 봄에 (보통 눈이 녹기 시작할 무렵) 가능한 한 일찍 도착하며, 둥지를 틀 적절한 지역이 드러날 때까지 임시 보금자리를 점유한다(Pattie and Verbeek 1966, p. 167). 중위도와 고위도의 산에서는 고산의 짧은 여름에 단한 번의 둥지를 트는 시도만이 가능하다. 허용된 짧은 시간 내에 불가피한 역할을 끝마쳐야 한다는 극도의 절박함 때문에 어린 새는 지나치게 빨리 자란다. 유콘 준주의 루비산맥과 세인트일라이어스산맥에 둥지를 트는 새들사이에서 일어나는 이러한 사실은 매우 인상 깊은 것이다. 한여름이나 늦여름의 어느 날에 부화한 어린 새는 작은 솜털 덩어리처럼 생겼으며, 3~4일이내에 걸어 다닌다. 그리고 일주일 정도 지나면 날아다닌다. 어린 새는 근본적으로 2주 안에 어미 새로부터 독립해서 먹이를 먹으며 혼자 힘으로 살아간다. 이들 새는 1~2주 후에는 모두 사라져 겨울 이주지로 가는 도중에 있다.

국지적인 환경조건과 관련하여 서로 다른 종의 조류는 매우 다양한 행동을 나타낸다. 대체로 수컷이나 암컷 어느 한쪽이 머물며 새끼를 돌보는것이 아니라, 어린 새가 부화하자마자 둘 중 하나가 떠나는 것이다. 이는분명히 먹이를 얻기 위한 경쟁을 멈추어 어린 새끼가 생존할 가능성을 높이려는 시도이다(Hoffmann 1974, p. 502). 수많은 종의 어린 새 떼가 도착하는 시기는 곤충의 공급이 계절적으로 절정인 시기와 엄밀히 일치한다. 이것은 어린 새가 스스로 먹이를 찾아다닐 준비가 부족한 시기에 풍부하

---

41) 생물 개체가 환경의 변화에 따라 생태를 변화시켜 환경에 직접 해지는 파징이너, 일반적으로 비유전적이다. 이와 구별하여 유전적, 진화적인 협의로 한정해 적응의 개념이 성립되었다. 순응은 조정에 속한다.

고 접근하기 쉬운 먹이를 제공한다. 곤충의 관점에서 보면, 이러한 접근법은 또한 생존가를 높이고 있다. 왜냐하면 조류 포식자는 넘쳐나는 곤충으로 정신을 못 차리게 되고, 이는 결국 적절한 수의 곤충이 생존할 수 있도록 보장하기 때문이나(Maclean and Pitelka 1971; Hoffmann 1974, p. 502).

또 다른 면밀하게 시기적절한 기능은 털갈이(깃털 교체)이다. 일반적으로 에너지를 많이 소비하는 이들 기능이 중복되지 않도록 번식 주기와 이주는 조정된다. 어떤 경우에는 부화 작용이 일어나기도 전에 털갈이가 단축되어 발생할 수 있다(Holmes 1966; Verbeek 1970). 하지만 보다 일반적으로 번식 주기가 완료될 때까지 털갈이는 지연된다(French 1959; A. H. Miller 1961). 장거리 철새는 비교적 이른 계절에 고지 지대를 떠나 월동지에 도착한 후에 털갈이를 하는 반면에, 단거리 철새는 어린 새가 도착한 후에 대개 털갈이를 하고 가능한 한 오래 머물러 있다가 고산툰드라를 떠난다(Hoffmann 1974, p. 502).

포유류도 번식 주기에서 비슷한 조정을 보인다. 수많은 작은 동물의 생식 기관은 눈이 여전히 지면을 덮고 있는 동안 커지고 완전히 발달하기 때문에, 눈이 녹는 중에 또는 녹은 직후에 번식할 수 있다(Vaughan 1969, p. 69). 이는 고산식물이 짧은 성장기에 생활주기를 마치기 위하여 눈 아래에서 성장하기 시작하는 경향과 유사하다(이 책 574~575쪽 참조). 조류의 경우와 마찬가지로 포유류의 또 다른 특성은 대개 먹이를 가장 쉽게 구할 수 있을 때 새끼를 낳는다는 것이다. 따라서 높은 고도에 사는 동물은 저지대에 사는 동물보다 계절적으로 늦게 번식한다. 이것은 눈이 지연되어 녹은 탓도 일부 있지만, 동물이 더 일찍 새끼를 낳는다면 먹이가 충분하지 않기 때문이기도 하다. 캘리포니아주의 시에라네바다산맥의 높은 고지에서 사는 노새사슴(*Odocoileus bemionus*)은 7월 중순경에 새끼를 낳는 반면에, 낮은 높이에서 사는 노새사슴은 5월 중순이나 그 이전에 새끼를 낳는다(Hoffmann 1974, p. 504). 열대의 산에 사는 동물은 일 년 내내 먹이를 구할 수 있기 때문에 번식 주기를 맞추는 데 문제가 없다. 결과적으로 생식은 언제든지 일어날 수 있고 또 일어나고 있다(Coe 1967, 1969). 그러나 중위도와 고위도의 동물이 일 년 중 유리한 계절에 번식하는 경향은 가장 취약한 기간에 동물에게 미치는 환경 스트레스를 크게 감소시킨다는 것을 지적해야 한다. 이는 일상적으로 극단적인 기후 상태가 발생하는 열대의 산에서는 해당하지 않는다. 이곳에서는 심지어 갓 태어난 동물도 낮과 밤에 존재하는 환경조건의 모든 범위를 견뎌낼 수 있어야 한다(Salt 1954).

조류와 마찬가지로 중위도와 고위도의 산에 사는 포유류 대부분은 매년 단 한 번의 번식만을 시도하는 것으로 제한된다. 따라서 캘리포니아주 화이트산맥의 낮은 높이에 사는 흰발생쥐는 두 번의 번식기가 있는 반면에, 높은 고도에 사는 흰발생쥐는 번식기가 단 한 차례 있다(Dunmire 1960). 비슷한 행동이 파충류와 양서류에서도 나타난다(Saint Girons and Duguy 1970; Goldberg 1974). 게다가 고산지대로 확장되어 나타나는 (알프스산맥에는 오직 3종만 있는) 소수의 파충류는 저지대의 파충류 형태처럼 알을 낳기보다 오히려 특징적으로 뱃속에 알을 품고 다니다 부화시켜 새끼를 낳는다. 이에 대한 이유는 단순히 냉혈동물이 높은 산에서 알을 낳아 완전히 성장시키고 부화시킬 만큼의 충분한 열이 없기 때문이다(Hesse et al. 1951, p. 602). 어린 새끼를 몸 안에 가진 채 햇볕을 쬐면, 어미는 자신이 흡수하는 열을 최대한 이용할 수 있다. 그러므로 새끼를 낳을 수 있는 능력은 파충류가 추운 환경에서 번식하는 데 필수적이다.

번식 시도 횟수의 감소는 고도와 위도에 따라 한배 산란 수[42]가 증가하는 경향을 보임으로써 다소 상쇄된다(Lack 1948, 1954; Lord 1960; Spencer and Steinhoff 1968). 그 이면의 전략은 서로 다른 방식으로 해석되고 있지만, 가장 일반적으로 받아들여지는 설명은 다음과 같다. 즉 높은 고도의 짧은 계절은 저지대 환경에 비해 동물이 일생 동안 매년 생식할 수 있는 횟수를 제한하기 때문에, 따라서 몇몇 큰 한배에 투자하는 것이 유리하다는 것이다. 그렇게 하면 어미의 기대수명이 줄어든다는 사실과 여러 번의 작은 한배가 생산하는 것처럼 효율적이지 않다(많은 수의 새끼를 돌보는 것이 더 어렵다)는 사실에도 불구하고 이것은 사실이다. 몇몇 큰 한배의 생산은 보수적인 것으로는 아무것도 얻을 수 없기 때문에 채택된 양단간의 접근법으로 볼 수 있다(먹이가 부족해 전혀 생식하지 못하는 해는 제외한다) (Spencer and Steinhoff 1968, p. 282).

혹독한 환경과 관련된 생식의 시기는 펜실베이니아주 남부의 마멋(*Marmota monax*), 와이오밍주 옐로스톤 국립공원의 노란배마멋(*M. flaviventris*), 워싱턴주 올림픽 국립공원의 마멋(*M. olympus*)을 비교 연구한 것으로 입증된다(Barash 1974). 가장 긴 성장기를 가진 저지대 마멋(woodchuck)은 매년 생식한다. 또한 중간의 성장기를 가진 노란배마멋도 매년 새끼를 낳지만 때때로 일 년을 건너뛰는 경우가 있는 반면에, 가장 짧은 성장기를 가진 고산의 올림픽마멋은 격년으로 생식한다(그림 9.11). 이는 더욱 극한의 환경에서의 제한된 수용력에 적응하여 생존을 유지하는 것으로 해석된다.

또한 생식의 시기는 사회적 행동과 연관되어 있는데, 어떤 마멋은 환경이 혹독해지면 그 수가 증가한다. 따라서 펜실베이니아주 남부의 마멋은

··

42) 한 마리의 어미가 1회 번식에 낳는 알 수. 부화된 알 혹은 새끼만을 의미할 때는 한배 산란수(brood size)가 되며, 포유류의 경우에는 한배 새끼 수(litter size)라고 한다.

홀로 있고, 공격적이며 사회적이지 않은 반면에, 올림픽마멋은 긴밀히 결합된 군체로 살며 매우 사회적이다. 와이오밍주와 몬태나주의 노란배마멋은 사회성이 중간이다. 이것은 어린 마멋이 흩어지고 새로운 군체를 형성하는 시기를 결정하는 결정적인 요인이다. 만약 어린 마멋이 너무 일찍 떠나도록 강제된다면, 생존 가능성은 줄어든다. 따라서 마멋은 태어난 그해에 흩어지고 1년생으로 성적으로 성숙해진다. 노란배마멋은 첫 1년 동안 어미와 함께 지내다가, 다음 해에 흩어지며 2년생일 때 성적으로 성숙해진다. 하지만 올림픽마멋은 어미와 함께 꼬박 2년 동안 남아 있다가 3년 만에야 성적으로 성숙해진다. 이는 각 환경에서 동물이 충분한 크기로 자라고 성숙해 성공적으로 흩어져 생식할 수 있는 시간이 필요하기 때문인 것

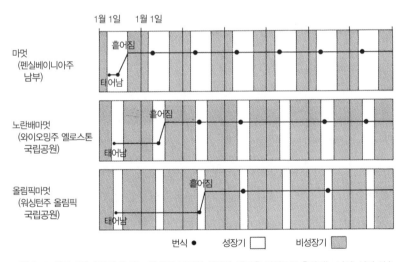

그림 9.11 서로 다른 환경에서 사는 세 종류 마멋의 성장기, 새로운 지역으로 흩어지는 나이, 성적 성숙도 사이의 상관관계. (맨 위의 돌출한 수직선은 매년 1월 1일로 개별 연도를 나타낸다.) 긴 성장기를 보이는 지역에 살고 있는 이들 마멋은 첫해 말에 새로운 지역으로 흩어지고 번식한다. 반면에 혹독한 조건에서 살며 성장 기간이 매우 짧은 올림픽마멋은 2년을 기다렸다가 새로운 지역으로 흩어지고 다시 1년을 더 기다린 후에 번식한다.(출처: Barash 1974, p. 418)

으로 보인다. 예를 들어, 펜실베이니아 남부에 사는 마멋은 일 년 만에 성숙한 마멋 체중의 80%에 도달하고, 노란배마멋은 60%에, 올림픽마멋은 겨우 30%에 도달한다(Barash 1974, p. 416). 동시에, 환경이 더욱더 혹독해지면서 사회성은 증가하고(이것은 어린 마멋이 어미와 함께 더 오래 지낼 수 있게 만든다), 그리고 생식 주기의 횟수가 줄어드는 것은 개체군을 지탱할 수 있는 환경의 능력에 따라 개체 수의 수준을 효율적으로 조절한다. 하지만 최근 콜로라도주 로키산맥의 노란배마멋을 조사한 결과 높은 고도에서의 성장 속도가 낮은 고도의 경우보다 실제로 더 빠르다는 사실이 확인되었다(Andersen et al. 1976). 또한 이들 조사자는 사회성의 정도가 혹독한 환경의 함수라기보다 만족스러운 동면 장소의 규모와 밀도의 함수일 수 있다고 보았다.

큰 동물의 경우와 마찬가지로, 높은 고도의 곤충도 그 활동 시간이 점점 더 낮으로 제한된다. 저지대에서 대부분 야행성인 나방과 같은 종은 높은 고도에서는 흔하지 않게 되고, 존속되는 종은 종종 그 습관을 바꾸어 밤보다 오히려 낮에 활동적인 상태가 된다(Mani 1962, p. 106). 먹이를 먹는 시간도 이른 아침과 늦은 오후의 짧은 기간으로 제한되는데, 아마도 하루에 2~3시간밖에 걸리지 않을 것이다. 이들 곤충은 나머지 시간의 대부분을 암석과 식생의 아래에 숨어서 보낸다(Schmoller 1971 참조). 식물을 먹는 종의 비율은 수목한계선 위에서 (예상했던 대로 식물 또한 감소하기 때문에) 감소하고, 설선 부근의 포식자는 우점하여 상승기류에 의해 위로 운반되는 다른 곤충이나 유기물질을 먹으며 살아간다. 풍성대(이 책 559쪽 참조)에서는 먹이 저장고로 눈을 활용하는 것이 생존을 위한 적응의 점점 더 중요한 부분이 된다(Swan 1961, 1967; Mani 1962; Papp 1978; Spalding 1979).

곤충의 생식은 동기화하여 환경조건과 조화를 이루게 된다. 곤충은 짧은 성장기 내에 매우 빠르게 성장하고, 여름에는 성장 속도가 증가하기 때문에 생활주기의 후반 단계는 이전의 단계보다 더 빨라진다. 이것은 특히 높은 고도에서, 그리고 눈이 녹는 주변부에서 두드러진다. 여름에는 성장이 빠르기는 하지만 계절이 때때로 너무 짧아 곤충은 생활주기의 중간 단계에서 월동을 해야만 하고 완전히 자라는 데 2~3년이 걸린다(Mani 1962, p. 117). 다른 동물과 마찬가지로 곤충도 높은 곳에서는 단 한 번의 한배(brood)[43]를 갖게 되는 경향을 보인다. 낮은 높이에서 한배가 두 번인 종은 높은 고도에서 한배를 단 한 번만 갖게 된다. 이것은 여러 곤충에서 서로 다르게 나타나지만 적응 전략은 비슷하다(그림 9.12a, b, c). 쌍시류(모기, 파리)와 같은 몇몇 곤충은 짧은 성장기에도 불구하고 여러 번 생식할 수 있다(그림 9.12d). 이렇게 할 수 있는 능력이 한 세대를 이루는 데 두 계절 이상 걸리는 나비와 같은 종에 비해 높은 고도와 고위도 환경에서 그 곤충이 풍부하게 존재하는 한 가지 이유이다.

내성

높은 산에 사는 동물들 대부분은 이런저런 방법으로 환경으로부터 큰 타격을 입지 않지만, 몇몇 강인한 동물은 일 년 내내 자연력에 노출된다. 이들은 주로 북반구의 야크(*Bos grunniens*), 야생양(*Ovis spp.*), 야생 염소(*Oreamnos spp.*), 아이벡스(*Capra spp.*), 샤무아(*Rupicapra rupicapra*) 등과 같은 대형 포유류(Clark 1964; Geist 1971)와 남반구의 낙타과(Camelid) 포유류, 예를 들어 라마(*Lama glama*), 과나코(*L. guanaco*), 알파카(*L. pacos*), 비

---

43) 같은 무렵에 태어난 한배의 새끼(litter)를 말한다.

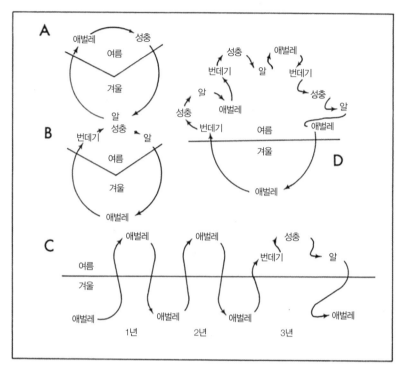

그림 9.12 산악 곤충 사이에 나타난 생식 주기의 도식적 표현. (a) 알 단계에서 동면을 하고 늦은 여름에 성충이 나타나는 정상적인 1년 주기. (b) 유충 단계에서 동면을 하고 한여름에 성충이 출현하는 1년 주기. (c) 여름에 애벌레의 발달이 일어나고, 겨울에 다시 동면상태로 바뀌고, 3년째 최종 발달이 일어나는 것과 같이 높은 고도의 딱정벌레에서 나타나는 2년 주기. (d) 짧은 여름 내에 최대 3~4세대가 발달하는 파리와 모기의 다주기 생식의 사례.(출처: Mani 1962, p. 118)

큐나(*Vicugna vicugna*) 등이다(Pearson 1948, 1951). 또한 곰(*Lirsus spp.*), 늑대(*Canis spp.*), 여우(*Vulpes spp.*) 및 몇몇 고양이과 동물 등과 같은 육식 동물이 있다(Seidensticker et al. 1973). 조류 중에는 극히 일부만이 남아 있는데, 이 중 가장 특징적인 것은 뇌조(*Lagopus spp.*)이다(Choate 1963; Braun and Rogers 1971). 이들 모든 동물은 신체적으로나 신진대사로, 그리고 행동으로 환경에 잘 적응해 풍요롭지 않은 겨울 생활을 겨우 이어나갈 수 있다.

눈으로 덮인 암석 지역에 사는 대형 동물, 예를 들어 샤무아, 아이벡스, 양, 염소 등은 눈에 띄게 발을 단단히 딛고 서며, 커다란 앞발, 집게발 모양의 발가락, 탄력 있는 발바닥의 발굽 등과 같은 특징을 가지고 있다 (Hoffmann 1974, p. 497). 세찬 눈 속에서 쉽게 돌아다닐 수 없는 동물, 예를 들어 사슴, 큰사슴, 엘크 등은 겨울에 낮은 곳으로 이주한다. 수많은 산악 동물은 유난히 시각과 후각이 예민하다. 야생양은 쌍안경 같은 눈을 가지고 있어 먼 거리를 볼 수 있다. 만약 여러 마리의 양이 함께 있으면, 보통 서로 다른 방향을 향하고 있기 때문에, 사방으로 빈틈없이 경계하게 된다. 따라서 아래에서 일어나는 거의 모든 일은 이들의 주의를 끌 수밖에 없다. 또한 야생양은 바람을 잘 이용한다. 낮에는 보통 절벽의 선반처럼 돌출된 바위 위에 누워 위로 부는 사면풍으로 열기를 식히고 아래에서 올라오는 냄새를 맡는다. 바람이 부는 험한 지형에서는 소리가 잘 전달되지 않기 때문에 청각은 덜 중요하다. 이것은 수많은 산악 동물, 예를 들어 마멋, 새앙토끼, 얼룩다람쥐, 샤무아 등이 특징적으로 높고 날카로운 울음소리를 내는 한 가지 이유일 것이다. 이러한 크고 날카로운 소리는 더 멀리 이동하며 바람 소리나 암석 낙하 소리와 쉽게 구별되기 때문에 의사소통을 향상시키고 포식을 줄이는 데 도움을 준다(Hoffmann 1974, p. 497).

행동은 다른 방법으로 극단적인 환경 상태를 바꾼다. 야생양과 산양은 양지바른 사면이나 바람이 불지 않는 사면을 찾고, 눈이 깊게 쌓인 지역에서 버둥대기보다는 눈이 내리지 않는 지역에서 먹이를 먹으며, 행동권 (home range)[44]에 매우 익숙해진다. 군거성, 복잡하고 정확한 사회적 행동,

..

44) 번식기 전이나 번식기 동안 동물에 의해 방어되는 지역, 또는 동물이 필요로 하는 먹이와 집단을 이루기에 충분한 지역을 이른다.

공격성에 대한 경향도 또한 생존에 기여한다. 어린 양은 빨리 배우고 적응하도록 강제된다. 이러한 방식으로 친숙하고 예측 가능한 사회적 환경과 물리적 환경이 유지되어 에너지 낭비와 위험 노출을 최소화할 수 있다(Geist 1971). 정확한 접근 방식은 동물마다 나르시반, 극난석인 상태는 보통 다소 완충된다. 그럼에도 노출된 채로 있는 한 이를 완전히 피하는 것은 불가능하다.

형태적 적응과 생리적 적응

생존에 필요한 근본적인 요소는 극단적인 기후 상태를 견뎌내고 겨울에 적절한 먹이를 찾을 수 있는 능력이다. 이는 형태적 적응과 생리적 적응을 통해 이루어지며, 이 중에 눈, 암석, 바람과 관련된 몇 가지는 이미 언급했다. 하지만 주요 적응은 온도와 낮은 산소압에 반응하는 것이다.

온도

온혈동물

고도와 위도가 동물의 특질과 분포에 미치는 영향에 대한 초기 관찰은 낮은 온도에 대한 온혈동물의 반응에 관하여 몇 가지 상관관계 또는 기후적 규칙을 구축했다. 이 중 하나인 베르그만의 법칙(Bergmann's Rule)은 비슷한(같은) 종의 몸집이 한랭기후에서 증가하는 경향이 있음을 보여준다. 이에 대한 생리학적 근거는 열 발생[45]이 크기에 비례하는 반면에, 열 손실[46]은 표면적에 비례한다는 것이다. 동물이 클수록 대기에 노출되는 면적은 (비례적으로) 작아진다. 동물생태학의 또 다른 오래된 원칙은 알렌의 법칙(Allen's Rule)으로, 추워질수록 꼬리와 귀와 같은 부분은 더 짧아지고 더 작아지는 경향이 있다는 것이다(Allen 1877). 다시 말해, 이것은 노출된 표면적과 열 손실을 줄이고, 말단부를 따뜻하게 하는 데 필요한 에너지를 감소시킨다. 마지막으로 주목해야 할 규칙은 한랭기후에 사는 온혈동물이 복사를 통한 열 손실을 줄이기 위해 흰색이나 밝은색을 띠는 경향이 있다는 것이다(Hock 1965).

이러한 경험적 규칙은 단순한 관찰과 상관관계에 기초하고 있지만, 다수의 종이 이러한 법칙을 따른다(Hesse et al. 1951, pp. 462~466 참조). 하지만 예외도 많다. 최근 몇 년 동안 이러한 규칙의 타당성은 상당한 논란의 원인이 되었다. 스콜랜더(Scholander, 1955)는 단열과 비교해서 표면적이 열 보존에 거의 중요하지 않다고 주장하면서 이들 법칙을 다음과 같이 강하게 비판했다.

베르그만의 법칙에 의한 추위 적응이 가망 없이 부적절한 것은 다음의 사항을 고려해봄으로써 알 수 있다. 위도 7°의 열대지방과 위도 70°의 극지방에서, 즉 위도가 10배 증가하는 경우 신체와 대기의 경도를 구한다. 북극 동물에게서 나타나는 10배나 더 큰 냉각작용은 표면을 덮는 수 센티미터 두께의 모피로 방지된다. 상대적으로 표면을 10배 감소시키기 위해서는 동물의 체중을 1,000배 증가시켜야 한다. 동물이나 인간의 경우 베르그만의 법칙과 알렌의 법칙에 나

45) 근육의 활동에 수반되는 온도의 상승 현상으로, 근육의 활동 시에 일어나는 화학반응이 발열반응이기 때문에 생성된다.
46) 체내에서 생산된 열은 다양한 형태로 체외로 방산된다. 보통 상태에서는 피부에서의 방열이 80~90%에 달한다.

타난 작고 불규칙한 아종의 경향이 열을 보존하는 적응의 계통발생적인 경로를 반영한다는 어떤 생리학적인 증거도 없다.(Scholander 1955, p. 22)

다른 학자들은 베르그만과 일렌의 법칙은 단지 경험적인 관찰에 불과하며 생리학적인 해석은 또 다른 문제라고 응답했다. 그리고 이들은 신체 크기의 중요성에 대한 다른 해석을 내놓았다(Mayr 1956; Newman 1956, 1958; Rensch 1959; Kendeigh 1969; Brown and Lee 1969; McNab 1971).

글로저의 법칙(Gloger's Rule)과 관련하여, 몇몇 연구는 복사열 손실이 실제로 검은색 모피만큼이나 흰색 모피에서도 크다는 것을 나타낸다(Hammel 1956; Svihla 1956). 갈가마귀(Corvus corax)는 칠흑색이지만, 겨울 내내 북극지방과 고산지역에 남아 있는 몇 안 되는 동물 중 하나이다. 수많은 동물, 예를 들어, 북방족제비, 여우, 뇌조, 카리부, 목도리레밍, 북극토끼 등은 계절에 따라 흰색을 띠지만, 이것의 생존가는 아마도 단열보다 위장용으로 더 높을 것이다(Green 1936; Hock 1965). 이는 뇌조의 경우로 설명되는데, 겨울에는 알아차릴 수 없을 만큼 경관과 어우러지고(그림 9.13a), 하지만 여름에는 색이 기층에 맞게 동일하게 잘 조정된다(그림 9.13b). 봄과 가을에 뇌조는 겨울 깃털의 발달 단계에 따라 조심스럽게 설전이나 나지의 어느 한쪽에서 벗어나지 않는다(그림 9.13c, 9.13d). 겨울 깃털과 여름 깃털 사이의 단열량에는 두드러진 차이가 없어 보인다(Irving et al. 1955; Johnson 1968). 게다가 일반적으로 더 큰 몸통 크기와 줄어든 사지 및 천연 흰색 등의 경향이 수많은 종에서 관찰되지만, 이러한 특성의 생리학적인 중요성은 의문이다. 열 손실을 줄이는 더욱 효과적인 방법이 있다는 것에는 의심의 여지가 없다.

충분한 먹이를 얻는 것을 제외하고 한랭기후에 사는 동물의 근본적인

그림 9.13 콜로라도주 로키산맥 고산지대의 흰꼬리뇌조(*Lagopus leucurus*). (a) 겨울에는 흰 깃털이 눈과 아름답게 어우러진다. (b) 여름에 이들 뇌조는 다시 주변 환경과 거의 구별할 수 없게 된다. (c와 d) 봄과 가을에는 깃털의 조건에 따라 눈이나 나지에 자리 잡는다.(Clait Braun, Don Domenick, and Mario Martinelli; Clait Braun, Colorado Division of Game, Fish, and Parks 제공)

문제는 체온을 유지하는 것이다. 산과 극지에 사는 온혈동물의 체온이 열대 종의 체온과 본질적으로 동일하다는 것은 오래전부터 알려져왔다. 그러므로 체내와 환경 사이의 온도 차이는 온난 기후보다 한대 기후에서 훨씬 더 크다. 때때로 신체 내부와 주변 환경 사이에는 100℃ 정도의 큰 차이가 있을 수도 있다. 체온은 비교적 유연하지 않고 좁은 범위 내에서 유지되어야 하기 때문에, 문제는 다음과 같다. 한 번에 수주 내지 수개월 동안 이러한 조건에 노출되어 살아야 하는 동물의 경우 이것을 어떻게 해결할 수 있는가? 열 방산[47]을 감소시키거나 열 발생을 증가시키는 두 가지 주요 방법이 있다.

열 방산 감소 난열을 증가시키고, 사시의 온노를 낮추는 섯으로 열 방산을 감소시킨다. 단열의 증가는 기본적이며, 한랭기후 동물의 전형적인 반응이다. 이것은 열대지방의 케냐산 바위너구리에서 볼 수 있다. 3,490m 높이에서 살아가는 케냐산의 바위너구리는 두껍고 풍부한 모피를 가지고 있지만, 주변 저지대의 바위너구리는 매우 얇은 모피를 갖고 있어 크게 다르다(Coe 1967). 아마도 어디에서나 발견되는 단열의 가장 좋은 사례는 북극여우일 수 있다. 북극여우는 단열로 매우 잘 보호받고 있기 때문에 신진대사를 증가시키기 전에 영하 40°C까지 내려가는 온도의 눈 위에서도 편안하게 쉴 수 있다(Scholander et al. 1950b, p. 251). 이와 유사한 능력이 야생 양과 산양, 늑대, 곰, 카리부 등과 같은 대형 동물에게도 있지만, 그 크기에 비례하여 대형 동물의 모피 깊이가 계속 증가하지는 않는다. 단열은 대략 여우 크기 정도에서 최대 효율에 도달하는 것으로 보인다(그림 9.14). 여우보다 작은 동물의 경우 모피는 더 얇아진다. 만약 그렇지 않다면, 이 동물은 돌아다닐 수 없을 것이다. 이것은 특히 가장 작은 형태, 예를 들어 뾰족뒤쥐, 레밍, 족제비 등에 적용된다. 이들 작은 동물에서 나타나는 모피의 단열량은 열대의 생물 형태와 마찬가지이다. 결과적으로, 이들 동물이 살아남을 수 있는 유일한 방법은 굴속이나 눈 아래에 숨는 것이다. 조류는 온난한 환경과 한랭한 환경 사이에서 깃털의 어떤 뚜렷한 차이를 보이

∴

---

47) 열 방산(heat dissipation)은 물체로부터 열에너지가 방출되는 것이다. 동물은 항상 체표면에서 열을 방산하고 있다. 체온을 유지하기 위해서 환경조건에 따라 피부의 혈류량이나 기모근의 수축 등으로 조절하고 있다.

지 않는다. 이는 분명히 비행 요건에 따른 제약 때문이다. 하지만 북극 조류와 고산 조류의 깃털은 온난한 기후에 사는 조류의 깃털보다 더 많은 공기가 단열 목적으로 갇히게 되는 방식으로 종종 그 구조가 형성된다(Irving 1972).

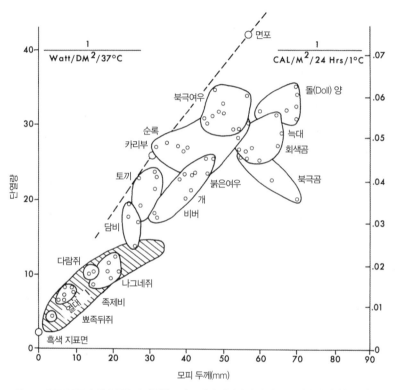

그림 9.14 북극 동물과 열대 동물의 겨울철 모피 두께와 관련된 단열 정도. 모피의 단열량은 모피의 두께에 거의 비례한다. 나그네쥐, 다람쥐, 족제비, 뾰족뒤쥐 등은 낮은 수준의 단열을 보이는데, 이는 열대 동물과 견줄 만하다(빗금 친 부분으로 표시됨). 결과적으로, 이들 동물은 굴을 파고 체열을 공유해야만 추위를 견뎌낼 수 있다. 모피를 통한 열전달은 0°C의 실내에서 고리에 걸어 늘어트린 모피의 한쪽을 뜨거운 판으로 37°C까지 가열하는 것으로 측정했다. 서미스터(thermister)는 가죽 반대쪽의 온도를 확인하는 데 사용되었다.(출처: Scholander et al. 1950c, p. 230)

동물의 단열량은 열 방산과 열 보존 둘 다 필요하기 때문에 공간과 시간에 따라 가변적이다. 따라서 신체의 어떤 특정한 부위, 특히 머리, 다리, 하복부는 나머지 부위보다 얇게 단열되어 있다. 높은 안데스산맥의 과나코(*Lama guanicoe*)[48]는 몸통 부분에는 좀좀히 엉클어진 털이 있는 반면에, 다른 부위는 거의 드러나 있다(그림 9.15). 이 동물은 낮에는 강렬한 햇볕과 열이 있지만 밤에는 급속히 냉각되고 결빙되는 건조한 환경에서 살아간다. 과나코의 일정하지 않은 단열은 유연성이 최대가 되도록 설계되었다(Morrison 1966). 동물은 무더운 때에는 얇게 단열된 부위를 노출할 수 있지만, 추운 때에는 몸을 웅크려 보호할 수 있다. 이런 행동은 모든 동물에게 공통적이다. 야생양은 따뜻한 날씨에는 다리를 쭉 뻗고 쉬지만 추울 때는 다리를 오므려 몸통 아래로 밀어 넣는다. 비슷하게, 여우나 늑대는 꽉 조이듯 공 모양으로 몸을 돌돌 감고 길고 복슬복슬한 꼬리로 얼굴을 감싼다. 새는 날개 밑에 머리를 집어넣는다. 모피나 깃털의 단열 능력은 또한 모피를 구부리거나 깃털을 부풀려 더 많은 정체된 공기층을 만들어내는 것으로 어느 정도 조절할 수 있다. 그 반대의 경우에는 털을 촉촉하게 하거나 몸에 매끄럽게 밀착시켜 더 많은 열을 내보낼 수 있다. 열 손실은 때때로 땀을 흘리고 숨을 헐떡이는 것을 통한 증발 냉각과 관련이 있다.

　계절에 따라 동물은 일반적으로 털이나 깃털을 벗거나 털갈이를 하는 것으로 단열을 변화시킨다. 야생양의 외피는 울이 촘촘한 잔털층과 바깥의 길고 건조해 부서지기 쉬운 조모[49]층으로 이루어져 있다. 조모 대부분은 봄의 주요 털갈이 동안 문질러 벗겨진다(Geist 1971, p. 257). 이와 유사

----

48) 남아메리카 안데스산맥에 야생하는 야마(llama)류의 동물이다.
49) 몸에 난 굵고 빳빳한 긴 털로 솜털을 보호한다.

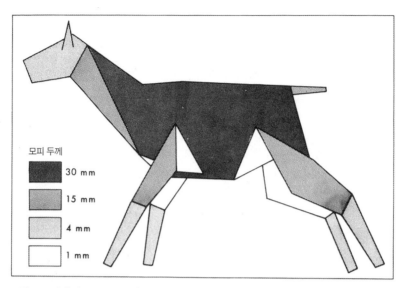

그림 9.15 과나코(*Lama guanicoe*) 모피 두께의 도식적 표현. 등부터 배 밑까지 단열 성질의 큰 변화는 동물이 광범위한 온도에 적응할 수 있도록 한다.(출처: Morrison 1966, p. 20)

한 행동이 수많은 한랭기후의 동물에서도 관찰되며, 모피의 단열 능력을 측정한 결과 겨울과 여름 사이에 두드러진 차이가 있다(Hart 1956). 조류 깃털의 단열량은 여름에 약간 떨어질 수 있지만, 그 차이는 동물의 모피만큼 그렇게 두드러지지 않는다(Johnson 1968). 모든 종류의 가장 복잡한 털갈이 중 하나는 봄부터 가을까지 끊임없이 변화하는 깃털을 보여주는 뇌조의 경우이다(Hoffmann 1974, p. 487)(그림 9.13).

열 방산을 줄이는 또 다른 주요 방법은 사지의 온도를 낮추는 것이다. 이것은 몸과 주변 환경 사이의 열 경도를 감소시키기 때문에 이들 단열이 떨어지는 부위에서의 열 손실이 더욱 적어지고, 사지를 높은 온도로 유지하는 데 필요한 에너지를 절약할 수 있다. 사례로는 새의 맨다리와 맨발 및 여우, 늑대, 카리부, 야생양 등과 같은 동물의 다리, 발, 코가 있다(그림 9.16). 얼음물 속이나 차가운 눈 위에 서 있는 조류와 포유류의 맨발은 조직의 어는점 온도 바로 위에서 유지되는데, 이는 영하 1°C까지 떨어질 수 있다(Irving and Krog 1955; Irving 1964, 1966, 1972; Henshaw et al. 1972). 이것은 이들 부위로 순환하는 혈액의 온도와 혈액량을 조절하는 것으로 이루어진다. 한랭기후의 수많은 동물은 사지로부터 정맥을 통해 들어오는 혈액과 동맥을 통해 심장을 떠나는 혈액이 일련의 혈관 열교환기를 통과하는 순환계를 가지고 있다(Scholander 1957)(그림 9.17). 이것은 사지 쪽으로 이동하는 혈액의 온도를 낮추고 심장으로 돌아가는 혈액의 온도를 높여 체내의 열을 보존한다(Scholander 1955, p. 19). 만약 동물이, 예를 들어 포식자로부터 도망가기 위해 갑자기 신진대사를 증가시켜야 한다면, 그후 동물은 열을 방산해야만 한다. 이를 이루기 위해 사지로 혈액의 흐름을 증가시켜 체온을 높이고, 따라서 체온과 기온의 경도를 증가시킨다.

열 생성의 증가 온혈동물의 체온은 이들 동물이 어떤 기후에서 살든지 간에 약 37°C이며, 열 생성(신진대사)은 주로 몸 크기에 비례한다. 큰 동물은 작은 동물보다 더 많은 열을 생성하지만, 유지해야 할 체구 또한 더 크기 때문에 이들의 체온은 비슷하다. 추가적인 열은 신체 운동과 근육 활동을 통해 생성된다. 이것은 추위를 상쇄하는 데 도움이 될 수 있지만 단지 임시방편에 불과하다. 이는 무기한으로 유지될 수 없다. 활동이 증가하게 되면 더 많은 먹이를 필요로 하지만, 동물은 모든 시간을 (특히 먹이가 한정된 경우) 먹이를 먹는 데 쓸 수 없고 쓰지 않는다. 한랭기후의 동물 대부분은 먹이를 먹는 데 쓰는 만큼의 많은 시간을 쉬고 노는 데 보낸다. 따라서 신진대사를 증가시켜 추가적인 열을 생성하는 것은 효과적이지만, 비용이 많이 들고 단기간 동안만 유지할 수 있다(Irving 1972, p. 121).

이와 대조적으로 단열은 효율적이고 유연적이다. 이것은 열대기후와 한대기후의 정선된 동물의 온도 민감도를 보여주는 그림 9.18에서 알 수 있다. 열대의 동물은 외부 온도가 약간만 떨어져도 대사율[50]이 급격히 증가하는 반면에, 북극여우와 야생양은 매우 잘 단열되기 때문에 그 정도에서는 대사율을 전혀 증가시킬 필요가 없으며 영하 40℃ 정도

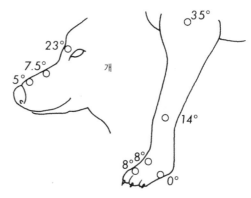

그림 9.16 영하 30℃에서 북극지방 썰매 개의 피부 온도. 사지의 낮은 온도에 주목하라. 이것은 동물이 상당한 에너지를 절약하는 결과를 낳는다. 열 손실과 마찬가지로 체온과 기온의 경도가 감소한다. (출처: Irving 1972, p. 142)

가 되어야 단지 약간만 높일 뿐이다(Scholander et al. 1950b, p. 254). 족제비는 열대의 동물에 비해 단열이 뛰어나지 않지만 온도에 덜 민감하며, 신진대사와 지속적인 활동이 유별나게 활발하다. 이는 대사 작용에 비용이 많이 드는 것이지만, "길고 가늘게 생긴 형태 때문에 치러야 하는 대가"이다(Brown and Lasiewski 1972).

인간은 열대성 동물로 온도에 매우 민감하여, 알몸으로 휴식을 취하면 약 27℃에서 떨기 시작한다(그림 9.18). 인간은 어느 정도 추위에 익숙해질 수 있다. 일부 원시인은 추운 날씨에 거의 덮개를 덮지 않은 채로 잠을 자거나, 장기간 사지를 노출해도 별다른 해를 입지 않는다. 이것은 주로 신

––

50) 생명체의 호흡, 성장, 번식 및 동물의 혈액 순환, 근육 상태, 활동 따위의 삶에 꼭 필요한 과정을 유지하기 위해 쓰는 에너지 비율이다. 어느 시간 동안에 발생한 전체 열량, 산소 소비량 또는 먹은 식품의 에너지 함량으로부터 측정한다.

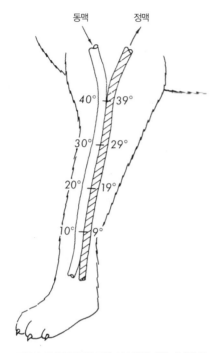

동맥　정맥

40° ╀ 39°

30° ╀ 29°

20° ╀ 19°

10° ╀ 9°

그림 9.17 혈관의 열 교환 시스템에 대한 개략적 표현. 심장에서 나오는 따뜻한 피는 사지 쪽으로 이동하면서 돌아오는 정맥혈에 열을 전달해 차가워지고, 정맥혈은 따뜻해진다. 이것은 결과적으로 몸통과 사지의 온도가 거의 노력하지 않고도 적절한 수준으로 유지되기 때문에 상당한 에너지를 절약하게 된다. (Scholander 1955, p. 19에서 인용)

경 무감각증과 신진대사의 증가를 통해 이루어진다. 또한 안데스 인은 코카 잎을 씹는데, 이것은 분녕히 마취제로 작용하여 추위나 굶주림과 관련된 불편함을 감소시킨다(Little 1970; Hanna 1974, 1976). 북극지방에서는 원주민의 손이 이곳에 새로 온 사람들의 손보다 따뜻하다는 것이 오래전부터 알려져왔다(Brown et al. 1954). 차가운 그물을 다루는 북대서양의 어부 사이에서도 비슷한 사례가 존재한다. 만약 겨울에 (또는 여름에 높은 산에서) 오랜 기간 캠핑을 한 적이 있다면, 추위에 점차 익숙해지는 것을 알아차릴 수 있을 것이다.

아마도 인간의 추위에 대한 내성의 가장 인상적인 사례는 1960~1961년 미국 원정대가 히말라야산맥의 4,650m 높이에서 마주친 네팔 순례자의 경우일 것이다(Bishop 1962; Pugh 1963). 순례자는 단지 얇은 면바지와 셔츠, 그리고 낡은 카키색 외투만 입고 있었다. 신발도 장갑도, 그리고 침낭도 없었다. 처음 마주쳤을 때, 그는 피난처를 찾을 수 있는 낮은 높이로 돌아가라는 말을 들었으나 거절하였고, 그다음 나흘 동안 원정대를 따라 맨발로 눈 위를 걸었고, 영하 13℃

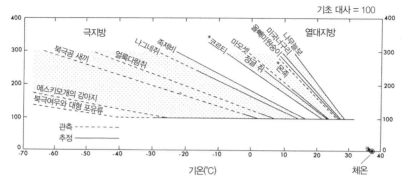

그림 9.18 한랭기후와 열대 포유류의 열 조절 및 온도 민감도. 모든 온혈동물은 체온이 비슷하지만, 추위에 대한 단열과 민감도의 크기가 서로 다르기 때문에 어떤 동물은 외부 온도가 떨어질 때 다른 동물들보다 더 빠르게 신진대사를 증가시켜야 한다. 이것은 다양한 동물들의 가파른 기울기에서 볼 수 있다. 기초 대사율은 느긋하게 쉬고 있는 동물의 열 손실이 열 생성을 초과하기 시작하는 지점에서의 체온에 해당한다. 인간은 열대성 동물로 외부 온도가 떨어지면 즉시 신진대사를 증가시키는 반면에, 북극여우는 기온이 영하 40℃에 도달할 때까지 신진대사를 증가시키지 않아도 될 정도로 단열상태가 매우 좋다는 점에 주목하라.(출처: Scholander et al. 1950b, p. 254)

*코르티: 이탈리아의 해부학자(1822~1876)
*몬족: 인도차이나 반도의 소수 민족

까지 내려가는 온도에도 밖에서 잠을 잤다. 이때쯤 원정대 생리학자의 호기심이 발동했고, 몇 가지 생리학적 관찰을 허락하는 것을 조건으로 이 남자를 캠프에 초대했다. 심지어 셰르파 길잡이도 그의 상태에 놀랐다. 관찰한 바에 따르면 그는 신진대사가 크게 (정상의 최대 2.7배까지) 증가한 상태에서 (수면을 방해할 정도는 아닌) 약간의 떨림만 있는 것으로 나타났다. 가벼운 옷차림으로 기온이 0℃인 밖에서 잠을 자는 동안에도 직장의 온도와 몸통의 피부 온도는 단지 약간의 변화만 보였으며 손발의 온도는 10~13℃ 아래로 떨어지지 않았다(Pugh 1963). 어떤 동상[51]의 흔적도 없었고 눈 위를 맨발로 걷는 동안에도 무감각해지지 않았으며 어떤 통증도 느끼지 못했다(그림 9.19). 이는 몇몇 동물과 새에서 발견되는 것처럼 국부 조직의 적응

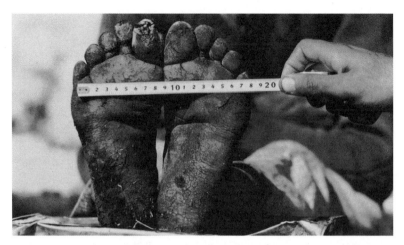

그림 9.19 네팔 순례자 만 바하두르(Man Bahadur)의 굳고 갈라진 발. 에베레스트산 4,650m 높이의 (1960~1961) 미국 원정대 베이스캠프 부근에서 순례자가 맨발로 눈 위를 걷고 있는 것을 발견했다. 그는 신발도 없이 카키색 외투만 입고 있었으며, 영하의 기온에 눈 속에서 동상에 걸리지 않고 잠을 잤다.(Barry Bishop, National Geographic Society)

때문일 수 있다(Irving 1960). 이런 사실은 인간이 억지로 적응하도록 강제된다면 극단적인 기후 상태에 적응하는 데 있어 상당한 유연성을 발휘할 수 있다는 것을 분명히 보여준다. 그렇지만 이렇게 높은 수준의 신진대사를 유지하는 것은 비경제적이며, 결국 그 대가를 치르게 된다. 인간은 다른 대형 동물과 마찬가지로 지구의 한랭기후에서 살아가기 위해서는 단열(옷, 은신처)을 해야만 한다.

••

51) 한랭이 작용한 국소의 조직이 상해되어 일어나는 증후군이다. 한랭으로 혈관의 기능이 침해되어 세포가 질식상태에 빠짐으로써 일어난다.

냉혈동물

작은 크기 높은 고도에 사는 냉혈동물과 곤충은 몸의 크기가 증가하기보다 감소하는 경향이 있다. 이것은 베르그만의 법칙과는 정반대이다. 고도에 따라 몸의 크기가 작아지는 경향은 거의 모든 냉혈 척추동물과 무척추동물에서 확인할 수 있다(그림 9.20)(Schmidt 1938; Darlington 1943; Park 1949; Martof and Humphries 1959; Mani 1962, 1968). 또한 작은 크기의 개체로 이루어진 종이 우점하는 경향이 있다. 따라서 곤충류 중에서도 쌍시류(파리, 모기)와 톡토기(튀는 벌레)는 가장 높은 고도에서 그 어느 것보다도 현저하다(Mani 1968, p. 60). 이는 먹이가 주로 바람을 타고 이동하는 영양소로 제한되기 때문에 높은 곳의 먹이 부족에 기인하는 것이다. 그러나 온혈동물과 냉혈동물의 크기가 달라지는 경향의 주된 이유는 온혈동물은 기본적으로 환경조건과 무관하게 높은 체온을 유지해야 하는데 몸이 크면 효율적인 열 보존이 가능하기 때문이다. 반면에 냉혈동물은 환경 온도에 전적으로 의존하기 때문에 크기가 작은 것이 유리하게 작용한다. 이것은 가열해야 하는 체구가 작으므로 반응은 한층 빠르고, 크기가 작을수록 표면적이 상대적으로 커서 외부 열을 더 많이 획득하는 것을 의미한다(Pearson 1954; Pearson and Bradford 1976). 물론, 온도는 단지 환경 복합체의 한 구성 요소일 뿐이다. 냉혈동물의 작은 크기를 장려하는 여러 다른 요인으로는 성장에 필요한 짧은 시간, 영양소의 부족, 그리고 미소서식지로의 피신에 작은 크기가 제공하는 이점 등이 있다. 이들 요인은 온혈동물에도 중요하지만, 온혈동물은 신진대사의 수준이 상당히 높기 때문에 동일한 정도는 아니다.

날개 없음과 날지 못함 곤충의 작아진 크기의 당연한 결과는 날개가 없거나 날개 크기가 줄어드는 경향이다. 이것은 수많은 산악지역에서 관찰

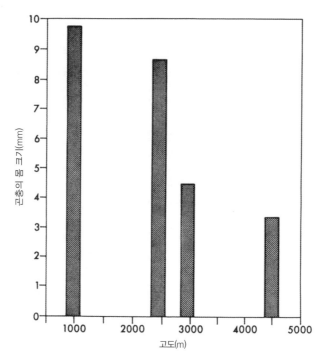

그림 9.20 히말라야산맥에 사는 딱정벌레과(*Carabidae*)의 높이에 따른 몸 크기 변화(출처: Mani 1962, p. 97)

되는 높은 고도의 곤충에서 보이는 지배적인 특징이다(Darlington 1943; Janetschek 1956; Salt 1954; Mani 1962, 1968; Hackman 1964). 히말라야산맥의 수목한계선 위에서는 곤충의 50%가 날개가 없으며, 설선에서는 그 비율이 60%에 이른다(Mani 1962, p. 92). 날개가 없는 종은 주변의 아고산 산림에 비해 설선 위에서 25배 이상 더 많다. 심지어 날개가 있는 종도 거의 날지 않는다. 이들 종은 본질적으로 지상에서 사는 유기체인데, 어떤 종은 날 수 있는 능력이 있지만 좀처럼 기회를 이용하지 못하고, 다른 종은 날개가 부분적으로만 있거나 짧아져 계속 하늘 높이 날 수 없다. 따라서 가장 높은 높이에서는 나비, 나방, 파리가 지면 위를 기어 다니는 것을 흔히 볼 수 있다. 이들 곤충은 바람이 불면 지표면에 몸을 납작하게 붙이며 대기가 비교적 잔잔할 때만 날아다닌다.

날개가 없거나 짧아진 이유가 명확하지는 않다. 달링턴(Darlington, 1943)은 이것이 산의 섬 같은 특징과 서식지의 제한적 조건에 대한 반응이라고 믿었기 때문에 비행의 생존가가 감소되는 것으로 간주했다. 이와 유사한 것은 날지 못하는 조류, 예를 들어 대양도에서 발견되는 키위새와 도도새이다. 그러나 높은 산의 곤충이 날지 못하는 것은 역시 극단적인 환경 상태, 특히 낮은 기온 때문임이 틀림없다. 곤충은 어떤 특정한 임계 온도(일반적으로 약 10℃)에 있어야 제 기능을 할 수 있으며, 최고 온도는 지면 높이에서 발생하므로 지면 가까이 남아 있는 것이 유리하다. 날 수 있는 능력을 가진 곤충은 이륙하기 전에 비행에 필요한 근육을 진동하거나 위아래로 움직이는 것으로 근육을 예열해야 한다(Heinrich 1974). 일단 날아오르면, 근육 활동은 충분한 열을 발생시켜 낮은 온도의 조건에서 비행을 유지할 수 있게 한다. 날아다니는 곤충의 또 다른 문제는 높은 고도의 낮은 기압과 희박한 공기이다. 하지만 곤충이 효과적으로, 그리고 지속적으로 날아가는 것을 제한하는 주요 요인은 너무나 강한 바람이다. 이러한 이유로 다윈은 날아다니는 곤충이 산꼭대기에서 바람에 날아가 버리는 경향이 있어 날개 없는 군체[52)]가 이 지역을 점유하게 된다고 생각했다(Hesse et al. 1951, p. 598에서 인용). 그 이유가 무엇이든 간에 날개가 없는 곤충과 날지 못하는 곤충은 높은 고도에 있는 곤충의 일반적인 특성이다.

∙∙
52) 같은 종류의 개체가 많이 모여서 조직이 연결되어 생활하는 집단이다.

어두운 천연색 산에 있는 냉혈동물이나 무척추동물의 잘 알려진 특징은 몸빛이 어두운 천연색을 띠는 경향이다. 이것은 수많은 온혈동물이 띠는 천연색과는 반대이다. 따라서 도롱뇽, 개구리, 도마뱀, 뱀은 산에서 거의 보편적으로 어두운색을 띠고 있다(Hesse et al. 1951; Swan 1952; Pearson 1954; Swan and Leviton 1962; Hafeli 1968~69). 이와 유사한 경향이 절지동물 사이에서도 보인다. 수목한계선 아래에서는 밝은색을 띠는 종이 수목한계선 위에서는 어두운색을 띠고 있다. 낮은 높이에서 옅은 갈색이나 녹색, 또는 금속성 청색을 띠는 딱정벌레가 높은 고도에서는 짙은 갈색이나 흑색이 된다. 또한 나비도 고도에 따라 어두운 천연색을 띠고 있다(Walshingham 1885; Downes 1964). 게다가 반점이나 줄무늬 등과 같은 몸의 무늬는 높은 고도에서 확대되고 합쳐지는 경향이 있다. 예를 들어, 무당벌레의 점은 히말라야산맥의 수목한계선 위에서 더욱 커지고 어두워지며, 합쳐진다(Mani 1962, p. 90).

높은 고도의 냉혈동물의 몸빛이 어두운 천연색을 띠는 경향은 명백히 열 흡수의 원인이 되고 강한 자외 복사에서 보호받는 데 도움이 된다. 햇볕을 쬐는 냉혈동물의 체온은 주변 기온보다 20~30℃까지 상회할 수 있다. 안데스도마뱀(*Liolaemus multiformis*)의 체온을 전파원격측정으로 측정했더니 3일의 기간 동안 도마뱀의 체온은 3℃에서 34℃ 사이를 주기적으로 오갔으며, 그늘의 기온은 그 교차가 영하 2℃에서 영상 15℃에 이르렀다(그림 9.21)(Pearson and Bradford 1976, p. 155). 높은 고도에 사는 어두운색의 무척추동물의 경우 동일한 크기의 열용량[53]이 나타나는 것으로 추정

··

53) 일정한 압력과 체적에서 물체의 온도를 단위온도 올리는 데 필요한 열량이다. 균질의 물체에서는 열용량이 비열과 질량의 곱으로 표현된다.

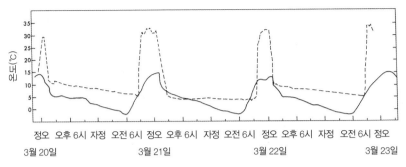

정오 오후 6시 자정 오전 6시 정오 오후 6시 자정 오전 6시 정오 오후 6시 자정 오전 6시 정오

3월 20일   3월 21일   3월 22일   3월 23일

그림 9.21 페루 안데스산맥의 4,300m 높이에서 독립생활을 하는 도마뱀(*Liolaemus multiformis*)의 체온. 예를 들어 이 도마뱀은 날씨 조건에 따라 햇볕을 쬐거나 은신처를 찾는 것과 같은 활동으로 주변 기온(실선)보다 높은 온도(파선)에 도달하여 체온을 유지할 수 있다.(출처: Pearson and Bradford 1976, p. 157)

된다(Mani 1962, p. 91).

　내한성　한랭기후에 사는 유기체는 반드시 낮은 온도에서 살아남을 수 있는 능력이 있어야 한다고 말하는 것은 이쯤 되면 불필요해 보일 수 있지만, 특히 체온을 유지할 방법이 없는 냉혈동물이나 무척추동물의 경우 내한성은 그 자체가 주요한 적응이다. 유사한 점을 식물에서 살펴보았다. 갑작스러운 결빙은 고산 화초의 섬세한 꽃송이를 얼음으로 감쌀 수도 있지만 이것으로 해를 입는 경우는 거의 없다. 파충류, 양서류, 어류, 무척추동물 등이 미소서식지의 이용과 활동 시기를 통해 극단적인 추위를 벗어나기 위해 노력함에도 불구하고, 이들 유기체가 영하의 온도에 종속될 수밖에 없는 불가피한 경우가 있다. 결과적으로 이들은 최소한 부분적인 결빙을 견뎌낼 수 있는 능력이 있어야 한다. 개구리(*Rana temporaria*)는 알프스산맥의 다른 어느 곳보다 높은 고도(2,600m)에서 살고 있으며 심장이 얼지 않는 한 결빙을 견뎌낼 수 있다(Hesse et al. 1951, p. 602). 바낙까시 셜밍뇌는 얕은 호수의 물고기는 얼음에 갇혀서도 어떤 뚜렷한 해를 입지 않을 수 있다. 왜냐하면 혈장과 단백질의 농도가 부동액으로 작용하여 세포가 파괴되지 않도록 보호하기 때문이다(Hargens 1972). 도마뱀과 뱀은 결빙에 잘 적응하지 못하며, 이러한 이유로 중위도와 고위도의 산에서는 흔하지 않다.

절지동물은 어떤 경우 빙핵(ice nucleation)[54]을 영하 40°C에 이르기까지 과냉각시키고 지연시키는 능력이 있다. 몇몇 곤충은 주로 중간 단계, 즉 알, 애벌레, 번데기 등에서 고체 상태로 결빙되는 것을 견뎌낼 수 있다. 하지만 영하의 온도에 대한 곤충의 주요 적응은 과냉각작용이며, 이는 자연 부동액 성분인 글리세롤(glycerol)의 존재를 통해 이루어진다(Smith 1958; Salt 1961, 1969). 결빙에 대한 저항은 수분 함량이나 기압과 관련이 있다. 곤충의 체액이 적고 기압이 낮을수록 곤충은 한층 더 커진 과냉각작용을 나타낸다(Salt 1956; Crawford and Riddle 1974). 이것은 수많은 고산지역의 매우 건조한 환경에서 특히 중요하다.

추위에 대한 몇몇 유기체의 적응이 너무나 완전하기 때문에 이들 유기체는 낮은 온도의 환경에 국한되어 있다. 안데스산맥의 습한 파라모 고원에서 텔마토비우스(*Telmatobius*)속의 개구리는 위로 4,550m의 설선에서도 발견되지만, 이들 개구리가 높이 1,500m 아래로 내려오는 경우는 거의 드물고, 오직 차가운 융수하천을 따라 내려온다(Hesse et al. 1951, p. 601). 동굴딱정벌레(*Silphidae*)는 빙하 위 온도가 영하 1.7°C에서 영상 1.0°C에 이르는 작은 얼음동굴(ice grotto) 안에서 살아간다(Hesse et al. 1951, p. 19). 봄에 산에서 도보 여행을 하는 거의 모든 사람은 수박 눈(watermelon snow)을 관찰하는데, 이것은 눈 속에서 불그스름한 색을 띠는 눈 조류(snow

∵

54) 얼음이 얼기 시작할 때 그 최초 결빙을 유도하는 물질 혹은 유기체를 말한다.

algae)[55]가 함몰지에 집적된 결과이다(그림 9.22)(Pollock 1970; Hardy and Curl 1972; Thomas 1972). 대부분의 눈 조류가 성장할 수 있는 최적의 온도는 0°C에서 10°C 사이이다(Hoham 1975). 눈지렁이, 톡토기, 빙하 벼룩(glacier flea), 진드기 또한 언급해야 하는데, 이들 모두 변함없이 추운 환경에서 살아간다(Marchand 1917; Scott 1962; Swan 1967)(그림 9.23). 이들은 사람 손의 온기로 인해 죽을 수 있을 정도로 추위에 매우 한정되어 있다(Mani 1962, p. 102).

물론, 대부분의 유기체는 설선보다 낮은 고도에서 살며 훨씬 더 큰 온도 교차를 견딜 수 있다. 건조한 산에서는 수분이 온도보다 더 중요할 수 있다. 따라서 개구리, 달팽이, 민달팽이 및 물에서 태어난 수많은 곤충은 적당한 수분이 있는 지역에 한정되어 있으며, 트랜스히말라야산맥의 내부 산맥(inner ranges)이나 푸나 데 아타카마, 또는 사막 산맥에서는 찾아볼 수 없다.

산소 부족

고도에 따른 산소의 감소는 다소 일정하기 때문에 모든 산악 동물은 산소 부족 상황에 처하게 된다. 산소 부족이 자연적으로 높은 고도의 동물들에게 미치는 영향에 관한 연구는 놀랍게도 거의 이루어지지 않았다. 가장 초창기의 몇몇 연구는 1930년대 중반에 수행되었다(Hall et al. 1936; Kalabukov 1937). 이와는 대조적으로, 고도가 인간에게 미치는 영향에 대한 관심은 오래전부터 있었다. 16세기에 남아메리카를 정복한 초창기 스

55) 눈의 표면에서 자라는 조류이다.

그림 9.22 오리건주의 높은 캐스케이드산맥의 눈 조류. 이들 조류는 봄에 눈이 녹으면서 대량으로 집적되어 골짜기와 함몰지를 짙은 붉은 색으로 바꾼다. 이것은 독특한 색깔과 냄새 때문에 '수박 눈'으로 알려져 있다.(저자)

그림 9.23 캐나다 브리티시컬럼비아주 코스트산맥의 눈지렁이(*Mesenchytraeus solifugus*). 작고 검은 지렁이처럼 생긴 이 생물은 빙하 및 여러 해 존속된 눈더미에서 발견되는데, 그곳에서 이들 생물은 풍성암설을 먹고 산다. 눈지렁이는 낮에 활동하는데, 특히 태양이 빛날 때는 종종 수백 마리를 볼 수 있다. (Gretchen T. Bettler, University of Nevada)

페인 사람들은 높은 고도가 인간에게 미치는 부정적인 영향에 대해 잘 알고 있었다(Monge 1948). 이 시대의 주요 연대기 편자 중 한 명인 예수회 사제 호세 데 아코스타(Jose de Acosta)는 고도의 영향을 다음과 같이 생생하게 묘사했다. "그러자 나는 너무나 극심한 구역질과 구토로 인해 죽어야겠다고 생각했는데, 왜냐하면 음식과 점액이, 그다음에 노란색의 담즙이 그리고 더 많은 녹색의 담즙이 나왔고, 결국 나는 피를 토하게 되었기 때문이다." 아코스타 신부는 이러한 증상의 원인을 가장 먼저 깨달은 사람 중 한 명으로 보인다.

공기가 너무나 희박하고 몸 안으로 들어가 장 속을 통과하기 때문에, 그래서 사람뿐만 아니라 동물도 이러한 고통을 느낀다. 때로는 너무 숨이 차서 어떤 자극도 움직이게 하는 데 충분하지 않을 때가 있다. (…) 따라서 이곳의 공기 요소는 너무 희박하고 빈약해서 인간의 호흡에는 도움이 되지 않는다고 확신한다. 호흡에는 밀도가 높고 알맞게 뒤섞인 공기가 필요하다.(Monge 1948, p. 3에서 인용)

알렉산더 폰 훔볼트는 일반적으로 산소 부족이 인간에게 미치는 영향을 과학적으로 관찰한 최초의 인물로 여겨진다. 그는 1837년 에콰도르 침보라소산의 정상(6,231m)에 도달하는 데 실패한 후에 이러한 높이로의 향후 탐험에는 산소가 풍부한 '특수한 공기'를 공급해야 한다고 제안했다. 그 이후로 높은 고도로의 수많은 탐험이 이루어졌고, 등산가의 생리적 반응에 대한 많은 관찰이 수행되었다. 20세기 초에 이르러 유럽과 남아메리카에는 고고도 연구소(High-Altitude Research Station)가 설립되어 높은 고도가 높은 고도의 원주민과 해수면 높이의 사람에게 미치는 영향을 연구하고 있다(Von Muralt 1964).

에베레스트산과 히말라야산맥에 위치한 높은 봉우리의 탐험 시대는 항공 우주 시대의 도래와 마찬가지로 고고도 연구에 또 다른 차원을 더했다. 선제적으로 주된 초점은 인간의 순응과 적응에 있지만, 낮은 고도에 사는 동물을 높은 고도로 데려가 이들 동물의 생리적인 반응을 관찰하는 연구도 꽤 많이 이루어졌다. 결과적으로 자연적인 순응에 대해 어느 정도 밝혔지만, 높은 고도에 대한 해수면 동물의 단기간 조정[56]은 높은 고도에 사는 자연적인 종에서 관찰되는 경우와 다소 상이한 것으로 보인다.

낮은 고도의 동물(인간 포함)이 높은 고도로 이동하는 경우 여러 가지 방법으로 산소 부족에 반응한다. 호흡수가 증가하면서 산소를 더 많이 공급하고, 심장 박동이 빨라져 조직으로 혈액의 흐름을 증가시킨다. 그리고 적혈구와 헤모글로빈의 생성이 증가해 혈액의 산소 운반 능력을 향상시킨다. 헤모글로빈 자체의 변화는 세포가 산소를 더 빠르게 흡수할 수 있도록 한다. 다른 조정에는 혈액순환을 증가시키는 데 필요한 미세한 세포간질(matrix)[57]을 만드는 근육 모세혈관의 개방 작용 및 조직에 의한 산소 확산과 산소 이용에 도움이 되는 다른 수많은 물리화학적 변화가 포함된다(Hock 1970; Frisancho 1975).

이들 변화가 산소 부족에 대한 무의식적인 생리적 조정이다. 증가한 호흡수, 빨라진 심장 박동, 적혈구와 헤모글로빈의 생성 증가 등과 같은 주요 특징은 신체가 변화하는 환경 속에서 그 기능을 적절하게 유지하기 위

56) 생물 개체가 환경의 변화에 따라 상태를 변화시켜 환경에 적합해지는 비유전적 과정이다. 보통 적응이라는 단어가 사용되지만, 적응은 유전적이고 진화적인 것으로 한정해 조정의 개념이 성립되었다.
57) 조직의 세포 내 물질 또는 구조물이 발생되는 조직을 말한다.

한 긴급 조치, 즉 순응으로 간주할 수 있다. 그러나 이러한 조정은 무한히 증가하는 속도로 지속되지 않고 점진적으로 감소하여 수평을 유지하게 된다. 따라서 높은 고도에서의 거주가 길어지는 경우 호흡수는 한 달 정도 지나면 감소하지만, 해수면 높이에서 거주할 때에 비해 여전히 높은 호흡수를 유지한다. 심장 박동은 실제로 감소하여 낮은 고도에서의 심장 박동수 아래로 낮아질 수 있다. 적혈구의 생성 및 혈액 내 헤모글로빈의 양은 처음 두세 달 동안은 계속 증가하고, 그런 다음 수평을 유지하게 된다 (Hurtado 1964; Hock 1970).

고지대 원주민은 산소 부족에 유사하게 반응하지만, 큰 차이가 있다. 높은 산악 거주자는 유난히 큰 가슴과 폐기량으로 호흡을 할 때마다 더 많은 양의 공기를 들이 마시고 보유할 수 있다는 것이다. 커진 가슴과 폐는 생후 처음 몇 년 동안 발달한 것으로 보인다. 성인이 되어 높은 고도에 적응한 사람의 폐기량은 눈에 띄게 증가하지 않는다(Frisancho et al. 1973). 높은 고도 거주자의 호흡수는 저지대의 거주자보다 20% 정도 더 많지만, 사람이 처음으로 높은 고도에 올라가자마자 과호흡하는 것과 달리 고지대 원주민은 숨이 가빠지지 않는다(Hurtado 1964). 고지대 원주민의 혈액에는 적혈구와 헤모글로빈이 더 많이 포함되어 있어 산소를 조직으로 빠르게 확산시킬 수 있다. 심장은 저지대 원주민보다 상당히 크지만 심장 박동은 비슷하거나 약간 느리다. 심장이 커지는 것은 주로 생후 처음 몇 년 동안 발생하지만, 어떤 경우에는 몇 년 동안 높은 고도에서 산 성인의 심장에서도 발견된다(Penaloza et al. 1963). 산악 거주자의 혈압은 해수면 높이의 거주자보다 낮으며, 이는 부분적으로 고지대 사람들의 심장마비 발생 빈도가 낮은 것을 설명한다(Marticorena et al. 1969).

고지대 원주민과 해수면 높이의 거주자 모두 산소 부족을 조정하기 위해 근육이 공동으로 작용하는 여러 과정의 결합을 이용하지만, 이들이 따라가는 경로는 다소 다르다. 주요 차이점은 저지대 사람들은 빠르게 호흡하는 것으로 산소를 적절히 공급하는 반면에, 고지대 원주민은 폐활량이 훨씬 너 크며 완선히 공동으로 삭용하는 시스템이 조직에 산소를 공급하기 때문에 숨이 가빠지지 않는다는 것이다(그림 9.24). 결과적으로, 고지대 사람들이 에너지를 생산하고 이용하는 것과 관련된 화학적이고 생리적인 특성은 저지대 원주민의 경우와 다르다(Frisancho 1975).

신체에 산소를 공급할 수 있는 능력의 대조는 높은 고도의 원주민과 낮은 고도의 원주민이 높은 고도에서 신체활동을 수행하는 상대적인 능력

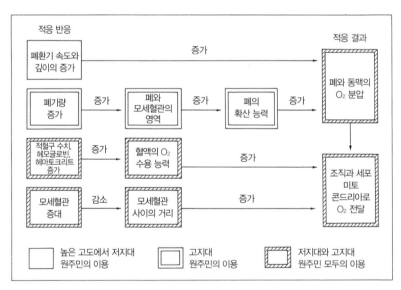

그림 9.24 높은 고도와 낮은 고도에 사는 사람들의 적응 경로에 대한 그래픽 표현. 낮은 고도의 원주민은 필요한 산소를 공급하기 위해 거의 전적으로 증가된 호흡 속도에 의존하는 반면에, 높은 고도의 원주민은 더 많은 산소를 운반하는 혈액이나 신체 전체에 산소가 더 잘 퍼지도록 하는 모세혈관의 개방에 의존한다.(출처: Frisancho 1975, p. 317)

을 비교하는 것으로 가장 잘 알 수 있다. 해수면 높이에 사는 사람이 수일 내지 수주에 걸쳐 행하는 높은 고도에서의 생리적인 조정은 충분한 산소를 제공하여 편안히 쉴 수 있게 하지만, 많은 물리적 에너지를 소비하지는 않는다. 해수면 높이에 사는 사람이 4,500m 높이에서 체내 산소 부족 현상 없이 운동할 수 있는 능력은 해수면 기준의 70%에 불과하며, 5,500m에서는 단지 50%에 불과하다(Mazess 1968; Horvath 1972; Buskirk 1976). 작업 능력[58]은 단위 체중에 대한 최대 산소 흡입량으로 측정된다. 이것은 산소를 흡수하고 이용할 수 있는 근육과 조직의 능력을 반영한다. 해수면 높이에 거주하는 운동선수를 조사한 결과 최대 산소 흡입량이 300m 높아질 때마다 평균 3.2% 감소하는 것으로 나타났다(Buskirk et al. 1967). 이와는 대조적으로, 높은 고도에서 산소를 호흡하는 고지대 원주민의 능력은 해수면 높이에 사는 저지대 원주민과 완전히 비교된다(Grover et al. 1967; Kollias et al. 1968; Grover 1974). 안데스산맥의 원주민과 셰르파가 높은 고도에서 힘든 일을 해도 크게 피곤해하지 않는다는 것은 잘 알려진 사실이며(Pugh 1964; Lahiri et al. 1967; Baker 1976), 높은 안데스산맥에서 가장 인기 있는 스포츠는 매우 힘든 운동인 축구이다. 마찬가지로 야크나 라마 등과 같은 높은 고도의 동물은 무거운 짐을 지고도 지치지 않고 멀리까지 갈 수 있다. 홀(Hall, 1937)은 볼리비아의 4,550m 높이에서 시속 48km로 달리는 2대의 자동차가 비큐나(vicuna) 떼를 따라잡지 못한 채 쫓아간 이야기를 들려준다.

••

[58] 동일한 일을 하는 경우, 동일 시간 내에 얼마나 많은 일을 할 수 있는지, 또는 동일 강도의 일을 얼마나 오래 계속할 수 있는지에 대한 능력을 말한다. 여기에는 근력 및 호흡 순환계의 능력이 크게 관여한다.

대부분의 저지대 야생 동물의 고도에 대한 반응은 기본적으로 인간에게서 관찰된 것과 유사하다(Chiodi 1964; Timiras 1964; Hock 1964c, 1970). 그러나 이상하게도 높은 고도에 가장 잘 적응한 몇몇 동물, 예를 들어 설치류와 낙타류(라마, 알파카, 비큐나, 과나코) 및 야크, 양, 염소 등은 이러한 특성을 나타내지 않는다. 이들 높은 고도 동물의 생리적인 특성은 높은 고도에 노출된 해수면 높이에서 서식하는 동물에서 관찰되는 것과 반대되는 경우가 많다. 주요 대비는 이들 동물이 적혈구나 헤모글로빈의 증가 현상을 보이지 않는다는 것이다(Hall et al. 1936; Morrison et al. 1963a, b). 혈장의 부피가 증가하는 경향이 있지만, 혈액 속의 산소가 적으며 매우 낮은 산소의 분압에서 기능을 할 수 있다(Morrison and Elsner 1962; Bullard 1972). 이들은 높은 고도로 이동하는 동물처럼 큰 심장과 폐기량을 가지고 있을 뿐만 아니라 높은 심박수와 호흡수를 가지고 있지만, 적혈구 수와 헤모글로빈 양의 증가는 없다. 이것은 저지대 종이 높은 고도로 이동하는 경우 가장 눈에 띄는 반응 중 하나이기 때문에, 고지대 고유동물의 경우는 그러한 반응이 없는 것이 놀랍다. 적혈구와 헤모글로빈의 생성이 증가하는 것은 산소 운반을 개선하는 가장 간단한 수단인 것처럼 보이지만, 몇 가지 단점, 즉 세포가 풍부한 혈액의 점성이 증가할 수 있다는 것도 제시해야 한다(Morrion 1964, p.52).

이러한 접근 방식의 차이는 순응과 적응이라는 두 가지 뚜렷한 과정으로 설명할 수 있다. 둘 다 높은 고도의 요건을 충족하지만, 전자는 기존 패턴의 조정이나 변형인 반면에, 후자는 장기간의 도태와 발달을 통해 이루어진다. 순응은 단기간 개체의 수준에서 작용하는 반면에, 적응은 시간에 따라 종이나 개체군의 수준에서 작용한다. 몇몇 야생 산악동물은 적혈구와 헤모글로빈의 생성 증가를 나타낸다(Kalabukov 1937; Hock 1964c). 그러나 이러한 현상은 계곡과 산봉우리 사이의 직접적인 접촉이 있는 산에서 나타나며 상호 혼합을 용이하게 한다. 하지만 안데스산맥과 트랜스 히말라야산맥은 높은 고도의 넓은 지역을 나타내는데, 이는 장벽으로 인해 저지대 서식지와 분리되어 안정된 개체군을 유지하고 있다(Morrison 1964). 개석된 작은 산의 동물 개체군은 분명히 적응보다는 고도에 순응하는 것을 보이고 있는 반면에, 높고 거대한 고지에 사는 이들 개체군은 고립되어 진화하는 것을 통해 능력을 발달시켰으며, 이들의 특성은 적응으로 간주된다(Morrison 1964). 이러한 포유류조차 산악지역에 처음 도착하는 경우 곧 적혈구와 헤모글로빈의 생성이 증가했을 것이라는 가능성이 제기되고 있지만, 시간이 흐르면서 이러한 반응은 혈장 부피의 증가로 대체되었다(Bullard 1972, p. 219). 유감스럽게도 가장 심도 있게 연구한 고지대 고유 동물이 설치류와 낙타류인데, 설치류는 기본적으로 지하에서 살 수 있는 능력 때문에 산소 부족에 이미 적응되어 있다. 낙타류는 특이하게도 심지어 해수면 높이에 서식하는 낙타과도 다양하게 적응하고 있다(Chiodi 1970~71).

또한 적응에 비해 순응의 문제도 높은 고도의 고유 개체군과 관련하여 나타난다. 몇몇 연구자는 선사시대부터 높은 고도에서의 계속되는 거주로 고지대 원주민에게 독특한 능력이 유전되어 반영된다고 보았다(Monge 1948). 이 이론에 따르면, 높은 고도에서 나고 자란 아이들 중 고대 원주민의 후손이 아닌 아이들은 높은 고도에서 살기에 적합한 능력을 갖추고 있지 않을 것이다. 이러한 견해는 저산소증에 대한 주요 조정이 생후 처음 몇 년 동안 나타난다는 발견과 함께 점점 더 설득력이 떨어지게 되었다(Frisancho et al. 1973; Frisancho 1976). 고지대 원주민과 저지대 사람들 사이에는 선천적으로 생리적인 차이가 있어 보이지만, 이들을 유전적으로 구분하기에는 충분하지 않다. 산에 사는 사람들과 저지대 사람들은 자유롭게 결혼한다. 고지대 원주민의 독특한 특질 대부분은 유전적인 적응보다는 오히려 환경에 대한 순응에서 획득되었을 가능성이 높다(Hock 1970).

현재의 지식에 따르면 포유류는 두 가지 범주로 분류할 수 있다. 첫 번째 범주는 생쥐, 쥐, 인간과 같은 종으로 대표되는데, 이들 포유류는 높은 고도에서 적혈구의 수와 헤모글로빈의 양이 증가하는 것을 보여준다. 이들은 주로 낮은 고도의 동물로 높은 고도에 순응하여 성공적으로 살아갈 수 있는 능력이 있다. 두 번째 범주는 지질 시대에 걸쳐 높은 고도에서 살고 있는 고유 동물 종으로 구성된다. 예를 들어, 어떤 특정한 설치류, 낙타류 및 야크, 양, 염소와 같은 발굽이 있는 동물이다. 이들의 혈액에서는 적혈구의 수나 헤모글로빈의 양이 증가하는 것으로 나타나지 않는다(Bullard 1972). 이러한 접근 방식은 분명히 장기적인 도태로 인해 확증되고 있으며 적응하는 것으로 간주된다. 두 접근 방식이 모두 동일한 목적을 달성하는 것으로 보이지만, 똑같이 효율적이지는 않다. 전자는 시스템 내에서 더 많은 산소가 필요하기 때문에 신진대사에 있어 더 비경제적이다(Morrison 1964).

분명히, 동물은 높은 고도에서의 스트레스 상황에 여러 가지 방법으로 대처한다. 일부 동물은 애써서 적응하여 낮은 온도, 짧은 성장기, 먹이 부족 등의 영향을 줄이기도 하지만, 동물들 대부분은 행동을 통해 이들 부정적인 요인을 바꾸고 벗어난다. 또한 인간 개체군은 주로 환경을 변형하고 개선하는 것을 통해 거주지를 높은 산맥으로까지 확장한다.

제10장

인간에게 미치는 영향

평원의 중요한 특성은 역사적인 이동의
모든 국면을 용이하게 하는 힘이다.
산의 특성은 이러한 국면을 지연시키거나 저지하고,
또는 비껴가게 하는 힘이다. 인간은 공기와 물처럼
지구상에서 이동하는 덮개의 일부이며,
항상 중력의 힘을 느낀다.
– 엘렌 셈플(Ellen Churchill Semple),
『지리적 환경의 영향(Influences of Geographic Environment)』(1911)

인간에게 산이란 어떤 의미인가? 산의 존재는 인간의 경험에 어떤 영향을 미치는가? 어떤 대답은 즉시 떠오른다. 높은 고도에서는 춥고, 공기는 희박하며, 사면은 가파르고, 토양은 일반적으로 메마르고 생산성이 떨어진다. 산은 인간 활동에 장벽 역할을 하며, 환경조건은 종종 산맥의 한쪽과 그 반대쪽이 서로 다르다. 일부 산악지역에는 사실상 사람이 살지 않는 반면에, 다른 산악지역에는 수천 년 동안 정착해 있다. 분명히, 산악경관은 평원과 달리 성공적인 점유와 토지이용을 위한 다른 접근 방식이 필요하다. 앞의 장에서는 산악 시스템의 기본적인 환경 구성 요소에 대해 논의했으며, 이들 각 장에서는 작용하는 주요 과정을 정의하려고 시도했다. 산에서 인간의 활동이 이루어지는 것은 바로 이러한 체계 안에 있다.

산에 사는 사람에게는 환경의 자연적인 현실이 무엇보다 중요하지만, 문화적인 특징을 환경의 탓으로만 돌리는 것은 위험하다. 인간의 활동은 사회적이고 역사적인 조건의 맥락에서뿐만 아니라 물리적인 경관의 제약과 잠재력 내에서도 나타난다. 또한 인간 본성의 불가해성도 고려해야 한다. 사람들은 종종 어떤 특정한 자극에 반응하기보다는 '단순히 기분이 내키기 때문에' 행동한다. 그러므로 산의 존재가 인간에게 미치는 영향력에 대해 논하는 것은 한편으로는 자연적이고 문화적인 패턴의 해석과 다른 한편으로는 원인과 결과에 관한 이들의 상호 관계 사이에서 아슬아슬한 줄타기를 하는 것이다.

이 장에서는 자연환경을 확립하는 데 있어 산의 중요성과 이러한 환경이 인간 개체군에 미치는 의미에 대해 논의한다. 11장에서는 인간-문화 경관과 이것이 인간과 땅 사이의 복잡한 관계를 드러내는 방식을 고찰한다. 마지막 장에서는 인간 개체군이 산악환경에 미치는 영향에 대해 논의한다.

날씨와 기후

산의 가장 중요한 의미는 산이 지구상의 자연현상을 통제하고 그 분포에 미치는 영향이다. 산은 다른 기후 요인과 결합하여 날씨와 기후의 기본적인 패턴을 지배하며, 이는 결국 경관의 여러 과정에 영향을 미친다. 이는 주로 고도와 기후 장벽의 영향을 통해 이루어지며, 짧은 거리 내에서도 현저하게 상이한 환경을 만든다. 기후 효과와 결부된 것은 지형 효과이다. 국지적인 기복과 급경사면이 증가하면 중력이 작용하여, 시스템을 통한 에너지 전달의 상당한 잠재력이 나타난다. 산악기후와 지형 및 이와 관련된 생물학적인 여러 과정이 결합해 주변 저지대의 경우와 구별되는 패턴과 환경을 만들어낸다. 이 결과는 인간의 경험을 매우 풍부하게 만드는 시공간의 다양성이다.

기후경계

산이 자연 시스템에 미치는 영향은 여러 가지 상이한 높이에서 고려될 수 있다. 가장 높은 높이에서, 산은 행성의 순환 패턴을 통제하고, 전 세계 절반의 기후 조건에 영향을 미치고 변화시킨다(Bolin 1950; Kasahara 1967). 이것이 분명히 인간에게 큰 영향을 미치기는 하지만, 여기서 주된 관심사는 한층 더 국지적인 높이, 즉 산맥 그 자체와 산맥을 둘러싼 전원 지역에 있다.

아마도 가장 중요한 것은 산이 기후경계의 역할을 담당하는 것인데, 특히 산이 탁월풍을 가로질러 놓여 있어 해양 환경과 대륙 환경을 분리하는 경우이다. 일반적으로 풍상측에는 강수가 많고 풍하측보다 더 적정 온도가 나타난다. 예를 들어, 미국 서부 캐스케이드산맥의 서측에는 강수가 풍부하고 적정 온도가 유지된다. 그에 비해 산맥의 동측에는 강수가 단지 4분의 1에서 3분의 1에 불과하며 겨울과 여름 사이의 기온극값(temperature extremes)도 상당히 크다. 서측은 세계에서 가장 생산성이 높은 침엽수림 중 하나인 미솔송나무(Western hemlock)[1]와 미송(Douglas fir)[2] 숲을 유지하며, 낮은 사면과 계곡에는 사람들이 잘 정착하여 집중적으로 농업 활동을 한다. 캐스케이드산맥의 동사면에 있는 폰데로사 소나무 숲은 밀도가 상

1) 북태평양 해안 지방에 널리 분포하는 소나무과 솔송나무속의 침엽수이다.
2) 북아메리카에서 산출되는 소나무 또는 그 재목을 말한다.

당히 낮고 생산성도 떨어진다. 인접한 고원은 드문드문 경작되는 반건조 스텝으로, (국지적으로 관개된 지역은 제외하고) 주로 건생밀[3]을 재배하거나 방목하는 데 이용된다. 캐스케이드산맥의 기본적인 구조도 한몫한다. 즉 산맥은 비대칭으로, 상대적으로 넓고 완만한 서사면과 폭 좁고 가파른 동사면이 있다. 이것으로 서쪽에서는 수분을 포함한 바람에 노출되는 산의 지표면 크기가 효과적으로 증가하여, 결과적으로 고수익의 목재를 생산할 수 있는 면적이 훨씬 더 넓다. 서측이 훨씬 더 생산적이고 가치 있는 환경이라는 것은 인구 분포에 반영된다. 오리건주와 워싱턴주에 사는 사람의 80%는 캐스케이드산맥의 풍상측에 살고 있지만, 토지 면적의 3분의 2는 풍하측에 속한다.

하천의 발달

산맥의 한쪽과 그 반대쪽 간의 기후적 차이는 여러 가지 간접적인 효과를 발생시킨다. 하나는 하천의 패턴과 발달이다. 가장 많은 강수가 내리는 이들 사면은 유출과 지하수 재충전의 가능성이 가장 크다. 그러므로 암석 유형과 경사면의 지질학적 특성에 따라 강수가 가장 많이 내리는 지역은 보통 영구하천[4]이 가장 많이 밀집된 패턴을 나타낸다. 배후지[5]에 대한 결과는 무려 생태(수많은 어류의 개체 수, 풍부한 강기슭 서식지, 종의 다양성)에서 경제(휴양, 교통, 수력발전, 가정, 농업, 산업에 필요한 물)에 이르기까지 다

..

3) 토양 수분이 포장용수량 40~60%의 밭 상태에서 주로 발생하는 밀이다
4) 항상 물이 흐르는 하천이나 연중 유출수가 있는 하천을 말한다.
5) 중심지로부터 여러 영향을 받는 어떤 곳의 배후에 있는 지역이며, 분야에 따라 다양한 의미를 가진다.

양하다. 또한 산악하천의 아름다움은 경제적인 중요성을 가지고 있다. 하천 근처의 빌딩 부지는 매력적인 주거지가 되고 토지의 가치를 높인다.

강수가 풍부한 캐스케이드산맥의 넓은 서사면에는 이러한 모든 조건이 나타나는데, 하천의 수와 하천에 의해 운반되는 물의 양이 동사면 하천의 수와 유량을 크게 초과하기 때문이다. 캘리포니아주 시에라네바다산맥은 훨씬 더 놀라운 예이다(그림 10.1). 이 산맥은 서쪽으로 기울어진 일련의 단층지괴[6]로 이루어졌으며 동사면에는 가파르고 험준한 단애가 나타나는데, 캐스케이드산맥보다 훨씬 더 공고히 비대칭이다. 동사면은 캐스케이드산맥의 동사면보다 강수가 더 적으며 극도로 건조한 환경이, 예를 들어 네바다주 일부, 오언스 계곡, 모하비사막 등이 존재한다. 시에라산맥의 하천 패턴은 지형과 기후를 모두 반영한다. 하천은 기후경계를 따라 높은 산맥에서 발원하며, 대부분은 서쪽으로 흘러 센트럴밸리로 들어간다. 동쪽으로는 흐름이 거의 없다.

시에라네바다산맥에서 흐르는 하천은 캘리포니아주의 바로 그 생명선이다. 캘리포니아주는 현재 미국에서 가장 인구가 많은 주이다. 하지만 시에라산맥의 물이 없었다면 이들 인구의 일부는 부양할 수 없었을 것이다. 현 상황에서 수많은 사람이 캘리포니아주의 자연적인 생명 유지 능력을 고려해볼 때, 인구가 과밀하다고 본다. 최근 몇 년 동안 캘리포니아주는 다른 지역, 특히 미국 태평양 연안 북서부 지방과 캐나다의 급수를 부러워하고 있다. 이러한 사실들을 고려해볼 때, 산악하천의 가치는 더욱더 중요해진다. 시에라네바다산맥에서 센트럴밸리로의 유출은 주 전체 유출의

6) 두 개 이상의 단층에 둘러싸인 곳으로, 단층운동에 의해 서로 상대적으로 위와 아래로 움직인 지괴를 말한다.

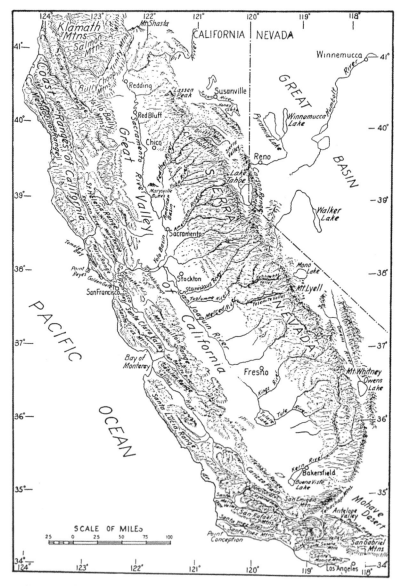

그림 10.1 시에라네바다산맥의 하천 패턴은 유출을 위한 물을 공급뿐만 아니라 유출 흐름의 방향을 조절하는 데 있어 산맥의 중요성을 보여준다.(G. H. Smith, in Fenneman 1931, p. 317의 삽도)

48%에 달하는 것으로 추정된다. 만약 이러한 하천과 급수, 또는 이 중 일부라도 변경되거나 제거된다면, 이 지역의 발전에 심각한 영향을 미칠 것이다. 그러므로 캘리포니아주가 존재하는 것의 상당 부분은 시에라네바다 산맥의 존재 및 이들 산맥이 기후의 분포와 하천유출의 방향을 통제하는 데 미치는 영향 때문이라고 말하는 것이 타당하다.

눈쌓임

산의 관련 속성은 눈쌓임으로, 역시 지대한 영향을 미친다. 어떤 특정한 높이 위로는 강수의 대부분이 눈으로 내린다. 높이에 따라 강수가 증가하기 때문에 최대강수대[7]는 일반적으로 (최소한 중위도 지방의) 강설지대에서 발생한다(이 책 207~215쪽 참조). 이러한 눈의 대부분은 겨울 내내 보존되며, 여름에 융해된다. 결과적으로, 강수의 증가뿐만 아니라 강설과 유출 사이에 시간상의 차이가 있다. 눈은 저장소 기능을 한다. 이러한 시스템은 특히 중위도 지역에서 물을 가장 유용하게 이용할 수 있도록 해준다. 이들 지역에서는 (미국 서부의 대부분 지역에서처럼) 여름 강수만으로는 양질의 농업 생산이 어렵다. 미국 서부의 반건조 지역에 인구가 증가함에 따라 이러한 자원의 평가, 관리 및 개선은 주요 사업이 되었다(이 책 254~255쪽 참조).

산의 눈쌓임은 휴양에 매우 중요하다(Rooney 1969). 산은 겨울 휴양지로 더욱더 중요해지고 있는데, 이는 외진 지역으로의 향상된 접근성, 증가한 여가 시간, 이목을 끄는 산악경관, 거의 보장된 눈의 공급 등에 기인한다. 이를 통해 장기적인 활동 계획을 수립하고 영구적인 편의 시설의 건설을

7) 계절 또는 한 해와 같이 기간을 정한 지역의 범위 안에서 강수량이 가장 많은 지대를 말한다.

정당화할 수 있다. 눈의 매력은 사람에 따라 달리 느낀다. 어떤 사람은 단순히 겨울의 경치, 고요함, 광활한 외딴 장소 등을 즐기러 오는 반면에, 다른 사람은 다양한 유형의 스포츠 활동을 찾아 도착하며 스키가 압도적인 관심사이다. 어떤 매력이 있든지 간에, 사람들 대부분이 살아가고 있는 곳과의 환경적인 대비는 도시의 일상적인 세계와 다른 활력소 역할을 한다.

또한 눈의 존재나 눈과 관련된 활동은 지역 경제에 크게 기여한다. 수많은 산악지역의 인구는 여름보다 겨울에 눈에 띄게 많다. 알프스산맥의 다보스나 생모리츠, 또는 미국 서부의 아스펜이나 선 밸리(Sun Valley) 등과 같이 매우 인기 있는 스키장 한 곳을 방문한 사람이라면 이것이 무엇을 의미하는지 잘 알고 있다. 스키장은 직접적인 지출로 돈을 벌어 산악지역사회의 경제적 기반을 증가시키는데, 교통, 숙박, 음식 그리고 스키 장비와 의류 구입으로 또한 돈을 벌기도 한다(Rooney 1969).

눈 덮인 산봉우리는 자연의 가장 멋지고 아름다운 광경 중 하나이다. 이러한 산봉우리는 주로 르네상스 시대 이후 서구 세계에서 예술, 문학, 음악의 중심 주제였지만, 산봉우리에 대한 예술적 감상은 동양과 중동에 훨씬 더 오래된 뿌리를 두고 있다. 창의성을 표현하는 주요 테마가 될 뿐만 아니라, 눈 덮인 산봉우리의 순수성과 냉담함이 종교적인 영감에 자연스럽게 초점을 맞추도록 했다. 히말라야산맥과 극동의 산맥에서는 수도원과 절을 흔히 볼 수 있다. 수많은 지역이 자연보호구역으로 유지되거나, 그렇지 않으면 종교적인 이유로 보호되고 있다. 서구 세계에서는 눈 덮인 산 자체에 이러한 종교적 의미를 부여하고 있지 않지만, 유대교-기독교 전통의 수많은 글에는 산이 포함되어 있으며 서구 세계에서 '가장 높은 산'은 열망과 노력의 대중적인 상징이다.

의심할 여지없이 산은 관능적이고 지적인 경험을 공유하는 차원을 제공한다. 높은 산이 보이는 곳에 살 수 있을 만큼 운이 좋은 사람들에게 우뚝 솟은 눈 덮인 산봉우리는 끊임없는 즐거움의 원천이다. 다른 사람들은 이러한 경관의 아름다움과 웅장함을 경험하기 위해 먼 거리를 여행해야 한다. 사람들이 그런 경험을 하고, 그 수가 점점 더 많아지는 것은 산에 모든 인류를 사로잡는 매력이 있다는 증거이다.

눈 덮인 산의 아름다움과 수많은 긍정적인 특성에도 불구하고, 또한 눈은 많은 단점을 가지고 있다. 예를 들어, 강설지대(snow zone)에서 여행하는 문제를 생각해보라. 눈 덮인 산은 한때는 지나갈 수 없는 장벽으로 간주되었으며, 절대적으로 꼭 필요한 경우에만 통행을 시도했다. 현대적인 교통수단의 발달과 함께 접근성이 적당한 곳이면 어디가 되었든 산을 가로지르는 고속도로와 철도가 건설되었고, 이들 노선의 상당수는 이제 여름과 마찬가지로 겨울에도 거의 혼잡하게 운행되고 있다. 그러나 이것은 도로 정비를 엄청나게 늘려야 한다는 것을 의미한다. 겨울에도 산길을 열어두는 일은 참으로 기념비적인 것이다. 거대한 기계화된 제설기와 송풍기는 일을 더 쉽게 만들어주었지만, 그럼에도 이는 비용이 많이 든다. 캐스케이드산맥에서는 제설 비용만 해도 연간 100만 달러가 넘게 든다. 항상 개통된 상태로 있기 가장 어려운 도로 중 일부는 스키장으로 통하는 길인데, 이곳에는 폭설이 내리기 때문이다. 지역의 주민들은 스키 이외 부문에서의 비용을 일반 대중이 아니라 스키를 타는 사람들이 부담해야 한다고 호소했다. 이에 따라 1977년에 오리건주는 진입로와 주차장의 제설 작업을 위한 재정적 부담의 상당 부분을 스키를 타는 사람들에게 하루 1달러의 제설 주차료로 직접 부과하기 시작했다. 하지만 이러한 휴양 활동의 경제적인 이점은 인접한 지역사회를 훨씬 넘어서기 때문에, 이것은 여전히 완전히 공평하지 않다.

폭설에 이은 눈쌓임은 인공 구조물에 문제를 일으킨다. 급경사면, 강풍, 폭설로 인해 전력선과 통신선은 상당한 스트레스를 받기 때문에 건설과 유지에 비용이 더 많이 든다(Grauer 1962). 산에 있는 저택이나 성의 가파른 지붕의 건축 양식은 폭설의 영향에서 벗어나려는 시도로 보인다. 하지만 흥미롭게도 이런 유형의 (교회는 제외하고) 건축 양식은 전통적인 산촌의 전형은 아니다. 사실 이러한 경향은 정반대이다. 알프스산맥과 히말라야산맥의 수많은 주택은 낮은 각도의 지붕을 가지고 있기 때문에 눈이 집적될 수 있으며 겨울 추위에 대한 단열 기능을 제공한다. 이러한 지붕은 눈의 무게와 무거운 지붕 재료(대개 현지의 슬레이트 또는 편암)를 지탱할 수 있을 만큼 견고하게 건설되었다(그림 10.2)(Peattie 1936; Karan 1960a, 1967).

사면에 내린 폭설은 내리막사면에 변형(눈의 포행)을 일으키며 구조물에

그림 10.2 전통적인 슬레이트 지붕과 현대적인 조립 지붕을 모두 갖춘 알프스산맥의 작은 마을. 이들 지붕의 완만한 물매는 알프스산맥 전체에 걸쳐 전형적인 것이다.(저자)

압력을 가하는데, 특히 넓은 오르막사면의 표면이 눈에 노출되도록 하는 구조물에 압력을 가하는 경향이 있다. 적절하게 건설되지 않으면, 이러한 건물은 그 기초에서 이탈해 결국 부서질 수 있다. 가장 파괴적인 상황은 눈사태와 함께 눈이 완전히 무너져 내리는 것이다(그림 5.22). 눈사태 지대는 대개 피했지만, 산악지역의 개발 증가와 인구압의 증가로 인하여 위험 가능성이 있는 장소에 새로운 건물이 건설되었다(그림 8.25). 따라서 인구밀도가 높은 산악지역에서는 엄격한 토지이용 계획과 구획 지정이 필수적이다(Man and Biosphere 1973a, 1974a, 1975; Ives et al. 1976; Ives and Bovis 1978).

도로 정비 문제와 공학적으로 구조물에 작용하는 응력 외에도, 눈은 산에 사는 사람들에게 여러 다른 어려움을 안겨준다. 높이 쌓인 눈은 거주 구역 진입로의 제설 작업, 가축 먹이기, 어린이 통학 등과 같은 정상적인 활동을 하는 데 노력이 매우 많이 필요하다는 것을 뜻한다. 근대적인 교통수단이 발달하기 전에 산에 있는 소규모 지역사회는 겨울에 외부 세계와 빈번하게 단절되었으며, 신선한 농산물, 우편 배달, 화재 방지, 적절한 의료 관리 등이 부족하여 어려움을 겪었다. 외딴 마을에서의 겨울철 사망의 딜레마를 생각해보라. 과거 알프스산맥에서는 단순히 사체를 동결시켜 봄까지 기다렸다가 매장하는 것이 일반적이었다(Peattie 1936, p. 50).

눈은 고속도로나 철도 수송에 장애가 되지만, 스키나 썰매로 현지의 여행을 용이하게 할 수도 있다. 하천은 두꺼운 눈다리(snowbridge)로 뒤덮이게 되고 암석이 많은 지형은 평탄해진다. 알프스산맥에서는 높고 고립된 초지의 건초를 전통적으로 들판 부근의 작은 헛간에 저장했다가 겨울에는 썰매를 이용해 마을로 운반한다. 이 방법의 주요 문제는 건초를 운반하는 데 있는 것이 아니라 썰매의 속도를 늦추는 데 있다! 그렇지 않으면, 우상식 외양간(stall-barn)[8]을 세워 건초를 저장한다. 이렇게 하면 건초를 소에게 바로 먹일 수 있으며 현장에서 거름을 채취할 수 있다(Friedl 1973). 그렇다면 누군가는 소를 먹이고 돌봐야 한다. 이것은 어렵고 위험한 조건에서 매일 소 떼를 돌봐야 한다는 것이다(즉 소와 단둘이 오랜 기간 있어야 한다). 건초가 고갈되는 경우 소를 낮은 높이에 있는 헛간으로 데려와야 한다. 소는 깊이 쌓인 눈 속에서 걸을 수 없으므로 소가 다닐 길을 뚫어야 하는데, 이것은 길고 고된 일을 수반하며 보통 마을 주민 공동의 토목 공사이다.

겨울철 깊이 쌓인 눈 속에서 바깥의 허드렛일은 더욱 어렵기는 하지만, 일반적으로 겨울에는 할 일이 훨씬 더 적으며, 특히 남자들이 할 일은 거의 없다. 전기가 들어오기 전에 산에 있는 주택은 불이 잘 들어오지 않고 환기가 잘 되지 않았다. 이것은 신선한 음식과 운동이 부족한 것과 결합되어 종종 건강에 좋지 않은 조건으로 이어졌다. 실제로 고립과 나쁜 건강이 결합된 것은 알프스산맥의 일부 외딴 마을에 상대적으로 정신이상자나 정신지체 장애인의 수가 많은 이유 중 하나로 인용되고 있다(Peattie 1936, p. 51). 어떤 관점에서 볼 때, 겨울에 마을 생활의 또 다른 불행한 측면은 현지 선술집에서 수많은 시간을 보내는 것이었다.

눈이 내리는 긴 겨울은 가내 공업, 예를 들어 장난감 조각, 시계 제작, 광학계기와 과학기기 조립 등의 발달에 중요한 요인으로 손꼽히고 있다. 스위스 쥐라산맥의 블랙포레스트 지역은 이런 상품으로 가장 유명하지만, 전 세계적으로 산에 사는 사람들은 모두 직조공예나 수공예품을 생산하는 것으로 유명하다. 이것들은 보통 지역의 원자재, 예를 들어 목재, 금

..

8) 소를 한 마리씩 수용하는 형태의 계류식 우사를 말하며, 젖소의 사육에 적합하나 소의 행동을 제약하는 면이 강하다.

속, 돌, 양모 등으로 만들며, 일반적으로 작은 부피의 물품이어서 운반하기 쉽다. 중동의 산에 있는 거주자들은 직조공예품 생산으로 유명하다. 안데스산맥의 원주민은 전통적으로 알파카와 과나코의 양털로 짠 수공품을 만들고 있다. 금과 은 등의 보석 가공, 목각, 직조공예, 자수 등의 제조업은 모두 수 세기 동안 티베트와 히말라야산맥에서 행해져 왔다(Karan and Mather 1976). 자수법, 자수 패턴, 레이스 등은 스위스, 오스트리아, 이탈리아 알프스산맥에서 생산되었다. 세계에서 가장 훌륭한 바이올린 현 중 일부는 염소 내장으로 만들었는데, 아펜니노산맥 중앙에서 제작된 것이었다(Semple 1911, p. 578).

현대 기술은 산에 거주하는 사람들이 겨울에 고립되는 상황을 종식시켰다. 심지어 알프스산맥의 가장 외딴 마을에도 현재는 전기, 전화, 설상차(snowmobile) 등이 있다. 스위스는 유럽에서 가장 현대적이고 수준 높은 나라 중 하나가 되었다. 스위스를 나무 조각과 뻐꾸기시계의 국가라고 생각하는 것은 시대착오적이다(이들 대부분은 현재 관광객 수요를 충족시키기 위해 수입되고 있다). 그래도 가내 공업은 한정된 경제적 기반을 보완하면서 수많은 산악 사회에서 중요한 수입원으로 남아 있다.

기압 감소와 산소 부족

높은 고도의 낮은 기압과 줄어든 산소 가용성은 인간에게 더 많은 스트레스를 주는 환경을 만든다. 산에 처음 도착한 사람은 어지럼증, 두통, 메스꺼움, 코피 및 전반적인 불쾌감으로 고통받을 수 있으며, 높은 고도에 오래 거주하는 사람은 출산율 감소와 성장률/성숙률 감소 등과 같은 장기적인 영향을 받는다. 음식 준비 및 기계와 장비의 작동과 같은 활동은 더 많은 노력이 필요하며 특별한 예방조치가 필요하다. 다른 대부분의 환경 스트레스와 달리, 문화적 변경을 통해 저산소의 영향에서 벗어나는 것은 불가능하거나 최소한 비현실적이다. 기술적으로 진보된 사회라도 원시 사회와 산소 부족에 관해서는 동일한 조건을 경험한다.

생리기능

산소 감소로 인한 단기간의 생리적인 영향은 낮은 높이에 거주하지만 때때로 높은 고도에 가는 사람들, 예를 들어 등산가와 관광객 등이 경험한다. 어떤 사람들은 2,000m의 낮은 높이에서도 고도의 영향을 느끼기 시작할 수 있다. 높이 4,000m에 도달하게 되면 거의 모든 해수면 높이의 거주자는 실제로 병에 걸리지는 않더라도 고도의 영향을 일부 경험하게 될 것이다. 최상의 방어는 천천히 산을 오르고, 건강한 신체 상태를 유지하며, 담배를 피우거나 술을 마시거나 마약을 복용하지 않는 것이다. 히말라야 산맥의 높은 산봉우리에 도전하는 등산가는 특징적으로 수주 동안 히말라야산맥을 트레킹하면서 보낸다. 이러한 느린 순응과 신체 훈련의 과정을 통해 등산가는 보조 산소 없이, 그리고 일반적으로 두통, 식욕 감퇴, 정신적이고 육체적인 능력의 감소 등을 제외한 심각한 영향 없이 8,000m 이상의 높이에 도달할 수 있다. 이와는 대조적으로, 해수면 높이에서 8,000m 높이로 곧바로 가는 사람은 아마도 5분 이내에 의식을 잃을 것이고, 20~30분 이내에 사망할 것이다(Houston 1972, p. 85).

현대적인 교통수단은 높은 고도로 빠르게 갈 수 있게 해준다. 매년, 수천 명의 사람이 해수면 높이에서 높은 고도로 올라가 스키를 타거나 등산한다. 최근 몇 년 사이 주요 명소가 된 네팔에서는 관광객이 인도의 해수면 높이 도시로부터 카트만두까지 날아와 여기서 지프를 타고 더 높은 곳의 마을로 간다. 변함없이 몇몇은 고산병에 시달리고 있다. 페루의 리마에서 기차를 타고 우앙카요(Huancayo)[9]로 가는 사람도 비슷한 반응을 경험할 수 있다. 이 철도는 하루도 안 되는 시간에 해수면 높이에서 4,754m의 높이로 가는 세계에서 가장 높은 곳을 다니는 여객용 철도이다. 차장의 특별한 임무 중 하나는 산소가 필요한 사람에게 산소를 공급하는 것이다. 사람들 대부분은 가벼운 불쾌감만 느끼지만, 때로는 심한 증상이 나타나 제대로 치료하지 않으면 치명적일 수 있다.

높은 고도로 빠르게 이동하는 영향은 현대적인 군사작전으로 잘 입증된다. 콜로라도주 로키산맥에서는 최근 120명의 군인이 해수면 높이에서 4,000m 높이로 이동해 기동 훈련을 했다. 24시간 이내에 이들 중 절반 이상이 호흡 곤란, 메스꺼움, 두통을 경험했고, 그중 3분의 1은 너무 아파서 낮은 높이로 돌아가야 했다. 처음 3일 동안 군부대 전체의 체력과 수행 능력은 떨어졌고 일반적으로 임무를 수행하는 데 비효율적이었다(Moyer 1976, p. 20). 아마도 고도가 20세기의 군사작전에 미친 가장 극적인 영향은 1962년 히말라야산맥에서 벌어진 인도와 중국 사이의 국경분쟁 때 나타났을 것이다. 인도 군인은 해수면 높이에서 3,300~5,500m의 높이로 공수되었고 즉시 배치되었다. 예상하는 바와 같이, 광범위하게 건강이 좋지 못한 상태였던 인도 군대는 잘 적응한 중국 군인과의 전투에서 처참한 손실을 입었다. 당시 중국군은 티베트에 주둔하고 있었고, 높은 고도의 조건에 익숙한 상태였다(U.S. Dept. Army 1972).

불행히도 군대를 저산소증을 대비해 생리적으로 훈련시키는 것은 불가능하다. 이들 군인은 높은 고도에서 시간을 보내더라도 해수면으로 돌아

∵

9) 안데스산맥, 아마존강 상류 만타로강 연변 해발 3,240m 고원 지대에 위치한 도시다.

가면 금방 적응력을 잃는다. 그러므로 산악전에서 군대가 최상의 목표로 삼는 것은 산악환경의 지형이나 다른 특징에 대처하는 것과 관련한 여러 문제를 이해하기 위해 노력하는 것이다(Thompson 1967). 덧붙여 말하자면 잉카가 두 개의 군대를 거느리는 것으로 높은 고도의 문제를 극복한 점은 흥미롭다. 즉 하나의 군대는 저지대에서의 전투를 위한 것이었고, 다른 하나는 고지대에서의 전투를 위한 것이었다(Monge 1948).

심각한 고산병[10]에는 급성 질환과 만성 질환의 두 가지 형태가 있다. 급성 고산병은 산소 부족에 대한 신체의 갑작스럽고 격렬한 반응인 반면에, 만성 고산병(이 책 698~699쪽 참조)은 일반적으로 수개월 내지 수년에 걸쳐 발병한다. 급성 고산병의 가장 흔한 형태는 폐부종(Pulmonary edema)으로, 폐에 액체가 고여 생기는 질환이다. 이것은 발병하는 데 보통 2~3일이 걸리며, 3,000m 이상의 높이로 급격하게 올라가 적응하기 위해 잠시도 쉬지 않고 바로 격렬한 활동을 하는 사람들에게서 가장 흔히 볼 수 있다. 증상으로는 "점차 약해지고, 예상보다 호흡이 크게 가쁘며, 피가 섞인 가래가 자주 나오는 염증성 기침을 하고, 피해자나 동료들에게 자주 들리는 가슴에 거품이 이는 소리 등이 난다. 숨 쉬는 것이 더욱 힘들어지고, 거품이 많이 나는 가래가 증가하며, 보통 맥박수와 체온이 상승하고, 피해자는 의식을 잃게 되어, 적극적으로 치료하지 않으면 수 시간 내에 사망할 수도 있다"(Houston 1972, p. 87). 가장 좋은 치료법은 증상을 보이는 사람을 가능한 한 빨리 낮은 높이로 보내는 것이다. 초기의 등산가와 탐험가는 의심할 여지없이 폐부종으로 고통받았지만, 1950년대 중반까지는 이것이 주요 위

----

10) 높은 곳에서 산소분압의 감소에 적응하지 못해서 일어나는 상태로, 고소 폐부종 또는 뇌부종의 형태를 취할 수 있다.

험인지 구체적으로 확인하지 못했다. 이에 대해 알려진 많은 것들은 1962년 중국-인도 분쟁에서 배운 것이다. 이 분쟁에서 2,000명 이상의 인도 군인이 급성 고산병으로 고통받았다. 발생 빈도는 군인 1,000명당 1명에서 최대 83명이었다(Roy and Singh 1969; Singh et al. 1969).

개개인이 처음으로 높은 고도에 가는 경우 다양한 증상을 겪을 수 있지만, 만약 천천히 올라가고 높은 고도에 오랜 기간 머무른다면 대부분의 증상은 몸이 적응함에 따라 지나가게 될 것이다. 그러나 일반적으로 인구에 중요한 영향을 미치는 지속적인 여파가 남아 있다. 여기에는 출산율 수치의 감소, 성장률과 성숙률의 감소, 이환율[11](발병률)과 사망률의 증가 등이 포함된다. 유전적 배경, 식생활, 각종 사회 문화적 요인 등이 개입된 것은 분명하지만, 증가하는 높이가 인간 개체군에게 특별하고 만연한 스트레스를 유발한다는 강력한 증거가 있는 것으로 보인다(Monge 1948; Monge and Monge 1966; Baker and Little 1976; Baker 1978).

출산율 스페인 콩키스타도르(conquistador)[12]가 남아메리카 고지대를 정복했을 때, 이들은 아이를 낳지 못해 몹시 실망스러워 했다. 17세기에 2만 명이 넘는 스페인 사람들이 4,000m 높이에 위치한 페루의 포토시(Potosi)에 살았다고 보고되었지만, 이 도시에서 스페인 아이가 잉태되고 태어나 자란 것은 53년이 지난 후의 일이었다(Calancha 1639; Monge 1948, p. 36에서 인용). 같은 기간 동안 원주민은 보통의 비율로 출산했다. 스페인 사람의 출생률이 안데스인의 출생률에 근접하기 시작한 것은 몇 세대에 걸쳐 높은 고도에서 살며 고지대 원주민과의 점진적인 혼혈이 있은 후의 일이었

---

11) 집단 중 병에 걸리는 환자의 비율이다.
12) 16세기에 남북 아메리카 대륙을 정복한 스페인 신대륙 정복자를 가리킨다.

다. 또한 스페인 사람들은 저지대 동물(말, 닭, 돼지)을 높은 고도로 데려가는 경우에도 이들 동물이 생식할 수 없다는 것을 발견했다. 이것이 1639년에 스페인 사람들이 3,300m 높이의 하우하(Jauja)에서 해안에 위치한 리마로 수도를 옮긴 이유 중 하나였다(Monge 1948, p. 34).

높은 고도가 스페인 사람들에게 미친 영향은 이후에 보고된 그 어떤 것보다도 훨씬 더 극단적이었다. 다른 지역에서의 정보는 높은 고도에 살고 있는 낮은 고도에서 온 여성들 사이에서 적당한 출산율이 나타나는 것을 보여준다(Harrison et al. 1969). 산소의 분압이 감소하면 임신에서 분만까지 생식 과정의 모든 단계에 영향을 미칠 수 있다. 높은 고도로 올라온 해수면 높이에서 살던 남성을 관찰한 결과 정자 수가 일시적으로 감소하고 비정상적으로 정자의 생산이 증가하는 것으로 나타났다. 여성의 경우 종종 생리 주기나 배란에 장애를 보인다(Clegg 1978). 하지만 이것은 대개 단기적인 손상이다. 이 기능은 수일 내지 수주 후에 정상으로 돌아온다(Donayre et al. 1968; Hoff and Abelson 1976, p. 130).

임신 후의 주요 문제는 태아에게 충분한 산소와 영양소를 공급하는 것이다. 임신은 임부의 에너지 요구량을 증가시키며, 이러한 요구 조건은 높은 고도에서 확대된다. 특히 태아의 위치가 횡격막의 팽창을 제한하는 마지막 3개월 동안 호흡수가 변화하고 과다호흡[13]이 필요하다. 따라서 높은 고도에서는 유산의 위험이 훨씬 더 크다. 고지대 원주민들은 태반의 크기가 더 큰 경향이 있다. 이것은 태아에게 산소와 영양소를 전달하는 능력을 증가시키므로 적응으로 여겨진다(Hoff and Abelson 1976, p. 131). 산

∵

13) 짧고 빠르고 과도하게 호흡을 하는 것으로 심하면 의식을 상실할 위험성이 있다. 이런 경우 일시적이나마 혈액의 이산화탄소의 비정상적 손실이 온다.

표 10.1 미국의 다양한 고도에서 정상 출산이지만 (체중 2.5kg 이하의) 미숙아 출생률. 1952~1957년 백인 인구만 해당(유타주 제외). (Grahn and Kratchman 1963, p. 341)

평균고도(m)	기압(mmHg)	정상 출산 횟수	2.5kg 이하 신생아의 비율
79	753	35,166	6.57
192	743	7,147	6.66
339	729	73,318	6.17
941	713	13,809	7.97
693	699	56,570	7.78
868	684	12,207	7.14
986	674	50,933	8.24
1,138	662	60,226	8.46
1,299	649	63,160	8.67
1,462	636	100,420	9.47
1,586	627	133,617	10.37
1,715	217	28,011	9.80
1,863	205	53,899	10.74
2,051	591	26,619	11.54
2,186	582	10,712	11.17
2,340	570	9,427	13.04
2,582	553	2,474	12.93
2,899	532	887	16.57
3,155	513	1,697	23.70

모가 원주민이든 아니든 간에 높은 고도에서 태어난 아기는 낮은 고도에서 태어난 아기보다 평균적으로 체중이 적게 나간다. 이것은 미국 서부를 포함한 몇몇 산악지역의 경우에서 확실히 입증되고 있다(표 10.1). 아메리카 대륙에서 가장 높은 카운티인 3,000m 높이의 콜로라도주 레이크 카

운티에서는 신생아의 출생 시 체중이 1,500m 높이인 덴버의 경우에 비해 평균 380g 덜 나간다. 덴버 신생아의 출생 시 체중은 해수면 높이 도시의 경우보다 훨씬 더 가볍다(Lichty et al. 1957). 높은 고도에서 출생 시 체중이 가벼운 것에 대한 정확한 이유는 알려져 있지 않지만, 아마도 짧은 임신 기간과 태아의 영양실조 또는 태아 성장률 감소 등과 관련 있을 것이다(McClung 1969, p. 76). 페루의 높은 고도에 사는 인디언의 출생 시 체중은 다른 높은 고도 지역에서의 경우와 다르게 해수면 높이 지역에서의 출생 시 체중과 거의 같다. 이것은 인종적 차이에 기인한 것일 수도 있고, 또는 수천 년에 걸쳐 페루 사람들이 고지대 환경에 적응한 것을 반영하는 것일 수도 있다(McClung 1969, p. 60).

한층 더 폭넓은 기준으로 보면, 즉 높은 지역에 사는 인구와 해수면 높이에 사는 인구 사이에서 출산율 감소와 고도 사이의 일반적인 관계를 여

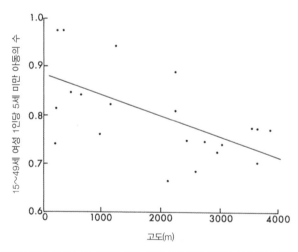

그림 10.3 페루의 21개 주에서 생식연령의 여성 1인당 5세 미만 아동의 수와 고도 사이의 관계(출처: Hoff and Abelson 1976, p. 134)

692

전히 볼 수 있다(James 1966; Heer 1967)(그림 10.3). 산소 부족 이외의 다른 요인, 예를 들어 문화적, 사회적, 경제적, 행동적 사항을 고려하는 것으로 산모 1인당 감소한 자녀의 수를 설명할 수 있다(Whitehead 1968; DeJong 1970). 하지만 저산소증이 가장 중요한 요인으로 보인다. 예를 들어 페루의 한 연구는 해수면 높이에 거주하는 원주민과 높은 고도에서 사는 원주민이 각각 높은 고도와 낮은 높이로 이주하기 전과 후의 생식 능력을 비교했다. 이 결과는 저지대 지역에서 태어난 여성이 높은 고도로 올라가면 가임은 감소하고, 높은 고도에서 태어난 원주민 여성이 낮은 고도로 내려가면 가임이 증가하는 것으로 나타났다(Abelson et al. 1974; Hoff and Abelson 1976).

성장률과 성숙률 높은 고도에서 성장률과 성숙률은 감소하는 경향이 있다. 습한 열대지방에서는 예외가 나타나는데, 이곳의 저지대에서는 전염병의 발생률이 매우 높기 때문에 무덥고 습한 저지대보다 높은 고도와 중간 고도가 한층 더 건강에 유리하다(Harrison et al. 1969; Clegg et al. 1970; Clegg et al. 1972). 그러나 안데스산맥이나 히말라야산맥과 같은 대부분의 다른 지역에서는 높은 고도에 거주하는 사람이 주변의 저지대에 사는 대등한 인구에 비하여 키가 작다(Frisancho and Baker 1970; Pawson 1972; Frisancho 1978). 이것은 일반적으로 높은 고도에서의 산소 부족 때문이라고 여겨지지만, 영양 공급과 유전적 요인 또한 의심할 바 없이 중요하다. 높은 고도에서 태어난 신생아의 출생 시 체중이 가벼운 것은 방금 언급했다. 따라서 아이는 일반적으로 불리한 조건에서 삶을 시작한다. 아기는 따뜻하고 안전한 자궁 내 환경에서 아직 생리적으로 대처할 수 있는 준비를 갖추지 못한 채 추운 저산소의 환경으로 밀려난다. 높은 고도에서의 유아 성장은 저지대 유아에 비해 몸 크기가 작고, 체중이 가벼우며, 지방이 적고, 골격의 발달이 더딘 것이 특징이다.

페루에서의 연구는 높은 고도에서 사는 원주민의 신체 성장이 전반적으로 느린 것을 보여준다. 이는 높은 고도와 중간 고도 및 해수면 높이에서의 성장률을 페루뿐만 아니라 미국의 경우와 비교해봄으로써 알 수 있다(그림 10.4a). 미국과 페루의 높은 고도에 사는 소년은 해수면 높이에 사는 소년보다 절대적으로, 그리고 상대적으로 더 작으며, 발달 속도도 더 느리다(그림 10.4b). 골격의 발달이 지연되고, 16세 이후에나 소년과 소녀 사이의 성별에 따른 신장의 차이, 예를 들어 신체 크기, 지방의 성질, 근육 크기 등의 차이가 발생한다. 청소년기 성장 급등[14]이 높은 고도의 사람들에게는 현저하지 않으며, 20세 이후에도 성장이 계속되어 장기화한다(Frisancho 1976, p. 195). 사춘기는 더 늦은 나이에 시작한다. 높은 고도에 사는 소녀는 해수면 높이에 사는 소녀보다 1년 반 정도 늦게 초경에 이르며, 16~18세가 되어서야 초경에 이르는 경우도 많다(그림 10.5). 히말라야산맥에서도 이와 유사한 발견이 보고되었다(Clegg et al. 1970, p. 502; Frisancho 1978).

높은 고도 원주민의 성장이 감소하는 것을 가리키는 증거가 우세하지만, 이들의 성장은 가슴 크기와 골수 생성이라는 두 가지 측면에서 해수면 높이 원주민의 성장을 능가한다. 높은 안데스산맥과 히말라야산맥의 원주민은 '종형흉곽(barrel chest)'[15]으로 유명하다. 가슴둘레가 미국인이나 주변 저지대의 원주민보다 평균 8~10% 더 크다(그림 10.6). 가슴의 크기가 커진 것은 당연한 결과로 심장과 폐의 발달이 가속화하고 확대된 것으로 해석

∵

14) 사춘기부터 15~16세까지 체중과 신장이 급속하게 성장하는 시기를 의미한다.
15) 보통 마른 체형인데 가슴만 술통처럼 된 모양을 말한다.

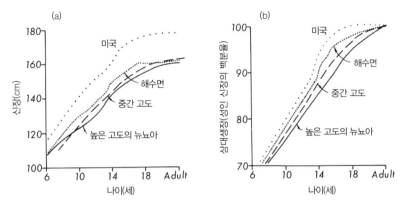

그림 10.4 페루의 다양한 고도에 사는 소년의 성장률(미국 해수면 높이에 사는 소년의 경우와 비교). 왼쪽 그래프는 서로 다른 나이에서의 절대성장률을 나타내고, 오른쪽 그래프는 성인 신장 대비 백분율을 보여준다. 모든 경우에, 높은 고도의 소년은 더 작고 더 느린 성장을 보인다.(출처: Frisancho and Baker 1970, p. 290)

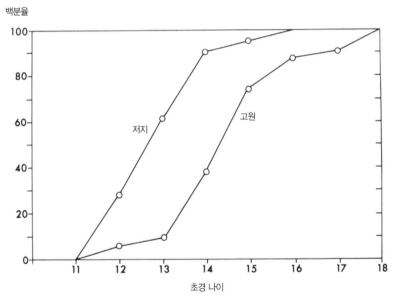

그림 10.5 칠레의 높은 고도와 낮은 고도에 사는 인디언 인구에서 생리를 시작한 다양한 연령대 소녀의 백분율. 높은 고도의 소녀는 저지대 소녀보다 1년 반 정도 늦게 초경을 시작한다.(출처: Cruz-Coke 1968, in Clegg et al. 1970, p. 502)

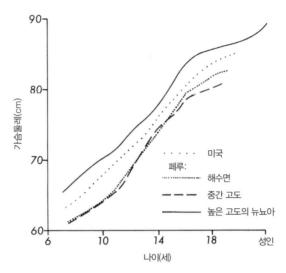

그림 10.6 페루의 다양한 고도에서 사는 소년의 가슴둘레 비교(미국 해수면 높이에 사는 소년의 경우와 비교). 중간 고도는 2,300m이고 뉴뇨아는 4,000m에 위치해 있다. 높은 고도에 사는 페루 소년은 미국 소년보다 가슴이 더 크다.(출처: Frisancho and Baker 1970, p. 290)

된다. 결과적으로 가슴 크기는 그 자체로 적응한 것이 아니라, 심장과 폐의 발달이 증가한 것의 부산물이다. 골수는 적혈구를 생성하는데, 이 적혈구는 신체의 모든 부분으로 산소를 운반한다(이 책 664~665쪽 참조). 골수 및 골수공간의 생산이 증가한 것은 높은 고도의 저산소 환경에서 적혈구를 더 많이 필요로 하는 것에 대한 반응으로 여겨진다(Frisancho 1976, p. 198).

이환율과 사망률 영아 사망의 수는 높이가 증가함에 따라 현저하게 증가한다. 이에 대한 미국의 경우는 그림 10.7에 나타난다. 이 비율은 안데스산맥이나 히말라야산맥과 같이 고도가 높고 건강관리가 열악한 지역에서는 훨씬 더 높다. 페루에서는 산악지대에서의 태아와 영아의 사망률이 저지대에서보다 40~45% 더 높다(Mazess 1965, p. 211). 5세 미만에서 발생하

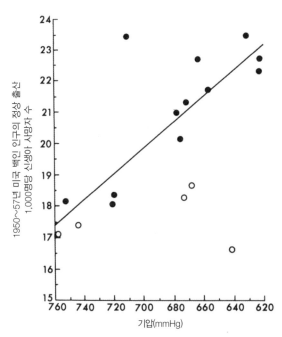

그림 10.7 미국에서 고도와 영아사망률 사이의 관계. 열린 원은 데이터가 표준을 따르지 않는 유타주의 통계를 나타낸다. 기압 620mmHg의 고도는 1,700m이다.(출처: Grahn and Kratchman 1963, p. 338)

는 사망률은 세계 평균 13%보다 훨씬 높은 약 30%에 이른다(Way 1976, p. 153). 산소 부족 및 산소 부족이 초기 성장과 발육에 미치는 영향이 이러한 영아사망률의 증가를 초래하는 주요 요인으로 보인다.

사망률은 5세 이후에 감소하며, 이때부터는 고지대의 매우 열악한 의료 시설에도 불구하고 저지대와 크게 다르지 않다. 페루의 해안에 비해 안데스산맥에는 1인당 병원 침대 수가 절반 정도이고 의사 수는 단지 4분의 1에 불과하다(Little and Baker 1976, p. 410). 그러나 높은 고도의 사람들은 이러한 조건에서 자신을 지탱할 수 있는 것으로 보인다. 이들은 단순히 아이를 더 많이 낳는 것으로 높은 영아사망률을 상쇄한다. 페루 뉴뇨아

(Ñuñoa) 지역의 약 4,000m 이상 높이에 사는 여성 1인당 평균 출생아 수는 6.7명이다(Hoff and Abelson 1976, p. 38). 저산소증의 스트레스에도 불구하고 여성의 생식 능력을 극대화하는 것으로 대가족을 계획하고 이룬다. 거의 모든 여성이 자녀가 둘 이상 있으며, 여성들 대부분은 출산을 계속한다.

높은 고도에서는 질병의 패턴에 차이가 있다는 증거가 있다. 예를 들어, 높은 고도에서 일어나는 급성 고산병과 만성 고산병은 고유의 특징이 있다. 앞서 살펴본 바와 같이, 급성 고산병은 적절하게 순응하지 못한 채 빠르게 상승하는 것으로 인해 발생한다. 그러나 만성 고산병은 높은 고도에서 사는 것에 익숙해진 사람이 순응력을 상실한 것이다. 만성 고산병은 실제 질병인 것 같다. 이는 점진적으로 신체적이고 정신적인 악화를 초래한다. 이 질병은 어느 나이에서나 발생할 수 있지만, 젊은 성인에게서 가장 흔히 볼 수 있다. 만성 고산병은 단지 수개월 동안 높은 고도에서 살았던 사람에게 발병할 수도 있고 높은 고도에서 태어나고 자란 원주민에게도 영향을 미칠 수 있다. 증상은 과호흡이 증가하는 것과 호흡계를 통해 몸 전체에 산소 확산의 효율이 나빠지는 것을 포함한다. 골수는 활동항진(hyperactive) 상태가 되고 적혈구의 수와 혈액량이 증가하며 심장의 우심실이 비정상적으로 커진다. 이 증상의 유일한 치료법은 환자가 낮은 높이로 가는 것이다. 높은 고도에 계속 머무는 것은 사망이 불가피한 것을 의미한다. 해수면 높이에 도달하자마자 모든 기능은 곧 정상으로 돌아오지만, 이 사람이 다시 높은 고도에서 생활하는 것은 거의 불가능하다(Monge and Monge 1966).

수많은 질병이 해수면 높이에 비해 높은 고도에서 상대적으로 더 많이 발생한다. 결핵, 기관지염, 폐렴 및 기타 호흡기 질환, 그리고 위궤양, 종양 형성, 출혈 경향, 신장염, 담낭 질환 등이 이에 해당한다(Hurtado 1955, 1960; Monge and Monge 1966; Hellriegel 1967; Way 1976). 높은 고도에서는 호흡기 질환이 사망의 주요 원인이다. 정확한 관계는 알 수 없지만, 이것은 분명히 추위나 산소 부족과 관련이 있다. 그러나 홍역, 수두, 각종 '열병', 말라리아, 구충, 주혈흡충증 등과 같은 전염병과 기생충 감염으로 인한 피해는 저지대 사람들에 비해 적다(Buck et al. 1968; Roundy 1976). 이는 분명히 높은 고도의 환경이 박테리아와 어떤 특정 매개동물(예: 모기)에게 유리하지 않기 때문이다. 하지만 전염병의 발생률이 낮아지면 자연 면역력이 떨어지기 때문에, 고지대 사람들은 말라리아나 다른 질병에 노출될 수 있는 우기에 저지대로 가는 것을 꺼리는 경우가 많다. 이것은 어떤 특정 산악지역의 인간 생태학과 경제에 중요한 영향을 미친다. 히말라야산맥과 안데스산맥에서 저지대로 여행하는 것은 보통 건기에 맞춰 진행한다(이 시기에는 눈과 하천 범람으로 인한 문제가 덜 발생하기에 또한 여행이 가장 용이하다)(Roundy 1976).

높은 고도와 낮은 고도 인구 사이의 질병 관련 현상의 한 가지 주요한 차이는 높은 고도에서 심장 문제가 감소한다는 것이다. 고지대 사람들에게서는 백혈병, 고혈압, 동맥경화, 심장마비 등과 같은 만성적인 증상이 크게 줄어든다. 또한 여기에 혈당 수치가 낮아지고 혈압이 내려가며 콜레스테롤 수치가 낮아지는 경향도 있다(Buck et al. 1968; Marticorena et al. 1969; Way 1976, p. 148). 하지만 이러한 특성에 고도보다 식생활과 생활양식이 미치는 영향이 어느 정도인지는 알 수 없다.

이러한 경향은 어떤 특정 산악 민족이 오래 장수하는 것에 대한 매우 흥미로운 화제를 불러일으킨다. 전 세계에는 사람들의 수명이 120~160세에 이르는 것으로 보고되는 3개 지역이 있는데, 모두 산속에 위치한다. 이곳은 에콰도르 안데스산맥에 있는 빌카밤바(Vilcabamba) 마을과 히말라야 산맥 서부에 위치한 파키스탄의 작은 보호령인 카슈미르의 훈자(Hunza),[16] 그리고 러시아 남부의 캅카스산맥이다(Leaf 1973; Benet 1974, 1976; Davies 1975). 이들 지역의 산악환경은 어떠하며, 또한 이곳에 사는 특별한 집단의 사람들이 그렇게 오래 장수하도록 만드는 것은 무엇인가? 불행히도 그 비밀을 발견하지 못했다. 실제로 몇몇 과학자는 이 사람들이 정말로 그렇게 오래 사는 지 의문을 품고 있다(Clark 1963; McKain 1967; Medvedev 1974). 문제는 안데스산맥의 빌카밤바 마을이 이들 지역 중 유일하게 장수에 대한 주장을 입증할 수 있는 기록의 제시가 가능하다는 것이다(이 마을 사람들은 가톨릭 신자이기 때문에 출생과 세례에 대한 교회 기록이 있다). 노인은 단순히 자신이 몇 살인지만 말한다. 이들은 단지 자손의 세대수와 자신의 삶에서 일어난 역사적 사건을 기억하는 것으로만 장수에 대한 주장을 뒷받침한다. 이 논쟁은 의심할 여지없이 계속될 것이다. 하지만 지구상에서 가장 고령의 사람들 중 일부가 이들 지역에 사는 것으로 보인다. 안데스산맥의 빌카밤바에는 819명의 인구가 있는데, 1971년 인구조사 결과 이들 중 9명이 100세 이상이었다. 이에 비해 미국에서는 인구 10만 명당 약 3명이 100세 이상이었다(Leaf 1973, p. 96).

이들 지역에서 나타나는 장수에 대한 수많은 이유가 제시되었지만, 어떠한 것도 이들 세 지역 모두 및 다른 지역에 적용할 수 없다. 이들 모든 지역에서 일상의 식사는 (미국의 경우 하루에 3,000kcal 이상인 것에 비해

••

16) 6,000m 이상의 높은 산으로 둘러싸인 계곡에 위치하지만, 기후는 비교적 온화하고 건조하여 건강에 좋다. 경사지를 이용한 계단경작지에서 감자, 밀, 옥수수, 채소와 살구, 사과, 체리 등을 재배한다.

2,000kcal 미만의) 적은 칼로리 섭취로 특징지어지며, 설탕이나 지방 또는 인위으로 마련된 음식물을 거의 섭취하지 않는다. 사람들은 육체적으로 활동적이며, 평생 육체노동에 종사한다. 은퇴에 대한 어떤 규정도 없다. 이들은 경쟁이 치열한 취업 시장의 압박에 직면하지 않고 삶은 더디게 전개되기 때문에 도시 거주자의 불안감을 경험하지 않는다. 그러나 이러한 진술은 개발도상국 대부분에 동일하게 해당하지만, 이에 대한 보상으로 대단히 긴 수명이 개발도상국 모두에서 공통적으로 나타나지 않는다.

그렇다면 산악환경이 장수에 특별히 기여하는 것은 무엇인가? 한 가지 추측으로는 물, 토양, 음식에 어떤 면에서 유익할 수 있는 미량원소[17]가 있다는 것이다(Davies 1975). 관련된 요인은 대부분의 산악환경에서 산업 오염물질과 오염이 상대적으로 없는 것이다. 또 다른 가능한 설명은 유전자 풀이 고립되어 있는 이들 지역에서 도태[18]는 아주 오래 존속되는 것(장수)을 선호하고 있다는 것이다. 이것은 일부 지역에서 전형적인 현상일 수 있지만, 다양한 민족이 섞여 있는 것으로 유명한 캅카스산맥에는 적용되지 않는다. 마지막으로 신체에 더 많은 산소를 공급하기 위한 적응(심장과 폐가 커지고, 적혈구 생산이 증가함)은 노화 과정을 억제할 수도 있다. 통합된 방법으로 산소를 공급하는 것은 전형적으로 노화와 함께 발생하는 세포와 조직의 악화를 억제하는 것으로 생각된다(McFarland 1972). 물론 저혈압과 관련된 특징, 낮은 콜레스테롤 수치, 상대적으로 매우 드문 만성 질환(예:

⁚

17) 생물이 정상적으로 생장하는 데는 종류에 따라 차이가 있으나 반드시 필수 불가결한 원소가 있다. 이 중에서 어떤 원소들은 극히 미량이나마 그것이 존재해야만 정상으로 생장하게 된다.

18) 열등하거나 원하지 않는 유전자형의 개체를 제거하는 것이다. 자연환경이 어떤 생물의 생존 또는 특정 형질의 존속에 불리할 때 그 생물 또는 특정 형질이 없어지는 것을 자연도태라 하며, 이에 대하여 인위적으로 행하는 것을 인위도태라 한다.

암과 심장마비) 또한 큰 장점이다. 하지만 이러한 설명 중 어느 것도 언급한 이들 세 지역에만 해당하는 것은 아니다. 그러므로 산악환경 그 자체가 장수의 원인이 되는 것은 의심스러워 보이지만, 다른 한편으로는 언급된 다른 모든 요인도 마찬가지이다.

음식 준비

전혀 다른 주제이지만, 여전히 기압과 밀접하게 관련이 있는 주제는 산에서 음식을 준비하는 것과 관련된 문제들이다. 고도가 높아지면 음식을 조리하는 데 일반적으로 시간이 더 오래 걸린다. 만약 표준 해수면 높이에서의 조리법으로 케이크를 구우면 일반적으로 팬의 반죽이 너무 부풀어 올라 넘치게 되지만, 오븐에서 꺼내면 케이크는 원래 크기의 절반으로 줄어들 수 있다(그림 10.8). 심지어 전자레인지도 높은 고도에서는 덜 효율적으로 작동한다(Bowman et al. 1971; Lorenz 1975a, p. 437). 고도가 음식 준비에 미치는 영향은 900m 이상의 높이에서 나타나기 시작한다.

높은 고도에서 조리하는 것과 관련된 세 가지 주요 유형의 문제가 있다. 즉 발효 기체[19]가 팽창하고, 물의 끓는 온도가 낮아지며, 음식에서 나오는 수분의 증발이 증가하는 것이다(Kulas 1950; Lorenz 1975a, b). 요리와 관련된 주요 기체는 공기, 증기, 이산화탄소이다. 공기는 원료들이 함께 섞일 때 결합되며, 증기는 조리하는 동안 증발하는 산물이고, 이산화탄소는 베이킹소다나 베이킹파우더의 화학적 반응에서 비롯된다. 이러한 기체의 부피는 온도와 압력에 따라 달라진다. 즉 온도에 정비례하고 압력에 반비례

••

19) 빵을 구울 때 반죽을 부풀게 하는 데 쓰는 물질인 베이킹파우더와 이스트 등에 의해 발생하는 가스이다. 특히 이산화탄소 때문에 빵이 부풀게 된다.

그림 10.8 1,500m 높이에서 구운 엔젤푸드케이크. 왼쪽에 있는 케이크는 고도에 맞게 조절된 레시피를 이용해 구운 것이고, 오른쪽에 있는 케이크는 표준 해수면 높이의 레시피를 이용하여 구운 것이다.(Klaus Lorenz, Colorado State University)

한다. 높은 고도에서는 기압이 낮기 때문에 동일한 작업을 수행하는 데 적은 양의 발효 기체가 필요하게 된다. 이것은 케이크나 빵과 같이 이산화탄소로 인해 발효되거나, 엔젤푸드케이크[20]나 스펀지케이크와 같이 공기로 부풀어 오르거나, 팝오버[21]나 크림퍼프[22]와 같이 증기로 부풀어 오르는 모든 베이킹 생산물에 적용된다(Kulas 1950; Lorenz 1975b, p. 282).

액체는 그 안에서 기포가 형성되어 그것이 표면으로 올라가 터지면서 끓는다고 한다. 이것은 액체의 포화증기압이 기압과 같을 때 발생한다. 높은 고도에서는 기압이 낮기 때문에 액체가 끓는 데 필요한 증기압

••
20) 가스텔라의 일종이나.
21) 구울 때 부풀어서 속이 거의 빈 미국의 머핀 과자의 일종이다.
22) 슈 페이스트리로 만든 작고 혹 같은 과자에 달콤한 휘핑크림이나 커스터드를 채운 것이다.

표 10.2 다양한 고도에서 물의 끓는 온도(Lorenz 1975a, p. 406)

고도(m)	기압(mmHg)	물의 끓는점(℃)
0	760.0	100.0
300	734.0	99.0
600	700.6	98.1
900	683.2	97.0
1,200	657.8	96.0
1,500	632.4	95.0
1,800	607.0	93.9
2,100	511.6	92.7
2,500	556.2	91.5
2,900	530.5	90.3
3,300	505.4	89.0
3,600	480.0	87.8
4,200	454.0	86.3
4,600	429.2	84.0

이 낮아져 낮은 온도에서 끓게 된다. 물의 끓는 온도의 평균 감소량은 300m마다 약 1℃이다(표 10.2). 실험 결과 300m 높아질 때마다 음식을 조리하는 데 4~11% 더 오래 걸리는 것으로 나타났다. 하지만 많은 것이 요리 조건에 달려 있다. 음식은 높은 온도에서 훨씬 더 빠르고 효율적으로 조리된다. 조리 시간은 온도가 낮아질수록 점점 더 증가한다. 해수면 높이에서는 계란을 단단히 삶는 데 100℃에서 약 10분이 걸리지만, 높은 고도에서는 이 시간이 상당히 늘어난다. 높은 고도에서 조리에 필요한 끓는 시간의 증가를 수학적으로 표현하려고 시도했지만, 이것을 복잡한 음식에서 접할 수 있는 다양한 유형의 유기물질에 적용하여 표현하기 어렵다(Lorenz

1975a, p. 407). 높은 고도에서는 가능한 한 고온에서 요리하는 것이 가장 좋고, 해수면 높이에서 필요한 시간보다 더 오래 요리해야 한다는 것을 기억하는 것이 가장 필요하다. 이것은 특히 통조림 제조업에서 그러한데, 이 경우 덜 익히면 박테리아가 불완전하게 변성되고 식중독이 발생할 수 있다.

증발은 높은 고도에서 조리할 때 더 빠르게 일어나는데, 낮은 기압의 조건에서 공기 분자는 액체에서 기체 상태로 이동하는 물을 더 적게 방해하기 때문이다. 온도가 일정하게 유지되면 기압이 낮아질수록 증발이 증가한다. 증발속도가 빠를수록 음식물을 건조시키고 조리 온도를 낮추는 경향이 있다(증발 과정에 상대적으로 더 많은 열이 이용되기 때문이다). 따라서 요리사는 원하는 결과를 얻기 위해 해수면에서보다 더 많은 열을 사용해야 한다. 3,000m 높이에서 구워진 케이크는 동일한 온도로 해수면 높이에서 구워진 케이크만큼 갈색을 띠지 않거나 빠르게 익지 않는데, 케이크 속의 설탕이 완전히 캐러멜화하지 않기 때문이다. 캐러멜화(설탕에서 캐러멜로 바뀌는 것)는 온도에 따라 달라지며, 증발에 사용되는 열은 빵 껍질이 오븐의 온도에 도달하는 것을 막는다(Lorenz et al. 1971; Lorenz 1975a, b).

높은 고도가 음식의 풍미뿐만 아니라 음식을 먹는 사람들의 맛한계(taste threshold)[23]에도 영향을 미칠 수 있다는 증거가 있다. 풍미는 냄새와 음식에서 방출되는 기체의 휘발성과 밀접한 관련이 있다. 기압이 낮아지면 휘발성이 높아지기 때문에 고도가 높아지면 풍미는 떨어진다. 아마도 날 것으로 먹는 음식에서는 풍미의 손실이 적지만, 굽는 등의 조리가 필요한 음식에서는 그 손실이 크다(Lorenz 1975a, p. 409). 맛은 휘발성보다는 오히

23) 맛을 느낄 수 있는 맛 화합물의 최소 농도이다.

려 용해성의 함수이다. 따라서 고도 변화에 따른 미각 민감성[24]이 크게 감소하지는 않을 것이다. 그러나 짠맛, 신맛, 쓴맛, 단맛을 검사한 결과 고도가 높아짐에 따라 이러한 맛(특히 쓴맛)을 지각하는 능력이 점점 더 감소하는 것으로 나타났다(Maga and Lorenz 1972). 분명히 맛은 용해성뿐만 아니라 고도에 따라 달라지는 어떤 설명되지 않는 생리적 반응에 의해 결정된다(Maga and Lorenz 1972, p. 670).

높은 고도에서 음식을 준비하는 것과 관련된 문제들 대부분은 식재료나 완성된 요리를 약간 조정하는 것으로 극복할 수 있다. 수많은 미국 식품회사들이 높은 고도에서의 조리를 위한 특별한 베이킹 믹스를 준비하거나, 포장에 높은 고도에서의 조리법을 제공한다. 로키산맥 주[25](특히 콜로라도 주)의 농업시험장은 통조림 제조법부터 사탕 만들기에 이르기까지 높은 고도에서의 조리에 관한 수많은 정보를 출판했다.

전동 장비의 작동

높은 고도에서 효율이 떨어지는 것은 인간뿐만이 아니라 대부분의 기계도 마찬가지이다. 내연기관 엔진이 대표적인 사례이다. 기압이 낮아지고 산소가 부족하기 때문에 연소 과정은 고도에 따라 불완전하고, 결과적으로 열은 적게, 일산화탄소는 더 많이 생성된다(따라서 어느 주어진 기간 동안 엔진의 작동으로 대기오염의 양이 증가한다). 내연기관은 300m마다 평균 약 3%의 비율로 동력을 잃는다. 만약 높은 고도에서 자동차를 운전하거나 기

..
24) 혀에 있는 수용기(미뢰)가 맛을 감지하는 민감도를 말한다.
25) 로키산맥이 지나가는 미국의 8개 주, 몬태나, 아이다호, 와이오밍, 네바다, 유타, 콜로라도, 애리조나, 뉴멕시코를 가리킨다.

계를 작동시켜본 적이 있다면, 이러한 엔진 성능의 저하를 경험한 적이 있을 것이다. 기화기(carburetor)[26]의 연료와 공기 혼합물은 높이에 따라 점점 더 많아져 결국 엔진은 불연소음을 내고 (엔진이 멈출 것 같이) 쾅쾅 소리를 내기 시작하거나 완전히 멈춘다. 이 문제는 보통 공기의 흐름이 증가하도록 기화기를 조정하는 것으로 해결할 수 있다. 차량을 높은 고도에서 장시간 운행해야 하는 경우 이러한 조정을 하는 것은 필수적이다. 그렇지 않으면 밸브 연소와 같은 내부 손상의 위험이 있다.

1977년부터 미국의 모든 자동차 제조업체는 높이가 1,200m 이상인 지역에서 판매되는 자동차나 트럭에 특수 설계된 기화기를 법적으로 제공해야 했다. 다양한 방식의 설계가 있는데, 기본적인 생각은 일단 어떤 특정한 기압에 도달하면 더 많은 공기가 기화기로 들어가도록 하는 것이다. 또한 환경보호청이 정한 새로운 대기오염 기준을 충족시키는 데 필요한 개량은 엔진 효율을 높이는 결과를 가져올 것이다.

높은 고도에서 전동 장비를 작동시키는 문제는 항공기의 경우에서 가장 잘 입증될 수 있다. 높이가 증가하면 엔진 출력이 떨어질 뿐만 아니라 비행 제어와 효율도 떨어진다. 높이 올라갈수록 희박한 대기에서 뛰어난 기동성과 제어를 갖추기 위해서는 항공기가 더 빠르게 움직여야 한다. 고도에 따른 출력 손실의 크기는 그림 10.9와 같다. 실질적인 목적에 부합하는 대부분의 소형 단발 엔진 비행기는 고도 약 3,600m의 상승 한계를 가지고 있다. 물론 엔진이 크고 강력할수록 항공기는 더 높이 올라갈 수 있다. 로켓과 터보제트기는 공기의 밀도가 감소하는 것이 유리할 정도로 빠른 속도로 작동하기 때문에 이러한 제약 조건에 의해 제한되지 않는다. 터

26) 가솔린 기관의 실린더 속에 연료와 공기를 적당한 비율로 혼합시켜 공급하는 장치이다.

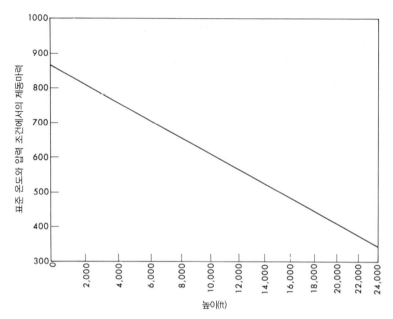

그림 10.9 기존 항공기 엔진의 고도에 따른 출력 손실을 보여주는 일반적인 그림(여러 출처에서 인용)

보제트 엔진은 고도에 따라 출력이 감소하지만, 항공기의 항력은 훨씬 더 높은 비율로 감소하기 때문에 높은 고도에서 비행하는 것으로 더 빠른 속도와 더 나은 경제성을 얻을 수 있다(Gillet al, 1954, pp. 17~29). 또한 고도 9,000m 이상의 상공에서 비행하는 것은 기상 장애가 거의 없어 비교적 순탄하다는 점도 언급해야겠다.

슈퍼차저(supercharger)[27]는 기존 엔진의 기압 감소 문제에 대한 성공적인 해답이다. 이 장치는 기본적으로 송풍기[28] 또는 컴프레서[29]로, 흡기 다

··

27) 기압 그대로 흡입하는 것이 아니고 압력을 올려서 흡입하는 장치의 총칭이다. 원래는 공기 밀도가 희박한 높은 하늘을 나는 비행기의 운항을 돕는 수단으로 실용화한 것이다.

기관[30] 내부의 압력을 유지하는 데 도움이 되며 완전 연소를 위해 실린 더로 충분한 공기를 주입한다. 슈퍼차저는 높은 고도에서 작동하는 여러 종류의 엔진(예: 발전기와 중장비)에 사용하며, 또한 항공기에서의 사용으로 가장 잘 알려져 있다. 유콘 준주의 아이스필드 레인지스 연구 프로젝트(Icefield Ranges Research Project)에는 이러한 비행기(헬리오커리어 Heliocourier 기종)가 있었다. 이 단발 엔진 항공기는 스키형 착륙 기어를 갖추었으며, 로건산의 5,300m 높이에서 정기적으로 화물을 싣고 이착륙을 했다(그림 5.5 참조). 슈퍼차저를 장착한 헬리콥터는 수색과 구조 임무를 띠고 로건산과 매킨리산의 5,450m를 넘는 고도에 착륙했다. 헬리콥터 비행의 상승 한도는 고정익 항공기보다 훨씬 더 낮지만, 최근의 개발로 인해 높은 고도에서의 헬리콥터의 유료하중[31]과 효율이 크게 증가했다. 결과적으로, 헬리콥터는 전력선과 스키 리프트 타워의 설치와 같은 산악 작업에 점점 더 많이 이용되고 있다. 또한 산림작업에도 점점 더 많이 이용되고 있다. 이를 통해 도로를 건설할 필요가 없어지고 환경 피해를 줄일 수 있다.

새롭게 개발된 헬리콥터의 성능이 크게 부각된 것은 산악전이다. 산에서 소규모로 산재하며 기동력이 뛰어난 토병(local troops) 부대는, 전통적

◦◦

28) 디젤 2행정 사이클 엔진에 설치되어 있으며, 소기 행정을 할 때 엔진의 동력으로 회전하여 공기를 실린더에 많이 공급하는 데 사용된다.
29) 기체를 압축시켜 압력을 높이는 기계적 장치로 압력기라고도 한다. 유체를 압축하여 유체에 기계적 에너지를 가한다는 점에서 펌프의 원리와 기본적으로 같다. 펌프는 액체를 압축하는 것이고, 컴프레서는 기체에 압력을 가하여 압력과 속도를 변화시킨다는 점에서 구별된다.
30) 공기나 혼합 가스를 실린더에 혼입하는 파이프이며, 흡입 저항이 적고 각 실린더에 균등하게 배분되도록 구성되어 있다.
31) 상업용 항공기의 적재 가능 중량 중 승객과 그 수하물, 우편물, 화물 등의 중량을 말한다.

으로 규모가 훨씬 더 크고 장비를 잘 갖추었으며, 그 결과 기동력이 떨어지는 군대에 효과적으로 대응했는데, 이제는 헬리콥터라라는 더 나은 기술을 갖고 있는 쪽으로 힘의 균형이 기울었다. 헬리콥터를 통해 군대와 화력을 접근하기 매우 어려운 곳까지 빠르게 수송할 수 있다. 이것의 군사적 의미는 아직 충분히 입증되지 않았다. 예를 들어, 1962년 히말라야산맥에서 있었던 인도와 중국 사이의 소규모 충돌에서는 헬리콥터가 이용되지 않았지만, 높은 산에서의 향후 군사 작전에서는 거의 틀림없이 이용될 것이다. 이러한 측면에서 헬리콥터의 유효성은 베트남의 낮지만 험준한 산에서 충분히 입증되었다. 이곳의 비교적 낮은 고도는 당시 이용 가능한 헬리콥터의 유용성을 제한하지 않았다(Thompson 1970).

지형과 지질

지형

산악지형의 주요 특징으로는 급경사면, 높은 기복, 평탄한 지면의 부족 등이 있다. 이러한 경관은 오랫동안 인간의 상상력과 창의력을 시험하였으며, 피난처이자 장애물로 작용하고 있다. 산악지형의 배치와 특질은 산속이나 주변 지방에 사는 사람들뿐만 아니라 산에서 멀리 떨어져 사는 사람들에게도 영향을 미친다.

산속에 사는 사람들에게 가파르고 험준한 지형이 갖는 의미는 다양하며 모든 면에서 중요하다. 정상적인 업무를 수행하거나 단지 이곳저곳 돌아다니는 데 필요한 에너지를 고려해보라. 이것의 결과는 대부분의 전통적인 산악 경제가 농업에 기반을 두고 있다는 사실이 밝혀지면서 명확해졌다. 이들은 토지이용을 극대화하기 위해 어쩔 수 없이 고도에 따라 활동을 전환해야 한다. 예를 들어, 여름에는 가축을 높은 목장으로 데려가는 반면에 다른 활동은 중간 지대에서 이루어진다. 산악지형에서 에너지 소비가 증가하는 또 다른 요인은 현대적인 기술 장치가 상대적으로 부족한 데 있다. 들판의 대부분은 트랙터나 전동 장비를 사용하기에 너무나 좁고 가파르다. 알프스의 일부 들판은 경사가 너무나 가팔라서 농부들이 건초를 수확하기 위해서 밧줄로 자신의 몸을 동여매야만 하는 것으로 알려졌다. 이러한 극단적인 상황은 가파른 지형에서 자원의 부족 및 에너지 소비에 대한 엄청난 수요를 모두 강조하고 있다.

평탄하거나 완만하게 경사진 토지의 크기와 그 분포는 산에서 사람이 거주하는 데 매우 중요하다. 이 장의 첫머리에 있는 "인간은 중력의 힘을 느낀다"라는 문구에는 환경 결정론이 강하게 드러나 있지만, 그럼에도 일반적으로 고도가 높아지면서 인구 밀도가 감소한다는 것은 사실이다. 만약 전 세계 산악지역 대부분의 지형도를 가져다가 인구 지도와 겹쳐본다면 인구 밀도와 평탄한 지역 사이의 관계는 분명해질 것이다. 인구 지도상의 빈 영역은 일반적으로 높은 고도와 험준한 지형의 지역과 일치한다. 예를 들어 스위스 인구의 90%가 레만호(Lake Geneva)[32]에서 보덴호(Lake Constance)까지 뻗어 있는 알프스산맥 기저부의 좁은 지대에 위치해 있으며, 이와 유사한 패턴은 산악지형이 있는 다른 수많은 지역에서도 볼 수

··

32) 로마 시대에는 레마누스호(Lacus Lemannus)라고 불렀다. 제네바의 이름이 알려지면서 주네브호(Lac de Genève)라는 이름이 쓰였다. 18세기 이후 프랑스어로 레만호(Lac Léman)라는 이름을 다시 쓰기 시작했다. 영어와 독일어로는 일반적으로 제네바호(Lake Geneva, Genfersee)라고 한다.

있다(그림 10.10).

산악지역 내에 정착하는 사람들은 집터를 닦는 데 적합한 토지와 농작물을 재배하기에 충분한 경작지가 필요하다. 산의 구조와 지형적인 발달

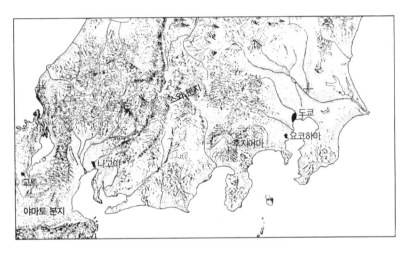

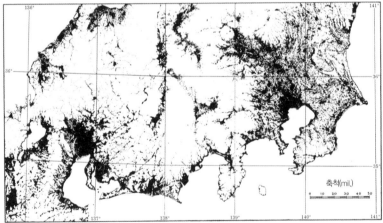

그림 10.10 일본 혼슈 중부의 지형도와 인구 분포. 각각의 점은 200명을 나타낸다. 오래된 인구 자료를 기반으로 하지만, 취락과 지형 사이의 관계는 여전히 동일하다.(출처: James 1959, pp. 442~443)

에 따라 이들 지역은 고지대나 저지대, 또는 중간 높이에 집중될 수 있다. 산의 배치가 어떻든 간에, 평탄하고 완만하게 경사진 지역은 보통 가장 생산적인 토양을 지탱하고 침식에 가장 취약하지 않다. 또한 기후적으로 파생된 영향도 있다. 평탄한 면적이 넓을수록 산괴효과는 커지기 때문에 동일한 고도의 작고 고립된 지역에서 나타나는 것보다 더 높은 여름 온도를 초래한다(이 책 164~168쪽 참조). 따라서 어느 산악지역 내에 평탄한 토지가 많을수록 인간이 정착할 가능성은 더 커진다. 3,000m 이상의 높이에 거주하는 세계 인구의 70%가 볼리비아와 페루의 알티플라노, 에티오피아 고지대, 티베트고원 등과 같은 높은 고도의 고원 지대에서 살아가고 있다 (De Jong 1970). 이와는 대조적으로 히말라야산맥의 높고 폭이 좁은 계곡의 대부분에는 평탄한 땅이 거의 없기 때문에 마을은 보통 사면과 산릉에 위치해 있으며, 이 토지의 수용 능력은 매우 낮다. 물론 수많은 지역의 산에 거주하는 사람들은 농사를 짓기 위한 최적의 토지를 보존하기 위해 일부러 사면에 집을 지었다. 돌발홍수[33]와 봄철 융해홍수와 같은 다른 환경 요인들은 곡상을 바람직하지 않게 만들고 사면에 건설하는 것을 장려한다. 배기[34]는 부정적인 요인이다. 차가운 공기는 계곡으로 이동하여 서리와 지속적인 안개를 일으킨다. 또 다른 주요 고려사항은 햇빛에 대한 계곡이나 사면의 위치이다. 남-북 계곡은 충분한 햇볕을 받을 수 있지만, 동-서 곡상은 낮의 대부분 동안 그늘진 채로 남아 있기 때문에, 사면의 높은 곳이 집터로 더 적합하다(Garnett 1935, 1937).

∴

33) 유역의 면적이 좁은 지역에 집중적인 강우 현상이 일어날 때 하천에 유입되는 물의 양이 짧은 기간에 급증하여 잠시 나타나는 홍수이다. 격심한 폭풍우나 태풍 등에 수반된 집중호우나 빙하나 얼음 등이 녹은 물 등으로 인해 지대가 낮은 지역이 빠른 시간에 침수될 수 있다.
34) 중력으로 인해 만들어지는 비교적 차가운 공기의 내리바람의 일반적인 용어이다.

이들 모든 요인의 영향은 알프스산맥의 취락 패턴에 나타나 있다. 계곡에는 수많은 마을이 위치해 있으며, 이들 마을 대부분은 가파른 빙식곡 바로 위의 넓고 완만한 산등성이(알프스)에 우선하여 위치해 있다(그림 11.7). 그러나 대부분의 산악지역에서는 인구가 계곡과 충적선상지에 집중되어 있다. 구세계에서는 사람들이 산의 적당한 토지 모두에 오래전부터 정착하고 있다. 토지 소유는 전통적으로 대대로 이어져 오고 있으며, 이로 인해 종종 작은 구획으로 분할되어 효율적인 토지이용이 어려워지는 경우가 많다(Friedl 1973). 또한 호텔과 휴양 편의시설에 대한 현대적인 관광 수요는 농업에 이용될 수 있는 토지의 크기를 감소시켰다(Lichtenberger 1975). 이것은 호기심을 끄는 상황이다. 소규모 고산 목초지와 예스러운 마을은 알프스산맥의 주요 관광 명소 중 하나이지만, 그럼에도 이를 동경해 찾는 바로 이들 관광객의 수요로 인해 파괴되고 있다(이 책 807~813쪽 참조).

고립

가파른 산악지형은 교통과 통신을 방해한다. 전통적인 조건에서는 분리된 다른 산골짜기에 사는 사람들이 서로 고립되어 있을 뿐만 아니라 저지대의 모든 주민과도 분리되어 있다. 산악 식물이나 동물처럼 인간 개체군은 섬과 같은 정착지에서 나타날 수 있으며, 이들의 관계는 훨씬 더 복잡하지만 유사한 경향을 보일 수도 있다. 많은 것들이 경관의 배치와 해당 지역의 문화사에 따라 달라진다. 가파른 고산의 산릉 사이에 깊고 좁은 계곡이 있는 광활한 산악지역에서는 사람들이 개개의 계곡에 정착하는 경향이 있으며, 이웃한 계곡과 거의 또는 전혀 접촉하지 않는 경향이 있다. 지형의 영향은 역사를 통해 강화된다. 수많은 산악 취락은 피난처를 찾거나 과거의 조건으로부터 탈출구를 찾는 소수 집단에 의해 세워진 것이다. 집단의 이러한 내재된 개성이나 독특성은 종종 산에서 마주치는 주민의 이질성에 기여한다. 캅카스산맥, 히말라야산맥, 알프스산맥과 같은 크고 복잡한 산악 시스템은 매우 다양한 문화, 국적, 언어의 발상지이다.

현대 기술로 인해 과거에 경험했던 고립의 많은 부분이 제거되었지만, 수많은 산악 취락은 여전히 활동의 주류에서 상대적으로 멀리 있다. 과거 고립의 영향은 여전히 뚜렷하다. 산에 사는 사람들의 보수적인 철학, 배타성, 외지인에 대한 불신은 잘 알려져 있다. 전통적인 관습과 태도는 이러한 조건에서 보존된다. 교육과 현대적인 혁신은 천천히 나아간다. 미국 남동부의 애팔래치아산맥 지역이 그 좋은 사례이다. 거주민이 다른 집단과 교류가 거의 없는 경우 유전자 풀은 제한되고 혈족결혼[35]을 초래할 수 있다. 알프스산맥의 외딴 마을에서 정신지체나 정신이상자가 많은 것이 흔하게 언급되었지만 좀처럼 입증되지 않은 것은 이러한 요인 때문이라고 한다. 사실, 유전적 격리[36]는 알프스산맥의 외딴 지역에 관련 증거가 있다(Cavalli-Sforza 1963; Morton et al. 1968). 안데스 원주민의 유전적 적응[37]의 경우는 알프스산맥의 사례보다 훨씬 더 현저한데, 이들 안데스 원주민이 훨씬 더 오랫동안 고지대에 고립되어 있었기 때문이다(Monge 1948). 그러나 인간 개체군과 같이 복잡한 시스템의 유전적 적응을 고려할 때는 주의해야 한다. 게다가 높은 고도의 지역 대부분에서 인간이 끊임없이 거주한 것은 후빙기, 즉 지난 1만 5,000년으로 제한되고 있다. 그리고 수많은 사

35) 같은 조상으로부터 받은 공통된 유전인자가 있을 가능성이 높기 때문에 잠재하고 있던 열성을 나타내는 아이가 태어나는 수가 많다.
36) 같은 유전적 변이를 가진 개체군이 다른 집단과 격리되어 그들 사이에서만 교배하고 번식하는 것이다. 격리는 생물 진화의 중요한 한 요소이다.
37) 오랫동안의 환경 변동에 대하여 새로운 유전자 조성을 만들어 환경에 적응하는 것을 말하며 생물 진화의 한 요인이 된다.

람들은 이것이 너무나 짧은 기간이기 때문에 높은 고도에 대한 독특한 유전자형[38]을 확립하는 적응형 유전자가 발달할 수 없을 것으로 생각하고 있다(Cruz-Coke 1978).

지형으로 인한 고립의 영향은 주요 산맥 지역에서 접하는 구어와 방언의 다양성에서 뚜렷이 나타난다. 스위스에서만 독일어, 프랑스어, 이탈리아어, 라틴어(로만시Romansh[39])의 35개 이상의 방언이 사용된다(Delgado de Carvalho 1962, p. 82). 이러한 국면이 평원에서는 일반적이지 않은데, 그 이유는 상호작용이 더 용이하기 때문이다. 물론 현대적인 통신과 교통 시스템의 발달은 대부분의 산악지역에서 전통적인 상황을 붕괴시켰으며, 이동성을 높이고 사람들과 생각을 더욱 자유롭게 교환할 수 있게 했다.

폭이 좁은 계곡과 산릉으로 이루어진 깊게 개석된 산과는 달리, 넓은 면적의 비교적 평탄한 토지가 있는 산에서는 그것이 고지대이든 깊은 계곡이든 간에 국지적인 통신과 교통이 용이하게 된다. 고도 및 환경조건에 따라, 이러한 지역은 흔히 볼 수 있는 결속력이나 응집력을 가진 비교적 수많은 인구를 부양할 수 있다. 이들 지역은 에티오피아, 볼리비아, 에콰도르 등과 같은 일부 열대 및 아열대 지역에서 볼 수 있는 것처럼 인구와 행정의 중심지가 된다. 그러나 대부분의 행정 중심지는 저지대에 위치해 있기 때문에, 산에 거주하는 사람들은 정치적으로나 문화적으로 고립되어 있다. 고지대 거주민은 보통 멀리 떨어져 있는 정부의 의향보다 그들 자신이 하고 싶은 것에 더욱 충성을 다한다.

어떤 경우에는 강한 주민의식이 발달하여 산악 공동체나 주(canton) 또

---

38) 생체의 외부로 드러나는 성질을 결정하는 유전자(gene)의 유전적 구성을 의미한다.
39) 스위스 동부에서 쓰는 언어이다.

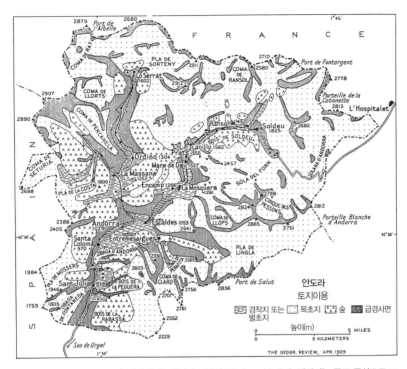

그림 10.11 안도라의 목초지, 경작지, 숲, 급경사 지역의 분포(1929년 기준). 경작지는 주로 곡상으로 크게 제한되어 있고, 벼과 식물의 목초지가 고지대를 차지하고 있다.(출처: Peattie 1929, p. 224)

는 독립국의 형성으로 이어지기도 한다. 전형적인 사례로 스페인과 프랑스 사이에 있는 피레네산맥의 산마루에 위치한 작은 독립국[40) 안도라가 있다. 안도라는 역사적으로 여름철 방목 경제의 중심이었던 광범위한 고지대의 목초지가 연합해 있다(그림 10.11). 고대부터 이들 고지대에서는 스페인계나 프랑스계의 산악 목자들이 평화롭게 만나 융화해왔으며, 큰 힘

---

40) 완전한 주권을 가진 국가로 국가의 최고의사를 결정함에 있어서 대외적으로 타국의 국가권력에 의해 형식적으로나 실질적으로 영향을 받지 않는 독립된 주권을 가진 국가를 말한다.

을 가진 어느 한쪽보다 항상 현지 지방에 대한 결속력과 충성심이 더욱 강했다(Peattie 1929). 결과적으로 안도라는 봉건 시대부터 독립국으로 유지되고 있으며, 지금은 지역 경제가 바뀌어 수많은 사람이 도시로 이주하고 있지만 이 지역은 여전히 독립국 지위를 유지하고 있다. 수많은 다른 산악 국가와 지역은 다양한 수준의 지방자치 또는 적어도 자기동일성(self-identity)의 강한 의식을 가지고 있다. 예를 들어, 베트남의 몬타나르드(Montagnard)[41]와 발칸 반도의 몬테네그로, 그리고 히말라야산맥의 여러 왕국들, 예를 들어 시킴, 부탄, 네팔과 함께 라다크, 카슈미르, 티베트 등이 있다. 스위스 자체는 공동의 명분과 동일성으로 탄생하고 성장한 산악 국가의 연방이다.

장벽

가파른 산악지형은 한쪽에서 다른 쪽으로의 이동과 통신을 제한한다. 산은 분리하고 방해하는 경향이 있는 반면에, 평탄한 지역은 교환과 상호작용을 촉진한다. 그럼에도 문화적인 현상과 자연적인 현상 사이의 관계는 (심지어 산악 장벽처럼 눈에 띄는 관계조차) 간단하고 직접적인 경우는 드물다. 산은 인간의 활동에 장애물로 작용했지만(그리고 계속해서 작용하고 있지만), 기후경계를 설정하거나 식생의 분포를 제어하는 것과 동일한 절대적인 방법은 아니다.

산이 인간 활동의 장벽으로 작용하는 정도는 생태적 조건, 예를 들어, 숲의 존재와 설선의 고도뿐만 아니라 산의 높이, 폭, 길이 및 일반적인 험준함, 그리고 횡곡[42]의 유무에 따라 달라진다. 어떤 주요 횡곡도 없는 가

41) 캄보디아와 국경을 접한 베트남 남부 고지의 민족을 말한다.

늘고 긴 습곡산맥이나 단층산맥이 가장 감당하기 어려운 장애물이다. 프랑스와 스페인 사이의 피레네산맥은 유럽에서 가장 효과적인 산악 장벽 중 하나이다. 이 지역에서의 남-북 여행은 역사적으로 산맥을 가로지르는 것이 아니라 산맥을 돌아서 지나갔지만, 현재는 몇 개의 도로가 피레네산맥을 횡단하고 있다. 또 다른 주요 장벽은 히말라야산맥의 거대한 동-서 방향 산허리이다. 이 산맥을 가로지르는 여행은 매우 어려워서 인도와 중국 사이의 교통은 전통적으로 육로가 아닌 해로를 통해 이루어져 왔다. 히말라야산맥을 가로지르는 고속도로나 철도는 아직 없지만, 이것은 물류의 문제가 아니라 정치적인 문제가 되고 있다. 인도에서 네팔, 시킴, 부탄에 이르는 몇 개의 새로운 도로가 건설되었다(Karan 1960a, 1967). 이와 비슷하게 중국은 북쪽에서 티베트의 라싸(Lhasa) 및 그 너머에 이르는 전천후 도로를 건설했다(Karan 1976). 관광객들이 히말라야산맥을 가로질러 쭉 운전하는 것이 가능해지는 것은 아마도 단지 시간문제일 것이다. 이들 두 산악 시스템이 역사에 세운 장벽의 역할은 양측에서 발견되는 문화의 대조를 통해 분명히 알 수 있다. 인도-말레이 사람들은 히말라야산맥의 남쪽에 살고 있으며, 북쪽은 중국인들이 지배하고 있다. 마찬가지로, 알프스산맥, 카르파티아산맥, 발칸산맥, 피레네산맥은 지중해 문화와 북유럽 문화를 오랫동안 분리해왔다(Semple 1915). 물론 인간의 결정과 활동은 이러한 패턴을 확립하고 유지해왔지만, 이들 산맥과의 밀접한 일치성은 이러한 장벽이 지닌 중요성을 시사한다.

미국에서는 애팔래치아산맥과 로키산맥을 비교하는 것으로 산악 장벽의 다양한 효과를 볼 수 있다. 애팔래치아산맥의 가늘고 긴 습곡 시스템

----

42) 주축의 방향과 거의 직각으로 산맥을 횡단하는 골짜기를 말한다.

은 수많은 계곡으로 파괴되어 왕래가 단순해진다(Semple 1897). 다른 한편으로 로키산맥에는 낮은 고개가 거의 없어 훨씬 더 통과하기 어려운 장벽을 형성하고 있다(Lackey 1949). 캐스케이드산맥과 시에라네바다산맥은 개척 시대의 동-서 여행에 주요 장애물로 작용했다. 가족과 함께 가재도구를 가득 실은 포장마차를 타고 이처럼 어마어마한 장벽을 넘어야 하는 문제는 지금은 먼 과거의 일로 보이지만, 미국 역사에서 대단히 도전 의식을 북돋우는 부분을 만들어냈다. 고난과 번민은 셀 수 없이 많았으며 오솔길은 크고 심각한 피해를 주었다. 이것은 불운한 도너 파티(Donner Party)[43]가 맞닥뜨린 시련으로 인해 극명하게 입증되었다(Stewart 1960).

장벽 효과는 지난 세기 동안 크게 감소했다. 이제 라디오, 텔레비전, 전화를 이용해 산을 가로질러 순조롭게 소통하며, 대부분의 산을 가로질러 여행하는 것이 거의 어렵지 않게 되었다. 그럼에도 인간은 결코 물리적 환경에서 완전히 벗어날 수 없다. 최신의 항공기는 산 위를 쉽게 날지만, 비행기 추락의 상당수가 산에서 발생한다. 철도, 고속도로, 통신망은 현재 대부분의 산맥에 걸쳐 건설되었지만, 이러한 시스템을 구축하고 이용하고 유지하는 데 드는 비용이 저지대의 경우에 비해 엄청나게 많이 든다. 사면이 가파르고 계곡이 좁으면 문제는 더 커진다. 도로는 임계각[44]을 초과하지 않도록 설계해야 하며, 이는 일반적으로 스위치백(switchback)[45] 건설과

∵

43) 미국 중서부에서 마차를 타고 캘리포니아로 이주한 개척자들의 집단이다. 이들은 1846년 11월 초 시에라네바다산맥에서 폭설로 고립되어 처음 출발했던 87명 중 47명만이 생존했다. 이들은 혹한의 비바람 속에 굶주림과 질병으로 죽기 시작했고, 이듬해 2월 구조될 때까지 죽은 사람의 인육을 먹으며 연명했다.

44) 섬돌 위의 자갈이 이동하기 시작하는 경사각으로, 한계각이라고도 한다.

45) 높이의 차이를 가진 두 지역에 선로를 부설할 때 이 방법을 쓰는 경우가 있는데, 열차가 운전할 수 있는 기울기의 선로를 지그재그(zigzag)형으로 여러 층 부설하여 열차가 톱질하는

그림 10.12 구소련 캅카스산맥 북부의 가파른 산비탈의 U자형 급커브길 또는 지그재그 도로. 이 도로는 연중 대부분이 눈으로 덮여 있어 통행할 수 없는 2,782m 높이의 클루코르(Klukhor) 고개까지 이어진다. 남서쪽으로 60km 떨어진 산 너머에는 흑해가 있다. 이 고개는 제2차 세계대전 당시 군사적으로 중요한 장소였다. 이곳에서 수차례 전투가 벌어졌는데, 캅카스 사람들이 흑해로 진군하는 독일군을 상대로 고개를 성공적으로 방어한 것은 현지인들에게 커다란 자부심으로 남아 있다.(저자)

관련이 있다(그림 10.12). 종종 고가의 발파 및 시공 기술이 필요하고, 어쨌든 동일한 거리를 가려면 산에서는 몇 배나 더 많은 도로가 필요하다! 산악 도로를 이용하는 비용도 만만치 않다. 운전에는 더 많은 시간과 연료가 소요되고, 차량은 추가적인 마모와 파손을 겪으며, 도로 정비에 더 많은 비용이 든다. 겨울에는 주요 도로만 개방되고, 설령 그렇더라도 눈과 얼음 때문에 운전이 위험해지고 타이어체인이 필요한 경우가 많다. 도로가 눈사태 지대에 위치한 경우, 비용이 많이 드는 보호 장치를 적설 지역의 오르막

:: 식으로 전진과 후진을 반복하며 오르게 하고 있다.

사면에 또는 고속도로 위의 대피소처럼 어느 한쪽에 설치해야 한다. 이러한 구조물은 알프스산맥에 수백여 개 건설되었다(그림 5.29, 5.30).

최근 몇 년 동안에 산을 통과하는 터널을 건설하는 경향이 있었다. 관광객들은 도로에서 벗신 광경을 보고 싶어 하지만, 터널은 상업적인 목적으로, 그리고 한 장소에서 다른 장소로 서둘러 가고 싶어 하는 사람들에게는 요긴한 것이다. 터널 건설은 특히 철도에서 중요한데, 기차는 자동차만큼 가파른 도로와 급격한 스위치백을 쉽게 넘어갈 수 없기 때문이다. 저 유명한 스위스 철도는 연장 240km의 선로에 376개의 다리와 76개의 터널이 있는 라이티아(Rhaetia)[46] 알프스산맥을 관통한다! 알프스산맥의 수많은 주요 터널은 고대 도보 여행자들의 경로 및 고개, 예를 들어 생고타르(St. Gotthard) 터널이나 로잔과 밀라노 사이의 도로에 있는 생플롱(Simplon) 터널, 또는 스위스와 이탈리아 사이의 그랜드 세인트버나드 터널을 따라간다. 하지만 어떤 경우에는 지금까지 통과할 수 없는 장벽으로 작용한 거대한 산괴를 터널이 관통하고 있다. 이 중 하나는 1965년에 완공된 것으로 이탈리아와 프랑스 사이의 몽블랑 마시프(massif)[47] 아래를 관통하는 거리 12km의 고속도로 터널이다. 이 책이 출판될 당시(1979년) 일본 혼슈 중부의 산악 척추를 지나는 세계에서 가장 긴 터널이 막 완공되었다. 길이 21.3km의 이 터널은 시속 240km의 일본 '탄환 열차(고속 열차)'를 운행하기 위해 건설되었다. 이제 도쿄에서 반대편 해안의 니가타까지 1시간 30분 만에 갈 수 있게 되었는데, 터널을 건설하기 전에는 여행에 4시간이나 소요되었다.

⁝

46) 유럽 중부의 고대 로마의 속주이다. 현재의 스위스 동부와 티롤(Tyrol) 일부를 포함하며, 후에 다뉴브강까지 넓혀졌다.
47) 여러 산이 군집한 하나의 산군을 의미하며, 산군이나 대산괴라고도 한다.

산악고개

산을 가로지르는 여행은 일반적으로 고개를 따라간다. 이들은 계곡, 자연적인 함몰지, 협곡, 또는 산맥의 폭이 좁아지는 곳을 횡단하는 것으로 어느 정도 통행이 용이하다. 일반적으로 산맥이 높고 거대할수록 고개는 그 수가 적고 더욱 험난하다. 피레네산맥, 캅카스산맥, 히말라야산맥, 안데스산맥과 같이 협곡이 거의 없는 선형의 산맥은 실로 아주 험난한 장벽 역할을 하고 있다. 다른 한편으로 알프스산맥은 일련의 방사상 계곡 시스템으로 배열되어 있어 오래전부터 왕래가 가능했다. 마찬가지로 애팔래치아산맥의 훨씬 더 낮은 평행한 산릉도 하천에 의해 단절되어 있고, 우회로이기는 하지만 수많은 경로가 생성되었다. 이 중 가장 유명한 것은 컴벌랜드 협곡(Cumberland Gap)[48]이며, 때때로 '윌더니스 로드(Wilderness Road)'라고도 부르는데, 이를 통해 개척자들은 켄터키주 및 그 너머 서쪽으로 이동했다. 인상적인 힌두쿠시산맥 및 아프가니스탄의 다른 산맥에는 다수의 고개(예: 카이버 고개)가 있기 때문에, 북서쪽에서 인도로 이동하는 데 이들 산맥이 심각한 장애물로 작용하진 않았다. 그리스인, 아시리아인, 페르시아인, 튀르키예인, 타타르인(Tartars),[49] 몽골인이 부유한 인더스 계곡으로 갈 때 이러한 경로를 통하여 진출했다(Semple 1911, p. 536).

산악고개는 역사를 통틀어 군사적 교전에서 주요 역할을 해오고 있다. 고개는 한 번에 건너기 가장 쉬우며 방어하기 쉬운 곳이다. 좁은 계곡에

---

48) 미국 컴벌랜드산맥 중에 버지니아, 켄터키, 테네시 3개 주의 경계인 산협에 있는 높이 400m의 산길이다.

49) 중국 정부가 공식적으로 인정한 56개 민속의 하나로 튀르키예계 민족이나. 중국 내의 타타르족은 18세기 러시아인과 함께 동쪽으로 이주하여 중앙아시아와 신장 등지로 들어왔으며 이슬람교를 신봉하고 있어 생활 및 풍습에서 이슬람교의 영향을 받고 있다.

간혀 있는 군대는 흩어져 있을 때보다 공격에 훨씬 더 취약하며, 좁은 길이나 레지(ledge)를 따라 일렬종대로 이동할 수밖에 없다면 통행 속도가 엄청나게 느려진다. 예를 들어, 어려운 애로[50]를 통해 이동하는데 병사 한 명에 1분씩 소요된다면, 순찰하는 열 명의 병사는 10분 지연되고, 1,000명의 병사가 있다면 지연 시간은 16시간 30분 이상 될 것이다! 이 기간 동안 병사들은 한 줄로 늘어서 있어 평소보다 훨씬 취약할 것이다. 이것은 훈련을 잘 받은 몇몇 병사들이 대군을 저지할 수 있는 상황이기도 하다. 아마도 역사상 가장 유명한 지연 전술은 기원전 480년 페르시아가 그리스를 침공했을 때일 것이다. 페르시아 함대는 북쪽에 상륙했고 남쪽으로 진군하는 과정에서 테르모필레(Thermopylae)의 폭이 좁은 고개를 통과해야 했다. 그리스군 사령관과 300명의 병사는 결국에는 패배했지만, 이 고개에서 하루 밤낮 동안 페르시아군 전체를 저지했다. 이러한 지연은 그리스 해군이 결집하고 페르시아 함대를 격퇴하는 것으로 침략을 끝낼 수 있는 시간을 벌어주었기 때문에 결정적인 것이었다. 산에서 지상군이 겪는 문제는 아마도 항상 비슷할 것이다. 그러나 비행기와 헬리콥터의 가용성은 산악전의 수많은 전통적인 문제를 해결한다(Thompson 1970).

산악고개의 특이한 사실은 이들 고개가 산에 거주하는 사람들보다 주변 지역에 사는 사람들이나 심지어 먼 곳에 사는 사람들에게 일반적으로 더 중요하다는 것이다. 이는 해당 지점에서 산맥을 가로지르는 경로의 수요에 따라 고개의 가치와 용도가 달라지기 때문이며, 이러한 고개의 가치와 용도는 결국 현지의 자원이 아닌 산 밖의 요인에 의해 만들어지고 통제된다. 주민들이 고개의 전략적 위치를 이용할 때 고개는 지역 경제의 가치를

··
50) 병력의 전개나 기동에 큰 제한을 주는 산악 또는 능선 사이의 좁은 통로이다.

지니게 된다. 역사적으로, 이것은 통행료나 요금을 부과하는 것으로 이루어져 왔다. 최근에는 호텔과 식당 및 기타 서비스 시설을 통해 단기 여행객의 달러를 벌어들이고 있다.

고개의 중요성은 주변 경관에 의해 정해진 접근의 어려움 및 해당 지점의 접근에 대한 문화적 수요에 따라 다르다. 어떤 경우에는 장애물을 가로질러 쉽게 접근할 수 있음에도 불구하고 고개를 최소한으로만 이용한다. 이는 안데스산맥의 남부에 오직 오솔길만 있는 경우와 같은데, 한층 더 나은 편의시설에 대한 수요가 충분하지 않은 것이 그 이유이다. 다른 경우에는 수요가 많으면 교통이나 통신 경로가 매우 어려운 장애물을 지나갈 수 있게 된다. 몽블랑과 일본 혼슈 중부의 산맥 아래 최근에 완공된 터널이 이를 보여준다. 때때로 막대한 자금이 험난한 지형을 가로지르는 교통 시설의 건설에 쓰이는데, 이는 산에 있는 광물 자원의 이용을 목적으로 한다. 그러나 대부분의 경우 주요 교통로는 가장 쉬운 경로를 따른다. 파나마 운하는 중앙아메리카의 산맥에서 자연적으로 갈라진 틈인 파나마의 지협을 이용한 것이다. 와이오밍주 남부의 로키산맥에 있는 사우스 고개(South Pass)는 오리건 통로(Oregon Trail)[51]의 서쪽으로 향하는 개척자들에게 가장 유용한 통로가 되었다. 이곳은 짐마차가 지나갈 수 있는 지형일 뿐만 아니라 가축에게 먹일 풍부한 물과 풀이 공급되고 있었다. 하지만 철도는 풀과 물보다 지형적 영향에 더 종속되기 때문에 몇 년 후에 유니온 퍼시픽 철도(Union Pacific Railway)는 그곳에서 남쪽으로 80km 떨어진 곳

---

51) 미국 개척사에서 유명한 이주 도로로 길이 3,200km이며 미주리주 인디펜던스 부근에서 플래트강, 라라미 성채를 지나 윈드리버산맥의 남쪽 산마루를 넘고, 스네이크강을 따라 컬럼비아 강가의 와라와라 성채까지 뻗어 있었다. 19세기에 몇 년이나 걸려 완성되었다.

인, 산맥을 가로질러 척박하고 건조하지만 거리가 짧고 완만한 회랑을 통과하는 지역에 건설되었다(Vance 1961). 그리고 대륙횡단 고속도로(및 결국에는 주간고속도로Interstate Highway System)는 철로를 따라갔다. 캐스케이드산맥을 가로지르는 주요 고속도로와 철도 노선은 산맥을 가로지르는 해수면 높이의 두 계곡, 즉 오리건주와 워싱턴주 사이의 컬럼비아 협곡 및 브리티시컬럼비아주 남부의 프레이저 계곡을 따라간다. 알래스카주의 송유관은 모든 환경적인 논란에도 불구하고 브룩스산맥과 케나이 추가치산맥을 통과하는 산악고개를 따라간다.

산악고개의 물리적인 존재 및 해당 지점의 접근에 대한 수요는 역사적으로 상호 관련되어 있는 경우가 많다. 이는 산맥 양쪽 간의 통신과 상호작용이 산악고개에 의하여 일반적으로 설정되고 유지되기 때문이다. 평원에서의 여행은 모든 방향으로 쉽지만, 산에서의 여행은 보통 폭 좁은 구역으로 들어가게 되거나 수로를 통해 이동하게 된다. 이러한 이유로 산악고개의 경로를 따라 소도시와 다른 서비스 시설이 생겨나고, 주요 도시는 고개의 어느 한쪽 끝에서 발전하는 경우가 많다. 따라서 산악고개의 존재는 여행의 초기 경로를 설정할 수 있지만, 주요 소도시의 위치와 같은 후속 개발은 고개의 기능을 강화하고 해당 지점에서 산맥을 가로지르는 지속적인 활동을 유발한다. 오리건주의 포틀랜드와 브리티시컬럼비아주 밴쿠버 두 지역의 도시들은 모두 그 위치와 상업상의 위업이 적어도 부분적으로나마 낮은 높이의 산악고개의 존재에 기인한다.

아마도 지역 발전에 중요한 역할을 하는 산악 경로의 전형적인 사례는 알프스산맥 중부의 브레너 고개(Brenner Pass)일 것이다. 이것은 알프스산맥을 가로지르는 가장 완만한 고개 중 하나이며, 오랫동안 이탈리아에서 서유럽 국가들로 가는 주요 경로였다. 로마 군대는 다뉴브강으로 갈 때 이 경로를 따라 이동했다. 이 고개를 가로지르는 초기 무역은 독일의 호박 및 이탈리아의 섬유와 와인에 기반을 두고 있었다. 중세 시대에 독일의 황제들은 브레너 고개를 통해 이탈리아를 침략했다. 나중에 북쪽에서 온 사람들은 베니스의 문화 명소로 가는 길에 이 고개를 이용했다. 따라서 브레너 고개는 아우크스부르크, 뉘른베르크, 라이프치히와 같은 북부 중심지뿐만 아니라 남쪽으로는 베네치아와 베로나 등의 입지와 성장에 중요한 요인이 되었다(Semple 1911, p. 544). 알프스산맥을 가로지르는 최초의 차도, 그리고 이후 최초의 철도는 브레너 고개를 따라갔다. 이 고개는 알프스산맥의 중요한 고개 중 하나로 남아 있다.

캅카스산맥의 다리알 협곡(Darial Gorge)은 산맥을 가장 쉽게 통과하는 자연적인 건널목으로서, 역사적으로 중요한 고개로 가정되는 또 다른 사례이다. 캅카스산맥은 흑해와 카스피해 사이에 길이는 1,200km, 평균 너비가 200km에 달하는 어마어마한 장벽을 형성하고 있다. 하지만 중간쯤에는 산맥의 너비가 96km로 좁아지고 높이는 조금 낮아진다. 여기서 다리알 협곡은 2,379m의 높이를 가로지르고 있다. 러시아와 튀르키예 공화국 사이를 여행할 때는 역사적으로 이 회랑을 통해 이동했다. 오늘날 다리알 협곡은 캅카스산맥을 연중 계속해서 통과할 수 있는 유일한 고개이다. 다른 고개는 모두 더 높고 눈에 갇혀 있어 일반적으로 가로지르는 것이 더 어렵다(철도는 산맥을 가로지르는 것보다 산맥의 어느 한쪽을 돌아간다). 19세기 중반에 러시아가 남쪽으로 확장하는 동안, 그 유명한 그루지야 군사 도로(Georgian Military Highway)[52]를 다리알 협곡을 가로질러 건설하여 그

---

52) 그루지야 트빌리시와 러시아 블라디캅카스를 연결하는 208km의 도로로, 러시아가 캅카스를 점령하기 위해 1789년 공사를 시작했다. 과거 유럽과 아시아를 연결하는 실크로드의

그림 10.13 아프가니스탄 국경 부근에서 파키스탄의 유명한 카이베르 고개를 따라 동쪽을 바라본 사진. 위쪽의 도로는 자동차 교통을 위한 것이고, 아래의 도로는 짐을 실어 나르는 동물을 위한 대상 경로 이다.(Clarke Brooke, Portland State University)

루지야 남부와 트랜스캅카스를 통제하였다. 이곳은 현재 오르조니키제 (Ordzhonikidze)에서 트빌리시로 가는 통로이다. 결과적으로 이 두 도시의 발전은 이 고개의 존재로 인해 크게 영향을 받았다. 흥미롭게도, 산악고개 지역을 점유하고 있는 오세트(Ossete)인은 전통적으로 산맥의 양쪽을 모두 차지하고 있는 유일한 집단이다. 다른 모든 부족과 언어는 산맥의 한쪽이나 다른 쪽에만 국한되어 있다. 다른 수많은 산악고개의 부족들처럼 오세트인도 부주의한 여행객들을 약탈하는 것을 마다하지 않았다. 하지만 이것은 러시아인이 군사도로를 건설하면서 대부분 중단되었다(Semple

∙∙

주요 무역로로 이용되었다.

1911, p. 539).

또 다른 유명한 산악 통행 지역은 파키스탄 서부와 아프가니스탄 사이의 힌두쿠시산맥에 위치한 1,030m 높이의 카이베르 고개(Khyber Pass)이다(그림 10.13). 이 산맥의 지형은 매우 복잡하며 그 통로는 다수의 오르막과 내리막이 있는 우회로를 따라 나타난다. 그럼에도 카이베르 고개는 중앙아시아에서 인도로 가는 주요 경로이며, 대상들은 그리스도가 태어나기 이전부터 이 길, 즉 투르키스탄의 타슈켄트와 부하라(Bukhara)에서 카불을 통해 카이베르 고개를 가로질러 페샤와르(Peshawar)[53]와 인더스 계곡으로 가는 길을 지나왔다. 북서쪽에서 수많은 침략이 일어난 것도 이 고개를 통해서였으며, 이는 인도 인구의 이질적인 특성에 매우 현저하게 기여했다. 이 고개의 양쪽에 위치한 카불과 페샤와르의 도시는 무역과 서비스의 중심지이다. 카이베르 고개에 살던 현지 부족들은 오랫동안 카이베르 고개의 전략적 위치를 악용했는데, 특히 대상과 여행자에게 마음대로 통행료를 부과하고, 강탈하고, 죽이고, 노략질한 무자비한 사람들로 악명이 높다. 칭기즈 칸(Genghis Khan)은 이들 현지 부족과 싸우기보다는 통행료를 지불하여 자신의 군대가 안전하게 통과하는 것을 보장받는 것이 낫다고 판단했고, 영국인 역시 이 길을 열어두기 위해 이들 부족의 사람들에게 매년 비용을 지불했다(Holdich 1901, p. 48). 심지어 오늘날에도 여행자의 안전을 우려하여 밤에는 고속도로를 폐쇄한다.

경계

산의 장벽 기능에 대한 논리적인 확장은 경계로서의 산악 장벽의 역할

---

53) 파키스탄의 카이버 고개 동쪽에 있는 도시이며, 옛 간다라(Gandhara) 왕국의 수도이다.

이다. 산이 어디에 있든지 간에 산은 국가의 발전과 국경의 건설에 중요했다. 산은 두드러지고, 영구적이며, 주변에 있기 때문에 이상적인 경계를 만든다. 명성과 영속성의 가치는 명백하다. 산은 인지하고 식별하기 쉬우며 오랫동안 이어져 왔다. 대부분의 인간 활동이 저지대에서 일어난다는 점에서 산은 그다지 중요하지 않다. 국가들이 발전하면서 국가는 자연스럽게 주변 고지대를 희생시키면서 부유하고 인구가 많은 지역을 점유하고 보호하려는 경향이 있었다. 또한 산은 쉽게 방어할 수 있는 자연적인 방벽 역할을 하기 때문에 전략상 방어에 중요하다. 그리고 산에서 전쟁을 함으로써 전쟁의 혼란과 피해는 더 생산적이고 가치 있는 중심 지역에서 벗어나게 된다.

산은 다른 어느 곳보다 유럽에서 국경으로써의 역할로 더 중요했다. 피레네산맥은 프랑스와 스페인을 갈라놓는다. 카르파티아산맥은 체코슬로바키아에서 폴란드를 떼어놓는다. 노르웨이와 스웨덴의 국경은 스칸디나비아산맥을 따른다. 그리고 알프스산맥으로는 적어도 5개국이 국경을 접하고 있다. 그 밖의 주요 산맥으로는 칠레와 아르헨티나를 분리하는 안데스산맥 및 인도와 중국을 나누는 히말라야산맥이 있다(하지만 국경에 몇 개의 작은 국가도 있다). 그러나 정치적 경계는 국가의 상호 관계에 의해 결정되는 문화적 현상이라는 것과, 많은 경우 물리적 경관보다 다른 요인들이 더 중요할 수 있다는 것을 기억하는 것이 중요하다. 예를 들어, 우랄산맥은 러시아와 시베리아를 갈라놓았지만, 효과적으로 정치적인 장벽이었던 적은 결코 없다. 마찬가지로 북아메리카의 거대한 산악 시스템이 정치적 통합에 심각한 장애가 되었던 적은 없다.

어떤 경우에 산악 국가는 양쪽의 크고 공격적인 저지대 국가들 사이에서 완충지대로 진화했다. (이탈리아와 프랑스 사이의) 중세 부르고뉴(Burgundy)

와 현대의 사부아(Savoie)가 그 예이다. 안도라는 피레네산맥 양쪽에 걸쳐 프랑스와 스페인 사이에 위치해 있다. 스위스는 완충국가[54]로 여겨질 수 있는데, 알프스산맥 중앙의 산악고개를 오랫동안 통제하며 독립과 중립을 유지해왔기 때문이며, 심지어 이웃한 모든 강대국이 스위스 주변에서 전쟁을 치렀던 제2차 세계대전 중에도 완충국으로 간주했다. 히말라야산맥의 작은 왕국인 부탄, 시킴, 카슈미르 모두 인도와 중국 사이에서 완충국가의 역할을 하고 있지만, 지금은 물리적인 의미보다는 상징적인 의미에 가깝다 (Levi 1959). 핵미사일과 탄두는 전쟁 중에 산과 완충국가의 전통적인 역할을 거의 무의미하게 만든다. 그럼에도 이들 왕국의 보존은 인도의 실질적인 관심사인데, 특히 현재 중국이 티베트에 대한 통치권을 확대하고 부탄과 카슈미르 일부 지역을 압박하고 있기 때문에 더욱 그렇다(Karan 1960b, 1973, 1976).

산악 국경의 존재는 이들 지역의 수많은 분쟁에서 충분히 입증되고 있듯이 명백한 경계를 보장하지 않는다. 예를 들어 칠레와 아르헨티나 사이의 안데스산맥 경계를 생각해보라. 1881년 조약에는 다음과 같이 명시되어 있다. "국경선은 (…) 가장 높은 산마루를 따라 (…) 이어질 것이다. (…) 이 경계선은 수역(水域)을 나눌 수 있고, 또 산의 어느 한쪽으로 내려가는 사면 사이를 지나갈 것이다."(Boggs 1940, p. 86에서 인용). 그러나 분수령이 가장 높은 산마루와 정확히 일치하는 경우는 드물다. 특히 안데스산맥의 남쪽 지역에서는 서쪽으로 흐르는 강이 가장 높은 산마루를 연결하는 국

---

54) 일반적으로 적대적인 강국이 서로 군사력의 직접적인 접촉으로 무력 충돌이나 분쟁이 발생할 기회를 감소, 회피하기 위해 또는 세력 균형을 유지하기 위해 강국 간에 끼여 있는 소국의 독립이나 중립을 보장하는 것 등을 말한다.

경선의 동쪽으로 두부침식하며 배수 지역을 꽤 침식하고 있다. 이것이 문제의 핵심이었다. 칠레에서는 '가장 높은 산마루'라는 용어를 분수계[55] 역할을 하는 산마루만을 의미하는 것으로 해석해야 하며, 따라서 이들 분수령의 분수계를 따라 경계를 삼아야 한다고 주장했다. 다른 한편으로 아르헨티나는 분수계를 고려하지 않고 가장 높은 산마루를 기준으로 엄격히 경계선을 그어야 한다는 입장을 고수했다. 이 경계를 둘러싼 격렬하고 오랜 분쟁은 마침내 1902년 영국 여왕의 주선을 통한 중재로 해결되었다(Boggs 1940, p. 89). 부에노스아이레스와 칠레 중부 사이의 간선도로를 따라 우스파야타 고개(Uspallata Pass)의 경계에 세워진 그 유명한 안데스산맥의 예수상이 이 협정을 기념하고 있다(그림 10.14).

히말라야산맥의 국경선을 놓고 인도와 중국 사이에서 벌어지고 있는 최근 진행 중인 분쟁은 또 다른 흥미로운 사례이다. 맥마흔라인(McMahon Line)[56]으로 알려진 이 국경선은 1914년 티베트, 영국, 중국이 당사국이었던 조약에서 성립되었다. 경계선은 지형적인 어려움 때문에 물리적으로 구분된 적은 없지만, 히말라야산맥의 산마루를 따르는 것으로 추정되었다(Karan 1960b, p. 20). 하지만 다시 말해 이 경계선이 정확히 어디인지에 대한 해석에는 논쟁의 여지가 있는데, 특히 중국이 이 지역에서 적극적으로 팽창주의 정책(expansionist policy)을 추진했기 때문이다(Woodman 1969). 경계선의 아슬아슬한 위치는 부탄과 카슈미르에 있으며, 중국 지도에는

∙∙

55) 서로 이웃하는 유역에서 지표수를 나누어 흐르게 하는 산릉의 정상을 따라 난 경계선이다. 하천수는 지표수와 지하수로부터 함양되기 때문에 지표면 분수계와 지형적 분수계가 존재한다. 더구나 이들의 위치는 지질 구조, 지하수 등의 상태에 따라 다른 경우도 있다. 하지만 지하수 분수계를 정확하게 결정하는 것은 곤란하기 때문에 특히 단절이 없는 한 지하수 분수계와 지표면 분수계를 일치하는 것으로 보고 후자를 분수계로 대표하고 있다.
56) 동부 히말라야산맥 산정의 약 885km에 걸친, 인도와 티베트의 국경선을 가리킨다.

그림 10.14 안데스산맥의 예수상. 1902년의 국경 조약을 기념하여 칠레와 아르헨티나의 산악 경계에 있는 우스파야타 고개에 세웠다.(Grace Lines)

이곳의 경계를 원래의 합의보다 먼 남쪽에 표시하고 있다(Karan 1960b, p. 17). 인도와 중국 사이에는 이미 여러 번 군사적 충돌이 있었고, 이 문제가 해결되기 전까지 아마 더 많은 충돌이 일어날 것이다. 세계에서 가장 험난한 산맥이 가장 치열한 경계 분쟁의 초점이 되고 있다는 것은 다소 역설적이다.

순전히 자연적인 지세에 근거해 경계를 설정하는 것은 전략적인 관점에서는 정당화할 수 있지만, 일반적으로 지역 내에 거주하는 사람들에게는 만족스럽지 못하다. 특히 전통적으로 어느 한 계곡에서 다음 계곡으로 또는 오랫동안 공동 소유지로 여겼던 멀리 높은 곳의 목초지로 양 떼와 소 떼를 몰아왔던 유목사회에서는 더욱 그러하다. 이들 유목사회는 생활 방식과 경제적 이해관계가 산마루의 어느 쪽에서나 비슷하기 때문에 '기회주의 경제(Straddle economies)'라고 하기도 한다. 피레네산맥의 고지대 목초지에 거주하는 안도라 사람들이 긴밀하게 통합된 것은 응집력과 공통의 이해관계가 결과적으로 산의 정상 지역에 독립된 국가의 건설로 이어진 사례이다(Peattie 1929, 1936). 하지만 안도라는 예외이다. 일반적으로 이 경계는 국지적인 활동을 방해하고 복잡하게 만들 뿐이다. 알프스산맥 서쪽에 있는 프랑스와 이탈리아 사이의 국경은 오랜 역사가 있다. 현재의 경계는 기본적으로 산마루 경계선을 따른다. 1951년 두 나라는 국경의 양쪽에 10km의 국경지대를 지정하는 협약에 서명하여 "국경지대 내에서 개인의 활동 및 가축, 차량, 씨앗, 도구, 비료 등의 이동이 자유롭게 촉진되도록 했다"(House 1959, p. 129). 이러한 접근 방식은 실질적인 활동을 중단 없이 계속할 수 있도록 하기 때문에 이전의 독단적인 방식보다 훨씬 더 인간적이고 논리적이다. 이러한 경계 개념은 분리보다는 통합과 협력의 가능성을 내포하고 있다.

엄격하게 물리적인 기준으로 산악 경계를 세운 가장 불행한 경우 중 하나는 오스트리아와 이탈리아 사이에 있는 티롤(Tyrol) 남부이다(Freshfield 1916). 티롤은 원래 스위스처럼 산악고개의 국가였고, 양쪽으로 산마루를 가로질러 뻗어 있었다. 티롤 사람들은 독일어를 구사했으며, 높은 고산의 계곡과 초지에서의 생활 방식과 매우 유사하게 생활했다. 그러나 제1차 세계대전 이후 이탈리아는 알프스산맥의 남사면에서 오스트리아를 배제할 수 있는 전략적인 국경을 원했다. 미국의 윌슨 대통령은 산마루 경계선을 논리적인 경계로 보고 이탈리아의 주장을 지지했다. 하지만 티롤 남부 사람들은 이탈리아가 아니라 근본적으로 북부와 연관되어 있었기에 윌슨 대통령은 나중에 자신의 결정을 후회하게 되었다. 티롤 사람들의 언어, 문화, 경제는 멀리 남쪽의 포도를 재배하는 사람들의 그것과 완전히 다르다(Peattie 1936, p. 213). 산마루 경계선으로 경계를 설정하는 것이 전략적으로 일리가 있기는 했지만, 이로 인해 사람들 사이에 흔히 생기는 혼란을 더욱 크게 초래했다. 티롤 남부는 이탈리아의 트렌티노(Trentino)가 되었다. 독일어를 구사하는 사람들은 어쩔 수 없이 이탈리아 사회조직(regime)에 적응하고 이탈리아어를 공용어로 채택할 수밖에 없었다. 심지어 공공장소에서 독일 노래를 부르는 것도 금지되었다. 이러한 압박은 계속되었고, 제2차 세계대전 동안 무솔리니 치하에서는 이 지역에 있는 독일동맹과 관련된 모든 것을 파괴하라는 명령이 내려졌다. 독일어 비문이 새겨진 묘비조차 파괴되었다. 이렇게 잘못 구상된 경계선에서 야기된 혼란의 상처가 이제 치유되었을지 모르지만, 그 흔적은 대대로 남아 있을 것이다(Rusinow 1969).

환경적 위험

모든 지역은 한 가지 혹은 또 다른 종류의 자연재해, 즉 미국 중서부 지역의 토네이도, 캘리포니아의 지진, 걸프 해안을 따라 부는 허리케인 등의 위험에 어느 정도 노출되어 있다. 그러나 화산 분출, 지진, 랜드슬라이드, 이류, 눈사태, 돌발 홍수가 나타나는 산은 특히 위험한 장소이다. 물질이 내리막사면으로 급격히 운반되는 것과 관련된 환경적 위험은 제6장에서 논의했다(이 책 382~390쪽 참조). 이 장에서는 화산과 지진에 초점을 맞출 것이다.

화산

화산활동의 분포는 지구조적으로 판의 주변부를 중심으로 이루어진다. 예를 들어 태평양 주변의 이 '불의 고리'에는 인도네시아, 일본, 캄차카, 알래스카반도, 캐스케이드산맥, 안데스산맥 등이 있다(그림 3.15). 하와이 제도와 같은 경우에는 지각이 서서히 움직이는 지구의 내부에 '열점'이 있는 것으로 여겨진다(이 책 101~104쪽 참조)(Burke and Wilson 1976). 화산활동은 보통 산발적이고 간헐적이다. 활화산은 수십 년이나 수백 년 또는 수천 년 동안 진행이 중단된 상태로 있을 수 있으며, 이들 깊은 곳의 폭력성을 착각하게 만드는 고요한 아름다움을 지니고 있다. 바로 이러한 중단 상태는 사람들을 안심시켜 위험을 무시하거나 잊게 하는 것으로 위험을 가중시킨다. 수많은 화산 지역은 실제로 정착할 마음이 들게 만드는데, 이들 지역은 보통 기후가 온화한 해안 지역에 위치해 있고, 화산 토양은 대체로 상당히 생산적이기 때문이다. 따라서 잠재적인 위험에도 불구하고 활화산 근처에서 농업에 종사하는 수많은 인구와 주요 도시를 발견할 수 있다.

금년에는 어느 특정 장소가 파괴될 가능성은 낮지만, 어떤 곳이 파괴될 가능성은 높다. 활화산(또는 어떤 다른 자연재해) 근처에 사는 것은 자연과 함께 러시안룰렛을 하는 것과 같다. 분명히 수많은 사람은 도박을 하는 것이 가치가 있다고 생각한다. 베수비오산의 사면에 거주하는 주민들의 수는 몇 번이고 격감하였지만, 각각의 재난이 있은 후 남겨진 사람들은 그들의 거주지로 다시 돌아간다. 마찬가지로 시칠리아의 에트나산에서는 지난 몇 세기 동안 지속적인 일련의 분출이 있었으며, 10~20년마다 대규모 분화가 발생했지만, 100만 명 이상의 사람들이 에트나 화산의 사면에 살고 있다. 이들은 불꽃 주위를 끊임없이 맴도는 나방처럼 분화가 있은 후에 매번 다시 돌아온 것이다(Clapperton 1972). 만약 분화의 시간 간격이 더욱 길어진다면, 이에 대한 우려는 훨씬 더 줄어들게 된다. 예를 들어 미국 태평양 연안 북서부 지방에서 화산의 위험에 대한 인식을 연구한 결과에 따르면 이 지역의 거주자들이 레니어산, 베이커산, 세인트헬렌스 화산, 후드산, 새스(Shasta)산 등과 같은 잠재적인 활화산 근처에 사는 것의 위험성을 거의 고려하지 않는다는 것이다(Folsom 1970). 하지만 이들 각각의 산봉우리는 지난 수백 년 동안 분출하고 있다. 레니어산에는 주요 열적 이상이 수반되고 있으며(Lange and Avent 1973), 베이커산에는 분기공(fumarole)[57] 활동이 증가하고 있다(Rosenfeld and Schlicker 1976). 세인트헬렌스 화산은 1980년 5월 18일 일요일 아침에 분출했는데, 미국에서 관측된 역사상 가장 파괴적인 분출이었다. 이전에는 대칭이었던 화산추의 북쪽에는 이제 거대한 분화구가 생겼으며, 정상의 높이는 460m나 낮아졌다. 대략 80명의

---

57) 지하에서 분출된 용암과 함께 확산가스가 방출되다가 남은 가스가 용암의 표면에 모여서 터져 나올 때 형성된 둥근 구멍을 말한다.

사람들이 초기 분출로 목숨을 잃었다. 1980년의 여름과 가을 동안에는 재와 용암을 맹렬히 토해내는 더 많은 분출이 있었다. 워싱턴주와 오리건주의 일부 지역에서는 화산재가 떨어지면서 시야를 가려 자동차의 속도를 일시적으로 시속 8~48km로 제한하였으며, 화산재 제거가 주요 문제가 되었다. 1980년 10월 말에도 이 산은 계속해서 화산활동의 조짐을 보이고 있었다.

지난 400년 동안 약 500번의 주요 화산 분출이 있었고, 이 때문에 거의 20만 명의 사람들이 목숨을 잃었다(Williams 1951). 놀랄 것도 없이 활화산 근처에 살고 있는 주민들 사이에서는 풍부하고 다양한 화산 민속(volcano folklore)이 발전했으며(Vitaliano 1973), 특히 원시 사회에서는 화산의 장엄하고 파괴적인 힘을 이해하고 합리화하는 방법을 모색하는 것이 발전했다. 화산은 거의 보편적으로 신과 악마의 거처이거나 화신으로 여겨졌으므로, 신들을 만족시키거나 진정시키기 위해 제물을 바쳤다(Bandelier 1906; Gade 1970). 하와이의 펠레(Pele) 여신은 킬라우에아 분화구(Kilauea Crater)에 사는 것으로 전해지는데, 이 화산의 거대한 활동을 책임지고 있는 것으로 여겨진다. 펠레에 관한 수많은 전설이 존재하며, 여신의 존재에 대한 믿음은 여전히 하와이 제도에 널리 퍼져 있다(Westervelt 1963; Herbert and Bardossi 1968). 1960년 킬라우에아 화산이 분출한 때에는 펠레를 달래기 위하여 특별한 의식을 치르고 제물을 바쳤다. 서양의 영향은 흥미로운 흔적을 남겼다. 제물은 크리스마스 포장지와 녹색 리본으로 포장되었다(Lachman and Bonk 1960). 근대 민속의 또 다른 예는 성 야누아리오(St. Januarius)[58]의 이야기인데, 그의 피가 나폴리의 한 성당에 유리병에 담

∴
58) 나폴리의 수호성인으로 디오클레티아누스 박해 때 나폴리 근교 포츠올리(Pozzuoli)에서

738

긴 채 보관되어 있다고 알려져 있다. 이 피는 일 년에 여러 번 액체화한다고 하는데, 특히 1631년 분출한 베수비오 화산의 기념일인 12월 16일에 액체화하는 것으로 전해지고 있다. 현지 전설에 따르면 성 야누아리오는 베수비오 화산의 분출로부터 사람들을 보호하는 수호성인으로 여겨진다 (Crandell and Waldron 1969).

용암류 화산 분출로 인한 가장 큰 위험은 용암류, 화산재 분출, 화산 이류, 화산쇄설류(뒤에 아르당트Nuée ardente[59])에서 생겨난다. 아마도 가장 널리 알려진 특징이기는 하지만, 용암류가 인명 손실의 직접적인 원인이 되는 경우는 거의 없다. 왜냐하면 용융 물질은 보통 너무 느리게 움직여서 사람들이 탈출할 수 있기 때문이다. 용암류의 평균 속도는 5km/h이며, 큰 흐름은 40~50km 거리까지 도달한다. 잠식하며 밀려오는 용암은 그 이동 경로에 있는 모든 것을 파괴하고, 농지와 소도시를 뒤덮는다. 보통 용암류를 저지하기 위해 할 수 있는 일은 거의 없지만, 우회벽을 설치하거나 용암류에 폭탄을 투하하는 것으로 그 이동 방향을 바꾸는 데 일부 성공을 거두고 있다(Mason and Foster 1953; Macdonald 1972). 아이슬란드에서는 잠재적으로 피해를 줄 수 있는 해안 부근의 용암류에 펌프로 바닷물을 투입하는 것으로 상당한 성공을 거두었다. 이것은 용암을 굳히고 멈추게 한다. 응고된 물질 자체는 이후의 흐름을 막고 그 방향을 바꾸는 데 도움이 된다. 용암류의 간접적인 영향도 파괴적일 수 있다. 녹은 용암은 산불을 야기하고, 눈과 얼음의 급격한 융해작용으로 홍수와 이류를 일으킬 수 있다.

∙∙

순교했다고 전해진다. 그의 피는 작은 유리병에 담겨 있는데 일 년에 18번 정도 액체화한다고 전해진다.
59) 프랑스어로 '불타는 구름(burning cloud)'을 뜻하며, 어둠 속에서 붉게 빛나는 화산쇄설류를 가리킨다.

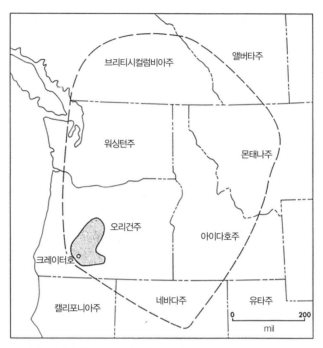

그림 10.15 오리건주 마자마산(크레이터호)의 분출로 인한 화산재 분포도. 어두운 부분은 화산재의 두께가 15cm 이상인 곳으로 그 범위가 240km에 이른다. 연속적인 화산재 낙하의 총거리는 1,100km를 넘는다.(출처: Williams and Goles 1968, p. 38)

화산재 화산재는 엄청나게 먼 곳으로 퍼져나갈 수 있다. 알래스카반도에 있는 카트마이산의 분출은 160km 떨어진 코디액 마을에 30cm 두께로 화산재가 쌓이도록 했다(Wilcox 1959). 더욱 놀라운 사건은 약 6,600년 전 오리건주 캐스케이드산맥에 있는 마자마산(크레이터호)의 격동적인 분출이었다. 16km³가 넘는 암설이 땅속의 마그마 체임버에서 분출되었으며, 이로 인해 결국 산봉우리가 무너져 폭 9.6km, 깊이 1,200m의 칼데라(caldera)가 형성되었다(Williams 1942). 이 분출된 물질은 미국 북서부 여러

그림 10.16 1914년 일본 규슈 남부의 사쿠라지마 화산이 분출할 당시 집을 뒤덮은 화산재(Gordon Macdonald, University of Hawaii 제공)

주에 걸쳐 수십만 제곱킬로미터를 뒤덮고 있다(그림 10.15). 바로 인접한 지역은 30m 두께의 부석[60]과 화산재로 덮였다. 다른 쪽의 극단으로는 측정 가능한 크기가 캐나다에서 잘 확인되고 있다(Williams and Goles 1968).

화산재로 인한 환경적인 위험은 분출의 강도, 바람의 방향과 속도, 발원지로부터의 거리에 따라 달라진다. 마자마산이 분출하는 동안 바람은 남서풍이 불었기 때문에 동쪽과 북동쪽의 지역에는 엄청난 양의 화산재가 내린 반면에 바람이 불어오는 지역은 거의 영향을 받지 않았다(그림 10.15).

⁘

60) 용암류가 유출된 후 식으면서 내부의 기체가 빠져나가 다공성으로 굳은 돌을 말한다. 기공이 많고 탈색 내지 백색인 암석으로 가벼워 물에 뜬다.

화산재로 인한 재산상의 피해가 심할 수 있지만 직접적인 인명 손실을 초래하는 경우는 거의 없다. 식물과 토양은 뒤덮였으며, 화산재, 부석, 독가스 등의 짙은 먼지구름은 눈과 호흡기 계통을 손상시킬 수 있다. 예를 들어 1943년 멕시코의 파리쿠틴 화산이 분출하는 동안 바로 근처에 있던 수천 마리의 소와 말이 화산재를 먹거나 호흡하는 것으로 인해, 그리고 먹이 부족으로 인해 떼죽음을 당했다. 화산재의 대량 침적은 (침전물과 산성도 모두에 의해) 상수도를 오염시킬 수 있으며, 지붕과 다른 구조물을 뒤덮거나 너무 큰 하중으로 부담을 지울 수 있다(그림 10.16). 만약 분출 후에 폭우가 내린다면, 지붕은 물로 포화된 재의 무게로 인해 폭삭 내려앉을 수 있으며, 특히 사면이 붕괴되어 거대한 이류처럼 아래로 빠르게 흘러내리는 큰 위험에 처할 수 있다.

화산이류 라하르(lahar)로 알려진 화산이류는 화산암설로 이루어져 있다는 점을 제외하고는 보통의 이류와 같다(이 책 373~377쪽 참조). 이러한 물질은 일단 포화 상태가 되면 화산 가스에 있는 증기와 산의 작용으로 인해 화산재가 쉽고 빠르게 점토로 변하기 때문에 특히 불안정하다. 이것이 놀랍게 들릴지 모르지만, 화산이류는 화산작용의 가장 파괴적인 특징 중 하나이다. 화산이류는 아마도 지난 몇 세기 동안 다른 어떤 형태의 화산활동보다 더 많은 생명을 앗아갔을 것이다(Macdonald 1972, p. 170). 이류는 일반적으로 화산의 높이에서 시작하여 하천하도나 함몰지를 따라 아래로 이동하며, 시간당 평균 32~48km의 속도로 흐른다. 대부분의 화산이류는 단지 수 킬로미터만 이동하지만, 대규모 화산이류는 최대 160km까지 흐를 수 있다.

레이니어산에는 오랜 이류의 역사가 있다. 지난 1만 년 동안 주요 이류가 적어도 55회 있었다는 증거가 존재한다(Crandell and Mullineaux 1967).

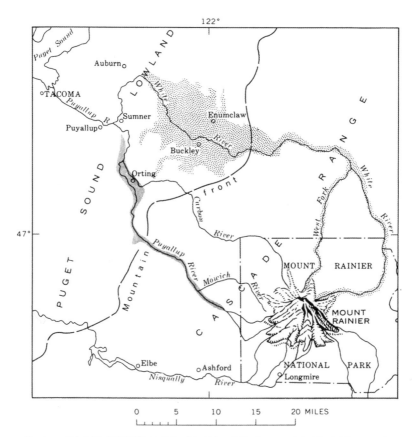

그림 10.17 레이니어산에서 발생한 두 주요 이류의 분포. 굵은 점으로 표시된 넓은 지역은 5,000년 전에 발생한 가장 큰 이류를 나타낸다. 미세한 점으로 표시된 지역은 500년 전에 발생한 또 다른 주요 이류의 정도를 보여준다.(출처: Crandell and Mullineaux 1967, p. 2)

가장 큰 이류는 약 5,000년 전에 발생했는데, 산봉우리의 높은 곳에서 증기로 변형된 물질로 발원하여, 화이트리버 계곡을 따라 아래로 64km를 이동한 후에 열편(lobe) 모양의 덩어리로 널리 퍼져 퓨짓사운드(Puget Sound) 저지대에 이르러 104km²의 면적을 덮었다. 현재의 소도시 이넘클로

(Enumclaw)의 부지는 21m 깊이의 이류로 덮여 있었다(그림 10.17)(Crandell and Waldron 1956). 알려진 바로는, 이 흐름으로 어떠한 인명 피해도 없었다. 하지만 만약 이 일이 계속 반복된다면, 지금은 3만 명이 넘는 사람들이 살고 있기 때문에 같은 말을 할 수 있을지 의문이다.

이류를 만드는 데 필요한 물은 보통 강수에서 나오지만, 재해의 가능성이 있는 또 다른 근원은 화구호[61]이다. 가장 유명한 예는 1919년 자바에 있는 켈루트(Kelut) 화산의 분출이며, 이로 인해 화구호에서 물이 빠지며 이류가 발생해 130km²의 농지가 매몰되었고 5,000명의 사망자가 생겼다. 이러한 재난이 있은 후 네덜란드 기술자들은 일련의 터널을 건설해 호수의 물이 계속 빠지도록 만들어 미래의 분출에 따른 피해를 감소시키려고 했다. 이 토목공사의 가치는 1951년에 입증되었는데, 당시 큰 분출이 있었지만 큰 이류는 없었다. 그러나 불행히도 이 분출로 인해 터널이 막혔고, 호수는 다시 채워졌다. 이 상황은 시정되지 않았고, 1966년 화산의 분출에 따른 이류로 수백 명의 사람들이 목숨을 잃었다. 그 이후 새로운 터널을 뚫어 호수의 물을 빼내고 있다(Macdonald 1972, p. 173).

호수와 저수지가 화산의 기저 부근 하천 계곡에 위치해 있는 경우, 이류는 호수를 빠르게 메우고 그 결과 하류에서 범람과 대규모 홍수를 일으킬 수 있다. 이것은 미국 태평양 연안 북서부(Pacific Northwest)[62] 지방의 커다란 잠재적 위험 중 하나이다(Crandell and Waldron 1969; Crandell and Mullineaux 1974, 1975). 베이커산의 기저 부근에는 총연장 29km인 두 개의 저수지가 있다. 하류 바로 가까이에 1만 5,000명의 주민이 사는 몇몇 작

..
61) 화산의 분화구에 물이 고여서 만들어진 호수이다.
62) 미국 오리건주와 워싱턴주 및 아이다호주 북부 일부를 가리킨다.

은 지역사회는 홍수에 취약하다. 유사한 상황이 다른 주요 산봉우리 부근에서도 나타난다. 인간의 생존에 가장 큰 위협이 되는 것은 포틀랜드시 근처의 세인트헬렌스산이다. 세인트헬렌스산은 캐스케이드산맥의 여러 화산 중 가장 유년기의 화산이다(Crandell et al. 1975). 이 산의 기슭에는 3개의 대형 수력발전 저수지가 위치해 있으며, 산의 사면을 따라 흘러내리는 상당한 양의 이류는 연쇄 반응을 일으켜 100만 명 이상이 사는 컬럼비아강 계곡의 하류에 홍수를 일으킬 수 있다. 이곳은 전형적인 재난 현장의 모든 요소를 갖추고 있다(Crandell and Waldron 1969). 1980년 5월 18일의 분화로 인해 대규모 이류와 홍수가 발생했지만, 이들의 흐름이 북쪽으로 이동했기 때문에 포틀랜드는 직접적인 영향을 받지 않았다.

화산쇄설류 마지막으로 고려해야 할 주요한 화산의 위험은 단연코 가장 집중적이고 파괴적인 것으로, 화산쇄설류(이른바 Glowing Avalanches 또는 nuée ardente)이다. 이는 높은 온도로 가열된 암쇄물(rock fragment)[63]의 덩어리로 가스로 가득 채워져 있고, 자욱한 불구름(fire cloud)처럼 방출되며 마치 유체처럼 작용한다. 화산쇄설류는 일반적으로 지형을 따라 산 아래로 빠르게 내려가며 공기를 그 아래에 가두어 완충물로 이용한다. 녹은 암쇄물은 가스를 내뿜어 에너지를 방출하고 이동을 매끄럽게 한다. 이 열운[64]은 내부 온도가 1,000℃에 육박하며 시간당 최대 160km의 속도로 이동할 수 있다. 열운은 완전히 파괴적인 현상으로 이동 경로에 있는 모든 것을 전소시킨다.

..

63) 암반에 고착되지 않고 분리되어 존재하는 지름 2mm 이상의 내구성이 강하고 결합이 단단한 암석 조각을 말한다.
64) 마그마가 분출하여 화산 가스를 내뿜으며 흘러내리는 현상이다.

그림 10.18 1902년 플레산의 화산 분출로 파괴된 마르티니크의 생피에르(American Museum of Natural History 제공)

　가장 유명하며 기록으로 남아 있는 가장 잘 알려진 화산쇄설류 사건은 1902년 서인도 제도의 작은 섬인 마르티니크의 플레(Pelée)산에서 일어난 것이다. 이 산은 삶이 평화롭고 복잡하지 않은 아름다운 카리브해의 해안가 작은 소도시 생피에르(St. Pierre)[65]에서 약 8km 떨어진 곳에 위치해 있다. 플레산은 화산으로 알려져 있었지만, 수 세기 동안 연기만 나고 있었다. 운명을 결정하는 분출이 일어나기 약 2주 전부터 이 산은 우르르 소리를 내고 증기를 내뿜는 등 새로운 활동을 보이기 시작했다. 시민들은 상당

65) 프랑스령 서인도 제도의 마르티니크(Martinique)섬에 있던 도시이다. 1902년에 플레 화산의 분화로 2만 6,000명의 전 주민과 함께 괴멸했다.

히 우려했지만 선거가 예정되어 있었으므로 시장은 시민들이 이동하는 것을 금지했다. 1902년 5월 8일 이른 아침에 귀가 먹먹할 정도의 폭발음이 들렸고 도시는 빠르게 움직이는 높은 열기의 백열하는 구름에 휩싸였으며 유리는 녹아내렸다. 도시는 완전히 파괴되었다. 3만 명이 넘는 사람들이 잠시 동안 화산을 맞닥뜨린 것만으로 목숨을 잃었다(그림 10.18). 이 대학살에서 두 사람만이 살아남았다. 한 명은 해안가에 정박해 있던 배의 선체에 있었고, 다른 한 명은 단 하나의 작은 창이 산의 반대쪽을 향해 난 지하 토굴 감옥에 갇혀 있던 죄수였다(Macdonald 1972, p. 145).

화산의 파괴적인 측면과 균형을 맞추기 위해서는 화산이 또한 인간에게 혜택을 제공한다는 점을 강조해야 한다. 일부 과학자들은 생명의 기원 자체가 화산 작용에 종속한다고 믿는다. 진화의 전제조건인 물과 이산화탄소는 모두 원래 화산에 의해 지구 내부로부터 배출된 것이다(Rubey 1951). 화산 작용은 새로운 육지를 생성하는 원인이 된다. 판의 주변부와 연관되어, 화산은 조륙 작용에 기여한다. 수많은 섬들은 해양저평원[66]에서 솟아오른 화산의 정상이 물 위로 돌출된 것에 지나지 않는다. 피지, 파고파고, 타히티와 같은 태평양의 보석이 없다면 세상은 가난한 곳이 될 것이라는 데 많은 사람들이 동의할 것으로 생각한다.

화산 지역에는 지열 발전의 가능성과 함께 엄청난 양의 에너지가 비축되어 있다. 증기, 뜨거운 물, 엄청난 양의 열을 바로 이용할 수 있지만, 현재 이러한 에너지의 극히 일부만을 이용하고 있다. 화석 연료가 고갈되면

---

66) 대륙 주변부와 중앙해령 사이에는 넓은 해양저 분지가 분포한다. 이러한 해양저평원에는 아주 평탄한 심해저평원과 화산활동에 의해 생성된 해산이나 구릉 지대도 포함한다. 해양저 분지는 전체 바다 면적의 약 42%를 차지한다.

서, 화산의 에너지원은 점점 더 매력적으로 보인다. 지열 에너지는 값이 싸고 재생 가능하며, 오염 문제도 거의 없다.

화산분출물, 특히 화산재는 빠르게 분해되어 양질의 토양으로 발달한다. 토양 대부분이 매우 많이 용탈되는 습한 열대지방에서는 화산회토[67]에 영양분과 무기질 함량이 비교적 높게 포함되어 있다. 그 결과 인구와 토양 유형 사이에 상관관계가 있는 경우가 많다. 지금까지 인도네시아와 같은 지역에서 농업 인구가 가장 밀집된 곳은 활화산 부근에 있다(Mohr 1945).

화산암은 그 자체로 수많은 실용적인 용도를 내포하고 있다. 부석은 연마용 혼합물과 비누에 사용된다. 화산재는 풍화되어 벤토나이트(bentonite)가 되는데, 이는 유정 시추에 사용되는 점토이다. 화산암은 여러 가지 건설적이고 장식적인 용도로 사용된다. 마지막 주요 이점은 화산 봉우리의 아름다움과 웅장함에 있다. 화산 봉우리의 독특한 모양과 특성은 화산을 다른 산들보다 한층 더 돋보이게 만든다. 이러한 사실만으로도 화산은 인간에게 즐거움과 풍요로움을 제공하는 귀중한 자원이다.

지진

지진과 화산활동은 밀접하게 연관되어 있다. 이들은 종종 동시에 발달하며, 둘 다 근본적으로 대륙판의 주변부 및 조산작용과 관련되어 있다. 지진 대부분은 태평양 주변의 좁은 띠에서, 그리고 히말라야산맥을 따라 동남아시아에서 지중해까지 이어지는 동-서 지대에서 발생한다(그림 3.8). 대륙 내부는 지진으로부터 비교적 자유롭지만, 가끔 이곳에서도 지진은 발생한다. 전체 지진의 약 80%는 태평양 주변의 해안 지역에서 발생하고,

67) 습윤 또는 반습윤기후 지역에서 부석, 화산재, 화산회의 풍화물을 모재로 하는 토양이다.

17%는 히말라야산맥과 지중해를 지나는 동–서 확장지역에서 발생하며, 나머지 3%는 중앙해령을 따라, 그리고 그 밖의 다른 지역에서 발생한다 (Oakeshott 1976, p. 23).

지진은 실로 거대한 생명의 파괴자이다. 적어도 재난이 임박했다는 징후를 일반적으로 보이는 화산과는 달리 지진은 예고 없이 갑자기 발생한다. 전진(pre-shock)과 진동이 있을 수 있지만, 종종 지진 국가에서는 이러한 현상이 너무 흔하기에 그 이상의 심각한 징후로 생각하지 않는다. 일단 본진(main shock)이 시작되면, 지진은 보통 10초에서 15초 이내에 최대 강도에 이르고 탈출하거나 적절한 준비를 할 기회가 거의 없다. 매년 약 1만 명의 사람들이 지진으로 목숨을 잃는다. 지난 수 세기 동안의 몇몇 주요 지진과 인명 피해에 대한 검토는 이러한 위험의 냉엄한 현실을 보여줄 것이다(표 10.3).

지진은 인과적으로 산악지역과 연관되어 있지만, 지진의 가장 처참한 영향은 주변 저지대에서 발생한다(Hewitt 1976). 이것은 인구 밀도가 더 높기 때문인데, 특히 산맥과 아주 가까운 곳에 도시가 있기 때문이다. 지진 중에는 건물 안이나 근처에 있는 것보다 야외에 있는 것이 더 안전하다고 오랫동안 알려져 왔다(Lomnitz 1970). 중국 산시성에서는 1556년에 발생한 대지진으로 믿을 수 없게도 거의 83만 명의 사망자(표 10.3)가 발생했는데, 이는 뢰스(바람에 날리는 실트 퇴적물)를 깎아낸 산비탈 동굴에 매우 조밀한 인구가 살고 있었기 때문이었다. 지진은 주민들이 잠자고 있던 새벽 5시에 발생했다. 동굴이 무너지면서 순식간에 무덤이 되었다(Bolt et al. 1975, p. 19).

지진의 환경적 위험은 지반의 흔들림, 단층 파열, 쓰나미(해일), 랜드슬라이드, 이류, 눈사태 등의 생성이다. 2차적인 영향으로는 건물에서 떨어

표 10.3 역사상 막대한 피해가 발생한 지진 사례(출처: Hill 1965, p. 58, 및 Earthquake Information Bulletin, 1970-1979).

연도	장소	사망자 수 (대략적인 추정치)	연도	장소	사망자 수 (대략적인 추정치)
856	그리스 코린트	45,000	1930	이탈리아 아펜니노산맥	1,500
1038	중국 산시성	23,000	1932	중국 간쑤성	70,000
1057	중국 즈리(허베이성)	25,000	1935	발루치스탄(파키스탄) 퀘타	60,000
1170	시칠리아	15,000	1939	칠레	30,000
1268	소아시아 시칠리아	60,000	1939	튀르키예 에르진잔	40,000
1290	중국 즈리	100,000	1948	일본 후키	5,000
1293	일본 가마쿠라	30,000	1949	에콰도르	6,000
1456	이탈리아 나폴리	60,000	1950	인도 아삼	1,500
1531	포르투갈 리스본	30,000	1954	알제리 북부	1,600
1556	중국 산시성	830,000	1956	아프가니스탄 카불	2,000
1667	캅카스 스마카	80,000	1957	이란 북부	2,500
1693	이탈리아 카타니아	60,000	1960	칠레 남부	5,700
1693	이탈리아 나폴리	93,000	1960	모로코 아가디르	12,000
1731	중국 베이징	100,000	1962	이란 북서부	12,000
1737	인도 콜카타	300,000	1964	알래스카 앵커리지	100
1755	페르시아 북부	40,000	1966	튀르키예 동부	2,500
1783	이탈리아 칼라브리아	50,000	1970	페루 침보테	66,000
1797	에콰도르 키토	41,000	1971	캘리포니아 샌페르난도	65
1822	소아시아 알레포	22,000	1972	니카라과 마나과	5,000
1828	일본 에치고(혼슈)	30,000	1974	파키스탄 서부	5,200
1847	일본 젠코지	34,000	1975	튀르키예 동부	2,400
1868	페루와 에콰도르	25,000	1976	과테말라	23,000
1875	베네수엘라와 콜롬비아	16,000	1976	이탈리아 북동부	1,000
1896	일본 산리쿠	27,000	1976	뉴기니 서부	9,000
1898	일본	22,000	1976	중국 북동부	655,000[68]
1906	칠레 발파라조	1,500	1976	필리핀 민다나오	5,000
1906	캘리포니아 샌프란시스코	500	1976	이란 북서부	5,000
1907	자메이카 킹스톤	1,400	1977	루마니아 부쿠레슈티	1,500
1908	이탈리아 메시나	160,000	1978	이란 북서부	15,000
1915	이탈리아 아베차노	30,000	1979	이란 북동부	200
1920	중국 간쑤성	180,000	1979	유고슬라비아 남부	121
1923	일본 도쿄	143,000			

지는 잔해 및 연료와 전기 시스템의 교란으로 인한 화재의 발화가 포함된다. 여기서의 논의는 지반의 흔들림과 단층 파열에 국한할 것이다. 쓰나미는 산에 영향을 미치지 않으며, 랜드슬라이드와 매스웨이스팅의 여러 다른 특징에 대해서는 앞에서 논의하였다(이 책 373~390쪽 참조).

지반의 흔들림   나는 지진을 처음으로 맞닥뜨렸던 순간을 또렷이 기억한다. 그것은 1959년 알래스카의 탈키트나(Talkeetna)산맥에서였다. 당시 높은 암석사면으로 둘러싸인 좁은 빙식곡에 캠프를 치고 있었다. 날씨가 좋지 않았다. 며칠 동안 시야가 확보되지 않았고 나는 계속해서 텐트에 갇혀 있었다. 이날 동트기 전에 내 밑의 지반이 심하게 흔들리면서 갑자기 잠에서 깨어났다. 나는 가장 먼저 암석낙하나 랜드슬라이드를 생각했다. 다음으로는 완전한 무력감이었다. 내가 할 수 있는 것은 아무것도 없었다. 맹위를 떨치며 에너지가 방출되는 것에 대한 무력감과 경외심의 반응은 지진을 겪는 사람들 사이에서 상당히 흔하다고 생각한다.

지진이 일어나는 동안 진동은 단층을 따라 갑작스럽게 지반이 변위하면서 생성되는 지진파에 의해 발생한다. 이러한 변위는 강한 진동과 함께 지반의 수직 및 수평 이동을 유발할 수 있다. 지반의 흔들림은 지진과 관련된 가장 큰 위험이다. 그러나 인구 밀도가 높은 지역의 주요 위험은 파손된 건물에서 떨어지는 잔해에서 기인한다. 콘크리트나 돌쌓기 또는 말린 벽돌과 같은 견고하지만 비보강 물질로 건설된 건물은 지진에 특히 취약

68) 초기에 허베이성 혁명위원회는 사망자 수를 65만 5,000명으로 발표했으나, 대만에서는 최대 100만여 명까지 추산하였다. 하지만 중국 정부는 사망자 수를 24만 2,400명으로 공식 발표했고, 당시 중국은 개혁개방이 되지 않아 사망자 수와 피해 규모를 둘러싼 논란이 있었다. 이 지진으로 지난 400년간 가장 많은 사망자이자 역사상 두 번째로 많은 사망자가 발생한 것으로 보인다.

하다. 목조 구조는 가장 뛰어난 복원력을 가지고 있다. 최근 몇 년 동안 지진으로 엄청난 피해를 입은 칠레와 페루의 전형적인 집은 기와지붕 및 회반죽으로 쌓은 말린 벽돌의 블록벽[69]으로 이루어져 있다. 이와 유사하게, 이란의 집은 둥근 지붕이 있으며 진흙으로 덮은 말린 벽돌로 되어 있는 반면에, 튀르키예 북부의 집은 바람 피해를 막기 위해 일반적으로 지붕 위에 큰 암석들이 놓여 있다. 이러한 구조는 지반이 심하게 흔들리면 무너질 가능성이 매우 높다. 캘리포니아주와 같이 더욱 고도화된 지역에서 가장 많은 인명 손실이 발생한 것은 보강되지 않은 돌쌓기 구조가 약해져 붕괴하는 것과 관련이 있다. 하지만 캘리포니아주는 최근 몇 년 동안 엄격한 건축 법규를 제정했으며, 이러한 위험의 많은 부분을 경감하는 조치를 시작했다(Cal. Div. Mines and Geol. 1973).

지진 진동은 (특히 미세한 모래로 구성된 물질로 최근 퇴적되거나 다시 메워진 지역에서) 미고결 퇴적물이나 포화 퇴적물의 입자 사이에 전단 응력과 공극압[70]을 증가시켜 물질이 높은 밀도의 유체처럼 작용하도록 할 수 있다. 이런 일이 사면에서 일어나면 랜드슬라이드나 이류가 일어나기 쉽다. 이 과정은 1964년 알래스카 지진 때 앵커리지의 수많은 고가의 주택을 파괴한 원인이 되었다(Hansen and Eckel 1966). 마찬가지로 1971년 캘리포니아주의 샌페르난도에서 지진이 일어나는 동안 샌페르난도댐에서는 지반 '액상화[71]'로 구조물에 여러 번의 소규모 랜드슬라이드가 발생했다(이후 댐은 수리해 유지되고 있다). 액상화된 물질이 평지에 위치할 경우 건물은

..

69) 블록을 쌓아 만든 벽이다.
70) 퇴적물이나 암석을 구성하는 입자 사이의 틈을 채우고 있는 유체가 주는 압력이다.
71) 지진으로 생긴 진동 때문에 지반이 다량의 수분을 머금어 액체와 같은 상태로 변하는 현상이다.

분사[72]에 있는 것처럼 땅속으로 가라앉거나 기울어질 수 있다. 1964년 일본 니가타에서 발생한 지진으로 인해 1만 3,000채 이상의 집과 건물이 손상되거나 파괴되었다(Bolt et al. 1975, p. 37).

단층 파열 모든 지진 현상 중 가장 두드러진 것은 아마도 단층대를 따라 나타나는 지표면의 파괴, 파열, 변위이지만, 이들은 지반의 흔들림에 비해 환경적 위험으로는 그리 중요하지 않다. 활성 단층의 위나 그 부근에 위치한 모든 구조물은 붕괴에 취약하다. 결정적으로 중요한 요인은 관련된 단층의 종류 및 지진의 강도와 지속시간이다(그림 3.19). 어떤 경우에는 손상이 파열지대에서 수 미터 이내로 제한될 수 있으며, 다른 경우에는 이러한 영향이 광범위하게 나타날 수 있다. 캘리포니아주에서 일어나는 대부분의 지진 활동은 지반을 옆으로 변위(주향이동)시킨다. 1906년 샌프란시스코 지진 때 샌안드레아스 단층을 따라 무려 6m의 수평 변위가 일어났다. 그러나 캘리포니아주 시에라네바다산맥의 동사면에서 확실하게 입증되듯이 충상단층[73]작용과 수직 변위도 또한 일어났다(그림 3.20). 사실 1971년 샌페르난도 지진 때는 충상단층작용이 지배적이었으며, 이 진원에서 발생한 지반 붕괴는 흔들림보다 더 큰 구조적 피해를 야기했다. 이후에 이루어진 지진학 연구는 충상단층작용으로 인해 샌가브리엘산맥이 융기하고 남쪽의 샌페르난도 계곡으로 2m 정도 움직인 것을 보여준다(Bolt et al. 1975, p. 40).

근대사에서 가장 놀라운 지표면의 변형은 1964년 알래스카 지진 때 일

∴

72) 지진 시의 진동에 의해 공극압이 상승하여 발생하는 액상화 현상이다. 주로 점착력이 없는 모래 지반에서 일어나며, 상향 침투수압에 의해 흙 입자가 물과 함께 유출된다.
73) 지괴가 다른 지괴 위로 올라타는 움직임을 가리킨다. 충상단층은 일송의 넉난층에 속하며, 단층면의 경사각은 45°보다 작다. 주향 방향으로의 운동 성분은 매우 미약하며, 수평 압축 응력에 의해 단층면의 상반 지괴가 하반 지괴보다 더 많이 미끄러져 올라간 단층이다.

어났다. 최대 11m의 수직 변위가 케나이(Kenai), 추가치(Chugach), 랭겔산맥에 인접한 알래스카 해안 1,000km를 따라 일어났다. 이상하게도 해안 지역은 융기된 반면에, 산맥은 2m 정도 침하된 것으로 보인다(Plafker 1965).

단층대에 관하여 기억해야 할 중요한 사실은 단층대가 바로 본질적으로 균열작용과 변위가 일어나는 응력 지역이라는 것이다. 이것은 보통 단순한 일회성 발생이 아니라, 판의 이동이나 조산작용과 같은 한층 더 근본적인 메커니즘의 작용으로 인해 발생하는 지속적인 과정이다. 지반 내에 형성되는 응력과 변형[74]은 결국 방출되어야 하며, 이러한 방출은 일반적으로 단층대를 따라 일어난다. 예를 들어 캘리포니아주에서 샌안드레아스 단층을 따라 변형이 축적되는 것에 대한 연구 결과는 연간 3.2cm의 속도로 상대적인 움직임이 발생하는 것을 보여준다(Bolt et al. 1975, p. 24). 따라서 단층의 위치, 즉 지속적으로 움직이는 주요 장소를 파악하는 것이 매우 중요하다. 이는 특히 활성 단층이 인구 밀도가 높은 지역을 통과하거나 또는 수도, 가스, 전기 등을 운반하는 공동구[75]나 댐을 가로지르는 경우에 해당한다.

수많은 지역에서 인구 증가 및 토지에 대한 수요는 잠재적 위험에 대한 우려를 거의 하지 않으며, 활성 단층대에서나 그 부근에서의 개발을 초래하였다. 이런 점에서 캘리포니아주는 최악의 지역 중 한 곳이다. 어떤 경우에는 도시의 무분별한 확장과 주택 개발이 바로 활성단층으로 확대되기도 한다. 그 밖의 경우에는 국지적인 환경 조건으로 인해 활성단층 부근에

74) 물체에 외력이 가해졌을 때 나타나는 모양의 변화 또는 부피의 변화이다.
75) 상하수도와 전화 케이블 및 가스관 등을 함께 수용하는 지하터널을 말한다.

그림 10.19 워새치산맥은 단층애를 따라 갑자기 솟아올라 유타주 솔트레이크시티의 장엄한 배경을 이룬다. 전망은 남동쪽이다.(Hal Rumel)

서 역사적으로 개발이 이루어진 것일 수 있다. 유타주의 솔트레이크시티가 대표적인 사례이다. 모르몬교 개척자들이 처음 이 지역에 정착했을 때, 이들은 워새치산맥의 기저 부근에 자리를 잡았다. 이곳에서 모르몬교도들은 산맥에서 흘러내려 오는 하천이 관개용수를 공급하는 적절한 평지의 비옥한 땅이 있는 것을 발견했다. 이곳은 이 지역에서 살기에 가장 매력적이고 바람직한 장소였다(그림 10.19). 이 정착지가 사실상 북아메리카에서 가장 활발한 활성단층 중 하나에 위치해 있다는 사실은 요지를 벗어난 것이다. 지진의 위험은 곧 현실화했지만, 이곳에 사는 장점이 단점보다 더 컸다.

오늘날에도 마찬가지이다. 현재 100만 명이 넘는 사람들이 워새치 프런트를 따라 살고 있으며, 이 지대를 따라 일어나는 지진 및 관련 현상으로 인한 환경적 위험은 그 어느 때보다 크다(Cook 1972). 토지에 대한 수요가 증가함에 따라 사람들은 워새치산맥의 사면 위로 이주하고 있으며, 랜드슬라이드, 이류, 눈사태, 돌발 홍수에 노출되는 장소 및 단층과 그 부근에 건물을 짓고 있다(Utah Geol. Assoc. 1972; Henrie and Ridd 1977).

지진의 이로운 측면은 화산의 경우보다 적지만, 지진활동은 인간에게 몇 가지 이점을 제공한다. 지진은 근본적으로 기복과 조산작용의 초기 생성 및 지진의 모든 파생된 문제와 관련이 있다. 또한 단층대를 따라 암석이 수직으로 변위하면 암석이 노출되어 지하에 무엇이 있는지 볼 수 있다. 이것은 광상의 발견과 추출에 특히 유용하다. 동아프리카 지구대(Rift Valley)[76]는 일련의 지괴로 이루어져 있으며 깊고 가파른 곡벽의 계곡(지구 graben)을 형성하고 있다. 이 계곡의 절벽 아래에는 올두바이 협곡(Olduvai Gorge)[77]이 있는데, 이곳이 바로 저명한 인류학자인 루이스 리키(Louis S. B. Leakey)와 메리 리키(Mary D. Leakey)가 지금까지 발견한 초기 인류의 흔적 중 가장 오래된 것으로 보이는 화석을 발견한 장소이다. 이 지역은 용암류와 화산암설로 묻혀 있었다. 이들 물질에 의해 매장된 후에 유적은 수백만 년 동안 보존되었고, 결국 뒤이은 단층작용으로 다시 노출되었다.

••
76) 북으로는 서아시아의 요르단 협곡으로부터 남으로는 모잠비크의 델라고아만에 이르는 세계 최대의 지구이다.
77) 탄자니아 북부에 있으며, 전기 구석기 문화의 유적이 존재한다.

광상

산은 세계의 수많은 광상이 존재하는 장소이다. 모든 주요 산업 국가는 자국의 국경 내에 광상을 두거나 어떤 다른 방법을 통해 광상에 접근하려고 한다. 그러나 광상의 매우 산발적인 분포는 불평등한 개발로 이어져 종종 불안과 침략이 수반된다. 광물을 통제하는 사람들이 권력을 지배한다. 결과적으로, 산의 분포는 과거와 현재의 국가 경제 발전 및 국제 문제에서 상당히 중요한 성격을 띠고 있다.

선사시대부터 금, 은, 구리, 철과 같은 금속은 기술 및 예술, 종교, 경제적 지위의 표현에 없어서는 안 되는 것이었다. 광석 광산은 종종 전쟁에서 탐나는 전리품이었다. 광물 탐사는 미지의 지역에 대한 탐사와 개발을 자극했다. 산악지형에서의 이러한 탐사는 미국 서부의 개발 과정과 긴밀한 관련이 있었다. 이러한 활동은 콜로라도주, 캘리포니아주, 알래스카주의 초기 개발에 크게 기여했다. 즉 채굴은 개척지 정착과 더 나은 교통 시설의 필요성으로 이어졌다. 많은 경우에 주로 광상을 추출하기 위해 도로나 철도가 산악지역으로 또는 이 지역을 가로질러 건설되었다. 알래스카주의 스캐그웨이(Skagway)에서 유콘 준주의 화이트호스(Whitehorse)로 가는 화이트 고개(White Pass)를 가로질러 콜로라도주의 산후안산맥으로 들어가는 협궤 철도가 그 사례이다.

광상의 존재는 경제 활동, 교통, 인구 증가의 중심점을 형성한다. 상품은 양방향으로 공급되고, 경제적 편익은 산악지역과 배후지 모두에서 발생한다. 광업이 개발이라기보다는 착취하는 것일 수 있지만, 일반적으로 광물이 제공하는 혜택은 국지적으로 부정적인 상황을 무색하게 하며, 새로운 공급원에 대한 수요는 계속 증가하고 있다.

금속을 함유한 광석의 기원은 복잡하다. 이와 관련된 여러 과정에 대해서는 상당한 논란이 있지만, 화성활동이나 조산작용과의 밀접한 관련성은 오랫동안 인정받고 있다(Spurr 1923). 광상은 세계의 모든 주요 산맥에서 발견된다. 어떤 경우에 이들 광상은 융기되어 습곡산맥으로 변형된 퇴적암의 두꺼운 집적과 관련이 있으며, 또 다른 경우에는 화산 봉우리 부근이나 단층지괴의 산과 함께 위치해 있다. 모든 경우에 근본적인 요건은 광상을 만들고 국한하는 데 필요한 엄청난 열과 압력의 존재이다. 이러한 측면에서 이들의 발생적인 관계는 종종 열이 가장 강한 중심 영역에서 바깥쪽을 향한 방사상의 지대로 존재하는 것으로 입증된다. 예측 가능한 유형의 광석은 중심에서 가장 가까운 곳(일반적으로 화성암 접촉대)에서 발견되고, 다른 광물은 중핵 지역을 둘러싸고 있는 주변 지역에 위치하고 있다. 지금은 산이 존재하지 않는 지역에서도 광상은 종종 침식되어 사라진 과거 산기슭과 연관되어 나타나는 것으로 설명할 수 있다. 이것의 좋은 예는 슈피리어호 주변 및 뉴펀들랜드와 래브라도에 있다.

금속을 함유하는 광석은 공간뿐만 아니라 시간적으로도 산과 연관되어 있다. 광물은 주요 조산작용의 기간 동안에 생성된다. 따라서 선캄브리아기(7억 년 전 이전) 지질 시대에 생성된 광상에는 철, 구리, 아연, 금, 은 및 기타 금속들이 광범위하게 매장되어 있는 것으로 특징지어진다. 이들 산의 대부분은 너무 오래되어 침식으로 인해 파괴되었고, 산기슭만 남아 이전에 산이 존재했던 것을 증명하고 있다. 이들은 대륙순상지[78]와 거의 일치한다

78) 대륙에서 선캄브리아대 암석으로 된 방패 모양의 지형을 말한다. 큰 지각변동 없는 안정된 곳으로 과거 조산운동이 일어났던 조산대 및 현재 조산운동이 일어나고 있는 변동대의 산맥으로 둘러싸여 있다.

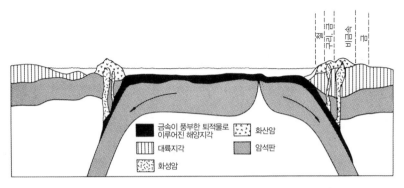

그림 10.20 해양지각의 섭입, 융해 및 광물로의 재조합을 통한 판 경계에서의 광상의 생성. (위에 언급된 광물 순서와 함께) 오른쪽에 있는 산은 안데스산맥과 유사하며, 왼쪽에 있는 산은 일본과 같은 호상열도를 대표한다. 광물 형성은 두 개의 판이 발산하고 있는 중앙해령뿐만 아니라 이 두 상황과도 연관되어 있다.(Rona 1973, p. 94, 및 Hammond 1975, p. 779에서 인용)

(그림 3.1). 금속을 함유하고 있는 또 다른 주목할 만한 시대(era)는 (1억 년 전) 중생대 말이나 신생대 제3기 초이다. 이 시기에는 로키산맥에서, 그리고 멕시코에서 알래스카주에 이르는 태평양 연안을 따라, 또한 시베리아와 동남아시아에서 거대한 화성암[79] 관입이 일어났다. 마지막은 주요 조산작용의 시기(epoch)인 제3기 말(3,000만 년 전)에 일어났다. 당시 광대한 광상이 다시 생성되었다. 히말라야산맥, 알프스산맥, 안데스산맥, 캐스케이드-시에라네바다산맥과 같이 오늘날 장관을 이루는 산맥 대부분은 이 시기에 형성되었다. 이들 산맥과 관련된 화성암 관입은 구리, 은, 금, 몰리브덴 및 기타 금속들의 풍부한 광상을 생성했다(Bateman 1951, p. 34).

　　판구조론은 광상의 형성과 위치에 대한 새로운 아이디어를 제공한다. 자세한 내용은 확인되지 않았지만, 전 세계 수많은 광상의 기원이 판구조

79) 마그마가 지각 아래 깊은 곳에서 굳어 결정의 크기가 큰 조립질의 암석을 말한다.

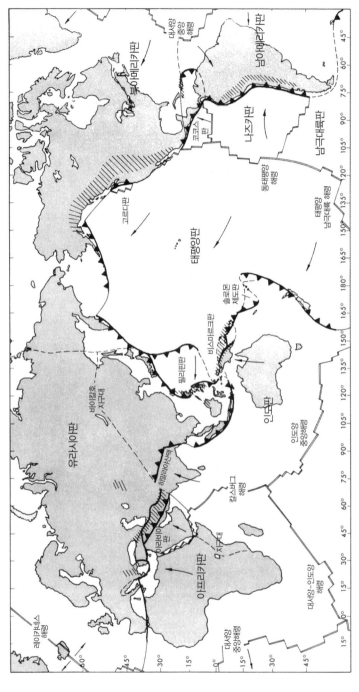

그림 10.21 반암 구리의 분포(토지 구리 광상과 구리 광상을 비교했을 때 보통 낮은 등급의 화성암 관입과 관련이 있음. 이 광물의 발생은 부생했(박금 친 부분), 판구조론, 조산작용 사이의 관계도 지도에서 분명히 알 수 있다.(출처: Sillitoe 1972, p. 187)

론과 밀접하게 관련되어 있다는 점이 밝혀지고 있다(Sawkins 1972; Rona 1973; Hammond 1975; Strong 1976; Wright 1977). 두 개의 인접한 판이 서로를 향해 이동하고 충돌하여 하나의 판이 다른 판의 밑으로 내려가면서 지각물질의 융기와 변형을 초래하는 경우에 광물은 수렴하는 판의 경계를 따라 생성된다(그림 10.20). 수렴하는 판의 경계는 섭입대에서 판의 소멸에 따른 열과 압력으로 생성된 녹은 암석, 금속을 포함한 뜨거운 액체, 기체의 장소이다(그림 3.7, 3.9). 이들 과정에서 비롯되는 주요 광상은 금, 은, 구리, 납, 아연, 철을 포함한다(그림 10.21).

또한 광물은 발산하는 판의 경계에서 형성된다. 즉 두 개의 판이 분리되어 지표면을 붕괴시키고, 깊은 곳에서 용융된 물질의 광상이 나타나도록 한다(그림 3.7). 금속성 광물은 홍해와 같은 중앙해령이나 열곡대[80]에서 생성된다. 철, 망간, 구리, 납, 아연 및 기타 금속은 화산 과정에서 방출되는 용융된 물질과 가스가 바닷물과의 상호작용을 통해 생성된다. 또한 홍해의 뜨거운 염수호에서는 고농도의 수많은 광물이 발견된다. 이들 광물은 현재 물속에 있어 접근할 수 없지만, 적어도 한곳에서는 발산하는 판의 경계에서 형성된 해양지각의 일부가 융기되어 지표면에 노출되었다. 이는 오래전부터 구리로 유명한 섬인 지중해의 키프로스에 있는 트루도스 마시프(Troodos Massif)이다. 광업은 로마와 페니키아 시대에 중요한 산업이었다. 이들 광체[81]는 현재 발산하는 판의 경계를 따라 중앙해령에서 생성된 해저

∴

80) 두 개의 평행한 단층애로 둘러싸인 좁고 긴 골짜기인 열곡이 길게 이어져 형성된 지대이다. 열곡대가 점점 넓고 깊어지면 홍해와 같은 좁은 바다를 형성하고, 더욱 발달되면 새로운 지각을 형성하는 해령이 된다.

81) 채굴했을 때 경제적 가치가 있을 정도로 연속적이고 뚜렷한 광석의 발달 구간을 말한다. 일반적으로 경제성이 높은 광체가 되기 위해서는 광체가 대규모이고 규칙적인 모양을 가져야 한다.

암석에서의 예상 가능한 광상 종류에 대하여 확실한 증거를 가장 먼저 제공하는 것으로 생각된다(Moores and Vine 1971).

대륙의 안정적인 내부에 위치한 광상(ore deposits)의 기원에는 한층 더 문제가 있다. 어떤 경우에는 한때 산이 생성되었지만, 침식으로 인해 오랫동안 파괴된 과거의 판 경계에 기인하기도 한다. 침식으로 인해 상당히 낮아진 애팔래치아산맥이나 우랄산맥과 같은 오래된 산맥은 이러한 과정의 중간 단계를 나타낸다. 온타리오주 서드베리 근처의 니켈 광상이나 남아프리카의 부슈벨트(Bushveld) 백금 광상과 같은 경우에, 광석 형성은 판의 중앙에서 광상이 나타나는 화성암 관입과 관련이 있다. 하지만 판구조론과의 정확한 연관성은 불분명하다. 판구조론은 지각 암석의 국지적인 이동이나 금속을 함유한 광석의 생성을 야기하는 지구 내부의 '열점'과 관련이 있을 수 있다(Hammond 1975, p. 781). 미시시피 계곡의 납-아연 광상과 같은 주로 퇴적암에서 발생하는 사례에서는 이들 광상의 형성과 판구조론 사이의 어떤 연관성도 아직 발견되지 않았다(Sawkins 1972). 그럼에도 석유와 배사층 사이의 연관성에 대한 발견이 석유 탐사를 크게 가속화시킨 것과 거의 같은 방식으로 수많은 광상이 산의 기원이나 판구조론과 직접적으로 관련되어 있다는 인식은 새로운 광물의 발견에 대한 방대한 전망을 열어준다. 이제는 지표면 아래 깊이 숨겨져 있는 광상을 어디서부터 먼저 찾아야 할지 알게 되었다. 앞으로는 "저 언덕에 황금이 있다"가 아니라 "저 언덕 아래에 황금이 있다"라고 외치게 될 것이다.

제11장

농업 취락과 토지이용

산은 취락과 토지이용에 특별한 문제를 제기한다. 북아메리카의 산에는 인구가 비교적 적지만, 대부분의 구세계 산에는 상당한 인구가 오랫동안 유지되고 있다. 험준한 산악경관의 한계를 극복해온 다양한 문화의 방법들이 산 자체의 본질을 조명하고 있으며, 산에 대한 통찰력을 제공하고 있다. 산악지대 취락은 전통적으로 농업에 기반을 두고 있다. 어떤 경우에는 이것이 전적으로 정착 재배로 이루어질 수도 있는 반면에, 다른 극단적인 경우는 주로 가축이나 목축의 생활양식에 의존하는 유목이다. 가장 일반적인 상황은 농작물 재배와 축산의 결합이다. 적어도 알프스산맥과 같이 선진화된 중위도 지역에서의 상황은 지난 세기에 크게 달라졌다. 이곳에서는 이전만큼 산악 농업에 중점을 두지 않으면서 도시로 광범위하게 이주하고 있다. 그럼에도 기본적인 취락 패턴은 남아 있으며 농업 활동도 이전만큼 많이 행해지고 있다. 하지만 그 정도는 덜하다. 이와는 대조적으로, 열대와 아열대 대부분의 산에서는 지속적으로 인구가 증가하여 이용 가능한 토지에 대한 압력이 증가하고 있다(De Planhol 1970; Eckholm 1975).

산에서의 농업적 토지이용에 영향을 미치는 근본적인 요인은 다양한 환경의 수직 분포이며, 온대 지역의 경우 각각의 높이에 따른 서로 다른 계절적 조건이다. 이 결과는 자원의 계층화 및 해당 자원을 시차를 두고 채굴하는 시간표의 필요성이다. 한 가지 주목할 만한 반응은 매년 봄과 여름에 고지대의 목초지로 가축을 이동시키고, 가을에는 저지대로 되돌려 보내는 것이다. 중위도 산악 농업의 다른 측면에는 다양한 고도에서의 경작지, 건초지, 목초지 등과 같은 서로 다른 이용이 포함된다. 이것은 파종, 숙성, 수확이 시기별로 서로 다른 수준으로 이루어지기 때문에 성장기 동안 노동력에 대한 효과적인 일정 관리가 가능하다. 또한 이러한 노력의 결과는 다양한 미소 환경에 분산되기 때문에 재해나 흉년에 대비한 보호 기능도 제공한다.

정착 농업

산에서는 정착 농업이 가장 잘 발달되어 있으며 열대지방에서 특히 널리 행해지고 있다. 여기서는 중간 고도에서 높은 고도까지 토양과 기후의 이상 현상이 나타나며, 저지대의 토양보다 생산성이 높고 경작에 유리한 경우가 많다. 게다가 고도가 높을수록 살기에 더 적합한 장소이다. 말라리아 및 다른 전염병이 저지대보다 드물게 발생한다. 그 결과 습한 열대지방의 고지대 지역은 저지대보다 높은 밀도의 인구를 부양하는 것이 특징이다. 어느 주어진 고도에서의 기상 조건은 일 년 내내 거의 동일하기 때문에 중위도의 산악 시스템 내에서의 이주나 이동이 일어날 이유가 없다. 결과적으로, 정착해서 집중적으로 토지를 이용하는 것에 더 많은 노력을 기울일 수 있다. 이것은 산비탈에서의 계단재배와 관개로 대표된다. 저지대는 집중적인 정착 농업의 중심지이고 산은 비교적 산발적인 토지이용으로 특징지어지는 중위도 지방과는 달리, 습한 열대 저지대의 척박한 토양과 낮은 생산성은 이동 농업과 화전 농업의 토지이용 패턴을 초래하는 반면에, 지배적인 농업 활동과 영구 취락은 고지대에 위치해 있다.

열대의 산에서 농업의 형태는 환경조건 및 문화와 과학 기술의 역사에 따라 달라진다. 뉴기니의 고지대와 같은 몇몇 경우에서는 문화가 석기시대 기술에서 크게 발전하지 않았다(Brass 1941; Brookfield 1964, 1966). 반면에 다른 곳에서는 고대 농업 경관이 비교적 높은 수준의 기술을 반영한다. 이 중 가장 잘 알려진 것은 필리핀의 루손섬 북부에서의 이푸가오(Ifugao) 민족과 페루 안데스산맥에서의 잉카 민족의 아름다운 계단식 산이다(그림 11.1; 그림 2.2 참조). 이들 문화 사이의 유사점은 제한된 지역에 정착하고 고정적인 농업을 통해 생계를 꾸려 나가는 경향이다. 동물이 있는 곳에서는 농작물 재배에 급급한 나머지 동물에 신경 쓸 겨를이 없으며, 동물은 보통 스스로 먹고 살아갈 수 있게 된다(이에 대한 예외는 동아프리카의 고지대에서 발견된다). 열대지방에서 대부분의 산악 농업은 최저 생활 수준 정도이지만, 토지의 집약적인 이용으로 비교적 많은 인구를 부양하고 있다. 영구 주택은 전형적으로 소규모 집합체로 건설되며, 사람들은 마을에서 나가 밭일을 한다. 이러한 배치는 적의 침입으로부터 방어하기 쉽게 하고, 경작하기 가장 좋은 토지를 보존하며, 공동의 활동을 용이하게 한다.

열대 고지대 농업의 한 가지 기본 특성은 농작물이 (매우 높은 고도는 제

그림 11.1 필리핀 루손 북부 바나웨(Banaue) 인근의 가파른 돌담을 쌓아 만든 계단식 경지. 이것은 벼와 약간의 토란을 재배하는 데 이용되는 관개된 계단식 경지이다. 고구마는 높은 사면의 반영구적인 개간지에서 재배된다. 사진의 중앙과 왼쪽 위쪽에 마을이 보인다.(Harold C. Conklin, Yale University)

외하고) 1년 내내 자라는 것이다. 정기적인 식량 공급이 없어 양식의 보존이나 저장이 필요한 지역에서는 다소 연속적인 농작물 재배가 필수적이다. 물론 농작물마다 필요조건이 서로 다르기 때문에 어느 높이에서는 다른 높이에서보다 더 잘 자란다. 대부분 지역에서는 중간 산악지대(tierra templada)[1]에 취락이 집중되어 있으며, 여기서는 온도와 강수가 적당하여 다양한 작물을 생산할 수 있다(Townsend 1926). 농작물의 다양성은 질병이나 가뭄 또는 다른 재해가 발생할 경우 대체 식량을 공급할 수 있기 때문에 중요하다(Gade 1969). 따라서 산에 거주하는 사람들 대부분은 수많은 서로 다른 농작물을 경제에 통합시켰지만, 보통 한두 개의 주요 작물에 중점을 두고 있다. 예를 들어, 동남아시아와 인도네시아 전역에서 생산하는 주요 농작물은 쌀이다. 에티오피아 고지대에서는 다른 곡류와 콩류에 중점을 두고 있으며, 안데스산맥에서는 덩이줄기, 특히 감자에 중점을 두고 있다.

사람들이 한정된 식단에 의존하는 곳에서는 농작물의 생태학적 필요조건이 인간의 취락을 제한할 수 있다. 예를 들어 뉴기니의 고지대 사람들은 거의 전적으로 고구마(*Ipomoea batatas*)에 의존한다. 100개 이상의 언어 집단이 이 지역의 높은 고도에 자리잡고 있으며, 인구 밀도는 1km²당 500~1,300명에 이른다. 이것은 인구가 드문 저지대와는 큰 대조를 이룬다. 이들 고지대 사람들은 원시적인 괭이를 이용한 경작을 실행하고, 경지와 휴경지 시스템을 이용한 집약적인 재배를 통해 스스로를 지탱한다. 경지 주변으로는 울타리를 치는데, 그렇지 않으면 돼지가 자유롭게 이리

∴

1) 1,800~1,950m까지 온대에 해당하는 지역으로 연평균 기온은 18~22℃이며 활엽수림이 무성하다.

저리 돌아다녀 농작물에 피해를 줄 것이다. 쉽게 접근할 수 있는 지역에서는 최근 환금 작물인 커피의 재배를 시작해 화폐 경제를 형성하고 있다(Brookfield 1966; Hayano 1973). 그럼에도 여전히 대부분 지역에서 고구마가 주식이며 소비되는 식량의 90%를 차지한다. 단일 농작물에 대한 의존성과 식량 저장소의 부재는 일반적으로 식량을 수확하는 날에 바로 소비하는 것을 의미한다. 따라서 이 농작물이 자라는 데 필요한 조건이 지속적으로 양호한 상태에 있어야 한다는 것은 명백하다. 생산 중단은 고난과 기아로 이어질 것이다(Brown and Powell 1974; Waddel 1975).

고구마는 남아메리카의 안데스산맥에서 유래한 것으로 보이며, 폴리네시아의 항해자들이나 스페인 사람들에 의해 동남아시아로 전해졌다(Yen 1974). 뉴기니에서는 고구마가 해수면 높이부터 3,000m까지 다양한 조건에서 자랄 수 있다. 그러나 고구마 생산의 이상적인 조건은 중간 고도에서 발견되며, 이는 1,800~2,700m의 지대에서 뚜렷하게 구분되는 취락의 패턴에 반영된다(그림 11.2). 서리의 위험, 운무림의 존재, 과도한 수분이 취락의 상한계를 설정한다. 취락의 하한계는 말라리아의 존재(고지대 사람들은 이에 대한 면역력이 거의 없다), 저지대 부족과의 전쟁, 과거 경작과 소각으로 인해 생산성이 낮아진 토양, 그리고 때때로 가뭄으로 정해진다. 단일 농작물의 끊임없는 공급을 보장하기 위하여 이 사람들은 좁은 범위의 경관에 스스로를 제한하게 되었다.

이러한 토지이용 패턴은 대부분의 열대 산에서 발견되는 것과 대비된다. 예를 들어, 필리핀 루손 북부의 산맥에서는 뉴기니의 산맥보다 훨씬 더 많은 총인구를 부양하고 있으며, 사람들은 논벼[2]와 밭벼[3] 모두, 그리고 다

..

2) 벼는 재배하는 땅의 상태에 따라 논벼와 밭벼로 나누는데, 논벼는 물이 있는 상태에서 재배한다.

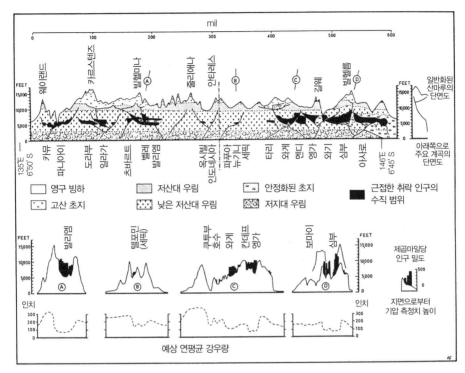

그림 11.2 뉴기니 고지대의 식생, 강수, 인구의 분포. 인구 밀도가 높은 지역의 제한적인 위치에 주목하라. 이곳은 1,500~3,000m의 낮은 저산대 우림에 위치하며, 주로 높은 계곡에서는 다소 적은 양의 비가 내린다. 사람들이 이곳에 정착한 이유는 고구마가 식량의 90%를 차지하고 있기 때문인데, 고구마는 이런 조건에서 가장 잘 자란다.(출처: Brookfield 1964, p. 23)

양한 다른 농작물을 포함하는 한층 더 광범위한 서식지를 이용하고 있다 (Scott 1958). 에티오피아 고지대에서는 저지대에서부터 농업 한계인 최대 3,600m 높이까지 농작물을 재배한다. 수수와 옥수수는 1,500m 이하 지대의 주요 농작물이다. 밀, 보리, 완두콩, 콩, 렌즈콩 및 아주 작은 씨가 있

3) 토양수분이 포장용수량인 40~60%의 밭 상태에서 주로 재배한다.

는 풀 티에프(t'eff)는 중간 고도에서 재배한다. 3,300m 이상에서는 밀, 보리, 호밀, 아마를 재배한다(Simoons 1960, p. 66). 이와 유사한 범위의 환경에 해당하는 콜롬비아와 페루의 안데스산맥에서는 해수면에서 660m 이내의 아타카마 사막의 건조한 주변부로부터 3,600m 이상의 한랭한 높이에 이르는 곳에서도 농작물을 재배하고 있다(Dillehay 1979). 주요 작물로는 옥수수, 카사바(manioc),[4] 밀, 보리, 호밀 및 다양한 덩이줄기가 있다(Gade 1975; Mitchell 1976).

열대 고지대의 전통적인 농부들은 일반적으로 토양 침식과 토양 비옥도에 민감하게 반응했다. 이들은 등고선을 따라 돌과 통나무를 쌓고, 밭고랑을 파며, 울타리를 치고, 나무를 심고 유지하였으며, 그 외에는 침식을 막고 사면을 따라 물을 고루 분배하려고 시도했다. 농부는 동물질 비료와 피복(mulch)[5]으로 농경지의 생산성을 높였다. 이와 같은 항구적인 농작물 재배 및 보존 기술은 토지이용의 진보된 단계를 나타내며, 일반적으로 인구가 너무 많아져서 이동식 화전 농업을 통해 자급자족할 수 없게 되자 이러한 방법으로 발전한 것으로 생각된다(Boserup 1965). 이 점에 대해서는 약간의 이견이 있다. 저지대는 수용 능력이 낮으며 오직 고지대에서만 집약적인 농업기술이 적절하거나 효과적이었다는 주장이 있다(Street 1969; Turner 1977). 어떤 경우든 산에서의 항구적인 농작물 재배는 토지에 대한

∙∙

4) 남아메리카가 원산지인 다년생 작물로, 마니오크라고도 한다. 덩이뿌리가 사방으로 퍼져 고구마와 비슷하게 굵으며 겉껍질은 갈색이고 속은 하얗다. 칼슘과 비타민 C가 풍부하고, 전체 성분의 20~25%를 녹말이 차지한다.

5) 주로 밭작물을 재배할 때 토양 표면을 짚, 톱밥, 산야초, 비닐, 거적 등의 자재를 이용하여 덮는 것을 말한다. 피복의 효과는 지온 상승에 의한 초기 생육 촉진, 토양 표면으로부터의 수분 증발 억제, 비료의 유실 방지, 잡초 억제 효과 등이며 빗방울에 의한 토양 비산이 없으므로 병해 억제 효과도 있다.

그 자체의 기술과 태도가 필요했다. 농부들은 저지대에서 그랬던 것처럼 오랜 기간 동안 토양을 그대로 방치할 수 없었다. 수많은 사람에게 지속적으로 식량을 공급하기 위해 이제 이 토양에서 집약적인 농업을 지속해야만 했다. 이를 위해서는 특히 침식을 방지하고 생산성을 지속적으로 유지하기 위한 새로운 토지이용 전략이 필요했다. 그 결과, 수많은 높은 고도의 농업 지역에서 오랫동안 비교적 많은 인구를 부양하면서 동시에 생산성도 유지하고 있다. 현재 수많은 산악지역의 농경지에 피해를 입히는 전례 없이 심각한 침식은 급격한 인구 증가와 전통적인 이용 패턴의 폐기에 따른 결과이다(Eckholm 1975).

산비탈의 가장 정교하고 집약적인 이용은 계단재배와 관련된다. 계단식 경지는 크기, 분포, 용도 및 건조 방법과 특성에 매우 큰 차이가 있지만, 거의 모든 구세계의 산에서 볼 수 있다. 계단식 경지는 단순히 등고선을 따라 얕은 고랑으로 이루어지거나, 또는 계단식 경지판의 넓고 평평한 부분을 지탱하도록 세심하게 설계된 수 미터 높이의 정교한 돌담이 있을 수 있다. 이들은 사면 전체를 덮으며, 산 중턱에 설치되어 거대한 계단처럼 지형에 딱 들어맞을 수도 있다(그림 11.1). 이들 계단식 경지는 어떤 경우에는 주로 관개를 목적으로 건설되었고, 다른 경우에는 주로 침식을 방지하거나 한층 더 이용 가능한 평지를 만들기 위해 건설되었다. 결국 이 모든 기능은 어느 정도 그 역할을 다하게 된다(Cook 1916; Perry 1916; Lewis 1953; Beyer 1955; Swanson 1955; Spencer and Hale 1961). 또한 계단재배는 미기후를 이용하고 개선할 수 있다. 태양을 향하는 사면이 선호되고, 계단식 평지는 비계단식 사면보다 더 높은 각도로 햇볕을 받아 토양이 더 온난하게 된다. 낮은 온도에 미치는 물의 조절효과(moderating effect)[6]로 인해 관개된 논밭은 보통 건조한 논밭보다 더 높은 고도에도 조성할 수 있다. 따라서 계단재배는 급경사면을 지속적으로 관개, 시비, 재배, 유지보수가 가능한 분할된 평면 지역으로 바꾸는 것으로 생산성을 크게 향상시킨다.

계단재배의 기원은 불확실하다. 어떤 사람들은 단순히 국지적인 지형에 대한 필연적인 적응이고, 따라서 수많은 곳에서 시작되었다고 믿는다. 다른 사람들은 계단재배가 아마도 근동이나 중국 같은 한두 곳의 주요 중심지에서 시작해서 외곽으로 퍼져나간 것으로 생각한다(Spencer and Hale 1961). 계단식 경지의 기원이 어디든 간에 계단식 경지의 건설과 유지관리에는 수많은 시간과 노력, 그리고 전문지식이 필요하다. 돌로 건설되는 경우, 돌을 적절한 장소로 운반해야 한다. 그리고 계단식 경지를 바로 이용하려면, 계단식 경지의 벽으로 인해 만들어진 저수지를 흙으로 메워야 한다. 종종 사람들은 계곡에서 돌과 흙을 등에 업고 운반해야 한다. 이 사업을 '필사적인 농업'이라 할 만하다(Semple 1911, p. 569). 이러한 대규모 에너지 투자는 토지를 신중하고 집약적이며 장기간 이용해야만 회수할 수 있으며, 그래서 실제로 일부 지역의 계단식 경지는 생산성의 저하 없이 수천 년 동안 이용되고 있다. 가장 잘 발달된 계단식 경지는 열대의 산에 있는데, 이는 수많은 인구가 정해진 지역에 정착하여 정착 농업을 통해 생계를 꾸려온 곳이 바로 이곳이기 때문이다.

계단식 경지를 건설하는 것, 특히 관개수를 분배하는 것은 고도의 협조와 조직력을 필요로 한다. 일부 학자들은 이러한 기술들 자체가 사회와 정치의 발전에 중요한 도구라고 느꼈다(Steward 1955; Wittfogel 1955). 계단재배와 관개를 하는 수많은 전통적인 사회에서 높은 수준의 기술 및 진보

6) 종속변수와 독립변수 간의 관계가 제3의 변수(조절변수)에 따라 크기와 방향이 달라지는 것을 말한다.

그림 11.3 경작되고 있는 수많은 계단식 경지가 있는 (1800년경) 일본의 시골 경관에 대한 예술가들의 견해. 배경 가운데에서 후지산을 볼 수 있다.(출처: Hokusai, The Thirty-Six Views of Mt. Fuji)

된 사회질서와 정치구조가 나타나는 것은 확실히 사실이다. 바로 떠오르는 사례로는 남아메리카의 잉카, 루손 북부의 이고로트(Igorot),[7] 히말라야 산맥의 훈자 및 동양, 특히 일본과 중국 쓰촨산맥에 있는 수많은 문화 등이 있다(그림 11.3).

열대 산에서의 토지이용 방법으로 계단재배와 관개의 예를 한층 더 자세히 살펴보는 것이 유익하겠다. 페루 중부 고지대(남위 13°)의 퀴누아 지구

---

7) 필리핀 루손섬 북부 산악지대에 사는 소수 종족으로 본래 산사람을 뜻한다. 관개시설을 이용하여 계단식 경지에서 벼농사를 지으며, 밭에서는 고구마 등 근경식물을 재배한다. 마을을 하나의 기본 단위로 삼는다. 부모 양계의 친족조직을 형성하고 8촌까지 친척으로 간주한다.

표 11.1 페루 중부 고지대(남위 13°)의 퀴누아 지구의 고도에 따른 (생태학적인) 지대(Mitchell 1976, p. 30).

생태학적 지대	높이(m)	일반 특징	관개이용	기후
고산투드라 및 아고산 파라모	4,100+	높은 푸나 초지: 방목	관개용수의 수원	한랭, 습윤, 흐림
저산대 프레리	4,000~4,100	초지: 방목 및 덩이줄기 재배	관개용수의 수원	↑
습한 저산대 삼림	3,400~4,000	작은 나무와 관목의 울창한 덤불 덩이줄기와 내한성의 빨리 익는 작물의 재배	관개 운하의 개시	
낮은 저산대 사바나	2,850~3,400	퀴누아 소도시와 주요 인구 지대: 임대차지 경작지대	들판의 관개 지대	↓
낮은 저산대	2,500~2,850	건생 식생: 물 수요가 적은 키 작은 식물의 비관개 경작	곡저 관개	온난, 건조, 맑음

에는 뚜렷하게 우기와 건기가 있는 반면에, 해안 저지대에는 사막이 형성될 환경도 존재한다. 다양한 생태학적 지대와 그 이용은 표 11.1에 나타나 있다. 경작은 2,500~4,100m에서 이루어지며, 2,850~3,400m의 지대에서 생산성이 가장 높다. 관개용수의 양이 제한적이므로, 현명하게 이용해야 결과적으로 이 지형의 생산성을 현저히 높게 만든다.

흥미롭게도 관개는 높은 고도와 낮은 고도에서 서로 다른 방식으로 이용되며, 관개의 순효과는 특정 농작물을 재배할 수 있는 면적을 두 배로 증가시키는 것이다. 이 지구의 건조한 하부에서는 건기 농작물의 재배가 관개 시스템의 수원지 부근에 위치한 상부 사면으로 제한되는데, 더 멀리 아래 지역은 증발과 삼출로 너무 많은 물이 소실되기 때문이다(Mitchell

1976, p. 33). 하부 지역에서의 주요 재배 기간은 우기 동안이다. 이 시기에 관개수는 하부 지역의 건조한 지대 두 곳에서만 이용되는데, 상부 지역에서는 관개수 없이도 재배가 잘 되기 때문이다.

높은 높이에서의 관개는 생육기간[8]을 연장하기 위하여 주로 파종기의 초반에 이용하는데, 높은 고도에서는 농작물이 자라는 데 오랜 시간이 걸리기 때문이다. 밀, 보리, 감자 및 다른 덩이줄기는 물을 추가하지 않고도 꽤 잘 자랄 수 있지만, 옥수수, 콩, 호박은 초기 발아에 필요한 여분의 시간이 필요하다. 또한 높은 높이에서의 관개는 일반적으로 물에 잠긴 채로 있어 식물의 뿌리를 썩게 하는 지역에서의 배수를 촉진한다. 현지 농부들에 따르면 이들 지역의 배수는 이러한 관개 시스템의 가장 중요한 단일 기능이라고 한다(Mitchell 1976, p. 34). 따라서 물을 다양한 용도로 서로 다른 시기에 연속하는 높이에서 이용할 수 있으며, 그 결과 각 지대에서는 이익이 발생하며 토지를 더 많은 경작에 이용할 수 있다(Mitchell 1976, p. 35).

하지만 이러한 시스템이 작동하려면 계단식 경지를 효율적으로 유지하고 관개용수로[9]를 청결하게 유지해야 한다. 이것은 지역사회의 협력적인 노력을 통해서만 가능하다. 일반적으로 각 가정은 어떤 정해진 구획을 책임지며 이러한 활동에 일정한 크기의 노동력을 기여한다. 자기 몫을 하지 않는 사람은 그에 따른 평가를 받게 되고, 따라서 다른 누군가는 돈을 받고 대신 일을 할 수 있다. 벌금 납부를 거절하면 관개수 이용이 거부된다. 물을 무분별하게 이용하거나 자기 몫보다 더 많은 물을 유용하는 등의 여러 다른 문제들은 지역사회 차원에서뿐만 아니라 개별적으로 (논쟁과 싸움

••

8) 일평균기온이 0℃ 이상인 기간을 말한다.
9) 하천이나 저수지 등의 용수원으로부터 농경지로 물을 공급하는 수로이다.

으로써) 처리된다. 이러한 문제를 다루는 방법이 다양한 문화마다 서로 다르지만, 어떤 종류의 정치적 구조와 권위가 필요하다. 그렇지 않으면 전체 시스템은 붕괴할 것이다(Bacdayan 1974; Mitchell 1976). 이러한 이유로, 계단재배와 관개에 의존하는 전통적인 사회는 전형적으로 상당히 높은 수준의 조직과 정치 구조를 보여준다.

가장 집약적인 농업 시스템의 연속성과 유지보수의 필수적인 부분은 가족을 통한 토지 양도의 방식이다. 생산성이 높은 토지의 크기는 제한되어 있으며 한정된 인원만을 부양할 수 있기에, 논밭은 대개 장남이나 맏딸에게 물려주는 반면에, 그다음의 어린 자녀는 부모가 얼마나 부유한지에 따라 토지를 받을 수도 있고 그러지 못할 수도 있다. 토지를 물려받을 자녀에게는 자신과 가족을 부양할 수 있는 충분한 땅을 주어야 한다. 그렇게 하지 못한 채 그다음 자녀들에게 토지를 나눠주는 것은 오히려 문제를 키우는 것이 된다. 결과적으로 어린 자녀들의 차례가 될 때까지 토지가 남지 않는다면, 이들 자녀는 다른 곳으로 이주해야 한다. 이러한 방식으로 인구는 어느 주어진 수준의 기술하에 토지가 부양할 수 있는 수준으로 유지된다. 이러한 시스템 중 일부는 거의 모든 열대 지역의 집약적인 산악 농업에 존재한다(Drucker 1977).

인구를 부양하는 토지의 능력이 상당히 제한적인 중위도의 산에서는 더욱 배타적인 시스템이 존재한다. 예를 들어, 알프스산맥의 일부 지역에서는 보통 장남인 남자 상속인 한 명만 토지를 물려받을 수 있다. 다른 모든 자녀는 결국 떠나야만 한다(Burns 1963). 다시 말하지만, 이러한 근거는 모든 상속인에게 토지를 균등하게 배분(분할 상속)하는 경우 개별적인 작은 구획의 토지가 형성되는 것이기 때문에 결국 누구도 지속해서 가족을 부양할 수 없게 된다는 것이다. 이것은 궁극적으로 재앙으로 이어질 것이다.

모든 상속인에 대한 분할 상속이 알프스산맥의 다른 지역(특히 서부 지역)에서 행해지고 있지만, 이곳에서도 분할의 정도를 제한하는 고유의 메커니즘이 있다(Wolf 1970; Weinberg 1972, 1975). 따라서 상속과 토지 양도의 방식을 통제하는 것이 산에서 전통적인 농업 시스템을 유지하는 데 필수적이라는 것을 알 수 있다.

목축

일반적으로 가축의 방목이 열대의 산에서는 거의 이루어지지 않지만, 높은 고도에서 농업이 점점 더 어려워지는 중위도와 고위도 지방에서는 더욱 더 널리 행해지고 있다. 방목은 불모의 환경을 간접적으로 경작하는 방법의 역할을 한다. 목축은 전통적으로 이용하지 않는 산악지역을 활용해왔다.

가축의 방목을 통해 산악경관을 이용하는 것에는 세 가지 접근 방식, 즉 유목식 목축, 이동 방목, 혼합 방목과 농업이 있다. 이들 모두 주로 중위도와 고위도에서 발견되며, 산과 저지대 초지의 연간 주기와 계절적 변화에 대한 문화적 적응이다. 유목식 목축은 사람들과 이들의 동물들로 이루어진 작은 무리가 영구적인 거주 기반 없이, 단지 겨울과 여름의 목초지 사이를 이주하는 매우 유동적인 삶의 방식이다. 그리고 이동 방목은 겨울과 여름에 목초지 사이를 이동하지만, 지역사회 대부분은 영구 취락에 머물며 농작물을 재배하는 반면에, 목자나 몇몇 가구는 약간 멀리 떨어진 높은 목초지로 동물들과 동행한다. 마지막 접근 방식, 즉 혼합 방목과 농업은 훨씬 더 국지적이다. 동일한 계곡이나 산비탈 내에서 가축의 연직 이동은 경작에 부수적인 것이다. 물론 이러한 주요 유형들 사이에서 모든 과도기적 형태가 발견된다.

단 하나의 유형이 모든 서식지를 이용하지는 않기 때문에, 다양한 형태의 목축과 재배 시스템이 나란히, 심지어 단일 계곡 시스템 내에 존재할 수 있다. 각각의 접근 방식은 고유의 생태적 지위를 차지하고 있다.[10] 히말라야산맥 서부의 주요 종곡(longitudinal valley)에서는 몇몇 서로 다른 문화집단들이 고도에 따라 대비되는 환경을 수용할 수 있는 독특한 전략을 개발했다(Barth 1956; Uhlig 1969). 예를 들어 유명한 카이베르 고개 바로 동쪽에 위치한 파키스탄 북부의 스왓(Swat) 계곡에는 스왓강이 힌두쿠시의 5,500m 산봉우리 사이에서 발원하여 스왓 계곡을 통해 남쪽으로 흐르는데, 계곡은 하류에서 점차 넓어져 1,500m까지 광대한 충적지대를 이루고 있다. 이 하부 지역은 토지의 관개와 쟁기질에 의존하는 정착 농업의 전문가들이 거주하고 있다. 주요 농작물로는 밀, 옥수수, 쌀이 있다. 그러나 이들 농부는 농작물을 한 해에 두 번 재배할 수 있는 최대 높이까지의 계곡에 정착하고 있다. 이들의 경제 및 사회 시스템은 농업 분야의 인력이 다른 수많은 정치 및 사회 활동에도 참여하는 것을 포함하며, 따라서 이들이 이러한 농업 이외의 활동에 참여하기 위해서는 한 해에 두 번의 수확으로 생기는 잉여 농산물이 필요하다.

계곡의 이러한 집단 바로 위에는 또 다른 농업전문가 집단이 있다. 이들 주변 지역은 사면이 관개되는 계단식 농경지이다. 기후로 인해 농작물 수확은 한 해에 단 한 번만 가능하다. 옥수수와 기장을 주로 재배하지만, 하부 지역에서는 밀과 쌀도 재배한다. 여기서의 정치–사회 시스템은 가능한

---

10) 생태적 지위는 생물이 어디서 서식하고 거기서 무엇을 먹으며, 무엇에 먹히는 관계에서 생활하고 있는가로 판단한다.

모든 인력을 생계 활동에 투입한다. 이러한 집단은 사면에서 집약적으로 농작물을 재배하는 것 외에도 이동 목축을 하고 있다. 양, 염소, 소, 물소를 사육하여 양모, 고기, 우유를 공급한다. 이들 집단은 여름에는 4,200m에 있는 목초지로 이동하며, 경우에 따라서는 모든 개체가 일련의 계절 캠프를 거치면서 지나간다. 논밭에 씨를 뿌린 다음에는 소규모 집단만이 농경지에 남아 논밭을 관리한다. 만일의 사태에 대비하는 것으로 이들은 높은 생산성이나 낮은 생산성의 환경에서도 만족스러운 생활을 영위할 수 있다(Barth 1956, p. 1082).

이 계곡을 점유한 또 다른 집단은 유목식 목축을 하는 유동 인구로 이루어져 있다. 이들은 경제활동을 주로 가축에 의존하며, 다른 집단과의 교역을 통해 약간의 곡물과 생필품을 얻는다. 가장 낮은 지역에서는 정착 농업의 농부들이 단지 땔감을 채집하는 목적으로만 이용하는 주변 언덕에 목자가 가축을 방목하는 것을 허용하고 있다. 유목식 목축의 목자는 소액의 방목비를 지불하며, 마을 경제에 필요한 우유, 고기 및 (비료를 포함해) 기타 축산물을 공급하기 때문에 묵인된다. 또한 이들 목자는 농번기가 한창일 때 마을의 동물을 보살피거나 노동자로 그 역할을 한다(Barth 1956, p. 1083). 계곡 높은 곳에서의 유목민과 이동 방목자 사이의 상호의존성은 매우 적지만, 기본적인 패턴은 유사하다. 유목에 다른 목초지를 이용하기 때문에 유목민은 이 지역에서 용인된다. 동일한 계곡 시스템 내에는 서로 다른 생활 방식을 행하는 세 가지 전통적인 인구 집단의 사례가 있는데, 이들의 토지이용에 대한 접근 방식이 각기 서로 다른 생태적 지위를 이용한다는 것을 확실히 하고 있다. 그 결과 가용 자원을 상당히 완벽하게 활용할 수 있다. 이제 산에서의 다양한 형태의 목축에 대하여 좀 더 자세히 살펴보자.

유목식 목축

유목식 목축은 대체로 건조 지역이나 반건조 지역의 현상이다. 소규모의 사람과 동물 집단이 수용 능력이 낮은 광범위한 지역의 토지를 이용한다. 지구 인구의 상당수가 이러한 생활 방식을 행하고 있다. 최근까지 유목식 목축의 목자들을 서남아시아에서만 500만 명(또는 전체 인구의 약 10%)으로 추산하였다(Barth 1960a, p. 341). 매년 봄과 초여름에 눈이 녹고 산맥에 풀이 무성해지면 유목민은 높은 고도로 이주하고, 저지대 풀은 극도의 건조한 더위에 시들어간다. 고지대에 겨울이 다가오면 가을의 비와 구름이 저지대 풀을 푸르게 물들이고 유목민과 그 동물들은 저지대로 되돌아간다. 유목식 목축의 생태학적 기초를 제공하는 것은 바로 높은 고도의 초지와 낮은 고도의 초지 사이의 계절적 변화 및 환경의 상보성이다. 하지만 유목은 문화적 결정이지, 환경조건에 의해 사람들에게 강제된 것은 아니라는 점을 강조해야겠다. 유목민이 이용하는 동일한 지역에서 정착 농업을 통해 자급자족하는 수많은 집단에서 입증되는 바와 같이 다른 접근 방식도 마찬가지로 성공적일 수 있다. 역사를 보면 이 사실은 더욱 두드러진다. 예를 들어, 12세기 이전에 이란, 아나톨리아 및 아프가니스탄의 대부분은 고대 정착 농업의 인구를 부양했다. 이들 지역에서 유목이 중요해진 것은 바로 중세 시대 튀르키예계 몽골족이 침략한 이후였다. 이 시기에 토지는 황폐해졌고 정착민들에게 유목식 생활방식이 강제되었다(De Planhol 1966).

유목식 목축이 다른 방법으로는 이용되지 않는 산악지역을 활용하는 생태적이고 경제적인 노력의 견고한 기반이라는 사실을 부정하는 것은 아니다. 유목식 목축은 주로 구세계에서 발견되지만, 또한 안데스산맥에서도 라마와 알파카의 목축이 오랫동안 행해져왔다(Murra 1965; Webster 1973; Browman 1974). 일부 지역에서는 낙타, 순록, 말, 야크도 사육되고 있지만, 양, 염소, 소는 구세계에서 가장 흔하게 사육되고 있는 동물이다. 유목식 목축의 주요 지역으로는 동아프리카의 고지대, 북아프리카의 아틀라스산맥, 지중해의 발칸산맥, 남서아시아의 자그로스산맥, 중앙아프가니스탄의 매시프(massif), 히말라야산맥의 서부 및 중앙아시아의 파미르산맥, 톈산산맥, 알타이산맥 등이 있다(Arbos 1923; Krader 1955; Kaushic 1959; Barth 1960a, b, 1961; Bose 1960; Jacobs 1965; Downs and Ekvall 1965; Ekvall 1968). 목축은 일반적으로 중국이나 일본에서는 찾아볼 수 없는데, 이는 전통적으로 집약적인 재배를 강조하고 불교인들이 동물을 착취하는 것을 꺼리기 때문이다.

유목을 하는 사람들은 일반적으로 인종적으로나 문화적으로 정착 농업을 하는 사람들과는 구별된다. 이것은 특히 수 세기 동안의 생활 방식으로 유목이 부모로부터 자식에게 전승된 아시아에서는 더욱 그렇다. 가족은 사회조직의 단위이며 집단은 끊임없이 이동하기 때문에 다른 사람들과 상대적으로 고립된 상태를 유지하고 있다. 목자와 농부 간 생활양식의 차이는 종종 갈등으로 이어지기도 하지만, 이들의 상호의존성은 또한 긴밀한 관계를 만든다. 유목하는 사람들은 우유, 고기, 양모, 가죽을 생산하는데, 이것을 직접 사용하거나 다른 필수품과 교환한다. 남서아시아의 유목민 대부분은 고기나 우유보다 밀이 주식이며, 정착 농업의 농부들과 교역하여 밀을 얻는다. 이에 따라 농부는 축산물뿐만 아니라 한 해의 어떤 특정 시기에 비료용 거름과 풍부한 노동력 같은 간접적인 혜택을 제공받는다(Barth 1960a). 안데스산맥의 목자들과 농부들 사이도 교역과 상호주의에 대한 의존도가 유사하게 매우 크다. 우유와 체액은 모두 구세계에서 중요한 음식이지만, 안데스산맥의 거주민들은 둘 다 이용하지 않는다. 이들은 자신의 식단에는 없는 이러한 음식에 있는 영양분을 채소 생산물, 특히 이들이 교역하는 덩이줄기를 섭취하는 것으로 보충한다(Webster 1973, p. 117). 하지만 아북극지방의 순록 목자들과 중앙아시아의 고전적인 유목 문화 집단은 거의 전적으로 축산물에 의존한다(Krader 1955).

유목민의 겨울 목초지와 여름 목초지 사이의 거리는 지역에 따라 크게 차이가 난다. 예를 들어, 히말라야산맥과 안데스산맥에서 이들 유목민은 주요 계곡 시스템의 위아래로 단지 수십 킬로미터 정도만 이동한다 (Barth 1956; Webster 1973). 그러나 이란과 같은 지역에서는 연간 왕복에 1,000km 이상의 거리를 이동하기도 한다. 만약 산골짜기의 하층부가 정착 농업의 농부들에 의해 점유되어 유목민들이 겨울 방목을 위해 건조한 저지대로 더욱 멀리 이동하도록 강제된다면 이들은 장거리 이주가 필요하다. 이주 경로는 우회로인 경우가 많다. 수많은 경로를 벗어난 이동은 경관을 최대한 효과적으로 이용하려는 시도이다. 남서아시아와 중앙아시아에서 유목 집단은 정교한 시스템을 개발하여 방목과 수자원의 이용을 조정했으며, 특히 토지에 대한 방목 압력이 더욱 심한 이주 경로를 따라 발달했다. 특정 집단은 보통 여름 동안 별개의 지역들에 대한 권리를 갖고 있지만 이주를 신중하게 계획해야 한다. 한 집단이 전형적으로 며칠 동안 이 지역을 이용할 수 있는 반면에, 그다음 주에는 다른 집단이 이 자리를 차지할 수 있기 때문이다. 이러한 이주와 토지에 대한 권리는 시공간적인 요인 모두에 기초하고 있으며, 아마도 독점적인 소유권이라 하기보다는 오히려 일정표로 표현되는 것이 최선일 것이다(Barth 1960b).

과도한 방목과 침식은 유목식 목축 중에 통제하기 매우 어려운 심각한 문제이다. 이것은 특히 유난히 건조한 해나 가축의 수가 증가할 때 중요하다. 유목 무리는 날씨의 변천과 전염병에 매우 취약하며, 이는 수일 내에 무리를 죽일 수 있고 목자들이 겨우 살 수 있을 정도의 동물만을 남겨둘 수 있다. 산에 있는 다른 생물 시스템과 마찬가지로, 이러한 종류의 부침하는 움직임은 이들 요소의 예상 밖의 변화에 기인한다. 목축과 연계하여 경작을 하는 사람들과는 달리 유목민들이 안위를 위해 의지할 것은 아무것도 없다. 결과적으로, 이러한 재난에 대한 보험으로 목자들은 일반적으로 가축 떼를 기르고 태연하게 가축을 과잉 방목하려고 노력한다.

생활 방식으로서의 목축의 유목 활동은 점점 더 증가하는 인구압과 기술적 진보 및 이곳저곳 마음대로 돌아다니는 것을 점점 더 어렵게 만드는 정치적 제약의 희생양이 되어 이제는 목축 장소에 머무르지 못하고 다소 빠르게 지나가고 있다. 인구 증가와 취락으로 인해 유럽에서는 수 세기 전에 진정한 유목 생활이 종식되었다. 1900년에 유목 생활은 불가리아의 발칸산맥에서만 존재했다(Arbos 1923). 목축의 유목 활동에서 사람과 동물은 자유로이 이동하기 위하여 광활한 열린 공간이 필요하다. 그러나 토지의 크기는 한정되어 있고, 이용할 수 있는 토지는 점점 더 작아지고 있다. 남서아시아의 수많은 지역에서 유목민들은 전통적으로 공공의 우물이나 관개용수로에서 물을 끌어댈 권리 및 경작지로부터 합리적인 거리 내에서 방목할 권리를 가지고 있었다. 이 토지는 유목민들을 위해 남겨진 것이 아니다. 경작되지 않는 한 토지의 이용은 가능하지만, 농부가 자신의 경작지를 확장하는 것을 멈추게 하거나 새로운 농장의 설립을 막을 수 있는 것은 아무것도 없다. 토지에 대한 압력이 증가함에 따라, 물을 이용할 수 있는 더 나은 장소에서 이렇게 미개간지를 개간하는 것은 점점 더 빈번해지고 변함없이 일어난다. 결과적으로, 유목민에게 돌아오는 토지는 작아지며, 이용 가능한 토지도 가치가 떨어지는 곳이다. 훨씬 더 심각한 것은 전통적인 목초지 사이의 자유로운 통로가 제한되거나 차단될 수 있다는 점이다. 이것은 종종 유목민들이 그들 자신의 생활 방식을 유지하기 위해 고군분투하면서 갈등으로 이어진다.

마지막 큰 문제는 정부에서 발생한다. 유복민은 국가의 경계나 세금, 법원 명령, 군대 징집과 같은 정치적 통제를 거의 고려하지 않고 과거의 생활 방식을 따르는 단기 체류자들이다. 유목민들은 역사를 통틀어 무자비한 투사로 유명했고, 자유를 제한하는 것에 대한 격렬한 저항은 정부의 권위에 더욱 큰 위협이 되고 있다. 다른 한편으로 정부는 유목민들에게 의료와 교육 같은 사회 서비스를 제공하는 데 어려움을 겪고 있다. 이런저런 이유로 정부는 영구 취락을 강요하는 일치된 노력을 기울여왔다. 이것은 1934년에 발표된 성명서에 반영되어 있다. "페르시아의 단결을 위해서, 즉 국가의 연대 정신과 사회생활의 발전을 위해서, 최종적으로 공공의 질서와 안정을 확보하기 위해서 (…) 유목민족의 유랑 생활을 완전히 종식하는 것은 불가결하다"(Stauffer 1965, p. 295에서 인용).

현재의 경제 조건에서 유목민들에게 정착을 강제하는 데 있어 한 가지 문제는 이들이 유목민으로 생활할 때 수많은 정착 농민들보다 실제로 한층 더 번창할 수 있다는 것이다. 이 두 집단 모두 본질적으로 생계를 유지하지만, 유목민들은 가축을 소유하고 더 나은 식단과 사치품에 더 많은 돈을 쓴다. 또한 문화적 낙인은 취락과 관련이 있다. 수많은 전통적인 사회에서 유목은 높은 지위를 차지하고 있는 반면에, 토양을 일구는 것은 품위가 떨어지는 일로 여겨진다. 이것은 특히 티베트나 히말라야산맥에서 그렇다(Ekvall 1968; Palmieri 1976). 이 모든 다른 요인들이 동일하다고 해도, 정착하기로 결정한 유목민은 아마도 이들이 유목민이었던 때에 비해 덜 번창할 것이다. 유목민은 농장을 그들 소유로 매수할 자본이 없고, 이를 경영

할 농업 기술도 부족하기 때문에, 일용직 노동자로 이 계층 구조의 밑바닥에나 들어갈 수 있을 뿐이었다(Stauffer 1965).

그럼에도 대다수 정부는 유목생활이 시대착오적이고 그 폐지가 현대화에 필수적이라고 생각한다. (구소련 체제에서의 일부를 제외하고) 유목민의 정착을 강제하려는 대규모 노력조차 실패했지만, 다른 선택지가 점점 더 인기를 끌게 되면서 유목은 꾸준히 감소세로 접어들고 있다. 수많은 전문가는 정부가 폐지를 완화하고 최소한 제한적으로나마 유목식 목축을 허용해야 한다고 생각한다. 왜냐하면 유목식 목축이 토지의 생산력이 거의 없는 경관을 이용하는 메커니즘을 제공하기 때문이다(Krader 1959; Barth 1960a; Stauffer 1965). 유목민은 이러한 반건조 지역에서 뚜렷한 생태적 지위를 차지하며, 따라서 점점 더 메마르고 한층 더 균질해지는 세상에서 바람직한 속성인 생산성과 다양성이 증가한다는 주장이 있다.

이동 방목

이동 방목은 유목식 목축과 같이 수많은 생태학적 원리에 기반을 두고 있지만, 또한 계곡의 논밭을 동시에 경작할 수 있는 기능도 제공한다. 인구 대부분은 전형적으로 여름에 논밭을 일구기 위해 영구 취락에 머무르는 반면에, 소규모 집단은 가축 떼와 함께 산으로 간다. 이 시스템은 경작이나 목축 어느 하나에 전적으로 의존하는 것보다 더 생산적이다. 결과적으로, 산에서의 기본적인 토지이용 전략으로 이동 방목은 유목식 목축보다 훨씬 더 널리 채택되었다. 이동 방목은 남북아메리카의 서부, 뉴질랜드, 오스트레일리아, 아프리카, 유라시아를 포함한 구세계와 신대륙 전역에서 발견된다(Arbos 1923; Carrier 1932; S6mme 1949; Barth 1956, 1960a;

Kaushic 1959; De Planhol 1966, 1970; Matley 1968; Webster 1973; Langtvet 1974; Gómez-Ibáñez 1975, 1977; Stewart et al. 1976). 다시 말해 중국과 일본은 주요 예외 국가이다.

이동 방목과 유목식 목축 사이의 가장 큰 대조는 이들 두 시스템에서의 겨울 활동의 특성이다. 유목식 목축은 단순히 다른 목초지로 이동하는 것인 반면에, 이동 방목은 저지대 목초지로 이동하는 것이 일반적이지만, 대체로 규모가 작고, 대피소를 포함하며, 일반적으로 겨울 동안 동물을 기르는 데 필요한 먹이를 추가로 준비해야 한다. 여름에 가축이 없는 상태에서 논밭에서 생산되는 건초와 곡물이 이에 해당한다. 재배할 수 있는 먹이의 양은 집단이 유지할 수 있는 가축의 수를 제한한다(아니면 적어도 현대적인 기술과 교통이 등장하기 전까지 이것은 사실이었다). 또한 여름 동안 산악 목초지에서의 과도한 방목은 제한적이지만, 이것이 분명히 가축 떼의 크기를 조절하는 것과는 관련이 거의 없다. 겨울 내내 사육할 수 없는 가축은 전통적으로 매년 여러 차례 열리는 특별한 정기 시장에서 팔려나갔다. 이들 시장은 가을에 가장 큰 규모로 개최되었다. 또한 이것은 사회적 행사로 이용되었고, 목자의 생활 방식에서 소중히 여겨지는 부분이었다(Allix 1922; Valcarcel 1946). 목축의 다른 특징 대부분과 마찬가지로, 이들 정기 시장은 현대적인 발전과 함께 그 중요성이 감소되었다.

아마도 이동 방목의 유서 깊은 지역은 지중해 주변일 것이다. 이곳에서는 일 년 내내 적당한 온도와 함께 겨울비와 여름 가뭄이 겨울 목초지를 허용한다. 저지대는 기온이 온화하고 겨울에도 풀이 무성하다. 여름에 풀이 마르기 시작하면, 가축을 산으로 데려간다. 이것은 가축 떼에게 양질의 목초지를 잇달아 제공하며, 또한 목축이 끝난 후에는 들판을 경작할 수 있게 해준다. 모든 들판이 경작되는 것은 아니지만, 관개와 함께 동물의 거름이 있으면 경작지에서 꽤 높은 수익을 보장받을 수 있다.

전세계 대부분의 지역에서 이동 방목을 하는 사람들은 보통 겨울 목초지와 여름 목초지 사이를 단지 수십 킬로미터 정도만 이동하지만 지중해에서는 편도로 최대 300km까지 갈 수 있다. 산으로 가는 거대한 가축 떼의 이동은 장관을 이루었을 것이다. 이 가축 떼는 각각 500~2,000마리의 무리로 나뉘며, 큰 뿔에 종을 매달고 있는 늙은 숫염소가 앞장서고, 짐 나르는 동물 떼와 징이 박힌 목걸이를 한 큰 개들이 그 뒤를 쫓는다(Arbos 1923). 특별한 이동로는 사유지를 통과해 산으로 가는 통행권이 보장된 공공도로로 존재했다. 처음에는 이들 이동로가 많고 넓었지만, 주민들이 정착하고 토지를 경작하면서 이동로는 수적으로나 규모 면에서 축소되었다. 이동 방목의 목자들과 이들이 횡단하는 토지를 소유한 사람들 사이의 갈등은 점점 더 자주 일어나게 된다. 이탈리아, 스페인, 포르투갈에서는 양 소유주 조직의 강력한 영향력과 이들 국가가 이들에게 징수하는 세금 때문에 이동 방목을 선호했지만, 프랑스 알프스산맥에서는 이야기가 달랐다. 이곳의 농업은 높은 밀도의 농촌 인구와 함께 더욱 집약적이었고, 양치기와의 법적 분쟁은 변함없이 양치기들이 차선책을 취하는 것으로 끝이 났다. 19세기 말에 이르러 거대하고 화려한 이주는 본질적으로 과거의 일이 되었으며, 그때까지는 이동 방목에 압력이 가해졌다. 이제 이동은 공공도로로 제한되었고, 이동 방목의 목자들은 길을 가는 도중에 개별 농부들에게 방목권을 구입해야 했다. 19세기 중반에 철도가 건설되면서 시기적절한 대안이 마련되었다. 1920년까지 지중해에서 산악 목초지로 이동하는 양들의 80%가 철도로 운반되었다.

양 떼를 모는 것과 함께 직면한 어려움은 이동 방목에 대한 자연보호단체의 반발이 증가하는 것이었다. 이들은 고산의 초지가 이동 방목으로 심각하게 훼손되고 있다고 주장했다. 토지에 대한 이러한 태도 변화는 농업 기술의 급속한 발전과 맞물려 이동 방목의 중요성이 지속적으로 감소하도록 했다. 이동 방목하는 양의 수는 스페인에서만 16세기에 300만 마리에서 19세기 말에 140만 마리 이하로 감소했다(Arbos 1923, p. 566). 이동 방목은 이제 단지 국지적인 현상일 뿐이다. 피레네산맥과 알프스산맥 서부에서의 방목압(grazing pressure)[11]은 1850년의 절반에도 미치지 못하는 것으로 추정되고 있다(Gómez-Ibáñez 1977, p. 292). 저지대에서의 더욱 집약적인 작물 재배 기술, 산속의 휴양 시설과 여름 별장, 그리고 한층 더 집약적인 형태의 축산,[12] 특히 젖소의 사육을 위한 토지의 이용이 방목 장소를 차지했다.

북아메리카의 산은 비교적 손이 닿지 않은 상태로 남아 있지만, 이동 방목이 행해지고 있다. 이곳의 이동 방목은 1800년대 중반 유럽에서 쇠퇴하기 시작한 직후에 시작되어 1900년대 초까지 확장되었고, 그 후 이곳에서도 쇠퇴하기 시작했다(그림 11.4). 이동 방목은 서부의 산맥 전역에서 흔히 볼 수 있으며, 이들 중 다수의 이동 방목은 반건조 저지대에 굴하지 않고 다른 곳에서 발견되는 것과 유사한 생태적 근거를 제공한다. 여름에는 소와 양이 높은 고도로 이동하였고, 겨울에는 저지대로 돌아갔다. 수많은 바스크 사람들이 피레네산맥에서 이 나라로 이주하여 외진 구릉 지대에서 목자 노릇을 했다. 겨울 방목은 초기에 광범위한 저지대 지역의 이용 가능성에 의존했지만, 인구가 증가함에 따라 저지대에서 가축을 먹이고 가두기 위해 농작물과 울타리를 친 목초지를 이용했다. 높은 산의 방목 지역은 주

∙∙
11) 단위 면적당 사료작물 생산에 대한 이용 가축의 수를 말한다.
12) 토지의 생산력을 기반으로 가축을 길러 사람의 생활에 유용한 물질을 공급하는 산업이다.

로 정부 소유의 토지(예: 미국 국유림)였으며, 따라서 약간의 이용료를 부과했다. 하지만 1900년대 초에는 양과 소가 고산 초지를 심하게 훼손한다는 사실이 명백해졌고, 미국 삼림청은 방목할 수 있는 가축의 수를 제한하기 시작했다(그림 7.8). 결국 이러한 운영의 경제성은 낮은 고도에서 연중 내내 울타리를 친 목초지에 유리하게 작용하기 시작했다. 산악 목초지를 오가며 가축들을 모는 데 더 이상 돈을 지불하지 않게 되었다. 결과적으로, 여전히 미국에서는 이동 방목을 행하고 있지만, 더 이상 경제적으로 중요하지 않다(그림 11.4)(Gómez-Ibáñez 1977). 높은 산의 고원성 평원에서 사육하는 것과 같은 이러한 테마의 변화는 여전히 로키산맥과 다른 서부 산맥에서 행해지고 있지만, 이들 또한 가까운 미래에는 휴양과 여름 별장, 그리고 다른 유형의 토지이용에 자리를 내주게 될 것으로 보인다(Crowley 1975).

유목식 목축과 마찬가지로, 일부에서는 산악 목초지를 이용하지 않으면 금전적 가치가 있는 생산성이 떨어진다는 이유로 이동 방목의 쇠퇴를 한탄하고 있다. 또한 점점 더 에너지를 의식하는 세계에서 이동 방목은 동물들이 훨씬 더 높은 에너지 비용으로 생산되고 있는 사료를 소비하는 목초지-사육장 시스템보다 한층 더 에너지 효율적이라는 주장도 있다. 따라서 에너지가 점점 부족해지고 비용이 더 많이 들수록, 이동 방목의 중요성은 다시 높아질 수 있다(Gómez-Ibáñez 1977, p. 296). 하지만 인간이 산을 직접적으로 이용하는 것에 대한 현재의 압력뿐만 아니라, 적어도 일부 산악 지역을 비교적 야생적이고 자연적인 상태로 유지해야 한다는 만연한 우려를 감안할 때, 미국에서 방목을 위한 산악경관의 광범위한 이용이 다시 허용될 것 같지는 않다.

수 세기 동안 산에서 다양한 형태의 토지이용을 행한 유라시아에서 이

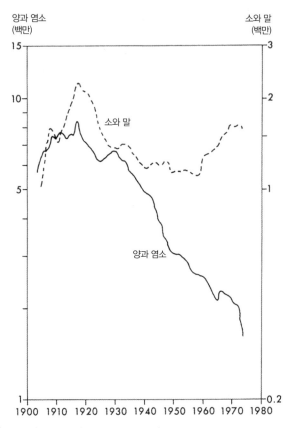

그림 11.4 미국 국유림 토지에서의 방목. 거의 모든 높은 고도의 방목장이 국유림 내에 있기 때문에 이들 방목은 이동 방목과 거의 비슷하다. 양과 염소의 규모는 소와 말의 경우와 다른데, 이는 소와 말이 양보다 약 5배나 더 많은 사료가 필요하기 때문이다. 수적인 감소의 차이는 양이 가장 높은 목초지를 주로 이용하는 반면에, 소는 일반적으로 낮은 높이에서 방목되고 있다는 사실에 기인한다.(Gómez-Ibáñez 1977, p. 288에서 인용)

동 방목을 계속해서 행하는 것은 역사적이고 정치적인 요인뿐만 아니라, 인구압 및 지속적으로 생명을 유지하는 어떤 특정한 생태적 농업 시스템의 능력에 따라 달라진다. 현재 산의 토지이용 패턴은 노르웨이에서 인도에

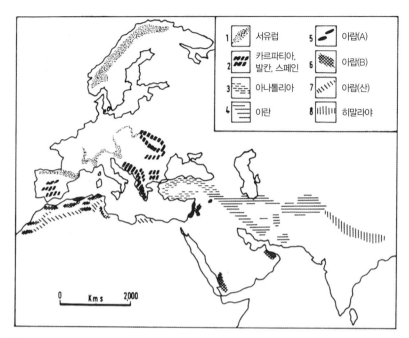

그림 11.5 유라시아 서부 고지대 지역의 인구압. (1)쇠퇴하는 고지대 생활. (2)과도기. (3)재이주 과정의 낮은 인구압. (4)인구과잉 지역 및 재이주되는 낮은 인구압의 지역. (5)인구압이 매우 높은 산악 피난 지역. (6)상당한 인구압. (7)낮은 인구압. (8)낮은 인구압.(출처: De Planhol 1970, p. 239)

이르기까지 현저하게 다르다(그림 11.5). 서유럽의 산맥에서는 인구압이 크게 감소한 반면에, 북아프리카 일부 지역과 중동에서는 크게 증가했다. 이런 상황에서 유럽에서는 이동 방목이 큰 피해 없이 증가할 수 있지만, 환경 훼손 및 집약적인 재배에 대한 수요가 더욱 큰 중동에서는 그렇지 않다(De Planhol 1970, p. 245). 그러나 경제와 토지이용 패턴의 변화로 인해 유럽에서 이동 방목이 실제로 다시 중요하게 될지 의문이다.

혼합 농업

중위도 지방 산에서의 토지이용과 취락은 전통적으로 방목과 경작 모두에 의존하는 것으로 특징지어지는 혼합 농업에 기반을 두고 있다. 여름에 동물들을 높은 곳의 목초지로 이동시키는 동안에, 계곡 및 하부 사면에서는 집약적인 재배계획[13]을 실시하고 있다. 가을이 되면 소들은 마을로 돌아와 여름 동안 수확한 건초와 곡식을 먹으며 겨울을 난다. 따라서 농작물의 재배와 수확에 많은 일과 노력을 투입하고 있지만, 거주민들이 식량의 많은 부분을 이들 가축에 의존하고 있기 때문에 가축은 여전히 주목받는다. 산악 농업에 대한 이러한 접근 방식을 "산속의 전원 생활"이라고 하고 있다(Arbos 1923). 그리고 이는 알프스산맥, 피레네산맥, 캅카스산맥, 히말라야산맥 및 유라시아의 여러 관련된 산맥뿐만 아니라 안데스산맥, 북아프리카의 아틀라스산맥, 뉴질랜드 알프스산맥, 스칸디나비아산맥 전체에 걸쳐 발견된다. 사회가 집약재배에 크게 의존하고 있는 극동의 산지에서는 혼합 농업과 방목이 중요했던 적이 없으며, 최근의 정착, 낮은 인구 밀도, 풍부한 토지로 혼합 농업이 불필요한 북아메리카에서도 농경과 방목이 중요한 적은 없었다.

산속 전원 생활의 근본적인 특징은 영구적인 점유이다. 물론 계절에 따라 가장 높은 지역을 이용하지만, 가축의 이동은 훨씬 더 제한적이어서, 일반적으로 산과 주변 평원의 사이가 아닌 산악지역의 사면 상부와 하부 사이에서만 이루어진다(하지만 이러한 큰 체계 내에서는 모든 변화의 단계가 또한 발견될 수 있다). 겨울 목초지가 없는 지역에서는 보조 사료의 생산이 필

∴

13) 식물 또는 작물을 재배할 목적으로 일정 기간의 계획을 짜는 것을 말한다.

수적이기 때문에 농업에 중점을 둔 혼합 농업과 방목이 매우 구조적이고 집약적이다. 이에 따라 여름에 가축을 높은 곳의 목초지로 보내는 이유는 주로 유목식 목축이나 이동 방목의 경우처럼 저지대의 풀이 말라붙기 때문이 아니라 오히려 편의상의 문제라는 점을 지적해야 한다. 대부분의 중위도 산골짜기에서는 전형적으로 무성한 풀로 여름에 가축을 쉽게 먹일 수 있지만, 가축이 남아 있게 된다면 들판을 경작하거나 건초를 수확할 수 없을 것이다. 건초가 없다면 길고 추운 겨울에 가축을 기르는 데 필요한 사료가 충분하지 않을 것이다(Carrier 1932).

혼합 농업의 중요성은 산악지역마다 상당히 다르다. 어떤 지역에서는 혼합 농업이 산발적이고 국지적인 현상일 뿐이지만, 다른 지역에서는 지배적인 특징이다. 두말할 것도 없이 혼합 농업은 알프스산맥에서 가장 잘 발전하였으며, 다음 논의의 많은 부분이 이 지역에 바탕을 두고 있다. 토지이용과 취락에 대한 세부 사항은 지역에 따라 서로 다르다. 예를 들어, 라마와 야크는 각각 안데스산맥과 히말라야산맥에서 소보다 상대적으로 더 중요하다. 하지만 생태학적 원리는 비슷하다. 중위도 지방의 산에서 농업적 토지이용을 근본적으로 제한하는 것은 낮은 온도, 짧은 성장기, 평지의 부족, 불량토양,[14] 적절한 수분의 부족, 낮은 생산성 등이다. 이러한 조건을 문화적으로 변형한 것에는 관개, 계단재배, 거름, 건물의 건설, 재배종의 도입, 축산을 통한 한계지역[15]의 간접적인 작물재배 등이 포함된다. 이러한 활동은 수반된 다양한 사회적 적응이나 행동적 적응과 함께 시스템

14) 토양의 이화학성 또는 토양에 심은 작물의 생육을 지배하는 인자(예: 배수) 등의 조건이 나빠서 작물의 생산성이 낮은 토양을 이른다.
15) 어떤 생물이 살아가기 위한 최소한의 지역을 말한다.

을 통해 흐르는 에너지의 상당 부분을 우회시켜 포착하여, 온대 지방의 산에서 중간 고도와 높은 고도에 사는 사람들이 지속적으로 생계를 유지할 수 있도록 한다(Thomas 1976).

이들 지역의 영구 취락은 한 해의 비생산적인 계절을 견디기 위해 식량을 저장하고 보존해야 한다. 유라시아의 산에 거주하는 사람들은 우유와 유제품에 크게 의존하는데, 착유동물을 잘 먹이고 돌보면 이들 동물이 겨울 내내 우유를 공급할 수 있기 때문이다. 하지만 안데스산맥에서 라마와 알파카는 착유에 상대적으로 비효율적이기 때문에 우유는 결코 중요한 식품이 아니었다(Webster 1973). 수천 년 동안 볼리비아와 페루의 고원(altiplano)은 계절적으로 경작에 이용되었지만, 이러한 고도에서 영구 취락은 농작물, 특히 감자를 보존하는 방법이 고안된 후에야 가능해졌다(Troll 1968, p. 32). 이것은 덩이줄기를 동결 건조하는 것으로 추뇨(chuño)[16]라는 산물을 만드는 것이다. 이 과정은 이들 지역의 건조한 기후와 야간의 결빙을 이용한다. 감자를 야외의 땅 위에 펼쳐놓아 얼어붙게 한 뒤에 아침에 물에 담근다(그림 11.6). 이 과정을 덩이줄기가 딱딱하고 검게 될 때까지 수주 동안 매일 반복한다. 그런 다음, 이들 작물을 온전하게 저장하거나 으깬 다음 나중에 이용하기 위해 (껍질 안쪽 하얀 부분) 중과피(pulp)를 제거한다. 두 경우 모두 무기한으로 보관할 수 있다(Hodge 1949; Gade 1975). 16세기에 안데스산맥으로부터 감자를 도입한 이후, 유라시아 산맥의 전역에서 감자는 주요한 식량 공급원이 되었다. 또한 한층 더 극지의 산에서는

16) 적어도 1,000년 동안 남아메리카의 안데스 산지 주민들이 흉년에 대비하고 운반과 보관이 쉬운 식량을 구비하기 위해 감자로 세계 최초의 건조식품이라 할 수 있는 저장식품을 만들었다. 고대 잉카인들이 볼리비아와 페루에 세련된 제국을 건설한 일꾼들에게 제공한 음식이자, 스페인 정복자들이 그들의 군대와 노동자들에게 먹인 음식이기도 하다.

그림 11.6 높이 3,700m 볼리비아고원에서의 추뇨 제조. 감자를 밤에는 땅 위에 펼쳐놓아 얼어붙도록 두고, 아침에는 물에 담근다. 이 과정을 몇 주 동안 매일 반복하면 딱딱하고 검고 오그라든 추뇨가 만들어지는데, 수분이 제거된 추뇨는 냉장 보관하지 않아도 오랫동안 상하지 않는다.(Carl Troll, 1928, University of Bonn)

감자를 동결 건조하지 않고 지하 저장고에 보관한다. 감자는 높은 고도의 한계 조건에서도 생산성이 높은 몇 안 되는 농작물 중 하나로, 영양가도 풍부하고 다용도로 이용할 수 있으며 맛도 좋다는 사실에 인기가 높았다. 이와 같이 감자는 전 세계의 산에서 전통 사회의 식생활에 중요한 부분(대부분의 경우 식사의 주요 부분)을 차지하고 있다.

중위도 산에서의 혼합 농업과 영구 취락의 기원은 알려져 있지 않다. 확실히 농업기술 및 농작물의 저장과 보존과 같은 어떤 일정한 근본적인 개발이 필요했지만(토지이용 전략이 발전함에 따라 시행착오로 해결됨), 초기 추동력 또한 필요했다. 산에서의 계절적 목축은 훨씬 더 아주 오래된 노력이며, 영구 취락으로의 최종 결정은 수많은 환경적 요인과 인위적 요인, 특히 인구압에 달려 있었다(De Planhol 1970, p. 236). 신석기 시대에도 목자들이 알프스산맥에 계절에 따라 거주했다는 증거가 있으며, 농업은 청동기 말기 또는 초기 철기 시대에 처음 그 모습을 드러냈다. 영구 취락은 다소 늦게 이루어졌다. 현재의 토지이용 패턴은 기원전 2세기에 이르러 확립되었다(Burns 1961). 알프스산맥의 고전적인 문화 경관은 여전히 높이 솟고 들쭉날쭉한 눈 덮인 산봉우리로 둘러싸인 계곡 사면에 작고 기묘한 모양의 들판 모자이크에 자리 잡은 작은 마을들로 이루어져 있다. 거칠고 험준

그림 11.7 동화책에 나올 것 같은 스위스 알프스산맥의 취락. 라우터브루넨(Lauterbrunnen) 마을은 깊은 빙식곡에 위치해 있는 반면에, 산재된 농가는 알프스산의 사면에 위치해 있다. 높이 4,150m의 융프라우가 들쭉날쭉한 눈 덮인 산봉우리들 사이에 자리잡고 있다.(Bob and Ira Spring, Free Lance Photographers Guild, Inc., New York)

한 지형에 차분하고 평화로운 분위기의 들판과 건물이 어우러져 거의 동화책 속 그림 같은 모습을 보여준다(그림 11.7). 이것은 지구상에서 가장 매력적인 경관 중 하나이다.

산속 전원 생활의 기본 전략은 연중 서로 다른 시기에 연직으로 활동을 전개하여 토지와 모든 거주지를 집약적으로 이용하는 것이다. 가장 높은 고도에서는 건초를 만들기 위해 야생초를 채취하거나 가축에게 직접 풀을 먹이거나 한다. 이곳의 조건은 경작하기에는 너무나 생산력이 떨어진다. 양과 염소 또한 중요하지만, 목축 활동은 젖소를 중심으로 이루어지며, 이는 특히 알프스산맥의 동부 지역에서 그렇다. 소는 일반적으로 더욱 완만하고 접근하기 쉬운 곳에서 풀을 뜯는 반면에, 양과 염소는 가장 높고 가장 척박한 곳에 도달한다. 저산대 삼림은 한때 알프스산맥에 넓게 펼쳐져 있었지만, 목재로 베이고, 목탄을 생산하고, 고지의 목초지를 확장하면서 대폭 감소했다. 지금은 알프스산맥에서 숲을 보존하려고 노력하고 있지만, 다른 지역, 특히 중동과 히말라야산맥에서는 숲의 파괴가 계속되고 있다. 낮은 고도에 있는 마을 부근의 토지는 건초를 재배하기 위한 영구적인 초지로 쓰이거나 감자와 빵용 곡류를 생산하기 위한 경작지로 이용된다. 작은 텃밭에서는 콩, 양배추, 비트와 같은 다양한 내한성 채소를 생산하며 현지에서 소비된다. 기후가 온난하고 건조한 알프스산맥의 남부에서 가장 낮은 사면은 포도원으로 운영되는 경우가 많고, 재배한 포도는 와인을 만드는 데 이용한다(Netting 1972). 따라서 경관은 고도 및 가장 적합한 용도에 따라 광범위하게 지대가 구분된다(그림 11.8).

또한 고도와 거주지별로 이렇게 지대가 구분되는 것은 알프스산맥의 문화 경관의 특징인 울타리가 없는 작은 들판이 여러 부분으로 이루어진 패턴을 설명한다. 이러한 패턴은 종종 토지를 점점 더 작은 구획으로 나누는

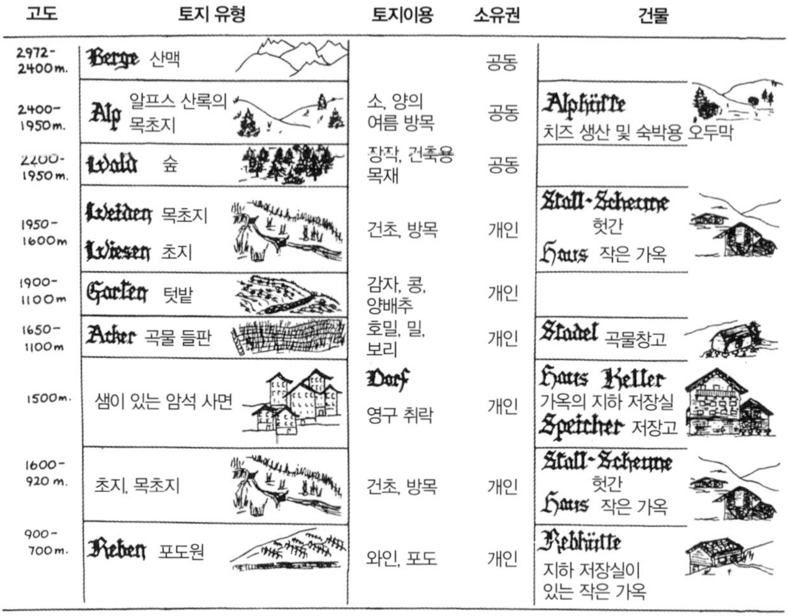

고도	토지 유형	토지이용	소유권	건물
2972-2400m.	Berge 산맥		공동	
2400-1950m.	Alp 알프스 산록의 목초지	소, 양의 여름 방목	공동	Alphütte 치즈 생산 및 숙박용 오두막
2200-1950m.	Wald 숲	장작, 건축용 목재	공동	
1950-1600m	Weiden 목초지 Wiesen 초지	건초, 방목	개인	Stall-Scheune 헛간 Haus 작은 가옥
1900-1100m	Garten 텃밭	감자, 콩, 양배추	개인	
1650-1100m	Acker 곡물 들판	호밀, 밀, 보리	개인	Stadel 곡물창고
1500m.	샘이 있는 암석 사면	Dorf 영구 취락	개인	Haus Keller 가옥의 지하 저장실 Speicher 저장고
1600-920m.	초지, 목초지	건초, 방목	개인	Stall-Scheune 헛간 Haus 작은 가옥
900-700m.	Reben 포도원	와인, 포도	개인	Rebhütte 지하 저장실이 있는 작은 가옥

그림 11.8 체르마트에서 북쪽으로 26km 떨어진 스위스 알프스산맥의 마을 토르벨 부근의 다양한 고도에서 보이는 전통적인 토지이용과 건물의 유형에 대한 일반적인 도표(출처: Netting 1972, p. 143)

것을 선호하는 분할 상속 시스템의 결과로 간주된다. 이는 어느 정도 사실이지만, 토지가 분할되는 것은 또한 확고한 생태적 근거에서 나온 것이며, 아마도 분할 상속이 없어도 나뉘게 될 것이다(Burns 1963; Friedl 1973). 번창하기 위해서는 모든 가구가 높은 곳의 목초지(알프스 산록의 목초지), 숲, 초지, 경작지 등과 같은 서로 다른 여러 생태학적 지대에 있는 토지에 접근할 수 있어야 한다. 높은 곳의 목초지와 숲은 보통 공동으로 관리하는 반면에, 초지와 경작지는 개인 소유로 되어 있다(Netting 1976). 경우에 따라 한 가정은 다양한 높이와 여러 가지 현장 조건에서 최대 200개의 서로 다른 구획을 소유할 수 있지만, 그 수는 일반적으로 이보다 적다. 스위스 남부의 토르벨(Torbel) 지역(그림 11.8)에서 1920년에 한 가구는 평균 8.5개의 초지, 4개의 목초지, 5개의 곡물 들판, 2.5개의 텃밭, 그리고 몇 개의 작은 포도원 구획을 소유하고 있었다(Netting 1972, p. 134). 구획의 크기는 매우 다양하지만, 평균 약 24m²였다. 이러한 소유재산과 함께 지역사회의 숲과 목초지에 대한 접근의 조합은 만족스러운 수준의 생계를 꾸리기에 충분했다.

들판이 분할되고 소유권이 분산되는 것은 주기적인 여러 활동이 유지되는 것을 수반한다. 상이한 사면의 방향과 일조시간, 그리고 고도에 위치한 들판은 서로 다른 시기에 파종하고 수확할 수 있다. 짧은 여름 동안 단연코 가장 많은 시간을 할애한 일은 건초를 만드는 것이다. 겨울에 동물을 기르려면 많은 양의 건초가 필요했다. 그러므로 농부가 시간을 효율적으로 이용할 수 있는 것이 중요하며, 산악환경의 다양한 국지적인 조건으로 이것이 가능하다. 높은 곳에 위치해 있지만, 양질의 토양을 가진 완만한 남사면에 위치한 벼과 식물의 초지는 7월까지 건초를 풍부하게 생산할 수 있다. 척박하고 그늘진 곳의 들판에서는 8월 말까지 초라한 정도로만 농작물을 산출할 수 있다. 토지를 작은 구획으로 분할하는 것 또한 더 많은 사람이 생계를 유지할 수 있는 기회를 제공하고 자연재해로부터 보호하는 수단을 제공한다. 물론 널리 흩어져 있는 들판으로 이동하는 데 걸리는 시간 및 부지가 작아서 현대식 기계를 이용할 수 없는 것과 같은 부정적인 측면도 있다(Friedl 1973, p. 33).

지난 세기 동안 알프스산맥에서의 토지이용 패턴은 크게 변화했지만, 전통적인 조건에서의 분주한 여름 동안 알프스산맥의 전형적인 가구의 활동을 추적함으로써 이러한 노력의 본질을 파악하는 것은 가치가 있을 것이다. 눈은 3월이나 4월에 녹기 시작하고 소들은 외양간에서 나와 마을 부근에서 풀을 뜯는다. 봄에 제일 먼저 해야 할 큰일 중 하나는 외양간에서 거름을 치워 들판에 뿌리는 것이다. 이는 유지보수 활동을 위한 시기이기도 하다. 이러한 활동에는 들판에서 눈사태 암설 제거, 포도원 가꾸기, 헛간 수리, 계단식 경지와 관개 시스템 정비 등이 있다. 설선이 후퇴하면서 가축은 높은 곳으로 이동하지만, 일부 가축을 여전히 외양간에서 먹이는 것으로 방목을 보완하고 있으며, 특히 마을 부근에서 사육되는 젖소와 짐수레 끄는 동물의 경우 더욱 그렇다. 들판에는 보통 4월 말에서 6월 초까지 곡물과 감자를 경작한다. 6월 말에는 고산지대의 눈이 충분히 녹아서 가축들을 높은 목초지로 이동시킬 수 있게 된다. 국지적인 상황에 따라 온 가족이 고산 목초지로 동물들과 동행할 수 있으며, 이곳에서는 작은 오두막에 머물며 버터와 치즈를 만드는 일을 할 수 있다. 며칠 동안 여자들과 아이들은 이런 일을 계속하는 반면에, 남자들은 산의 다른 높이에서 업무를 수행한다. 이러한 방법으로 가족 자원(family resources)은 서로 다른 여러 생태적 지대를 통해 분배되며, 토지의 완전한 이용과 높은 수익을 얻을 수 있다.

건초를 수확하는 고된 일은 7월에 시작된다. 남사면의 가장 낮은 곳에서 먼저 거둔 다음 점점 더 높은 초지로 옮겨가며 진행한다. 그런 다음 이 과정을 그늘진 사면에서 반복한다. 건초는 들판 부근의 작은 헛간에 저장하고, 겨울 동안에는 소를 헛간 일부로 옮겨 건초가 소진될 때까지 먹인다. 겨울에는 누군가 가축에게 먹이를 줘야 하지만, 건초를 수확하고 초지 부근에 보관하는 것은 총작업량을 줄이며, 또한 거름을 들판까지 운반할 필요도 없어진다.

8월 말이나 9월이 되면 호밀과 보리를 수확할 수 있게 되고, 얼마 지나지 않아 고산 목초지에서 가축들을 데리고 내려와 마을 주변의 그루터기와 풀을 먹인다. 이러한 시기에는 건초 공급의 상태뿐만 아니라 가축의 자연적인 증가에 대한 세심한 분석이 이뤄져 겨울에 동물을 기를 수 있는 가구의 능력을 판단할 수 있게 된다. 이는 얼마나 많은 동물을 유지할 수 있는지를 결정하는 궁극적인 제한 요인이다. 잉여 가축은 도축용으로 예비하거나 연례 축산 박람회에 데려가 다른 상품들과 거래한다(Allix 1922). 가을의 마지막 주요 활동은 감자 수확으로, 보통 9월 말에 완료한다. 10월 중순까지 모든 농작물을 안전하게 저장하고, 가구는 월동 준비를 한다. 눈과 추운 날씨가 돌아오면서 외양간에서 가축을 먹이는 긴 과정이 시작되고 이듬해 봄에 일상이 다시 시작될 때까지 계속된다(Friedl 1973, p. 32).

이러한 활동 프로그램은 가구 구성원의 일부 또는 전부가 계절 내내 동기화된 일정으로 서로 다른 고도의 지대로 이동하는 것으로 이루어진다. 각 지역마다 고유의 이동 패턴이 있다. 일부 지역에서는 가족이 모두 함께 봄에 높은 목초지로 이동했다가 가을에는 마을로 돌아온다. 다른 지역에서는 가구의 다양한 구성원이 서로 다른 여러 높이를 오가면서 작업하기 때문에 이동이 매우 복잡할 수 있다(그림 11.9). 패턴이 무엇이든 간에 이러한 활동은 산발적이거나 충동적인 이동이 아니라, 국지적인 조건에 맞게 세심하게 계획된 전략의 일부로 가장 효율적으로 경관을 이용하는 것으로 인식되는 활동이다(Arbos 1923; Peattie 1936; De Planhol 1970). 이러한 이동의 다양성은 전통적인 산악 경제가 공간적으로 한정되고, 제한된 조건에서 적당히 높은 인구 밀도를 부양하기 위해 극단적인 방법으로 노력을 계속 기울이는 것을 보여준다.

알프스산맥에서의 산속 전원 생활은 오늘날 제한적으로 지속되고 있지만 지난 세기에 대폭 감소했다. 중위도 산에서의 토지이용에 대한 여러 다른 전통적인 접근법들과 마찬가지로, 이것은 점진적인 과정의 희생양이 되었다. 19세기 산업화와 기계화의 확산은 저지대 농업의 생산성을 높였지만, 기계화는 산악지역에 그다지 도움이 되지 않았다. 상대적으로 보수가 높은 도시의 비농업 일자리는 농촌 사람들을 끌어들이기 시작했다. 1850년대 알프스산맥으로의 교통망 발달로 인해 외부 시장으로의 접근이 더욱 용이해졌지만, 산악 경제가 경제적으로 자립하였기 때문에, 이러한 교통망의 발달은 적어도 초기에는 큰 이익이 되지 않았다. 이와 반대로, 교통망 발달은 도시와 농촌 사이의 교류를 개선하고 산에 거주하는 사람들이 그들 자신의 생활 수준과 도시에서의 생활 수준의 차이를 볼 수 있게 하는 주된 효과가 있었다. 그래서 처음에는 젊은 사람들이 겨울 동안만 도시로 가서 취업을 했지만, 나중에는 모든 연령대의 사람들이 정규직으로 취업을 하게 되면서 이주가 시작되었다. 결과적으로 이러한 과정이 계속되면서 알프스산맥에서의 인구는 급격히 감소하였지만, 최근 몇 년 동안 휴양과 관광에 기반을 둔 인구가 다소 증가하고 있다.

전통적인 농업 시스템에서 가구 구성원의 감소는 전략의 변경이 필요했다. 이러한 집약적인 토지이용 프로그램을 유지하는 것이 더 이상 가능하거나 필요하지 않았다. 우선 접근성과 생산성이 최저인 가장 높은 지역은 방치되었고, 빵용 곡류의 재배와 같은 가장 어렵고 생산성이 낮은 활동은 점차 중단되었다. 왜냐하면 이 상품은 이제 저지대에서 비교적 낮은 비용으로 구입할 수 있기 때문이다. 경작의 감소로 인해 마을 부근의 들판을 목초지와 건초지로 더 많이 이용할 수 있었으므로 수많은 지역에서 매년 높은 고산 목초지로의 도보 이동이 중단되었다. 비중은 혼합 농업에서 특화된 육류와 유제품으로 옮겨갔다. 한때 자급자족 시스템으로 움직이던 곳에서 지금은 유제품과 쇠고기 제품을 저지대 시장에 판매하고 마을 상점에서 생필품을 구입하는 것을 기반으로 하는 현금경제로 전환되었다.

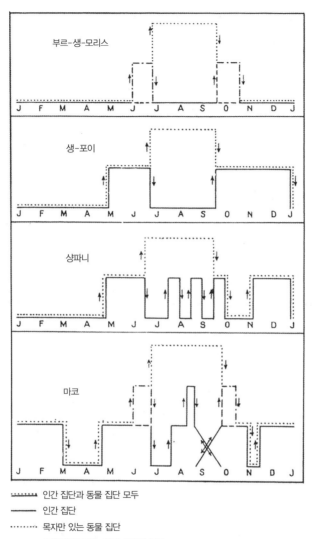

부르-생-모리스

생-포이

샹파니

마코

J F M A M J J A S O N D J

········ 인간 집단과 동물 집단 모두

———— 인간 집단

········· 목자만 있는 동물 집단

—·—·— 동물 집단이 있는 인간 집단의 일부

—————— 동물 집단이 없는 인간 집단의 일부

⟩⟨ 단계 사이를 오가며 이동

그림 11.9 전통적인 농업에서 프랑스 알프스산맥의 몇 가지 연간 이동 패턴의 도표. 사례는 타랑테즈 (Tarentaise)의 여러 마을에서 나온 것이다.(출처: Arbos 1923, p. 572)

알프스산맥에서는 제2차 세계대전 직후에 혼합 농업과 방목의 위상에 주요한 전환점을 맞았다. 1800년대 중반부터 산악 농업의 인구 감소와 쇠퇴가 광범위하게 이루어졌지만, 수많은 전통적인 패턴은 지속되었다. 하지만 전쟁이 끝난 후 산악지역의 경제는 급격히 변화하기 시작했다. 새로운 건설 사업과 산업이 산골짜기에 들어왔다. 이것은 점점 더 많은 사람을 급여를 받는 직업으로 끌어들였다. 농장은 이용되지 않은 채 방치되거나 여성과 노인에 의해 운영되었다.

전쟁 이후 나타난 농업적 토지이용의 세 가지 패턴은 고도 및 토지의 접근성에 따라 크게 좌우된다. 첫째, 기계화 장비를 이용할 수 있는 하부 계곡과 접근 가능한 지역에서는 시장에 판매할 특화된 식료품을 상업적으로 생산하기 위해 힘껏 노력했다. 알프스산맥의 바깥 주변부에서는 곡물에 초점을 맞추고 있고, 내부 계곡에서는 축산과 낙농에 전념하고 있다. 알프스산맥의 남부에서는 포도원과 과수원의 운영이 우세하며 수많은 사람이 와인, 신선한 과일, 저장 식품의 현지 가공 및 마케팅에 종사하고 있다 (Cole 1972, p. 170).

둘째, 중간 높이의 계곡에서는 기후가 경작에 다소 불리하고, 분할된 토지 패턴과 급경사면으로 인해 트랙터와 현대적인 장비를 광범위하게 이용할 수 없기 때문에 혼합 농업이 여전히 중요하다. 전통적인 접근법과 현대적인 접근법 사이의 가장 큰 차이점은 생산이 지금은 가정에서의 소비만을 위한 것이 아니라 오히려 지역 시장에서의 판매를 목표로 한다는 점이다. 하지만 이들 지역의 거주민들 대부분은 농산물을 그들 자신만을 위해 재배한다. 이들은 생계와 시장 농업의 결합이 산출량 전부를 판매하는 것보다 더 나은 생활 수준을 가져온다는 것을 발견했다. 마지막으로, 가장 높은 지역에서는 전통적인 토지이용 패턴이 많이 남아 있다. 이곳의 토지이용 패턴은 무엇을 재배하는 데 있지 않고 어떻게 이용하는지에 있기 때문에 중간 높이의 산맥과 차이가 있다. 환경적인 조건은 한계에 가깝고 생산성이 낮기 때문에 저지대 시장에 판매할 잉여 농산물은 거의 남아 있지 않다. 게다가 이러한 지역에 대한 접근은 상대적으로 열악하다. 전천후 도로는 중간 고도의 계곡까지는 대부분 건설되었지만, 가장 높은 곳의 지역사회에는 때때로 지어졌을 뿐이다. 따라서 이들 지역사회의 경제는 현저히 구태의연한 특징을 유지하고 있다(Cole 1972, p. 171).

인구 감소 및 전통적인 토지이용과 취락의 패턴 변화에 따른 발전은 휴양과 관광에 있다. 알프스산맥에서의 관광은 여러 국면을 거쳤다. 먼저, 부유한 귀족들은 산악 농장 및 수렵용 사유지로 보존림을 취득하였고, 그 후 뜨거운 광천욕과 온천을 개발했다. 수많은 화려한 호텔들이 건강 휴양지 역할을 했으며, 스위스의 생모리츠나 다보스 같은 곳에서는 한두 달 지내게 된 부유층에게 음식과 서비스를 제공했다(Bernard 1978). 또 다른 초기 관광 활동은 등산이었다. 이것은 원래 부유한 영국인들의 영역이었지만, 대륙에서 온 다른 사람들도 곧 높은 산봉우리를 정복하려는 시도에 동참했다. 제1차 세계대전 무렵까지 산악회는 알프스산맥의 동부에만 650개의 피난처와 대피소를 건설했다(Lichtenberger 1975, p. 31). 20세기 중반에는 철도 건설을 통해 산맥으로의 진입과 그 이용이 증가했지만, 알프스산맥을 방문한 사람들은 여전히 주로 부유한 사람들이었다.

제2차 세계대전이 끝나고 나서야 일반 시민들은 고산지대의 경관을 이용했다. 새로운 도로의 건설과 자동차 소유로 인해 알프스산맥은 훨씬 더 많은 관광객들이 접근할 수 있게 되었고, 자동차로 철도가 도달할 수 없는 지역으로 이동할 수 있게 되었다. 노동자 계층이 부유해지고 여가 시간이 늘어나면서 이러한 자동차 관광에 대한 경향은 계속해서 증가하고 있다. 1954년 말까지만 해도 오스트리아 관광객의 19%만이 자가용을 이용했지만, 1966년에는 57%로 늘었으며, 1975년에는 63%에 이르렀다 (Lichtenberger 1975, p. 31). 여름의 휴일이나 주말에 알프스산맥의 주요 고속도로에서는 이제 종종 교통 정체가 일어나 사람들 대부분이 산에서 기대하는 야생의 원시적인 경관보다 오히려 도시의 러시아워에 가깝다.

이러한 관광객의 대규모 유입은 여러 가지 면에서 경관을 바꾸어놓았다. 이들 중 가장 중요한 것은 호텔과 기타 서비스 시설에 대한 수요이다. 수많은 농업 마을이 관광 휴양지로 전환되었다. 이전에는 농사를 짓기 위해 사용하던 토지를 지금은 스키장, 호텔, 식당, 여름 별장을 짓는 데 제공한다. 이러한 발전은 산악지역의 경제에 큰 혜택을 주었지만, 또한 수많은 단점도 있는데, 그중 하나는 인플레이션이다. 토지에 대한 수요로 인해 가격이 너무 올라서 젊은 가족들이 그들만의 집을 소유하는 것이 점점 더 어려워지고 있다. 이것은 분할된 토지를 소유하는 전통적인 패턴으로 인해 악화되고 있다. 현재의 토지이용으로 토지 분할에 대한 근거의 상당 부분이 사라졌지만, 작고 기묘한 모양의 구획 패턴은 여전하다. 건축용 부지를 충분히 마련하기 위해서는 여러 사람에게서 여러 구획의 토지를 구입해야 하는 경우가 많은데, 이는 단일 단위로 토지를 구입할 때보다 총액이 더 커지는 것을 의미한다. 결과는 매우 충격적이다. 예를 들어, 스위스 발레(Valais)주에 있는 고산의 론(Rhone)강 지류에 위치한 작은 마을 키펠 (Kippel)에서는 최근 토지가 1제곱미터당 200스위스 프랑, 즉 에이커당 18만 6,000달러가 넘는 가격에 거래되었다(Friedl 1972, p. 156).

분할 소유는 단지 문제의 일부일 뿐이다. 토지의 가치를 판단하는 근거 또한 달라졌다. 토지는 더 이상 주로 농업에 대한 가치가 아니라 관광 시설의 잠재적인 건축 부지로 평가받고 있다. 키펠(Kippel)에 있는 한 영국계 투자회사는 최근 마을 위쪽의 높은 곳에 위치한 양지바르지만 메마르고 암석이 많은 지역에 100만 달러 이상을 지출했다. 이곳은 마을에서 가장 척박한 곳이었다. 심지어 암석투성이에 농업적 가치가 거의 없지만, 전망이 유달리 좋은 토지는 건축 부지로서의 잠재력 때문에 다른 지역에 비해 가치가 훨씬 더 높아졌다. 이러한 발전으로 인해 현지 주민들은 토지에 대한 사고방식을 바꾸게 되었다(Friedl 1972, 1974).

알프스산맥에서는 전통적인 농업의 수많은 양상이 지속되고 있지만, 지금은 농업과 가축의 수익만으로 살아가는 사람들은 거의 없다. 가구들 대부분은 인근 관광시설이나 산촌에 위치한 수많은 소규모 산업 중 한 곳에 일자리를 갖고 있는 구성원이 있다. 키펠에서는 여러 사람이 뜨개질 공장에 정규직으로 고용되어 있고, 또한 가정주부들도 채용되어 자신의 집에서 세밀한 마무리 작업을 하고 있다. 또 다른 중요한 수입원은 관광객들에게 방을 임대해주는 것이다. 한 가구의 자녀들이 성장하여 도시로 이주하면 아이들 방을 빌려주게 되고, 이러한 것에서 나오는 수입은 농업 생산량을 초과하는 경우가 많다. 그래서 수많은 시골 가구들이 이러한 목적으로 방을 더 추가하거나 여분의 방이 있는 집을 새로 지을 정도로 임대 사업은 수익성이 좋다. 알프스산맥에 있는 동안 아내와 나는 항상 이러한 개인 주택에서 숙박하려고 노력했는데, 대개 비용이 덜 들고 현지 생활에 대한 더 많은 통찰력을 얻을 수 있기 때문이었다(그림 11.10).

산악 농업의 쇠퇴는 토지이용 패턴의 변화를 가져올 뿐만 아니라 농업에 종사하는 사람들의 생활을 더욱 어렵게 만들었다. 농업은 점점 더 개인적인 소일거리가 되고 있다. 이전에는 협력과 공동의 상호주의라는 강한 전통이 있었는데, 이는 극단적인 환경조건과 재난을 극복하고 혼자서는 너무 어려운 작업을 달성하기 위한 노력을 하나로 모은 것이었다. 예를 들

그림 11.10 1976년 여름에 아내(오른쪽)와 내가 하룻밤을 보낸 스위스 그린델발트 부근의 농가. 이 집은 1700년대에 지어졌는데 원래의 석제 오븐을 아직도 사용하고 있다. 주인은 우리에게 아침 식사로 집에서 만든 빵, 버터, 치즈, 딸기잼, 염소 우유를 마련해주었다.(저자)

어, 고산에 오두막(alp hut)을 짓는 것은 개인적인 책임이었지만, 나무를 높은 산으로 운반하는 것은 단일 가구가 감당하기에 너무나 벅차기 때문에 마을 전체가 힘을 보탰다. 이러한 도움에 대한 대가로 소유주는 일반적으로 마을의 재정위원회에 약간의 수수료를 지불하고 모든 근로자에게 와인을 제공한다. 겨울에 산재한 저장고 건물에서 마을로 건초를 운반하는 것과 마찬가지로, 소 떼를 높은 곳의 우상식외양간(stall barn)[17]으로 데려가

••

17) 소를 운동장이나 방목장에 내보내는 경우 말고는 목에 걸쇠나 체인을 걸어 한 마리씩 계류하여 사육하는 형태의 외양간이다.

는 길 위의 눈을 치우는 것 또한 공동의 노력이 필요한 일이었다. 모두가 참여하면서 이러한 작업의 위험성과 어려움은 감소했고, 동시에 동지애와 함께 유쾌하고 떠들썩한 분위기가 이러한 활동을 즐거운 사회적 기능으로 바꿨다. 마을 전체가 기쁘게 참여했다(Friedl 1972, p. 151).

그러나 점점 더 많은 사람이 외지에 일자리를 얻어 마을을 떠나면서 공동의 노동이라는 전통은 점점 줄어들었다. 기술의 진보와 전동 장비는 부분적으로 이러한 영향을 보상하고 있다. 과거에는 공동의 도움에 의존하여 목재를 높은 산으로 운반했지만, 이제는 개인이 트랙터로 직접 할 수 있게 되었다. 만약 도움이 필요하면, 임금을 주고 누군가를 고용해야 한다. 소를 위해 눈 쌓인 길을 치우는 공동의 작업은 거의 사라졌으나, 건초는 여전히 겨울에 마을로 옮겨지고 있으며, 지금은 주로 설상 궤도차량을 이용해 처리하고 있다. 하지만 이러한 기계에 자본을 지출하는 것은 농부의 수입으로는 감당하기 어렵다. 또한 험준한 지형과 분할된 들판은 전동 장비를 이용하는 데 큰 걸림돌로 작용한다. 트랙터를 이용할 수 있다고 해도, 전통적인 조건에서는 모든 토지가 생산성에 필요하기 때문에 들판에 접근할 수 없는 경우가 종종 있다. 만약 모든 들판이 도로로 제공되었다면 농업을 할 수 있는 토지는 거의 남아 있지 않았을 것이다! 따라서 다른 사람의 토지를 횡단할 수 있는 허가를 받기 위해서는 특별한 합의가 마련되어야만 한다.

그러나 산악 농업의 지속적이고 최우선적인 문제는 농촌과 도시의 생활 방식의 소득 격차에 있다(그림 11.11). 과거에는 산에 사는 사람들은 토지에 애정을 갖고 있으며 다른 대안에 대해 일반적으로 무지하거나 관심이 부족했기 때문에 낮은 수준의 생활을 기꺼이 받아들이려 했지만, 지금은 이러한 상황이 바뀌었다. 점점 더 많은 젊은이가 직업을 선택하고 농장을 떠

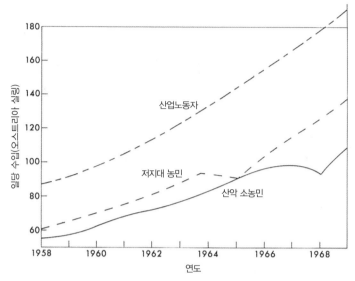

그림 11.11 1958년부터 1969년까지 오스트리아 산악 소농민과 산업노동자 사이의 소득 격차. 저지대 소농민이 산에 사는 소농민보다 더 많은 돈을 벌었다는 것에 주목하라.(출처: Lichtenberger 1975, p. 12)

나고 있다. 자식이 농장을 상속받으면 대개 직접 농장 일을 하는 것보다 농장을 팔거나 임대하는 것에 더 관심이 있다. 전통적인 조건에서는 젊은 부부가 상속 재산을 모아 생계를 위한 최소한의 토지를 사들였지만, 이들 두 사람 모두에게 현금 소득이 생긴다면 토지는 더 이상 필요하지 않게 된다. 이로 인해 마을 내에서 결혼해야 한다는 압박감이 없어지며, 점점 더 많은 젊은이가 외부에서 배우자를 고르는 경우가 많아진다(Friedl 1972, p. 154). 농업을 계속하기로 마음먹은 젊은 남성들은 아내를 구하는 것이 더 어렵다는 것을 깨닫고 있다. 극히 소수의 미혼 여성만이 기꺼이 농부들과 결혼하고 산속 시골 생활의 고단함을 견디고 있다(Lichtenberger 1975, p. 7).

의심할 여지없이 알프스산맥에서 경제의 미래는 휴양과 관광에 있다.

그러나 역설적이게도 바로 이러한 이유로 산악 농업을 지속하는 것은 매우 희망적이다. 주요 명소는 그림 같은 시골 경관을 볼 수 있는 곳이다. 이를 깨달은 사실상 모든 알프스산맥의 국가는 산악 농업을 지원하는 프로그램을 시행하고 있다. 이들 국가는 농작물 보조금, 수익 향상을 위한 투자세액공제, 소득의 직접적인 보완 등을 통해 산악 농업을 장려하고 있다. 산에서 농작물을 생산하는 데 드는 큰 비용을 상쇄하기 위해 여러 해 동안 시행된 프로그램도 있다. 그러나 이제는 생산 자체에 대한 관심보다는 문화경관의 보존에 대한 관심에 더욱 중점을 두고 있다(Lichtenberger 1975, p. 26). 산악 농업의 농부들은 건초와 곡물을 직접 생산하는 것보다 저지대에서 더욱 저렴하게 구매할 수 있지만, 보조금을 받으려면 농작물을 심고 수확하며 초지에서 건초를 생산해야 한다. 이러한 활동의 산출물은 가치가 있지만, 농업을 하는 주된 이유는 그러한 활동이 창출하는 시각적 효과 때문이다. 그러므로 알프스산맥의 혼합 농업과 방목은 본질적으로 공공 보호구역이나 박물관의 유지 보수와 같이 강력한 자금 투입으로 현대적인 조건에서 보존될 수 있는 문명의 소산이다. 하지만 이것은 자부심이 강하고 지략이 뛰어난 사람들이 과거 변변치 않지만 활기찬 여건 속에서 삶의 방식으로 선택했던 혼합 농업과 방목이 알프스산맥에서 최고의 생활방식이었던 시절과는 현저히 다르다.

제12장

인간이 산악환경에 미치는 영향

인도와 방글라데시로 흘러들어 가는 표토는
현재 네팔의 가장 귀한 수출품이지만,
어떠한 보상도 받지 못하고 있다.
– 에크홀름(Erik p. Eckholm),
『산악환경의 악화(*The Deterioration of Mountain Environments*)』(1975)

산악환경은 부서지기 쉽고 교란되기 매우 쉬우나, 손상된 후에 원래 상
태로 되돌아오고 스스로 치유되는 능력이 낮다. 이것이 어느 정도까지 사
실인지는 지역적이고 국지적인 조건에 따라 다르지만, 일반적으로 산이 외
부의 교란에 취약한 것은 잘 알려져 있다(Man and Biosphere 1973a, 1974a,
1975; Billings 1973; Ives and Barry 1974; Eckholm 1975). 수많은 전통적인
산악문화 역시 매우 취약하고, 기술과 도시화로 인해 쉽게 붕괴한다. 증가
하는 인구압, 저지대 도시로의 이주, 시험되지 않은 새로운 도구와 관행의
채택으로 인해 잘 적응된 문화가 불과 몇 년 만에 거의 붕괴 상태에 이른
것으로 보인다.

산은 지구상에서 가장 험준한 지형이며 가장 극단적인 환경을 보이기
때문에 산악환경이 취약하다는 것을 믿기 어려운 사람들도 있을 것이다.
마찬가지로, 산악 생태계의 동물상과 식물상은 가장 강인한 내한성의 종

으로 이루어져 있으며, 이들은 잘 적응하고 있어 극단적인 환경 상태, 낮은 생산성, 시스템 내의 변동에 대처할 수 있다. 그렇다면 왜 취약한가? 이에 대한 답은 바로 환경의 본질에 있다. 극단적인 기후 상태, 짧은 성장기, 영양소 부족, 낮은 생물학적 활동, 낮은 생산성, 유년기, 섬 같은 특징, 가파른 사면, 우점하는 생명체의 기본적인 보수성(conservatism) 등은 모두 교란 후에 원상태로의 회복을 더디게 한다. 어떤 경우에는 원래의 조건으로 돌아오지 않을 수도 있다. 이는 특히 산괴가 작고 서식지의 다양성이 제한된 고립된 산봉우리나 산맥과 같은 소규모 생태계에 해당한다. 이러한 조건에서 유전자 풀은 작고, 수많은 종이 고유종일 수 있으며, 멸종률이 높을 수 있다(이 책 600~608쪽 참조). 얇고 발달이 더딘 토양으로 이루어진 노출된 급경사면의 한계 조건으로 인해 회복은 지연되고 있다. 교란의 유형과 강도 또한 매우 중요하다. 시스템 외부에서 기인한 파괴는 일반적으로 내부에서 기인한 파괴보다 융화되기 더 어렵다. 대부분의 산악 생태계는 인간의 활동이 없을 때 진화했고, 어떤 종류의 교란에 대해 즉시 반응하지 않는다. 예를 들어, 환경오염은 시스템을 통해 빠르게 이동할 수 있으며, 산악 생태계의 방사능 물질뿐만 아니라 미량의 중금속 농도가 최근 급격히 증가한 것에서 관찰된 바와 같이 돌이킬 수 없는 결과를 초래할 수 있다(Osburn 1963, 1967, 1974; Likens and Bormann 1974; Schlesinger et al. 1974; Hirao and Patterson 1974; Jaworowski et al. 1975; Reiners et al. 1975).

다른 수많은 환경에 비해 산이 인간의 이용과 남용에 대해 회복력이 떨어진다는 점을 감안해도, 여전히 의문점이 남는다. 왜 우려하는가? 산악 서식지를 유지하고 보존하는 것이 왜 그렇게 중요한가? 여러 가지 이유가 이미 논의되었다. 산은 저수지이다. 산은 서식지 다양성의 원천이다. 산은 다른 어떤 환경과도 비교할 수 없는 화려함과 아름다움을 가지고 있다. 산은 휴양, 연구, 교육 기회를 제공한다. 그리고 산은 수많은 자원의 발생 장소이다. 여기서 우리는 산의 유용성이 아니라, 산악 생태계를 지속적으로 유지하고 보존하는 것에 더 관심을 두고 있다. 그러나 이 두 주제는 연관되어 있다. 산악환경의 악화는 산의 다른 기능의 악화를 초래한다. 그리고 산을 어떤 목적으로 이용하는 것은 다른 목적과 양립할 수 없다.

산악 생태계를 유지해야 하는 가장 큰 이유 중 하나는 고지대의 피해가 결국 저지대로 옮겨갈 수 있다는 단순한 사실이다. 눈사태, 매스웨이스팅, 침식은 모두 시스템의 연계를 통해 겪게 되는 재난이다. 중금속과 방사성 오염물질에 의한 오염은 이러한 원리를 보여주는 역할을 한다. 산은 대기와 강수 모두에서 바람에 날리는 물질을 직접 차단한다. 강설은 특히 대기 오염물질을 농축시키는 효과적인 수단이다. 그 결과, 산에서는 종종 저지대보다 오염물질이 더 빠르게 집적되는 것으로 나타나며, 특히 서유럽과 미국 동부와 같이 주요 산업지역으로부터 바람이 불어가는 쪽에 산이 위치해 있는 경우 더욱 그러하다. 최근 연구에 따르면 이들 산은 국지적으로 많은 양의 산성비와 방사능 오염물질이 모이는 '오염물 흡입구'가 되고 있다(Elgmork et al. 1973; Likens and Bormann 1974; Hirao and Patterson 1974; Schlesinger et al. 1974; Jaworowski et al. 1975; Man and Biosphere 1975; Reiners et al. 1975; Vitousek 1977; Grant 1980). 오염물질의 증가는 국지적으로 심각한 영향(대부분 아직 알려지지 않음)을 미칠 뿐만 아니라 오염물질이 해설, 지하수, 하천의 흐름 및 동물의 먹이사슬을 통해 아래로 이동하기 때문에 결국 저지대에도 해를 끼치게 된다.

일부 산악환경을 자연 상태로 보존하는 것이 더 중요한 관심사는 아니며, 모든 산악환경은 마찬가지로 중요하다. 산은 독특하다. 산은 육성 환경의 연속체(continuum)[1] 한쪽 끝에 서 있으며, 그 크기는 특히 고산지대에서는 한정되어 있다. 중위도와 고위도 지방에서 산은 적어도 전통적으로 사람들이 가장 마지막에 정착한 지역이기 때문에, 비교적 자연 그대로의 마지막 야생 경관에 속한다. 산악환경에 해를 끼치면 지구에서의 서식지 다양성과 품질을 감소시키고, 같은 이유로 산악 생물상(biota)의 풍부함과 다양성을 감소시킨다. 수많은 경우, 산은 이전에 훨씬 더 널리 분포되어 있던 동식물의 마지막 도피처 역할을 한다. 그러므로 산은 유전물질의 귀중한 저장고이다(Man and Biosphere 1973b; Billings 1978). 이러한 경관의 상실은 현재와 미래의 사람들이 그러한 환경을 경험할 기회를 갖지 못한다는 것을 의미하기도 한다. 사람들은 다양한 목적으로 산을 계속 이용하고 현재 이를 받아들이고 있지만, 비교적 손대지 않은 채 남아 있는 산악지역에 대해서는 우선순위를 신중하게 평가해야 한다. 멸종 위기에 처한 동식물의 종처럼, 일단 이들 산악 서식지가 파괴되면 영원히 사라진다.

영향의 주요 원인

역사적으로 사람들은 수렵, 방목, 벌목, 숲의 소각 등 전통적인 활동으로, 그리고 계단재배와 관개 시스템 및 기능적인 다른 구조들을 통해 경관을 개조함으로써 산악환경을 훼손하고 있다. 이러한 활동은 분명한 영향을 미쳤지만, 적은 인구와 제한된 기술로 인해 이들 활동이 상대적으로 소규모로 수행된 것은 확실하다. 따라서 이들의 효과는 부정적이었던 반면에, 그 영향은 일반적으로 파괴적이지 않았다. 사실 수많은 전통문화 생활

∴
1) 유체역학적 개념으로 운동과 변화를 설명할 수 있는 물체의 총칭이다.

을 하는 사람들은 환경조건에 적응하고 자연환경에 큰 변화를 주기보다는 되도록 자연환경의 가능성과 제한 내에서 살아가는 방법을 찾았다. 이러한 시스템을 지속적으로 유지하는 것에 생계가 달려 있기 때문에 가능한 한 파괴를 최소화하는 것이 이 사람들에게 유리한 것이었다.

그러나 기술 변화에 따라 활동의 유형과 그 잠재적인 영향이 달라졌다. 인간의 활동은 점점 더 파괴적이고 그 영향은 훨씬 더 광범위해졌다. 새로운 교통망과 기계식 동력 차량으로 인해 사람들은 이제 산악지역에 더 쉽게 접근할 수 있다. 광업, 임업, 농업 및 휴양 사업뿐만 아니라 거대한 인공 저수지와 수력발전 시스템을 갖춘 대규모 댐 건설과 같은 야심찬 경관 개조 사업은 산골짜기의 특색을 돌이킬 수 없게 바꿔놓는다. 현대의 침식 속도는 산업혁명 이전에 비해 10배나 더 빠른 것으로 추정된다(Trimble 1977).

산에 침입하는 사람들의 집단적인 이동은 제2차 세계대전 이후에 본격적으로 나타났다. 급속한 기술 발전으로 경제 상태는 변화하였고 중위도 지방에서 인구의 이동은 증가했다. 산골짜기의 산업화, 오프로드 차량의 생산과 이용, 휴양과 관광을 위한 건축물의 규제받지 않는 급속한 개발이 이러한 침입을 가장 분명하게 보여주는 신호였다. 미묘하지만 아마도 장기적으로는 한층 더 중요한 것은 공기, 물, 토양의 오염이며, 방사성 물질의 증가를 포함한다. 게다가 의도적이든 의도적이지 않든 새로운 종이 도입되고 있으며, 또한 제초제, 살충제, 해충과 포식자의 자연 도태적 도살 등으로 동식물의 개체 수가 조절되고 있다. 가장 최근의 발전은 훨씬 더 멀리까지 영향을 미치고 있다. 인간은 이제 날씨와 기후에 대해 고심하기 시작했다.

과도한 방목과 삼림파괴

산악 초원에서의 과도한 방목 및 숲의 벌채나 소각은 초기의 파괴적인 활동 중 하나였다. 이러한 활동의 부정적인 영향은 이로 인한 충격의 강도와 규모 및 국지적인 환경 체계의 회복력에 달려 있다. 예를 들어 열대의 산에서 농업 집락[2]은 항상 숲을 개간하고 불태우는 일을 수반하고 있지만, 전통적으로 통제를 받는 방식으로 진행되었다. 교란된 지역은 몇 년 후 숲을 회복하고, 그 결과 숲과 토양 모두 재생될 수 있다. 열대지방의 중간 고도에서의 환경조건 및 일반적으로 낮은 수준의 이용으로 인해, 이러한 토지 개간 방식은 돌이킬 수 없는 피해를 초래하지는 않는다. 다른 한편으로 열대의 산에서 수목한계선 부근의 숲을 대규모로 소각하는 것은 나무가 우거진 식생을 희생시키면서 풀과 기타 낮게 깔린 내화식물의 면적을 크게 확장했다(Gillison 1969, 1970; Janzen 1973; J. M. B. Smith 1975, 1977a; Hope 1976). 이로 인해 식생 패턴은 크게 바뀌었고, 수많은 지역에서 숲을 회복하지 못하고 있다.

아마도 중동과 지중해의 건조하거나 반건조한 산맥만큼이나 방목과 삼림파괴의 영향이 심한 곳은 어디에도 없을 것이다. 이들 지역은 그리스도가 태어나기 훨씬 전부터 목축 인구를 지탱해왔으며, 수많은 산비탈이 매우 심하게 삭박[3]되어 토양이 거의 남아 있지 않다. 양과 염소는 날카로운 발굽으로 식생과 토양을 교란시키고, 식생을 촘촘히 뜯어먹어서 식물이

---

2) 주민 대부분이 농업에 종사하는 마을이나 지역이 형성하는 지역사회를 말한다.
3) 외적 작용으로 지표의 상부를 덮고 있는 물질을 제거하여 지표 아래의 암석을 노출시키는 것이다. 삭박작용이라고도 한다.

다시 자라지 못하게 하며, 이에 더해 살아 있는 모든 식생을 끈질기게 찾아내 결국 아무것도 남지 않게 된다. 염소는 심지어 나무에 올라가 나뭇잎을 먹는다! 식물의 성장과 토양 발달의 속도가 이미 매우 느린 지역에서는 동물의 이러한 통제되지 않는 방목이 지대한 영향을 미칠 수 있다. 초기의 수많은 유목 부족들은 오랜 기간에 걸쳐 방대한 지역에서 방목의 결과를 확산시키는 협정을 맺었다. 그러나 인구압과 토지이용이 한층 더 집중된 곳에서는 과도한 방목과 침식이 큰 피해를 주었다. 이란, 아프가니스탄, 파키스탄, 튀르키예뿐만 아니라 레바논, 시리아, 알제리, 튀니지, 모로코의 수많은 지역에서는 숲이 예전보다 훨씬 더 작아졌다.

자그로스산맥의 참나무 숲은 현재 원래 분포했던 면적의 10%에 불과한 것으로 추정되며, 중동의 다른 지역도 비슷하게 추정할 수 있다. 레바논산의 그 유명한 백향목(Cedrus libani)은 고대의 파라오 및 솔로몬과 다윗이 신전이나 사원 건설에 썼으며, 이후 그리스인과 로마인이 선박 건조에 이용하였는데, 이제 더 이상 존재하지 않는다. 잔존하는 백향목은 성역으로 보존되거나 접근이 불가능하기 때문에 보존된 몇몇 작은 숲으로 남아 있을 뿐이다(그림 12.1). 한때 자랑으로 여겨진 백향목이 서 있던 자리에는 지금 잡목이 우거진 식생과 나지의 사면이 지배하고 있다(Mikesell 1969). 엘부르즈(Elburz)산맥의 내륙 사면에 있는 백향목은 단지 5%만이 남아 있으며, 이란 내륙의 구릉 지대에 있는 피스타치오-아몬드 숲은 거의 완전히 파괴되었다(De Planhol 1970, p. 243).

삼림파괴는 건조 지역과 반건조 지역에서 계속되는 문제이다. 파키스탄과 아프가니스탄에서는 숲이 주로 산맥에 있으며 국토의 5% 이상을 차지한 적이 없었지만, 지난 세기의 인간 활동으로 그 규모가 더욱 축소되었다. 이동경작의 무분별한 벌채, 양과 염소의 통제되지 않는 방목, 장작용

그림 12.1 레바논에 남아 있는 몇 안 되는 작은 백향목(*Cedrus libani*) 숲. 이들 입목은 지금은 특히 겨울 스키를 위한 휴양/관광지가 된 1,900m 높이의 브샤리(Bsharri) 근처에 자리잡고 있다.(Clarke Brooke, Portland State University)

벌목 등은 파괴적인 행동이었다. 이 지역에서 8년간 근무했던 한 독일인 삼림 감독관은 최근 다음과 같이 말했다. "아프가니스탄에서는 마지막 숲이 죽어가고 있다. 숲과 함께 이 지역 전체의 삶의 토대도"(Eckholm 1975, p. 766에서 인용).

식생 제거는 건조한 지역에서 특히 관심 있게 살펴야 할 일이다. 왜냐하면 건조한 토양의 표면이 여러 요소에 노출되면 토양은 교란에 매우 취약해지기 때문이다. 이따금 내리는 강수는 보통 갑작스러운 뇌우로 나타난다. 물은 토양으로 스며들지 않고, 포상홍수[4]나 작은 개울처럼 흘러내리

4) 포상으로 확대된 유수를 말하며 면상홍수라고도 한다.

며 상당한 양의 미세 물질을 운반한다. 강한 바람 역시 미세한 표면 물질을 들어 올려 큰 입자를 암석투성이 잔류퇴적물(사막포도)[5]로 남겨둔다. 전반적인 결과는 빠른 침식 속도이다. 최근 연구에 따르면 인더스강과 그 지류(파키스탄과 아프가니스탄의 수계)의 침전물 운반은 1mm/yr의 삭박 속도를 나타내며, 이는 지구상에서 가장 빠른 침식 속도에 속한다(Hewitt 1972, p. 18). 장기적인 효과를 평가하기 어렵지만, 이 지역의 잠재적인 생산성 저하와 연관된 것은 확실하다. 가장 즉각적인 영향은 최근에 건설된 저수지가 메워진 것이다. 비용이 많이 드는 이들 저수지가 빠르게 쓸모없어지고 있다는 사실이 정부로 하여금 조치를 취하도록 자극했다. 이에 따라 정부는 현재 엄격한 토지이용 규제를 시행하고 있으며 수많은 재조림[6] 사업을 개시하고 있다(Eckholm 1975, p. 766).

삼림파괴와 침식은 히말라야산맥에서도 중요한 문제이다(Kaith 1960). 인구압이 증가함에 따라, 사람들은 점점 더 급경사면의 한계지역에 정착한다. 수림 및 나무가 우거진 관목림이 장작과 동물 사료용으로 벌채되고 있는 속도는 갱신율을 크게 웃돈다(그림 12.2). 최근 네팔에서는 이러한 문제가 관광객, 트레커,[7] 등산객의 장작 수요로 인해 악화되었다. 벌목은 수많은 사람에게 일자리를 제공하지만, 이들은 점점 더 높은 고도에서 더 작은 나무를 베어야 하는 것을 알게 된다(Bishop 1978). 심지어 외지인의 이

∵

5) 사막 지역에서 바람의 작용과 평면 침식으로 고운 토양 입자가 모두 제거된 사막 표면에 바람에 잘 마모된 조약돌, 둥근 돌 및 기타 암석편들이 빽빽하게 덮여 있는 자연적으로 생긴 평평한 지표면을 말한다.
6) 본래 산림이었다가 산림 이외의 용도로 전환하여 이용해온 토지에 인위적으로 다시 산림을 조성하는 것이다.
7) 오지 여행자, 특히 산악지대를 며칠 또는 몇 주에 걸쳐 걸어 다니거나 여행하는 사람을 말한다.

러한 목재 수요가 있기 전부터 나무가 없는 지대가 마을을 둘러싸고 있는 것을 발견하는 것은 흔한 일이었다. 이곳에 사람이 처음 정착했을 때는 아마 나무가 많이 있었을 것이다. 하지만 벌목이 집약적으로 계속되면서 거주민들은 나무를 얻기 위해 점점 더 멀리 이동해야 했다. 이러한 시점에서 나무를 찾아 이동하는 노력이 더 이상 가치가 없어지자, 마을 사람들은 난방과 요리에 동물의 배설물을 사용하기 시작했다. 이것은 숲에 대한 압박을 줄여주는 것이기 때문에 좋은 행위로 보일 수도 있지만, 실제로 환경의 질적 저하로 가는 또 다른 단계이다. 비료는 재배계획에서 토양의 비옥도를 유지하는 데 필수적이다. 산악 농업의 전문가들이 전통적으로 토양에 추가하던 비료의 이용을 보류하기 시작하자마자 생산성은 감소하고 토지는 인구를 지탱할 능력이 떨어진다. 이러한 상황에 대한 전형적인 반응은 농업 활동이 훨씬 더 한계지역으로 확대되어 토양의 불안정과 침식을 다시 초래하는 것이다(Eckholm 1975, p. 765).

히말라야산맥에서는 명백히 배설물을 태우는 것을 전통적으로 널리 행하지 않는다(Pant 1935, p. 129). 하지만 안데스산맥에서는 배설물을 연료로 이용하는 것이 오래전부터 흔한 일이었다. 볼리비아와 페루에 있는 고원(altiplano)의 3,700m 이상 고도에서는 오직 단일 수종으로 성장을 방해받은 왜소한 나무만이 널리 산재해 있다. 따라서 연료를 이들 나무에만 의존하는 것은 절대로 불가능한 일이었다. 난방과 요리에 쓰이는 전통적인 연료인 배설물은 현지의 생활방식에 필수적인 자원이다(Winterhalder et al. 1974). 라마와 소의 배설물은 연료로 사용되는 반면에, 양의 배설물은 비료로 사용된다. 이러한 관행에는 확고한 근거가 있다. 실험실 분석에 의하면 양의 배설물은 더욱 응축되어 박테리아의 빠른 작용과 부식의 형성을 유발하는 것을 보여준다. 또한 질소, 칼슘, 칼륨이 더 많이 함유되어 있다. 다른

그림 12.2 히말라야산맥의 (나무 위) 여성은 동물 사료용으로 새로이 성장하는 가지를 꺾는다(땅 부근의 나뭇가지는 이미 모두 꺾었다). 이 관습은 지역 전역에서 흔하다. 많은 나무가 계속되는 가지치기로 죽는다. 결과는 침식과 환경 악화이다. (사진 속의 나무는 히말라야산맥의 낮은 높이 숲의 우점종인 살나무*Shorea robusta*이다.)(Barry C. Bishop; copyright National Geographic Society)

한편으로 소와 라마의 배설물은 열량이 더 높아 연료로 선호된다. 배설물은 연소될 때 비슷한 양의 나무를 연소할 때보다 단지 7% 적은 열량을 낼 뿐이다(Winterhalder et al. 1974, p. 101). 페루 뉴뇨아 지역의 4,000m 높이에 사는 한 가정은 평균적으로 연간 약 1만 1,000kg의 배설물을 연료로 사용하고, 1,000kg의 배설물을 비료로 이용하는 것으로 추정되고 있다. 따라서 만족스러운 생활을 위해서는 한 가족이 최소 25마리의 양과 75마리의 라마가 필요하다(Thomas 1976, p. 394). 그러나 결과적으로 최근 히말라야산맥에서는 증가하는 인구압과 외압에 대응하여 퇴보하기보다 오히려 자급자족하는 시스템이 등장했다.

다른 한편으로 1950년대와 1960년대에 볼리비아와 페루에서 토지개혁이 시행된 이후 고원에서는 토지이용에 주요한 변화가 일어나고 있다. 이러한 개혁은 소농민의 새로운 자유와 토지로의 접근으로 이어졌는데, 과거 부유한 지주들이 거대한 대농장(hacienda)[8]으로 보유하던 지역을 이제는 사람들이 직접 이용할 수 있게 되었기 때문이다. 인도주의적인 변화는 매우 긍정적이지만, 경관에 미치는 초기의 자연적인 영향은 부정적으로 보인다. 소농민은 토지에 대한 개인적인 책임이 없었기 때문에 보존의 본질에 대한 어떠한 경험도 없다. 결과적으로, 이러한 개혁이 크게 증가한 인구압과 결부되면서 수많은 지역에서는 과도한 방목, 한계지역의 개간과 경작, 장작용 나무의 벌목 등으로 이어졌다. 요컨대, 일반적으로 자원이 고갈되는 원인이 된다(Preston 1969, p. 12).

••

8) 라틴아메리카의 대토지 소유 제도이며, 대토지 소유자의 농장과 목장을 가리키는 경우도 많다. 수탈한 원주민의 토지나 미개척지를 소수인에게 나누어주어 발생하였으며 에스파냐 식민시대의 유산이다. 자급자족경제를 지향하고 노동력은 주로 채무노예를 부리는 등 반봉건적이고 전근대적인 성격이 강하다.

열대와 아열대의 산은 현재 가장 심각한 환경 저하를 겪고 있다. 그 이유는 이곳의 인구가 특히 빠르게 증가하고 있으며, 이와 관련된 토지이용 특히 농업에 대한 압박이 심하기 때문이다. 이것은 한층 더 착취적인 접근법을 선호했기 때문에 전통적이고 생태적으로 건전한 관습이 버려진 것을 의미한다(Eckholm 1975). 이러한 문제는 해결하기 매우 어렵다. 왜냐하면 관련된 국가들 대부분은 가난하고 고지대 거주민들에게 제공할 수 있는 대안이 거의 없기 때문이다. 그러나 이러한 퇴보를 멈추기 위해서 반드시 무엇인가 조치를 취해야 한다. 너무 많은 피해가 발생하기 전에, 이들 국가는 미래를 위해 자원을 개발하는 동안 환경의 질적 저하를 막을 방법을 동시에 찾아야 한다. 수많은 열대 국가들의 미래가 산악 생태계의 성공적인 관리에 달려 있는 것처럼 보임에도, 불행하게도 이들 국가는 필요에 맞지도 않는 중위도 지방의 도시와 산업화한 발전 모델에 이끌리고 있다. 그 결과 인구는 집중하고 있으며, 산을 자원보다는 오히려 장애물로 인식하기 때문에 경제적이고 사회적인 목표와 기술을 채택하고 있다. 자아 인식[9] 및 국지적인 자원의 본질을 강조하는 새로운 모델이 필요하다(Man and Biosphere 1973a, p. 23).

습도가 높은 중위도 지방의 산도 과도한 방목과 삼림파괴의 문제에서 예외가 아니다. 놀랍게도 숲은 토양이 얇은 급경사면에서 조성될 수 있으며, 최대의 사면 안정성과 서식지 다양성을 제공한다. 그러나 이러한 한계림이 파괴되면, 실제로 막대한 이들 지역이 파괴되고 있는 것처럼, 중단하기 어려운 환경 파괴가 진행되기 시작한다. 나무를 제거하면 미소 환경이

---

9) 주변의 인간이나 물체, 환경으로부터 자신의 존재가 다르다는 것을 구별하고 이해할 수 있는 능력을 말한다.

바뀌고, 그 결과 지면 부근의 온도, 강수, 일조, 바람의 조건이 숲의 덮개 아래 있던 것과는 확연하게 달라진다. 바람, 물, 동결의 과정은 침식을 증가시킨다. 나무뿌리의 결합 효과가 없으면 토양은 쉽게 교란되고 운반된다. 그리고 숲이 없으면 눈사태가 흔해진다. 이러한 과정들은 스스로 끊이지 않게 한다. 침식, 눈사태, 사면의 불안정성은 숲의 자연적인 회복을 억제한다. 결국 한때 푸르고 생산적인 숲이 서 있던 곳에는 나지의 암석투성이 사면만이 남게 된다. 이러한 상황은 수 세기에 걸친 농업의 확장 기간 동안 상부의 숲이 파괴된 알프스산맥의 수많은 지역에서 오늘날 발견되고 있다(그림 8.24). 대부분의 고산 국가들은 현재 재조림 사업에 참여하고 있지만, 이 사업이 오랜 시간 동안 비용이 많이 드는 과제라고 생각하고 있다(Hampel et al. 1960; Aulitzky 1967; Douguedroit 1978)(그림 8.26).

댐과 저수지

산악림의 장작은 아마도 마을에서의 인간 활동에 충분한 에너지를 공급할 수 있을 것이다. 그러나 도시와 산업에는 훨씬 더 크고 더욱더 신뢰할 수 있는 동력원이 필요하다. 산악하천에 댐을 건설하는 것은 전기를 만드는 분명하고 효율적인 방법이다. 해설[10]로 충분한 물이 공급되고, 폭이 좁고 깊은 계곡은 댐으로 인해 쉽게 확장될 수 있다. 역사적으로 산악지역 대부분은 인구가 희박하고 토지를 (적어도 미국과 캐나다에서는) 공유했으므로 필요한 토지를 획득하는 것이 어렵지 않았다. 그러나 수력발전 사업과

••

10) 지상에 쌓인 눈이 융해되어 시내를 형성하는 것으로, 결빙화되고 다져진 눈더미는 녹는 속도가 상대적으로 느린 것이 특징이다.

관련된 경관의 직접적인 개조와 그에 따른 경제 발전은 산악환경에 거대한 영향을 미칠 수 있다.

댐 건설과 대규모 저수지 조성은 대부분 돌이킬 수 없는 행위이다. 계곡은 영구히 침수되고 이곳의 육상 생태계는 영원히 사라진다. 한때 하천이 흐르던 곳에 호수가 위치해 있다. 어떤 경우 인공 호수는 국지기후를 바꿀 수 있을 만큼 충분히 크고, 파랑 작용으로 호안선이 침식된다. 산업은 일반적으로 저가의 에너지를 이용하기 위해 인근에 위치하고 있으며, 이는 더 많은 일자리 및 주택과 서비스에 대한 수요의 증가를 의미한다. 호수에 대한 접근성이 양호하면 여름 별장이나 휴양 및 관광 시설의 건설이 일반적으로 뒤따른다. 마지막으로, 집중적인 개발의 결절지가 만들어지는데, 이는 환경 훼손의 가능성을 포함하고 있다.

댐 건설은 전통적으로 보통 허용되었다. 댐은 깨끗하고 값싼 전기를 생산할 뿐만 아니라 홍수 방지와 저수 및 휴양 기회도 제공한다. 하지만 댐을 점점 더 많이 건설함에 따라, 댐은 더이상 호의적으로 보이지 않게 되었다. 계곡의 서식지와 유유히 흐르는 하천은 보존할 가치가 있는 특별한 서식지로 점점 더 인정받고 있다. 결과적으로, 댐 건설업자들은 추가 댐 건설에 대한 저항에 부딪혔다.

예를 들어 유고슬라비아 줄리안 알프스산맥의 소카(Soca) 계곡(어니스트 헤밍웨이의 『무기여 잘 있거라』로 유명함)은 특별히 아름다운 산악 경치로 상당히 잘 알려져 있다. 하지만 이 지역은 경제적으로 침체되어 있으며, 인구는 1860년대 6,000명에서 오늘날 3,000명 이하로 줄어들었다. 경공업과 관광업에 약간의 고용이 있지만, 경제적인 기회는 거의 없다(Wilbanks et al. 1973, p. 22). 이러한 상황에서 1960년대 중반 몇 개의 댐을 건설하여 수력발전과 산업을 유치하자는 제안이 나왔다. 이 댐의 건설이 부가적인 고용으로 이어지긴 하겠지만, 또한 현재 존재하는 계곡들을 파괴할 것이다. 유고슬라비아에서는 경제적인 요인과 문화적/심미적인 요인 중 어느 하나를 선택해야 하는지를 놓고 국가적인 토론이 전개되었다. 본질적인 질문은 다음과 같다. "소카의 경관이 슬로베니아에 너무나 중요해서 실질적으로 이를 개조하는 어떤 계획도 받아들일 수 없는가?" 마지막 대답은 절대적인 동의였다(Wilbanks et al. 1973, p. 29). 현재 이 지역을 관광 중심지로 개발하기 위한 대안적인 장기 계획을 추진하고 있는데, 수많은 거주민에게 일자리를 제공해야 한다. 또한 의심할 여지없이 이 개발로 인한 바람직하지 않은 결과도 있겠지만, 적어도 계곡은 다소나마 예전처럼 남아 있을 것이고, 미래의 세대도 여전히 즐길 수 있을 것이다.

광업

광물을 추출, 정광,[11] 정련, 운반하는 과정은 산악환경을 크게 파괴할 수밖에 없는 가능성이 있다. 노천 채굴은 그 위에 가로놓인 생태계를 완전히 파괴한다. 수직갱 채굴은 피해를 덜 주지만 여전히 사망 위험이 크다. 어떤 경우든 피해의 심각성은 높이에 따라 증가하는데, 고산지대의 수목한계선 위에서 최대가 된다(Berg et al. 1974).

산성 물질과 중금속은 채굴의 흔한 부산물이다. 산성 물질은 지질층이 노출되고 붕괴될 때 전형적으로 황철광이나 다른 광물들의 산화 작용으로 인해 생성된다. 동시에 구리나 철과 같은 비정상적으로 많은 양의 중금속은 식물에 의해 흡수될 수 있게 용해된다. 이러한 화합물은 먹이사슬을 통

..
11) 선광 작업으로, 불순물을 제거하고 유용 성분의 함유율을 높여 순도가 높아진다.

해 축적되며, 어떤 일정 농도를 넘어서는 유독하게 된다. 이러한 모든 과정은 자연 조건에서도 발생하지만 훨씬 더 느린 속도로 나타난다. 광석을 함유한 물체의 인위적인 붕괴는 물질을 직접적인 산화작용이나 물의 증가된 침투와 침루에 노출시키기 때문에 독성 물질의 배출을 가속화한다. 그 결과 물, 공기, 토양의 산도가 증가하고 환경은 악화한다. 갱내 노동에서 배출되는 물은 산성 물질과 중금속으로 충전되어 있기 때문에, 하천은 무균 상태가 될 수 있으며 암석이나 하상에 금속 산화제의 코팅 현상이 나타날 수 있다(Johnston et al. 1975, p. 71).

채굴작업으로 인한 보기 흉한 광물 부스러기와 폐석 더미는 사면 불안정, 침식, 하천 퇴적작용 등을 가중한다. 느슨하고 불안정한 더미는 물을 잘 함유하지 못하고 재녹화는 느리다(Berg et al. 1974; Brown and Johnston 1976; Brown et al. 1976). 과거에, 채굴이 끝난 광산은 여러 가지 위험 및 종종 먼 거리에서도 볼 수 있는 흉측하고 끊임없는 상처를 경관에 남긴 채 그대로 방치되었다. 회사들 대부분은 이제 채굴로 야기되는 환경 문제에 대해 훨씬 더 잘 알고 있고 그 책임을 인식하고 있다. 그러나 높은 고도의 현장을 복원하려면 우려 이상의 것이 필요하다. 낮은 온도의 지역에서는 산성 물질의 생성이나 배수와 관련된 문제들을 바로잡는 것이 훨씬 더 어렵다. 재녹화 및 토양 안정화 또한 이루기 어렵다(Brown et al. 1978). 이들 요인은 잠재적으로 취약한 지역에서 행동을 개시하기 위한 결정을 내릴 때 고려해야 한다. 산악지역에서 모든 광물 채굴을 중단하는 것은 분명히 불가능하지만 환경을 보존하기 위해 더 많은 예방조치를 취할 수 있다. 어떤 경우에는 특정 산악지역의 독특하거나 대체 불가능한 또는 미묘한 본질 때문에 광물의 채굴을 포기해야 할 수도 있다.

임업

광업과 마찬가지로 임업은 산악지역에서의 주요 산업이다. 숲은 습한 기후의 산에서 우점하는 식생 유형이며, 대부분의 인간 활동은 농업에 더 유리한 저지대에 집중되어 있기 때문에 고지대의 숲은 다소 온전하게 유지되는 경향이 있다. 그러나 재목과 목공 제품에 대한 수요가 계속 증가함에 따라 산악림은 천연자원으로 꾸준히 그 가치가 높아지게 되었다. 현대적인 임업과 앞에서 설명한 종류의 산악림 파괴 사이의 주요 차이는 삼림 파괴가 나무 생장의 한계 지역, 예를 들어 건조한 지역이나 수목한계선 부근에서 일어난다는 것이다. 수림이 아주 느리게 회복되고, 교란이 계속되는 곳에서는 수림이 전혀 회복되지 못한다. 그러나 현대적인 임업 활동의 대부분은 나무의 성장이 빠른 하부 산악림에서 나타난다. 그리고 지속적인 수확의 원칙은 오래되고 큰 나무들의 선택적인 벌목, 나무의 재식재,[12] 시비, 간벌,[13] 살충제 살포 등에 영향을 끼치고, 그 결과 숲은 계속해서 재생한다. 이상적으로 지속적인 수확에 도달할지는 두고 봐야 할 일이다. 미국 서부의 수많은 지역에서 임업은 계속해서 자연 수목에 크게 의존하고 있다.

임업의 환경 영향은 여러 가지 측면이 있다. 나무의 제거는 사면의 불안정과 침식을 증가시킨다. 이는 뿌리의 결합력을 없애고 기초적인 토양/수분의 관계를 바꾼다. 물을 흡수하는 식생이 감소하고 유출 속도를 늦

∙∙

12) 재조림이나 신규 조림이 실패하여 나무를 다시 심거나 목재를 수확하고 다시 심는 것을 말한다.
13) 삼림의 임관이 울폐하고 난 후에 입목밀도를 조절할 목적이나 보육을 위한 벌채를 말한다. 개체 간의 종내 경쟁을 인위적으로 조정하여 경영목적에 따라 임목의 양이나 질을 증대 생산하는 동시에 삼림의 보호, 보전상 하나하나의 입목에 대하여 환경저항성을 부여하기 위하여 시행한다.

추는 표면 거칠기가 작아진다(Hewlett and Helvey 1970; Patric and Reinhart 1971; Harr et al. 1975). 또한 숲이 제거되면 겨울에는 눈쌓임이 유지되지 않을 수도 있다. 그럼에도 숲이 없는 사면은 물을 흡수하는 효율이 떨어지기 때문에 유출의 양과 속도는 더 크며, 이는 저지대의 홍수로 이어지는 경우가 많다(Anderson and Hobba 1959). 동시에, 벌목 잔해는 배수 하도를 막을 수 있다. 물은 일시적으로 집수되어 국지적인 생태계를 변화시키고, 결국 새로운 하도의 침식을 초래한다. 하천의 퇴적작용과 영양소 유출의 증가는 일반적으로 수중 생물을 해친다(Chapman 1962; Leaf 1966; Platts 1970). 숲의 개간은 지면 부근의 기후 조건을 변화시킨다. 현재 동결침투, 특히 상주[14] 활동이 더 크게 나타나며, 결국 매스웨이스팅과 퇴적작용이 더 증대된다. 이것은 특히 미국 서부의 일부 숲에서처럼 숲이 개벌(clear-cutting)[15]되어 벌목 지역 내에 한 그루의 나무도 남아 있지 않은 경우에 해당한다. 이 모든 상황은 높은 고도와 급경사면에서 증가한다. 또한 일부 암석과 토양 유형은 어떤 특정 지역을 특히 침식에 취약하게 만든다. 예를 들어, 실트와 점토 함량이 적기 때문에, 응집력이 거의 없는 조립질의 사질토가 많은 화강암 지대에서는 침식이 잘 일어난다(Anderson 1954; Andre and Anderson 1961).

나무를 벌채하는 것 외에도 벌목이 경관에 미치는 가장 큰 단일 영향은 도로 건설일 것이다. 도로는 슬럼프와 랜드슬라이드의 주요 발생 장소가 되며 퇴적작용의 주요 원인이 된다(Megahan 1972; Megahan and Kidd 1972;

---

14) 토양 속의 수분이 모세관현상으로 지표로 상승해가는 과정에서 0℃ 이하의 층에 도달하고, 지표면에 대해 수직으로 뻗은 얼음기둥이 된 것을 상주상빙층이라고 한다. 이 가운데 지표 또는 지표 바로 밑에 형성된 것을 상주라고 하며, 서리기둥이라고도 한다.
15) 숲의 관리, 보호, 개간 따위를 위해 임목을 일시에 전부 또는 대부분 벌채하는 것을 말한다.

Swanston 1974; Swanson and Dyrness 1975). 도로는 사람과 차량의 자유로운 접근성을 한층 더 높여주고, 그 결과 더 많은 오염과 쓰레기 투기, 산불 발생의 증가, 수렵으로 사냥감 동물에 가하는 압박의 증가를 초래한다. (이에 대한 자세한 내용은 다음 절에서 설명한다.) 마지막으로 집재로[16]와 벌채된 숲은 토지를 훼손하는 것이다. 일부에서는 이러한 영향을 완화하려는 시도가 적어도 지면 높이에서는 있었는데, 주요 고속도로를 따라 수십 미터나 되는 나무를 시각적인 방풍대(visual-shelter belt)로 유지하는 것이었다. 광업의 경우처럼 산악임업에서 사람들은 딜레마에 직면해 있다. 이들 귀중한 자원이 필요하지만, 자원 채취에는 수많은 환경 문제가 수반된다. 완벽한 해결책은 없지만, 부분적인 해답은 서로 다른 환경조건에서 어떤 특정 유형의 행동이 미치는 영향을 더욱 잘 이해하는 것이다(Ovington 1978). 그러면 사람들은 방법과 접근 방식을 수정하여 이러한 사실을 수용할 수 있으며, 자연과 한층 더 조화로운 관계를 이루면서 동시에 자연이 주는 포상금을 획득하기 위해 노력할 수 있다.

휴양 및 관광

산악경관에 가장 서서히 미치는 영향 중 하나는 수많은 사람이 산악경관을 즐기러 오는 것에서 비롯된다. 이는 제2차 세계대전 이후 고속도로의 급속한 발전과 자동차 수의 증가, 부의 수준 향상, 여가 시간의 증가로 본격적으로 시작되었다. 휴양은 농업이나 광업 또는 임업에 비해 그다지 자연을 파괴하지 않으며, 산악 경치의 이상적인 이용으로 보일 것이다(실제로

⁘
16) 벌채된 임목을 집재하기 위해 개설된 임도의 총칭이다.

도 그러하다). 그러나 안타깝게도 점점 더 많은 사람이 찾아오고 이들을 수용하기 위한 시설들을 건설하면서, 산악지역은 인구 과잉, 고층 건물, 소음, 오염, 네온 조명 등 방문객들이 탈출하려고 애쓰는 바로 그 장소와 닮아가기 시작했다.

산에서 휴양을 추구하는 사람들과 관광객이 미치는 영향의 종류는 이들이 참여하는 활동만큼이나 다양하지만, 이러한 활동을 받아들이고 동화시키는 산의 능력은 고도에 따라 감소한다. 높이가 높아질수록 어느 주어진 환경적 스트레스의 강도는 훨씬 더 크게 영향을 미칠 것이며, 동시에 저지대에서의 비슷한 수준의 활동보다 더 빨리 분명해지고 더 오래 지속될 것이다. 예를 들어, 사람들이 고산 식생을 밟는 경우 어떤 일이 일어나는지 생각해보라. 물론 이러한 단순한 스트레스에 대한 환경적 반응은 국지적인 현장 조건뿐만 아니라 교란의 강도 및 정도에 따라 달라진다. 로키산맥의 고산툰드라에 대한 연구에 따르면 건조한 고지의 지역에서는 때때로 가벼운 사람의 답압[17]은 별 영향이 없지만 습한 지역에서는 동일한 크기의 통행도 상당한 피해를 가져온다고 한다. 수백 명의 답압은 수주 내에 두 지역의 식생을 완전히 파괴할 수 있으며, 식생이 회복되는 데 수 세기 혹은 수천 년이 걸릴 수도 있다(Willard and Marr 1970, 1971). 따라서 고산지대의 '전망대'와 기타 도로변 명소에는 이러한 영향을 미치는 지역을 제한할 수 있는 길과 울타리가 있어야 한다. 이것은 가혹하고 구속하는 것처럼 보일 수 있지만, 그렇게 하지 않으면 모든 부지가 파괴될 수도 있다. 일

---

17) 본래는 보리밭 따위의 눅겨진 지가 얹어 부풀어 오르는 것을 막기 위해 밟아주는 일을 말하지만, 여기서는 많은 사람이 땅을 밟고 지나가면서 가해지는 압력을 가리킨다. 그로 인해 서식처 토양이 다져지고, 토양 공극이 사라져 통기성과 통수성이 불량하게 되며, 매몰 종자의 발아가 저해되고, 호우에는 지상에서 빗물 유출이 급격히 발생해 쉽게 건조하게 된다.

반적으로 극도로 취약한 지역에는 사람들이 대규모로 집중해서는 안 된다 (Habeck 1972b).

도보 여행자, 등반가, 배낭여행자의 오지 여행은 한층 더 산재하기에, 그 영향이 적다. 또한 이러한 활동에 종사하는 사람들은 일반적으로 환경의 본질에 더 민감하기 때문에 관련된 문제가 거의 없었다. 그런데 최근 몇 년간 도보 여행자, 등반가, 배낭여행자의 수가 너무나 급증하여 어떤 특정 지역에서는 그 수를 제한할 필요를 느끼고 있다. 또한 기술의 발달에 따라 미치는 영향의 본질도 달라졌다. 현대적이고 재고가 풍부한 야외 스포츠용품 매장에서 쇼핑하는 것은 매혹적인 경험이 될 수 있다. 최근 몇 년간 캠핑용품과 장비의 중요성 및 그 다양성이 사실상 폭발적으로 증가하고 있다. 그래서 지금은 수많은 종류의 걸쇠, 초크(chock),[18] 너트,[19] 쐐기, 슬링,[20] 회전고리 등을 등산에 이용하는 것이 가능하여 사람들은 암벽을 기어오르며, 자유등반[21]에서는 사실상 불가능했던 등반을 할 수도 있다. 이것은 환경적인 문제뿐만 아니라 윤리적인 문제도 초래했다. 예를 들어, 보호하기 위해 피톤[22]을 합법적으로 이용하는 것과 자신의 능력 이상으로 오르기 위해 버팀목으로 피톤을 이용하는 것 사이의 경계는 종종 매우 모호하다(Zimmerman 1976, p. 9). 또한 이러한 장치를 이용하면 뒤따라오는 사람들의 즐거움도 반감시킬 수 있다. 만약 특별히 어려운 경로를 자

⁘

18) 침니(chimney)나 바위 속에 쐐기 모양으로 움푹 박아 홀드(hold)로 이용하거나 테이프슬링 (tape sling)을 걸어 확보 지점으로 활용할 수 있게 하는 기구를 말한다.
19) 바위 틈새에 중간 확보물로 끼워 설치하는 기구이다.
20) 무거운 물건을 들어올리기 위해 매어다는 밧줄이다.
21) 장비에 의존하지 않고 오직 사람의 능력만으로 암벽을 오르는 등반 형식이다. 즉 바위의 요철만을 홀드나 스탠스로 사용하며 오르는 것을 말한다.
22) 암벽등반에서 바위의 갈라진 틈새에 박아 넣어 중간 확보물로 쓰는 금속 못을 말한다.

유등반 하기 위해 많은 시간과 노력을 들였는데, 단지 상처 난 볼트 구멍과 손상된 피톤 자리만 매번 접한다면 어떤 기분이 들겠는가? 산비탈은 종종 정상 정복을 그만두거나 폭풍으로 물러나는 지친 등반가들이 남겨둔 자잘한 소지품으로 인해 훼손된다. 다른 경우에 등반가와 배낭여행자는 처음에는 음식이 가득 담긴 용기와 장비를 가져갈 수 있을 만큼 체력이 충분히 강하지만, 이상하게도 등반 후에는 체력이 너무나 약해서인지 빈 용기조차 가져갈 수 없는 것으로 보인다. 버려진 폴리프로필렌 로프, 알루미늄 캔, 산소통, 비닐 포장지, 나일론 천은 거의 영구적으로 자연을 훼손하는 것이 된다. 1974년과 1975년에 공원 관리청은 매킨리산의 상부 사면에서 3톤이 넘는 쓰레기를 제거했다(Zimmerman 1976, p. 9).

현재 미국의 수많은 국립공원과 야생보호구역(Wilderness Area)은 등반과 도보 여행에 허가를 받아야 하며, 이는 규제, 예약, 대기명단 등과 관련이 있다. 이것은 언제나 '구릉에서의 자유로움'을 누려온 사람에게는 억압적인 발전이지만, 환경과 양질의 경험 모두를 보존하는 방법이 필요하다(Wagar 1964; Hendee and Lucas 1973; Stankey et al. 1976). 이러한 입장을 취할 수밖에 없는 당국은 이들 자원에 엄청난 압박을 가하고 있다. 1976년에는 52개의 독립된 탐험대가 매킨리산 등반의 허가를 요청했다. 주말 연휴에 워싱턴주의 레이니어산을 오르는 사람들은 1950년대 한 계절 내내 등반한 사람들보다 더 많다. 매년 5,000명 이상이 오리건주 후드산에 오르는 것으로 추정된다. 등산로에 있는 가장 인기 있는 몇몇 캠프에서는 녹여서 사용할 깨끗한 눈을 구하는 것이 어려울 정도이다. "비유적으로, 사람들은 모두 확대된 노랑눈(yellow snow)의 원 안에 서 있다"(Zimmerman 1976, p. 10).

산지의 보행자나 도보 여행객의 경우, 산간오지 여행의 대부분은 오솔길에서 이루어진다. 이 때문에 폭이 좁은 회랑은 영향을 더 크게 받지만, 전체적인 영향은 감소한다(Bell and Bliss 1973; Coleman 1977). 반면에, 일부 지역에서는 도보 여행객들에게 흩어져 이동할 것을 촉구한다. 예를 들어, 배수가 잘되지 않는 초원을 가로지르는 오솔길로 도보 여행이 집중되는 것은 배수가 잘되는 고지에 비해 훨씬 더 파괴적이다. 젖은 초지를 가로지르는 오솔길은 순식간에 토탄 속으로 가라앉아 배수를 방해하며 물이 고여 있을 수 있다. 따라서 이들 오솔길을 이용하는 도보 여행자들은 양측의 마른 지표면을 선택하는 경향이 있으며, 그 결과 침식 과정이 반복된다(그림 12.3). 초지를 가로질러 나 있는 오솔길은 위하상(pseudo-streambed)의 역할도 할 수 있다. 이러한 오솔길은 배수를 용이하게 만드는 것으로 나무의 침입이나 그 결과로 일어나는 초지의 소멸과 같은 다른 생태학적 변화를 초래한다(이 책 511~512쪽 참조). 휴양하는 사람들은 야생 동물이나 심지어 산악 원주민들과 비교했을 때 한층 더 독특한 특징을 보이고 있다. 즉 이들은 산 중턱으로 가는 완만하고 비스듬한 구불구불한 경로보다는 오히려 바로 올라가는 길을 선택하는 경우가 많다. 이들 연직 방향의 오솔길은 유출 속도를 최대화하며 종종 깊은 침식우곡[23]이 된다(Huxley 1978, p. 201). 잘 조성된 구불구불한 오솔길이 존재하는 곳에서도, 사람들이 모퉁이를 가로지르거나 가파른 비탈 아래로 껑충껑충 내달려 전반적으로 부정적인 결과를 초래하는 수많은 장소를 찾는 것은 드문 일이 아니다.

그러나 고속도로의 건설이나 이용에 비하면 도보 여행과 개별적인 오지 이용자들에 의한 산악환경 악화는 아무것도 아니다. 도로 건설은 사면을

23) 우곡에 의한 토양 침식을 말하는 것으로 우곡이 많이 파이면 땅이 불모지로 변한다. 이는 인간활동이나 기후 변동으로 식생이 파괴되거나 빈약해질 때 더욱 촉진된다.

그림 12.3 오리건주 왈로와산맥의 2,575m 높이에서 물이 잘 배수되지 않는 초원을 가로지르는 오솔길. 타용마(pack horse)[24]나 도보 여행자 모두가 이러한 오솔길을 만든다. 오솔길은 종종 배수하도가 되어 훨씬 더 멀리까지 깊이 자리 잡고 있다.(저자)

불안하게 만들고 국지적인 하계망 패턴을 바꾼다. 또한 눈사태나 낙석으로부터 탐방객들을 보호하기 위한 구조물의 건설도 그렇다. 최종 결과는 환경과 경관의 모습을 크게 변경시키는 것이다(그림 5.29와 5.30).

　도로 건설로 인한 가장 큰 피해, 즉 도로가 이전의 외진 지역으로 매우 많은 사람이 진입할 수 있게 했지만, 이는 극단적으로 교란[25]의 영향을 받기 쉽다는 것이다. 동물들은 더 많은 사냥과 괴롭힘을 당한다(Dourojeanni 1978). 1960년대 초 히말라야산맥의 카라코람 지역이 도로로 개방된 이후 이곳의 마르코폴로 양(*Ovis poli*)은 통제 불능의 사냥으로 거의 사라질 운명이었다(Ricciuti 1976, p. 32). 미국 서부의 산악지대에 걸쳐 수많은 벌목 도로가 범람하면서 모든 세대의 '도로사냥꾼'이 넘쳐났다. 도로가 야생 동물의 보호구역으로 침입하여 겨울에 짐승이 먹이 먹는 곳을 관통하고 전통적인 이동경로를 차단한다(Edwards and Ritcey 1959; Johnson 1976). 수렵금지구역과 공원에 있는 동물들은 종종 사람이 주는 먹이나 쓰레기에 의존하게 된다. 동물들은 그렇게 인간의 음식 맛을 알게 되면서 먹이를 찾아 인간의 영역을 침범하기 시작할 것이고, 따라서 골칫거리가 될 것이다. 만약 골칫거리가 큰 육식동물이라면, 이것은 공포스러운 경험으로 이어질 수 있다. 예를 들어, 최근 국립공원에서는 회색곰과 관련된 사건들이 일어났다(Marsh 1969, p. 318; Houston 1971, p. 650; Cole 1974).

∙∙

24) 짐을 싣도록 훈련된 말이나 화물 운반용의 말이다.
25) 기존의 생태계나 그 일부를 파괴하는 등의 외적 요인을 말한다. 화산의 분화, 지진, 화재, 홍수, 귀화종의 침입, 식물의 병이나 해충의 발생, 포식자나 인간 활동에 의한 파괴 등 여러 가지가 있다. 어떤 경우에도 한 번 생산된 생물체를 물리적으로 파괴해버리는 특색이 있어, 스트레스 요인 등 물질생산의 생리적 과정을 저해하는 요인과는 구별된다. 교란이 강한 환경에서는 육상식물로는 일년생 초본이 많고, 일시적이라도 환경조건이 좋아지면 민첩하게 번식으로 들어가서 상대성장률이나 번식효율을 높이는 특징을 지니고 있다.

또한 도로는 접근 수단의 역할을 하며 외래종이 유입하는 데 특화된 서식지를 제공한다. 애완동물은 풀려나거나 도망간다. 곤충, 식물 포자, 씨앗은 차량이나 의복에 의해 운반된다. 도입종의 성공은 고도에 따라 감소하지만, 도로는 여전히 더 높은 비율로 외래종에게 은신처를 제공하는 경향이 있다(Frenkel 1974; Veblen 1975). 어떤 동물들은 의도적으로 산악지역에 도입되었지만, 이후 골칫거리가 되거나 환경파괴를 일으킬 정도로 증식했다(Holtmeier 1972; Bratton 1974; Salmon 1975). 당면한 문제의 좋은 사례는 하와이 제도의 화산에 염소가 도입된 것이다. 이 염소들은 1770년대에 쿡(Cook) 선장이 풀어놓은 것으로 장래 탐험에 필요한 신선한 고기를 얻기 위해 이곳에 방사된 것으로 보인다. 이들 염소는 천적이 없었고, 사람을 구제했으며, 또한 빠르게 증식하여 곧 고유 생물상에 심각한 피해를 입히기 시작했다. 하와이 화산 국립공원의 두 생물학자는 이 문제의 본질을 다음과 같이 설명했다.

200년도 채 지나지 않아 염소는 섬의 해변에서 산봉우리 꼭대기에 이르기까지 계속 뜯어 먹었고 다시 아래로 내려가며 뜯어 먹었다. 이 무렵에 염소는 그 수가 수만 마리에 달했고, 몇몇 식물 종을 뜯어 먹어 멸종시켰으며, 더 많은 종의 존재를 위협하기도 했다. 게다가 이로 인한 숲의 파괴는 과즙을 먹이로 하는 토종의 고유한 새, 즉 하와이꿀먹이새(Drepanididae)의 개체 수 감소의 주요 원인 중 하나이다. 또한 숲의 파괴는 이러한 놀랄 만한 독특한 과에 속하는 새뿐만 아니라 아마도 다른 과의 새의 개체 수를 감소시키는 주요 원인이다. 이들 일부 멸종위기에 처한 새에는 하와이섬의 말똥가리(hawk), 기러기(nene), 크리퍼(creeper),[26] 꿀먹이새(akepa), 아키아폴라우(akiapolaau), 오우(Ou) 등이 있으며, 공원 서식지의 매우 희귀하지만 중요한 자생종이다. 이들 위기종이 하와이

어딘가에서 사라질 때, 이들 종의 일부는 하와이 화산국립공원의 보호 아래 생존에 적합한 서식지에서만 살아남을 수도 있다. 염소들을 통제해 서식지를 보전할 수 있다면 말이다.(Baker and Reeser 1972, pp. 2~3)

짐작하는 바와 같이, 아마도 염소를 통제하는 것은 쉬운 일이 아닐 것이다. 사냥꾼들이 수천 마리의 염소를 사냥했지만, 염소는 매우 번식력이 강하고 험한 곳도 잘 다녀서 완전히 제거하는 것은 거의 불가능하다. 또한 산악지역은 워낙 넓어서 울타리도 효과적이지 않다. 특히 생태계가 외부 교란에 가장 취약한 높은 고도의 지역에서는 염소의 수가 통제될 수 있기만을 바랄 뿐이다.

염소만이 하와이 화산국립공원에서 문제를 일으키는 유일한 외래종은 아니다. 야생 돼지, 자생이 아닌 쥐, 도입된 몽구스, 외래 조류 및 수많은 외래 식물 등은 공간을 두고 우점하기 위해 토종 생물상과 경쟁한다. 이들 지역사회를 비교적 자연스러운 상태로 유지하는 것은 끊임없는 투쟁이지만, 이러한 경쟁 중 하나는 노력할 가치가 충분히 있다고 생각한다. 유명한 생태학자 알도 레오폴드(Aldo Leopold)가 이 지역을 연구하며 다음과 같이 말했다. "하와이에서 화산에 오르는 탐방객은 염소가 아니라 마마네(mamane) 나무와 은검초를 봐야 한다"(Leopold et al. 1963, p. 34).

리프트, 케이블카, 곤돌라, 전차는 종종 도로 높이보다 높은 곳이나 그 밖의 접근 불가능한 지점으로 사람들을 운반하여 전망대나 고지대로의 접근을 가능하게 한다. 알프스산맥에는 다른 어떤 산맥보다 이러한 시설이 훨씬 더 많이 있다. 고산지역의 이용을 크게 증가시키는 것 외에도, 이들

∵
26) 여러 가지 나무에 기어오르는 새이다.

시설은 경험이 없고 부주의한 사람들의 내재된 위험을 초래한다. 왜냐하면 이들은, 특히 신체 상태가 좋지 않다면 높은 고도에서 갑자기 격렬한 활동을 할 경우 발생할 수 있는 결과에 대해 알지 못하기 때문이다. 일반적으로 이러한 시설의 이용자는 고산 조건에 대해 준비가 되어 있지 않거나 이와 관련한 지식이 없다. 날씨가 좋을 때, 이들은 자신의 능력을 과대평가하기 쉬우며, 갑작스럽게 거리나 조건이 변화할 가능성을 과소평가하기 쉽다. 이들은 자신이 감당하기에 너무나 먼 거리를 도보 여행하거나, 너무 어렵고 준비되지 않은 등반을 시도한다. 산에서 늘 일어나는 것처럼 날씨가 갑자기 급격하게 변한다면, 즐거운 나들이가 고달프게 되거나 어쩌면 치명적인 경험으로 바뀔 수 있다. 1977년의 여름에는 알프스산맥에서만 등산과 도보 여행 사고로 329명이 사망했다(*The Oregonian*; 1977년 9월 6일).

리프트와 전차처럼 비포장도로용 차량(예: 트레일 바이크, 사륜구동 차량, 고무궤도 차량, 스노모빌)은 사람들을 접근하기 어려운 장소에 도달할 수 있게 하지만, 환경 훼손의 가능성을 증가시킨다. 이들 차량은 식생을 파괴하고 동물을 교란하여 사냥하기 쉽게 하고, 소음과 다른 종류의 오염을 일으키며, 눈을 압축하고(이는 수많은 생태학적 파급효과를 일으킨다), 도보로 여행하는 사람들을 성가시게 한다(Schmid 1971; Hogan 1972; Greller et al. 1974; Ives 1974d).

산에서 자동차는 그 자체로 상당한 영향을 미친다. 자동차는 공간을 차지하고 서비스 시설이 필요하며 대기 오염의 실질적인 원인이 된다. 공간은 가파른 산악지형에서 주요한 고려사항이 된다. 특히 폭이 좁은 계곡에 사람들이 밀집해 있는 곳이나 어느 지역으로 가는 도로가 단 하나뿐이고 병목 현상이 발생하는 곳에서는 더욱 그렇다. 이 때문에 교통 체증은 도시의 러시아워보다 더 심하지는 않다고 해도 그만큼 심한 경우가 많다. 알프스산맥에서는 인기가 있는 곳까지 철도를 건설하는 것으로 이러한 문제를 어느 정도 피하고 있다. 마터호른산의 기저부에 위치한 소도시인 체르마트(Zermatt)는 오직 철도로만 갈 수 있다. 방문객들은 계곡 아래쪽에 차를 주차해야 한다. 하지만 주말에는 교통 체증과 주차 문제가 일상화될 정도로 너무나 붐비는 스위스의 라우터브루넨(Lauterbrunnen)이나 그린델발트(Grindelwald) 같은 유명한 관광지로 운전해가는 것은 여전히 가능하다.

북아메리카의 국립공원에서는 관광 압력이 가중함에 따라 대량 수송수단(mass transit)[27]의 이용이 증가하고 있다. 나는 1960년대 초에 자동차를 운전해 알래스카 매킨리산의 기저부에 갔다. 그렇지만 현재는 공원 관리국에서 제공하는 버스로 여행이 제한되어 있다. 글레이셔, 옐로스톤, 요세미티와 같이 다른 섬세하고 혼잡한 공원들도 장래에는 이러한 접근 방식으로 바뀔 가능성이 있다(Burford and Jones 1975). 1946년 활기가 없던 작은 소도시에서 세계에서 가장 크고 분주한 스키 리조트 중 하나로 성장한 콜로라도주의 아스펜(Aspen)은 1972년 시민들이 마침내 대량 수송수단 시스템을 설치하기로 결정할 때까지 인구과잉, 교통체증, 대기오염 등의 문제가 넘쳐났다. 이 시스템은 현대적인 사양에 따라 만들어진 1920년식 빈티지 버스로 구성되어 있다. 승차는 무료이며, 스키 리프트 이용권의 판매세 수입으로 유지된다. 이 계획이 매우 잘 진행되고 있기 때문에 자동차를 더욱 제한하려고 아스펜과 스노매스(Snowmass) 인근 소도시를 연결하는 경전철 시스템을 현재 검토되고 있다(Standley 1975, p. 18). 콜로라도주 베일(Vail)은 최근 수년 동안 비슷한 성장 패턴을 겪어왔지만, 문제의 시급성

∙∙

27) 도시계획에서 사람과 거주 인구의 수송에 관한 것이며, 특히 대량 공공 수송체계를 의미한다. 교외 전차 등의 철도, 지하철, 노면전차, 모노레일 버스, 트롤리 버스 등이 있다.

을 인지하고 있음에도 불구하고 아직 자동차 유입에 대처하지 못하고 있다(Minger 1975). 유타주 솔트레이크시티 인근 워새치산맥에 위치한 알타(Alta)와 스노버드(Snowbird)의 스키장에도 대량 수송수단 시스템이 절실히 필요하다. 이들 리조트는 폭이 좁고 깊은 빙하 계곡의 맨 위쪽에 위치해 있는데, 이 계곡의 과도한 급경사면은 눈사태에 극도로 취약하지만, 이 계곡이 주요 접근 경로이기에 점점 더 교통체증과 자동차 관련 오염의 현장이 되었다. 1972년 스노버드 스키장의 완성은 이러한 문제들을 더욱 심화시켰다. 교통량은 1년 동안 62%나 증가했고 계속 증가하고 있다. 이 계곡에 접근할 수 있게 해주는 다양한 대량 수송수단의 대안이 검토되고 있다. 가장 좋은 선택은 스위스 알프스산맥에서 볼 수 있는 것과 같은 협궤의 톱니궤도 철도(cog railway)로 보인다(Klein 1974, p. 18). 그러나 비용이 만만치 않은 데다 언제 건설될지는 별개의 문제이다.

높은 고도에서 자동차가 대기오염에 미치는 영향은 특히 크다. 왜냐하면 연소 과정이 저산소 대기에서 비효율적이기 때문이다. 그 결과로서 발생하는 일산화탄소(CO)와 미세먼지가 상대적으로 많은 배출물은 자동차가 많이 통행할 경우 한곳에 모이는데, 특히 기온역전이 발달하는 계곡에서는 더욱 그렇다(이 책 169~172쪽 참조). 이러한 조건의 대기 오염은 실제로 주요 산업 지역에서 발생하는 경우를 일시적으로 초과할 수 있다. 일산화탄소는 자동차 배기가스에서 가장 많이 발생하는 위험한 성분이다. 무게로 환산하면 콜로라도주의 로키산맥 지역에서 발생하는 모든 대기오염물질의 67%를 일산화탄소가 차지한다. 주 전체에서 연간 92만 8,000톤의 일산화탄소가 배출되는 것으로 추정되는데, 이 중 93%가 운송 수단 때문이다(Fox 1975, p. 260).

미세먼지는 화로, 벽난로, 도로의 먼지에 의해 생성되며, 탄화수소는 엔진의 배기장치에서 배출된다. 이들 아주 작은 탄화수소는 건강에 가장 해로운 것으로 간주된다. 이러한 부유 미립자는 응결[28]을 위한 흡습성 핵의 역할을 하며, 또한 화학적 반응을 일으켜 스모그를 생성하기도 한다. 이것은 아마도 버지니아주와 노스캐롤라이나주의 스모키산맥에서 헤이즈(haze)[29]가 발생하는 원인일 것이다. 스모그에서 생명체에 가장 큰 피해를 주는 기체는 오존(O_3)이다. 산에서 스모그가 흔히 발생하지는 않지만, 강한 태양복사와 감소된 대기압은 오존 생성에 유리한 광화학적 반응을 일으킬 수 있다. 예를 들어, 시에라네바다산맥과 애팔래치아산맥에서 발견되는 오존이 높은 수준이기 때문에 이 화합물이 이곳으로 운반된 것인지 아니면 이곳에서 생성된 것인지에 대한 의문이 제기된다(Fox 1975, p. 262). 어쨌든 오존은 고도에 따라, 특히 도심 부근에서는 그 농도가 증가하는 것으로 알려져 있으며, 이들 지역 주변의 산에서는 이미 다양한 정도의 생태학적 피해가 일어나고 있다(Miller et al. 1963). 특히 오존은 특정 식물 종의 번식을 저해하여 식물군락의 구조에 영향을 미친다(Harwood and Treshow 1975). 또한 오존은 높은 고도에서 장거리 비행하는 항공기의 승무원과 승객이 겪는 눈, 코, 목의 자극을 증가시키는 원인이기도 하다(U.S. Dept. Transportation, 1977).

자동차와 관련된 물질로는 황이나 질소산화물과 같은 기체 오염물질이며, 이들 기체는 대기 중에서 화학적으로 강한 산성 물질로 전환될 수 있

∵

28) 공기가 이슬점 이하로 냉각되어서 포화 상태가 되어 수증기가 물방울로 맺히는 현상을 말한다.
29) 자연적인 시력으로는 구별할 수 없는 대기 중에 떠 있는 먼지나 염분의 입자를 말한다. 이들은 보통 일출과 일몰 시에 빛의 선택적인 산란을 한다. 수분을 함유하고 핵이 집적되면 크기가 커져 눈으로 볼 수 있다.

다. 이들은 도시와 산업 지역의 바람이 부는 방향의 산에 내리는 이른바 산성비의 원인이다(Likens and Bormann 1974). 생태학적 영향은 심각하다. 용질[30]의 pH가 낮아지기 때문에 암석의 부식과 풍화작용, 토양에서 일어나는 염분의 용탈,[31] 식물의 잎에서 나타나는 영양분의 침출(leaching) 등의 속도가 증가한다. 이것은 하천과 호수의 산성화로 이어진다(Cronan and Schofield 1979). 노르웨이의 외딴 산악지역에 있는 일부 하천은 이미 pH가 너무 낮아 생명체가 살 수 없다(Fox 1975, p. 262).

도로 개발과 접근 용이성은 관광객의 유입 및 여러 다른 레크리에이션 수요를 수용하는 데 필요한 시설, 즉 스키 리프트, 호텔, 레스토랑, 선물가게, 스포츠용품점, 주유소, 주차장, 별장 등의 수가 증가하는 것으로 귀결된다(Huxley 1978). 모두 공간이 필요하고 환경에 영향을 미친다. 스키 리조트의 개발은 문제의 본질을 집약적으로 보여준다. 스키장은 당연히 겨울 설선 위에 위치하여 적설이 계속되는 것을 보장한다. 스키 슬로프를 만들기 위한 수목 벌채는 사면의 불안정성, 침식 속도, 눈사태 가능성을 증가시키고, 만약 벌채가 부적절한 경우 리조트에서는 여름에 나지의 보기 흉한 사면이 드러날 수 있다(Klock 1973; Welin 1974). 스키장은 매력적인 종류의 레크리에이션을 제공하고 사람들 대부분은 기본적으로 이런 점을 바람직하다고 생각하지만, 이러한 시설의 수와 그 위치는 단순한 수요와 경제 이상의 것으로 관리되어야 한다. 눈사태가 발생하기 매우 쉽거나 불안정성에 취약한 사면, 또는 생태학적으로 민감하거나 다른 이유로 가

••

30) 용매에 용해하여 용액을 만드는 물질이다.
31) 토양에 도달한 빗물에 의해서 토양 내 무기 이온을 포함한 무기 물질들이 아래로 이동하는 현상이다. 이는 토양 형성 과정의 하나로 용탈된 물질이 하위의 토양층으로 집적되는 과정이다.

치가 있는 사면을 개발해서는 안 된다.

성공적인 스키장이나 이와 관련된 개발은 전 지역에 영향을 미칠 수 있다. 예를 들어, 콜로라도주의 베일은 1960년에 몇몇 건물에서 시작해 겨울철에 하루 1만 1,000명이 넘는 스키어(skier)가 찾는 지역사회로 성장했다. 현재 탐방객들이 이용할 수 있는 침실은 1만 5,000개나 되며, 편의 시설은 여전히 확충되고 있다(Minger 1975, p. 32). 베일은 인근 계곡으로 뻗어나가는 교외지역과 함께 스키어 방문, 인구, 소매 판매, 차량 등록, 부동산 가치 등에서 연평균 약 20%의 성장 속도를 보이는 신흥 소도시이다. 불행히도 삶의 질은 동시에 높아지지 않는다. 베일의 문제는 인구수에 비례해 커졌다. 인구 과밀, 교통 체증, 스모그, 불충분한 개발 계획, 시각 공해, 자치주 예산의 부담, 소도시의 친밀감 상실, 걷잡을 수 없는 물가상승 등으로 모두 피해를 입었다. 이곳은 콜로라도주에서 생활비가 가장 많이 드는 곳 중 하나가 되었다.

이 모든 것이 어디에서 끝날 것인가? 현재의 성장 추세가 계속된다면, 베일의 인구는 4년마다 두 배가 될 것이다. 이 아름다운 산골짜기는 어느 시점에 개발로 인해 황폐해져 더 이상 매력적이지 않게 되어, 이 지역이 의존하는 사람들이 더 이상 오지 않게 될 것인가? 환경과 균형을 이루며 고품질의 레크리에이션 경험을 제공하는 매우 바람직한 휴양지와 관광객에게 바가지를 씌우는 명승지의 차이점은 무엇인가? 물론 기준은 다양하지만, 베일이 중대한 단계에 도달한 것으로 보인다. 무엇인가 조치를 취하지 않으면 안 된다. 과감한 토지이용 계획 프로그램을 시작하는 것을 통해 공동체가 올바른 방향으로 나아가고 있다는 증거가 있다(Minger 1975).

이런 계획은 외부 법인과 개발회사가 대규모 리조트 시설, 콘도, 분양 토지 등을 조성하는 경우에 어렵다. 자금이 내부가 아니라 오히려 외부로부터 들어오기 때문에 개발자들은 현지 시스템의 지원역량(support capacity)을 고려할 특별한 이유가 없다. 외부에서 자금지원을 받은 개발자들은 자신이 건설한 시설을 매각한 뒤 철수하는 경우가 많다. 남겨진 현지 주민들은 발생하는 모든 문제에 대처하고 있다. 지역사회는 이러한 개발이 제안될 때 딜레마에 빠진다. 이들은 새로운 일자리와 늘어나는 과세표준의 전망에 이끌리지만, 또한 학교, 상하수도, 도로 개발 및 이에 뒤따라오기 마련인 소방과 경찰력의 확대와 같은 불가피한 수요의 증가도 고려해야 한다.

최근 미국 산림청이 베일 인근 비버 크릭에 있는 정부 부지를 포함해 1,200헥타르가 넘는 대규모 스키 리조트에 대한 제안을 승인했지만, 콜로라도 주지사가 이를 거절했다는 사실을 지켜보는 것은 흥미롭다(Brown 1975; Ohi 1975). 환경에 대한 중요한 고려사항이 있었지만, 분명히 가장 큰 원인은 콜로라도주에 또 다른 베일이 필요하지 않다는 주지사의 의견이었다. 이러한 결정에서 분명히 드러난 환경의 질과 삶의 질 모두에 대한 우려는 미래 세대에게 좋은 징조이다. 대규모 개발은 본질적으로 나쁜 것은 아니지만, 규모가 클수록 그 영향 역시 더욱 커지게 되므로 개발 계획과 실행에 더 큰 주의를 기울여야 한다. 대규모 개발이 훌륭하게 진행된 것으로 보이는 사례는 몬태나주 보즈먼(Bozeman) 부근에 위치한 빅스카이(Big Sky) 스키 리조트이다. 이 리조트에 대한 계획이 처음 발표되었을 때는 의심과 반대에 부딪혔지만, 계획이 진행되면서 우려는 누그러졌고, 이 사업은 좋은 취지와 생태학적으로 책임감 있는 방식으로 이루어졌다(Stuart 1975).

또 다른 상황에서는 이러한 발전이 주의 깊게 행해졌다 하더라도 부적절했을 수 있다. 이는 캘리포니아주 시에라네바다산맥의 미네랄킹(Mineral

King)에 미국 삼림청 소유 토지인 세쿼이아(Sequoia) 국립공원 남쪽 경계를 따라 스키 리조트를 조성하자는 크게 논란이 된 제안에서 입증된다(Hope 1968; Anderson 1970; Nienaber 1972; A. W. Smith 1975). 19세기 동안 중요한 광산 지역이던 미네랄킹은 세쿼이아 국립공원의 일부로 편입되지 않았다. 그러나 광업은 오래전에 중단되었고, 이 지역은 반황무지 상태로 남아 사냥감의 피난처 역할을 한다.

1965년에 미국 삼림청은 이 지역에 스키 리조트를 조성할 것을 몇몇 대형 개발업자들에게 제시했다. 개발을 허가받은 월트디즈니 엔터프라이즈는 3,500만 달러를 투자해 스키리프트, 숙박시설, 식당, 스케이트장, 수영장, 소매점, 극장 및 기타 시설 등과 같은 정교한 시스템의 구축을 제안했다. 이 기업은 연간 약 100만 명의 탐방객이 방문할 것으로, 그리고 연간 200만~300만 명까지 점차 증가할 것으로 예상했다(Hope 1968, p. 53). 이 사업은 캘리포니아주지사가 진심으로 승인했는데, 주지사는 주와 연방의 자금으로 이 지역에 40km의 도로를 건설하기로 합의했다. 이 중대한 시기에 수많은 자연보호단체들이 등장했고, 이 지역이 디즈니랜드의 시에라 버전으로 변모할 것이라는 전망에 경악했다. 다양한 전술이 동원되었다. 격론은 결국 미국 대법원까지 이어졌다. 10여 년간의 논쟁 끝에 디즈니사는 현재 더 이상 관심을 갖지 않고 분명히 철회한 것으로 보인다. 이 특정 지역의 궁극적인 운명이 무엇이든지 간에, 이와 같은 대규모 시설의 건설에 대한 승인을 얻는 것은 점점 더 어려워질 것이 확실하다. 생태계 파괴의 가능성은 너무나 크고, 동시에 꾸준히 줄어들고 있는 야생지대의 남아 있는 부분을 보존해야 할 중요성은 점점 더 명백해지고 있다.

산악환경의 보존

경관의 특성은 대대로 전해 내려오는 유산이다. 어떤 산악지역은 수천 년 동안 인간에게 점유되고 있는 반면에, 다른 산악지역은 비교적 손상되지 않은 채 그대로 남아 있다. 어떤 산악지역은 착취와 남용으로 인해 악화한 적이 있고, 다른 산악지역은 인간의 존재로 인해 향상했다. 예를 들어 알프스산맥은 인간의 오랜 점유로 인해 오남용에 시달렸고 크게 개조되었지만, 또한 대응하는 사람들의 문화적 적응으로 인해 놀랄 만한 수준으로 풍요롭고 아름다워지며 보존되었다. 이는 인간과 토지의 결합에 대한 신비한 반응으로, 알프스산맥의 진정한 아름다움이다. 그러나 다른 많은 지역에서는 인간 점유의 영향에 대한 평가가 이렇게 우호적이지 않다. 그 지위가 어떻든 간에 산악경관은 인간 유산의 일부를 이루고 있으며, 조상으로부터 물려받은 것처럼 후손들에게 전해주어야 한다.

여러 해 동안 조건은 크게 달라졌다. 과거에는 산악 사회가 고립되고 폐쇄된 시스템으로 운영되었다. 기술은 제한적이었고, 그래서 삶을 지탱할 수 있는 주어진 환경의 생산성과 능력도 마찬가지로 제한적이었다. 따라서 만족스러운 수준의 생존을 유지하려면 인구의 크기를 조정해야만 했다. 이것은 수많은 방법으로 달성되었다. 장자상속이 토지상속에 미치는 영향과 함께 장자상속의 사례를 앞서 논의했다(이 책 778~779쪽 참조). 저지대로의 이주가, 특히 겨울에 표준이었다는 점도 지적했다. 이것은 생산성이 떨어지는 계절 동안 한정된 자원에 대한 압박을 완화시켰다. 다양한 사회적 반응도 존재했다. 결혼은 비교적 늦은 나이에 이루어졌고 꽤 많은 수의 젊은이들이 독신 서약을 했으며, 일처다부는 흔히 볼 수 있는 관습이었다(Semple 1911, p. 582; Goldstein 1976). 알프스산맥의 일부 마을에서는 인구가 너무 많아지자 결혼을 금지하는 지방 조례가 통과되었다.

그러나 지난 세기 동안 기술의 급속한 진보와 인구 증가로 인해, 수많은 전통적인 토지이용의 접근 방식은 붕괴되었다. 인구는 지구의 전체 역사보다 지난 수십 년 동안 더 많이 증가했다. 사람들은 점점 더 도시에 집중하게 되었고, 기술은 경관을 변경하고 개조할 수 있는 전례 없는 능력을 주었다. 이러한 개발은 산악환경에서도 다르게 영향을 끼쳤다. 열대지방과 중동지역과 같은 일부 산악지역에서는 인구가 꾸준히 증가하고 있는 반면에, 서유럽 지역과 같은 다른 산악지역에서는 감소하고 있다(그림 11.5). 동시에, 사람들은 농업 경제에서 산업이나 휴양에 기반을 둔 경제로 이동하는 경향이 있다. 열대지방과 같이 계속해서 농업이 주요 관심사였던 곳에서도 사람들이 도시에 살게 되고, 새로운 기술을 채택함에 따라 농업이 환경에 미치는 영향도 달라졌다. 수많은 열대의 산악지역에서 인구가 엄청난 속도로 증가하고 있지만, 다른 지역에서는 저지대 도시로 이주하는 것이 문제가 되고 있다. 한층 더 전통적인 접근 방식이 적합하고 신기술이 실제로 지역의 요구에 적합하지 않을 때도 이들 새로운 기술은 종종 진보적이고 현대적인 것으로 인식되기 때문에 선호되고 있다. 이러한 발전은 산악문화와 환경 사이에 새로운 균형이 확립되는 것을 필요로 한다.

이상하게도 산악지역의 인구가 감소하는 것이 반드시 좋은 것만은 아니다. 장기간의 정착으로 인구는 자연과 균형을 이루며 시스템의 필수적인 부분이 되는 경향이 있다. 따라서 인적 구성 요소를 제거할 경우 시스템은 적어도 단기간 동안 안정성을 잃을 수도 있다. 예를 들어, 고지에서의 방목의 감소가 경우에 따라 침식을 증가시켰다는 증거가 피레네산맥과 알프스산맥에서 나왔다. 새로 자란 나무와 관목의 새싹을 뜯어먹는 동물들을 방목함으로써 나무의 성장은 지체되고, 목초가 우점하도록 허용하는 것이다. 목초는 숲이 회복하는 초기 단계보다 한층 더 효과적으로 토양을 침식으로부터 보호하는 것으로 보인다(De Planhol 1970, p. 238; Gdmez-Ibaiiez 1977, p. 295). 사람들은 계단식 경지를 보수하고, 배수로[32]의 장애물을 제거하며, 불안정한 사면을 보강하고, 눈사태를 막기 위한 구조물을 건설함으로써 점유지역을 유지하려는 경향이 있다. 그러므로 인간이 수많은 방식으로 환경을 바꾸더라도, 인간의 존재는 또한 안정화에 영향을 미칠 수 있다.

산악환경의 방치도 종종 사람들에게 이롭지 않다. 높은 임금의 일자리와 한층 더 나은 생활 방식의 매력에 이끌려 저지대 도시로 이동한 이들은 종종 전이(transition)가 매우 어렵다는 것을 알게 된다. 이것은 이 사람들에게 그리고 이들이 이주해 들어가는 지역사회 모두에게 수많은 사회적, 경제적 문제를 제기한다. 또한 산악환경의 방치는 이들 지역을 생산적인 영역에서 배제하고, 해당 지역의 자원 기반(resource base)을 축소한다. 이는 가난한 개발도상국, 특히 국토의 많은 부분이 산지인 국가의 주요 관심사이다. 완전한 해법을 찾기는 어렵지만, 이 사람들은 자신의 가치를 폄하하는 것보다 오히려 그 가치를 인식해야 한다. 이들은 수 세기에 걸쳐 환경에 대한 매우 많은 지식을 축적해왔다. 만약 이러한 지식이 사라진다면, 단지 수개월 간의 과학적 연구를 통해 이들 지식이 쉽게 복제되거나 다시 획득되지는 않을 것이다. 특히 중요한 것은 현지의 토지이용과 적응전략에 대한 이해이다. 왜냐하면 저지대 조건에서 이용하기 위해 개발한 현대적인 방법들은 보통 고지의 환경으로 이전될 때 일반적으로 성공하지 못하기 때문이다. 산악문화는 현대적인 기술의 이점을 이용할 수 있어야 하

⁝

32) 물이 흐를 수 있어 배수에 이용되는 통로나 경로를 총칭한다.

지만, 이 기술은 상황에 적합한 토지이용 기법과 통합되어야만 한다. 이런 점에서 산악 사회는 그 자체로 수많은 산악환경의 미래에 매우 귀중한 자원이다(Man and Biosphere 1974a, p. 110).

지난 세기에 걸쳐 산악 토지의 이용에 대한 인구, 기술 및 기본적인 접근 방식의 변화는 환경 영향의 유형과 강도를 급격히 바꾸었다. 이러한 것들은 점점 더 산악 시스템 외부에서 발생하고 있으며, 또 외부의 자극과 조건에 반응하고 있기 때문에 오래된 제약과 통제는 이제 더 이상 효과적이지 않다. 종전의 폐쇄적이고 자기제어적인 방식의 전통적인 사회의 시스템은 외부 요인에 크게 의존하는 개방적인 시스템이 되었다. 결과적으로 이들 시스템은 통제되지 않는 개발과 환경 파괴에 훨씬 더 취약하지만, 근본적인 문제는 같다. 어떻게 하면 사람들이 이러한 환경을 이용하면서도 미래에 지속적으로 이용할 수 있도록 토지의 능력을 보장할 수 있는가(IUCN. 1978)? 새로운 균형점을 찾아야만 한다. 여전히 상대적으로 인구가 적고 야생 상태에 있는 이들 지역은, 사방으로부터 점점 더 포위되고 있는 유한하고 사라져가는 자원이기 때문에 이 과제는 더욱 어렵다.

산악환경에 대한 압박이 가중되고 유해한 활동이 가속화함에 따라 강력하고 긍정적인 조치를 취해야 한다는 것은 더욱 명백하다. 전 세계적으로 이들 환경을 보호하고 보존하는 것에 대한 우려가 커지고 있지만, 국가마다 다른 접근법을 취하고 있다(Man and Biosphere 1973a, 1974a, 1975; Ives 1979). 프로그램에는 다양한 유형의 공원, 자연보호구역, 야생보호구역의 설치 및 그 밖에 인간의 이용 규제가 포함된다. 또한 이전보다 더 적극적인 토지이용 계획 및 더욱 강력한 수준의 관리도 포함되어 있다(Lynch 1974; North Carolina Dept. Admin. 1974). 이는 산악환경에 관심이 있는 여러 다양한 파벌들 사이의 갈등과 논쟁을 초래했는데, 그 이유는 상업적이고 산업적인 이용이 종종 자연 연구, 휴양, 그리고 '야생' 지역의 설치와 양립할 수 없는 경우가 많기 때문이다.

대부분의 나라들은 환경 보호와 관련하여 비슷한 목표를 공유하고 있지만, 이들 국가는 각기 다른 문제를 안고 있다. 사람이 오랫동안 거주해온 구세계 지역에서는 경관에 인간의 환경 개조 및 인공 산물에 대한 완전한 증거가 내포되어 있다. 또한 토지이용에는 역사적으로 존재 이유가 있다. 사람들이 수 세기 동안 특정한 방법으로 토지를 이용해온 곳에서는 계속해서 그렇게 하는 경향이 있다. 대조적으로, 북아메리카의 산은 거의 손이 닿지 않았다. 수많은 지역은 여전히 자연 그대로의 특성을 유지하고 있으며 상대적으로 교란의 증거가 거의 보이지 않는다. 따라서 어느 한 지역에서는 적절한 조치가 다른 지역에서는 적합하지 않을 수 있다. 예를 들어, 북아메리카에서는 일반적으로 산을 보존하려는 노력이 (단기간 방문은 제외하고) 사람이나 토목공사를 멀리하는 것을 통해 야생지대를 보존하려고 노력하는 것이다. 그러나 이것은 진정한 야생지대가 거의 남아 있지 않은 유럽과 아시아의 대부분 지역에서는 선택사항이 아니다. 문화적인 요소가 이들 경관의 너무나 많은 부분이 되었기 때문에 이를 제거하는 것이 가능하지도 바람직하지도 않다. 문화적인 요소들은 그 자체가 산악 유산의 귀중한 측면이기 때문에, 이곳의 노력은 시각적으로 완전한 경관을 보존하는 것을 목표로 하고 있다(Newcomb 1972; Mesinger 1973). 이들 '살아 있는 경관'의 한 부분인 사람들이 머물면서 계속해서 전통적인 생활방식을 이어가도록 만드는 수많은 시도를 하고 있다(이 책 811~813쪽 참조).

미국과 캐나다 서부 산악환경의 방대한 규모와 짧은 역사, 그리고 낮은 인구 밀도 덕분에 이들 두 국가는 산악지역에 자연보호구역과 공원의 설립이라는 과제를 비교적 수월하게 처리했으며 주도적인 역할을 하고 있다

(Nash 1973). 첫 번째 주요 단계는 국립공원의 설립이었다. 이러한 지위는 경치가 빼어나고 자연이 아름다운 지역에 지정되었다. 1872년에 옐로스톤은 최초의 국립공원으로 지정되었고, 1916년까지 30개 이상의 국립공원이 미국에 설립되었다. 이들 국립공원은 대부분 산악지역이고, 여기에는 매킨리산, 하와이 화산, 글레이셔산, 요세미티 계곡, 그레이트스모키산맥, 크레이터호, 올림픽산맥, 레이니어산, 로키산, 그랑테턴산맥이 포함되었다. 이들 국립공원은 자연환경의 보호와 보존을 위해 설립되는 것으로 계획되었고, 이는 모두의 즐거움을 위해 이들 지역의 존재를 지속적으로 보장하기 위한 것이었다. 국립공원의 이용 및 그 이용을 수용하기 위해 건설된 편의시설은 지역의 자연미를 훼손하지 않기 위해 최소화해야 했다.

국립공원이 처음 설립된 이후 50년 동안은 국립공원을 찾는 탐방객의 수가 그리 많지 않았지만, 그 후 교통 편의시설이 개선되고 인구가 증가하고 생활이 풍요로워졌으며 이동성이 향상함으로써 국립공원의 이용객이 엄청나게 증가했다(그림 12.4). 1940년대에 이르러 자연 그대로 가장 오염되지 않은 지역을 보존하는 것에 대한 우려가 제기될 정도로 그 이용이 증가했다. 이에 따라 이들 지역에서 발생할 수 있는 개발을 제한하기 위한 목적으로 한층 더 엄중한 범주인 국립원시공원(National Primeval Parks)을 설립했다(Butcher 1947). 그 밖에 크고 비교적 자연 그대로의 지역은 야생보호구역(wilderness area), 원시림보호지역(primitive area),[33] 야생지역(wild area)이라는 새로운 범주로 보호한다. 1961년까지 5만 km² 이상이 이러한

..

33) 일반적으로 사람들의 활동에 의해 영향받지 않고, 원생의 상태를 유지하고 있을 정도의 넓이를 가진 지역을 말하며, 그 상태는 지형, 기후, 토지 등의 환경에 따라 산림, 초원, 산악, 도서 등 여러 가지로 다양하다.

범주에 속했고, 이들 대부분은 서부의 산악지역에 위치해 있다.

최고의 법령은 1964년 제정된 야생보호법(Wilderness Act)[34]이었다. 이 법의 기본 목적은 "취락의 확대 및 기계화의 증대와 함께 증가하는 인구가 미국 내의 모든 지역을 점유하고 개조하지 않도록 보장하기 위한 것"이었다. 이 법령은 자연환경을 중점적인 관심사로 여긴 반면에, 사람은 침입자로 간주했다. 야생지대는 "지구와 생명 공동체가 인간에 의해 길들여지지 않은 지역으로, 이곳에서 인간 자신은 탐방객으로 체류하지 않는다." 따라서 어떤 현대적인 편의시설이나 기계화된 장비도

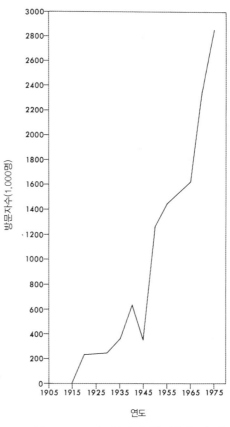

그림 12.4 1915년 기록이 시작된 이래 콜로라도주 로키산 국립공원의 방문자 수. 이것은 공원 관리자가 처한 상황을 보여준다. 명백하게도 예전 같은 산악환경을 유지하려면 국립공원의 이용을 현재의 속도로 무한정 증가하도록 허용해서는 안 된다.(미국 내무부 1904~1970)

34) 미국의 국립공원 가운데 꽤 넓은 지역을 지정해 야생 동물의 보호와 원시 경관을 보존하는 것이 목적이다.

야생보호구역에 들어갈 수 없다. 구조헬기의 착륙조차 문제가 된다. 이 법령의 정신은 몇몇 야생보호구역의 오솔길 입구에 놓인 다음과 같은 좌우명에 깃들어 있다. "사진만 찍고, 발자국만 남기시오."

국립공원, 원시림보호지역, 야생보호구역의 설립은 원래 보호와 보존의 철학에 바탕을 두고 있었지만, 이들의 이용에 대한 압박이 증가함에 따라 접근 방식은 어느 정도 관리의 한 부분으로 옮겨갔다(Lucas 1973; Hendee 1974; Hendee et al. 1978). 순수주의자 자연보호단체는 이러한 경향에 경각심을 갖고, 관리는 이들 지역을 더 많이 이용하기 위한 시도로 간주한다. 자연보호단체는 '관리'가 야생지대를 온전히 유지하는 데 필요한 최소한의 수준으로 유지되어야 한다고 주장한다. 허용 가능한 이용 범위와 그 유형은 해석과 철학의 문제이다. 어떤 사람들은 인간이 이용하기 위해 야생지대가 존재하며 이용해야 한다고 믿는 반면에, 다른 사람들은 야생지대가 인간의 어떤 흔적으로부터 자유로이 남아 있어야 한다고 믿는다. 이들은 모두 극단적인 견해이다. 사람들 대부분은 적어도 화재, 야생 동물, 해충, 오염, 질병을 통제하는 관리가 일부 바람직하다는 데 동의할 것이다. 통제는 최소한이어야 하지만, 이들 마지막으로 남아 있는 야생경관의 지속적인 완전무결한 상태를 보장하기 위해서는 주의 깊고 책임 있는 감독이 있어야 한다. 이는 이들 야생경관이 더 이상 진정으로 자연스럽지 않은 것이 아니라, 단지 훨씬 더 큰 단위의 잔유물일 뿐이며, 지금은 인간이 변경하고 점유한 환경에 의해 둘러싸여 영향을 받고 있기 때문이다. 하지만 야생경관은 가능한 한 개조되지 않고 자연 그대로 남아 있어야 한다. 이러한 점에서 단 하나의 가장 큰 위협은 휴양에 대한 수요의 증가이다. 산은 죽을 때까지 '사랑받을' 위험에 처해 있다. 미국 서부의 산악 야생지대에 들어가는 사람들의 수는 대략 매년 10~25%씩 증가하고 있다(Hendee and

Stankey 1973, p. 538). 일부 국립공원에서는 증가 속도가 훨씬 더 빠르다. 1967년부터 1972년까지 캘리포니아주 요세미티 국립공원의 오지 캠핑은 7만 8,000명에서 22만 1,000명으로, 하룻밤 묵는 탐방객의 수가 184% 증가했다. 같은 기간 버지니아주 셰넌도어(Shenandoah) 국립공원의 오지에서는 하룻밤 묵는 체류자의 수가 4배로 늘어 12만 명에 이르렀다. 콜로라도주 로키산 국립공원의 오지 이용은 1965년에서 1975년까지 믿을 수 없을 정도인 730%나 증가했다(Hendee et al. 1978, p. 308). 이러한 성장은 무한히 계속될 수 없다. 그렇지 않으면 이러한 자연 발생적인 시스템은 절망적으로 지나치게 과부하가 걸리게 될 것이다. 하지만 얼마나 많은 것이 너무 많은 것인가? 어느 지점에서 한도를 정해야 하는가? 일부 지역에서는 이미 임계점에 도달했다는 충분한 증거가 있으며, 의무적인 야생지대 허가도 해답의 일부에 불과할 수 있다(Hendee and Lucas 1973).

경관 관리 이면의 지도 원리는 수용 능력의 원리, 즉 환경이 악화하기 시작하는 수준까지 이용하는, 즉 다시 말해서 지속적으로 이용하는 것[35]이다(Wagar 1964; Stankey 1971, 1973). 하지만 이것을 적용하는 것은 복잡한 문제이다. 방목이 환경에 미치는 영향과 같은 일부 영향은 상당히 정확하게 관찰할 수 있지만, 경험의 수준이 환경과의 상호작용뿐만 아니라 다른 사람들과의 상호작용(또는 상호작용 결여)에 의해 좌우되는 레크리에이션의 문제에 있어서 이 원리는 훨씬 더 적용하기가 어려워진다. 이것이 어느 정도는 하나의 파이로 얼마나 많은 사람을 대접할 것인지를 정의하는 것과 같다. 모든 것은 얼마나 작은 조각으로 자르는가에 달려 있다(Wagar 1964, p. 3).

••
35) 환경의 수용 능력은 특정 환경에서 자원이 안정적이고 지속적으로 유지, 공급되어 환경이 수용할 수 있는 최대의 생물군집과 크기를 의미한다.

야생지대 체험을 기대하거나 원하는 사람에게는 하루에 한두 명의 다른 사람을 만나는 것 정도는 허용할 수 있지만 20명의 사람을 만나는 것은 그렇지 않을 수 있다. 많은 것들이 관련된 개인의 인식과 기대에 달려 있다. 만약 공원에 소풍을 간다면, 여러분은 주위에 테이블을 사용하는 다른 사람들이 있을 것으로 예상한다. 이것은 받아들일 수 있다. 그러나 높은 산악호수로 수 킬로미터 도보 여행을 할 때, 호수 기슭에 수 미터마다 캠프를 치고 있는 다른 무리의 존재가 있다면 여러분의(그리고 이들의) 체험을 망칠 수 있다. 공원 내 소풍 구역은 수용 능력의 범위 내에서 운영되고 있지만, 높은 산악호수의 경우는 이미 수용 능력을 초과했다. 둘 다 기회가 있어야 할 수 있는 매력적인 활동의 종류이다. 그러나 야생지대 체험은 공원에서의 소풍보다 훨씬 더 심각한 제한을 필요로 한다. 이것은 야생지대를 차지할 기회 또한 제한되어야 한다는 것을 의미하기 때문에 중요한 요점이다. 야생지대를 더 이용할 수 있게 하는 것은 야생지대를 덜 이용하게 하는 것이다. 바로 이러한 본질상 야생지대는 배가될 수 없으며 아주 작은 구획이 될 것이다. 이것은 몇몇 사람들에게 이해하기 어려운 개념으로 보인다. 즉 국립공원 개선안에 대하여 《토론토 파이낸셜 포스트(*Toronto Financial Post*)》에 게재된 다음과 같은 논평을 생각해보자. "1968년과 1969년 초에는 야영지가 확장되고 도로가 포장되어 불과 몇 년 전만 해도 거의 접근할 수 없었던 야생지대의 분위기를 탐방객이 즐길 수 있을 것이다"(Hardin 1969, p. 20에서 인용). 이것은 특이한 사고방식이다. 확실히 일단 이 지역에 도로, 사람, 야영지가 생기면, 이곳은 더 이상 야생지대가 아니다.

만약 야생지대 이용이 제한적이지만 수요가 꾸준히 증가하고 있다면, 사람들은 이들 지역에 누가 그리고 얼마나 많은 사람이 들어갈 수 있는지 어떻게 결정할 것인가? 만약 불구가 되거나 나이가 들면 여러분은 야생지대를 체험할 수 있을까? 여러분은 옆에 있는 사람만큼이나 많은 권리를 가지고 있지만 이러한 경험을 직접 체험하지 못할 수도 있다. 어떤 사람들은 이러한 개인이 쉽게 이용할 수 있도록 도로를 건설해야 한다거나 다른 교통수단을 허용해야 한다고 주장할 것이다. 그러나 이 단계를 밟는다면 다음 요구사항은 무엇이고, 동등한 대우를 위한 다음 요청사항은 또 무엇이며, 어디에서 끝이 날것인가? 확실히 적어도 몇몇 야생보호구역은 항상 어떤 종류의 개조도 하지 않고 탐방객 혼자 두 발로 걸어서 가야만 하고 같은 방식으로 되돌아와야만 하는 지역으로 남아 있어야 한다. 무엇이 야생지대 체험인가? 고요함, 고독함, 바위투성이의 웅장함, 숲속에서 자신을 동물로 느끼고 서로 다른 분위기와 상황 속에서 소통하고 반응하며 즐거워하는 경험으로 자연과 하나가 되는 것이다. 그리고 이곳에 있는 것은 단지 체험의 일부분일 뿐이다. 야생지대에 도달하고자 하는 도전과 노력은 즐거움을 더하며, 이와 마찬가지로 여러분이 홀로 있으며 지참한 장비와 자신의 능력에 의존해야 하는 것도 즐거움을 더한다. 이는 그 자체가 강력한 강장제로, 반드시 경험해야 이해할 수 있는 것이다(Hardin 1969).

이러한 엘리트주의적 접근법을 취하더라도 이용은 여전히 제한해야만 한다. 이를 달성하기 위해 다양한 방법을 제시하였다. 즉 줄을 서는 것(선착순), 최고 입찰자에게 판매하는 것, 가치에 근거해 결정하는 것, 복권을 운영하는 것 등이다. 이것은 불행한 선택이지만, 진정으로 야생지역의 이용을 제한하지 않는 것은 훨씬 더 불행한 사건으로 이어질 것이다. 즉 모든 사람이 이들 환경을 잃게 되는 것이다(Stankey and Baden 1977).

산악 야생지대는 매우 매력적이며 이를 보존하기 위해 모든 노력을 기울여야 하지만, 산악 야생지대 보존은 상당히 제한적인 문제이다. 훨씬 더 크고 시급한 문제는 어떻게 산악환경을 전반적으로 유지하고 보존할 것인가 하는 것이다. 일부 해결책은 국제 생물권 보호 프로그램이 제안한 대로 모든 주요 기후 지역에서 선택된 지역을 이용하는 데 엄격한 규제와 제한을 두고 야생 동물들의 마지막 피난처로 그리고 멸종위기에 처한 종들의 안식처로 이러한 자연생태계의 다양성과 무결성을 보존하는 것이다. 또한 이들 지역은 한층 더 교란된 지역과 비교하고, 연구와 교육을 위한 표준이 되는 것이다(Dasmann 1972; Man and Biosphere 1973b, 1974b; Franklin 1977). 이 해결책의 또 다른 부분은 산악 생태계의 한정된 자원에 대한 인구압과 수요 증가라는 문제에 더욱더 잘 대처하는 것이다. 이것은 특정한 종류의 스트레스를 수용할 수 있는 서로 다른 지역의 능력에 대한 지식에 기초하여 수립된 양심적인 토지이용 계획을 포함한다. 마지막으로, 사람이 산악 경치를 이용하는 것이 반드시 나쁜 것만은 아니라는 점을 인식해야 한다. 사람들이 대대로 살아온 지역에서 갑자기 그 이용을 중단시켜야 한다는 주장은 일말의 가치가 없다. 반대로 산악지역을 환경의 한계 내에서 창의적이고 대응하기 쉬운 방법으로 계속 점유하고 개발해야 한다. 최근 산에 정착하고 토지를 이용하는 데 있어 가장 큰 문제는 토지가 외부의 자원과 공급에 주로 기반을 두고 있으며, 시스템 내에서의 규제에 관계없이 운영된다는 점이다. 이러한 과정은 의심할 여지없이 계속되겠지만, 단순히 외부 자극에 대한 반응이 아니라 산악 시스템[36]의 수용 능력에 맞게 신중하게 조정되어야 한다. 이는 환경의 보존과 환경을 유지할 수 있는 지속적인 능력뿐만 아니라 사람과 토지 사이의 새롭고 창조적인 관계 속에서 양쪽 모두에게 유리하게 작용해야 한다.

∴

36) 대륙적 규모에서 발달하는 최대급의 산지 지형 또는 산지 그룹을 말한다. 복잡한 역사를 가진 여러 형태의 체인, 레인지(range), 매시프를 포함하는데, 산맥이라 부르는 경우가 많다.

참고 문헌

Abelson, A. E., Baker, T. S., and Baker, P. T. 1974. Altitude, migration and fertility in the Andes. *Soc. Biol.* 21(1): 12~27.

Agnew, A. D. Q., and Hedberg, O. 1969. Geocarpy as an adaptation to Afroalpine solifluction soils. *J. E. Africa Nat. Hist. Soc.* 27(33): 215~216.

Agri. Exp. Sta. 1964. *Soils of the western United States.* Wash. State Univ., Pullman, Wash.: Soil Cons. Serv., U.S. Dept. Agri. 69pp.

Alaka, M. A. 1958. *Aviation aspects of mountain waves.* World Meteor. Org. no. 68, Tech. Paper no. 26.

Alden, W. C. 1928. Landslide and flood at Gros Ventre, Wyoming. *Amer. Inst. Min. Met. Eng. Trans.* 76: 347~360.

Aldous, C. M. 1951. The feeding habits of Pocket gophers (*Thomomys Talpoides moorei*) in the high mountain ranges of central Utah. *J. Mammal.* 32(1): 84~87.

Aleksiuk, M. 1976. Reptilian hibernation: Evidence of adaptive strategies in *Thamnoplis sirtalis parietalis. Copeia* 1: 170~178.

Alexander, A. F., and Jensen, R. 1959. Gross cardiac changes in cattle with high mountain (Brisket) disease and in experimental cattle maintained at high altitudes. *Amer. J. Veterinary Res.* 20: 680~689.

Alexander, G. 1951. The occurrence of Orthoptera at high altitudes, with special reference to the Colorado Acrididae. *Ecol.* 32: 104~112.

_____. 1964. Occurrence of grasshoppers as accidentals in the Rocky Mountains of northern Colorado. *Ecol.* 45(1): 77~86.

Alexander, G., and Hilliard, J. R., Jr. 1969. Altitudinal and seasonal distribution of Orthoptera in the Rocky Mountains of northern Colorado. *Ecol. Monogr.* 39: 385~431.

Alford, D. 1974. Snow. pp. 85~110 in *Arctic and alpine environments,* ed. J. D. Ives and R. G. Barry. London: Methuen. 999pp.

Allen, J. A. 1877. The influence of physical conditions in the genesis of species. *Radical Rev.* 1: 108~140.

Allix, A. 1922. The geography of fairs, illustrated by Old—World examples. *Geog. Rev.* 12: 532~569.

_____. 1924. Avalanches. *Geog. Rev.* 14(4): 519~560.

Alpine Journal. 1871. The Alps and consumption. *Alpine J.* 5(34): 271~272.

Alt, D. D., and Hyndman, D. W. 1972. *Roadside geology of the northern Rockies.* Missoula, Mont.: Mountain Press Pub. 280pp.

Anati, E. 1960. Prehistoric art in the Alps. *Sci. Amer.* 202: 52~59.

Andersen, D. C., Armitage, K. B., and Hoffmann, R. S. 1976. Socioecology of marmots: Female reproductive strategies. *Ecol.* 57(3): 552~560.

Anderson, D. 1970. Mineral King—a fresh look. Nat. Parks and Consv. *Mag.* 44(272): 8~10.

Anderson, D. L. 1962. The plastic layer of the earth's mantle. *Sci. Amer.* 207(1): 52~59.

_____. 1971. The San Andreas Fault. *Sci. Amer.* 22.5(5): 52~68.

Anderson, H. W. 1954. Suspended sediment discharge as related to streamflow, topography, soil, and use. *Trans. Amer. Geophys. Union* 35: 268~281.

_____. 1972. Water yield as an index of lee and windward topographic effects on precipitation. pp. 341~358 in *Distribution of precipitation in mountainous areas,* Vol. II. Geilo, Norway: Proc. Int. Symp. World Meteor. Organ. 587pp.

Anderson, H. W., and Hobba, R. L. 1959. Forests and floods in the northwestern United States. *Int. Assoc. Sci. Hydrol. Pub.* 48: 30~39.

Andersson, J. G. 1906. Solifluction, a component of subaerial denudation. *J. Geol.* 14: 91~112.

Andre, J. E., and Anderson, H. W. 1961. Variation of soil erodibility with geology, geographic zone, elevation, and vegetation type in northern California wildlands. *J. Geophys. Res.* 66: 3351~3358.

Andrewartha, H. G., and Birch, L. C. 1954. *The distribution and abundance of animals.* Chicago: Univ. Chicago Press. 782pp.

Andrews, J. T. 1970. *A geomorphological study of post—glacial uplift with particular reference to arctic Canada.* British Inst. of British Geog. Spec. Pub. 2. 156pp.

_____. 1975. *Glacial systems: An approach to glaciers and their environments.* North Scituate, Mass.: Duxbury Press. 191pp.

Angstrom, A. K., and Drummond, A. J. 1966. Note on solar radiation in mountain regions at high altitudes. *Tellus* 18: 801.

Arbos, P. 1923. The geography of pastoral life. *Geog. Rev.* 13: 559~575.

Arno, S. F. 1967. *Interpreting the timberline: An aid to help Park naturalists to acquaint visitors with the subalpine—alpine ecotone of western North America.* M. F. thesis, 1966, Univ. Montana, Missoula, Mont. San Francisco: Western Regional Off., Natl.

Park Service. 206pp.

Ashwell, I. Y. 1971. Warm blast across the snow—covered prairie. *Geog. Mag.* 43(12): 858~863.

Ashwell, I. Y., and Marsh, J. S. 1967. Moisture loss under chinook conditions. pp. 307~310 in *Proc. Ist Canadian conf. micrometeorology*, Toronto, Ontario.

Askew, G. P. 1964. The mountain soils of the east ridge of Mt. Kinabalu. *Royal Soc. Proc. Ser. B., Biol. Ser.* 161: 65~74.

Asp, M. O. 1956. Geographical distribution of tornadoes in Arkansas. *Mon. Wea. Rev.* 84: 143~145.

Atwater, M. M. 1954. Snow avalanches. *Sci. Amer.* 190(1): 26~31.

Atwood, W. W., Sr., and Atwood, W. W., Jr. 1938. Working hypothesis for the physiographic history of the Rocky Mountain region. *Geol. Soc. Amer. Bull.* 49: 957~980.

Aulitzky, H. 1967. Significance of small climatic differences for the proper afforestation of highlands in Austria. pp. 639~653 in *Int. symp. on forest hydrology*, ed. W. E. Sopper and H. W. Lull. Oxford: Pergamon. 813pp.

Aung, M. H. 1962. *Folk elements in Burmese Buddhism.* London: Oxford. 140pp.

Bacdayan, A. S. 1974. Securing water for drying rice terraces: Irrigation, community organization, and expanding social relationships in a western Bontok group, Philippines. *Ethnol.* 13: 247~260.

Bader, H., and Kuroiwa, D. 1962. *The physics and mechanics of snow as a material.* Cold Regions Sci. and Eng. Monogr. II—B. Hanover: U.S. Army CRREL. 79pp.

Bailey, E. B. 1935. *Tectonic essays, mainly alpine.* London: Oxford. 200pp.

Baker, F. S. 1944. Mountain climates of the western United States. *Ecol. Monogr.* 14: 223~254.

Baker, J. K., and Reeser, D. W. 1972. *Goat management problems in Hawaii Volcanoes National Park.* Washington, D.C.: U.S. Dept. Int., Natl. Park Service, Natl. Resources Rep. 2. 21pp.

Baker, P. T. 1976. Work performance of highland natives. pp. 300~314 in *Man in the Andes: A multidisciplinary study of high—altitude Quechua*, ed. P. T. Baker and M. A. Little. Stroudsburg, Pa.: Dowden, Hutchinson and Ross. 482pp.

_____, ed. 1978. *The biology of high altitude peoples.* Cambridge: Cambridge Univ. Press. 357pp.

Baker, P. T., and Little, M. A., eds. 1976. *Man in the Andes: A multidisciplinary study of high—altitude Quechua.* Stroudsburg, Pa.: Dowden, Hutchinson and Ross. 482pp.

Bandelier, A. F. 1906. Traditions of Pre—Colombian earthquakes and volcanic eruptions in western South America. *Amer. Anthrop.* 8: 47~81.

Barash, D. P. 1973. Territorial and foraging behavior of pika (*Ochotona princeps*) in Montana. *Amer. Midl. Nat.* 89: 202~207.

_____. 1974. The evolution of marmot societies: A general theory. *Science* 185(4149): 415~420.

_____. 1976. Social behaviour and individual differences in free-living alpine marmots (*Marmota Marmota*). *Animal Behav.* 24: 27~35.

Barazangi, M., and Dorman, J. 1969. World seismicity maps compiled from ESSA, Coast and Geodetic Survey, Epicenter Data, 1961~1967. *Bull. Seismol. Soc. Amer.* 59: 369~380.

Barry, R. G. 1973. A climatological transect along the east slope of the Front Range, Colorado. *Arctic and Alpine Res.* 5(2): 89~110.

Barsch, D. 1969. Permafrost in the-upper subnival step of the Alps. *Geograph. Helv.* 24(1): 10~12. (Trans. 1973 by D. A. Sinclair, Nat. Res. Council Canada Tech. Trans. 1657.)

_____. 1971. Rock glaciers and ice-cored moraines. *Geog. Ann.* 53A(3~4): 203~206.

_____. 1977. Nature and importance of masswasting by rock glaciers in alpine permafrost environments. *Earth Surface Processes.* 2(2, 3): 231~246.

Barth, F. 1956. Ecologic relationships of ethnic groups in Swat, North Pakistan. *Amer. Anthrop.* 58(6): 1079~1089.

_____. 1960a. Nomadism in the mountain and plateau areas of southwest Asia. pp. 341~355 in *Proc. Paris symp. on the problems of arid zones.*

_____. 1960b. The landuse patterns of migratory tribes of South Persia. *Norsk Geografisk Tidsskrift* 17.

_____. 1961. *Nomads of South Persia.* Oslo: Oslo Univ. Press, 159pp.

Barton, D. C. 1938. Discussion: The disintegration and exfoliation of granite in Egypt. *J. Geol.* 46: 109~111.

Basak, R. 1953. The Hindu concept of the natural world. pp. 83~116 in *The religion of the Hindus,* ed. K. W. Morgan. New York: Ronald Press. 434pp.

Bateman, A. M. 1951. *The formation of mineral deposits.* New York: John Wiley. 371pp.

Baughman, R. G., and Fuguay, D. M. 1970. Hail and lightning occurrences in mountain thunderstorms. *J. Appl. Meteor.* 9(4): 657~660.

Bay, C. E., Wunnecke, G. W., and Hays, O. E. 1952. Frost penetration into soils as influenced by depth of snow, vegetation cover, and air temperatures. *Amer. Geophys. Union Trans.* 33(4): 541~546.

Beals, E. 1969. Vegetational change along altitudinal gradients. *Science* 165: 981~985.

Beard, J. S. 1946. *The natural vegetation of Trinidad.* Oxford For. Mem. 20. 152pp.

Beaty, C. B. 1959. Slope retreat by gullying. *Geol. Soc. Amer. Bull.* 70: 1479~1482.

_____. 1962. Asymmetry of stream patterns and topography in the Bitterroot Range, Montana. *J. Geol.* 70: 347~354.

_____. 1963. Origin of alluvial fans, White Mountains, California and Nevada. *Annals Assoc. Amer. Geog.* 53: 516~535.

_____. 1974a. Needle ice and wind in the White Mountains of California. *Geology* 2(11): 565~567.

_____. 1974b. Debris flows, alluvial fans, and a revitalized catastrophism. *Zeits. für. Geomorph.* Suppl. 21: 39~51.

_____. 1975. Sublimation or melting: observations from the White Mountains, California and Nevada, U.S.A. *J. Glaciol.* 14(71): 275~286.

Beckwith, W. B. 1957. Characteristics of Denver hailstorms. *Bull. Amer. Meteor. Soc.* 38(1): 20~30.

Behre, C. H., Jr. 1933. Talus behavior above timber in the Rocky Mountains. *J. Geol.* 41: 622~635.

Bell, K. L., and Bliss, L. C. 1973. Alpine disturbance studies: Olympic National Park, U.S.A. *Biol. Conserv.* 5(1): 25~32.

Benedict, J. B. 1966. Radiocarbon dates from a stonebanked terrace in the Colorado Rocky Mountains, U.S.A. *Geog. Ann.* 48A: 24~31.

_____. 1970. Downslope soil movement in a Colorado alpine region: Rates, processes, and climatic significance. *Arctic and Alpine Res.* 2(3): 165~221.

_____. 1973. Origin of rock glaciers. *J. Glaciol.* 12(66): 520~522.

_____. 1975. Prehistoric man and climate: The view from timberline. pp. 67~74 in *Quaternary studies*, ed. R. P. Suggate and M. M. Cresswell. Wellington: Royal Soc. New Zealand.

_____. 1976. Frost creep and gelifluction features: A review. *Quat. Res.* 6(1): 55~76.

Benedict, J. B., and Olson, B. L. 1973. Origin of the McKean Complex: Evidence from timberline. *Plains Anthrop.* 18(62): 323~327.

_____. 1978. *The Mount Albion Complex: A study of prehistoric man and the altithermal.* Research Rep. 1. Ward, Colorado: Center for Mountain Archaeology. 213pp.

Benet, S. 1974. *Abkhasians, the long-living people of the Caucasus.* New York: Holt, Rinehart and Winston. 112pp.

_____. 1976. *How to live to be 100: The life-style of the people of the Caucasus.* New York: Dial Press. 201pp.

Benevent, E. 1926. *Le climat des Alpes francaises.* Paris: Office National Météorologique de France. 435pp.

Bent, A. H. 1913. The Indians and the mountains. *Appalachia* 13(3): 257~271.

Beran, D. W. 1967. Large amplitude lee waves and chinook winds. *J. Appl. Meteor.* 6(2): 865~877.

Berg, H. 1950. Der Einfluss des Féhns auf den Menschen. *Geofisica Pura e Applicata* 17(3, 4): 104~111.

Berg, W. A., Brown, J. A., and Cuany, R., eds. 1974. *Proceedings of a workshop on revegetation of high-altitude disturbed lands.* Envir. Resources Center Info. Ser. 10. Ft. Collins, Colo.: Colorado State Univ. 88pp.

Bergen, J. D. 1969. Cold air drainage on a forested mountain slope. *J. Appl. Meteor.* 8: 384~395.

Bergeron, T. 1965. *On the low-level redistribution of atmospheric water caused by orography.* pp. 96~100 (Rep. 5) in Proc. Int. Conf. on Cloud Physics. Tokyo and Sapporo.

Bergmann, C. 1847. Ueber die Verhaltnisse der Warmedkonomie der Thiere zu Ihrer Grasse. *Gottinger Studien* 3: 595~708.

Bernard, P. P. 1978. *Rush to the Alps: The evolution of vacationing in Switzerland.* East European Monogr. 37. Dist. New York: Columbia Univ. Press. 228pp.

Berndt, H. W., and Fowler, W. B. 1969. Rime and hoarfrost in upper-slope forests of eastern Washington. *J. Forestry* 67(2): 92~95.

Beskow, G. 1947. *Soil freezing and frost heaving with special application to roads and railroads.* Trans. J. O. Osterberg. Evanston, IIJ.: Northwestern Univ. Tech. Inst. 145pp.

Beyer, H. O. 1955. The origin and history of the Philippine rice terraces. *Proc. Eighth Pac. Sci. Cong. 1951* 1: 387~398.

Billings, M. P. 1956. Diastrophism and mountain building. *Geol. Soc. Amer. Bull.* 71: 363~398.

Billings, W. D. 1950. Vegetation and plant growth as affected by chemically altered rocks in the western Great Basin. *Ecol.* 31(1): 62~74.

_____. 1954. Temperature inversions in the pinyon-juniper zone of a Nevada mountain range. *Butler Univ. Bot. Stud.* 11: 112~118.

_____. 1969. Vegetational pattern near alpine timberline as affected by fire-snowdrift interactions. *Vegetatio* 19: 192~207.

_____. 1973. Arctic and-alpine vegetations: Similarities, differences, and susceptibility to disturbance. *BioScience* 23(12): 697~704.

_____. 1974a. Arctic and alpine vegetation: Plant adaptations to cold summer climates. pp. 403~443 in *Arctic and alpine environments,* ed. J. D. Ives and R. G. Barry. London: Methuen. 999pp.

_____. 1974b. Adaptations and origins of alpine plants. *Arctic and Alpine Res.* 6(2):

129~142.

_____. 1978. The rational use of high mountain resources in the preservation of biota and the maintenance of natural life systems. pp. 209~223 in *The use of high mountains of the world*. Wellington, N.Z.: Dept. Lands and Survey Head Office, Private Bag (in assoc. with Tussock Grasslands and Mountain Lands Inst., P.O. Box 56, Lincoln College, Canterbury, N.Z., for Int. Union Cons. Nature). 223pp.

Billings, W. D., and Bliss, L. C. 1959. An alpine snowbank environment and its effect on vegetation, plant development and productivity. *Ecol.* 40: 388~397.

Billings, W. D., and Mark, A. F. 1957. Factors involved in the persistence of montane treeless balds. *Ecol.* 38: 140~142.

Billings, W. D., and Mooney, H. A. 1968. The ecology of arctic and alpine plants. *Biol. Reo. Cambridge Phil. Soc.* 43: 481~529.

Birkeland, P. W. 1967. Correlation of soils of stratigraphic importance in western Nevada and California and their relative rates of profile development. pp. 71~91 in *Quaternary soils*, ed. R. B. Morrison and H. E. Wright, Jr. Boulder, Colo.: Int. Assoc. Quaternary Res., VII Cong., Proc. 9.

_____. 1974. *Pedology, weathering, and geomorphological research*. New York: Oxford Univ. Press. 285pp.

Bishop, B. C. 1962. Wintering on the roof of the world. *Nat. Geog. Mag.* 122(4): 503~547.

_____. 1978. The changing geoecology of Karnali Zone, Western Nepal, Himalaya: A case of stress. *Arctic and Alpine Res.* 10(2): 531~543.

Bishop, B. C., Angstrom, A. K., Drummond, A. J., and Roche, J. J. 1966. Solar radiation measurements in the high Himalayas (Everest region). *J. Appl. Meteor.* 5: 94~104.

Black, J. F., and Tarmy, B. L. 1963. The use of asphalt coatings to increase rainfall. *J. Appl. Meteor.* 2: 557~564.

Blackadar, A. K. 1957. Boundary layer wind maxima and their significance for the growth of nocturnal inversions. *Bull. Amer. Meteor. Soc.* 38: 283~290. a

Blackwelder, E. 1925. Exfoliation as a phase of rock weathering. *J. Geol.* 33: 793~806.

_____. 1928. Mudflow as a geological agent in semi-arid mountains. *Geol. Soc. Amer. Bull.* 39: 465~483.

_____. 1929. Cavernous rock surfaces of the desert. *Amer. J. Sci.* (Ser. 5) 17: 393~399.

_____. 1933. The insolation theory of rock weathering. *Amer J. Sci.* (Ser.,5) 26: 97~113.

Blagbrough, J. W., and Breed, W. J. 1967. Protalus ramparts on Navajo Mountain, Southern Utah. *Amer. J. Sci.* 265: 759~772.

Blagbrough, J. M., and Farkas, S. E. 1968. Rock glaciers in the San Mateo Mountains, south central New Mexico. *Amer. J. Sci.* 266: 812~823.

Blaney, H. H. 1958. Evaporation from free water surfaces at high altitudes. *Trans. Amer.*

Soc. Civ. Engr. 123 (Pap. 2925): 385~404.

Bleeker, W., and Andre, M. 1951. On the diurnal variation of precipitation intensity particularly over central U.S. and its relation to large—scale orographic circulation systems. *Quart. J. Royal Meteor. Soc.* 77: 260~271.

Bliss, L. C. 1956. A comparison of plant development in microenvironments of arctic and alpine tundras. *Ecol. Monogr.* 26: 303~337.

_____. 1962. Adaptations of arctic and alpine plants to environmental conditions. *Arctic* 15: 117~144.

_____. 1963. Alpine plant communities of the Presidential Range, New Hampshire. *Ecol.* A4A(A): 678~697.

_____. 1966. Plant productivity in alpine microenvironments. *Ecol. Monogr.* 36(2): *125~155.*

_____. 1969. Alpine community patterns in relation to environmental parameters. pp. 167~184 in *Essays in plant geography and ecology,* ed. K. N. H. Greenridge. Halifax: Nova Scotia Museum. 184pp.

_____. 1971. Arctic and alpine plant life cycles. *Ann. Reo. Ecol. System* 2: 405~438.

_____. 1975. Tundra grasslands, herblands, and shrublands and the role of herbivores. *Geoscience and Man* 10: 51~79.

Bliss, L. C., and Woodwell, G. M. 1965. An alpine podzol on Mount Katahdin, Maine. *Soil Sci.* 100: 274~279.

Bliss, L. C., and Mark, A. F. 1974. High—alpine environments and primary production on the Rock and Pillar Range, Central Otago, New Zealand. *New Zealand J. Bot.* 12: 445~483.

Bloom, A. L. 1978. *Geomorphology: A systematic analysis of Late Cenozoic landforms.* Englewood Cliffs, N.J.: Prentice—Hall. 510pp.

Blum, H. F. 1959. *Carcinogenesis by ultraviolet light.* Princeton, N.J.: Princeton Univ. Press. 340pp.

Blumenstock, D. I., and Price, S. 1967. The climate of Hawaii. pp. 481~975 in *Climates of the States.* Vol. 2: Western states. Port Washington, N.Y.: Water Information Center, Inc., 1974.

Blumer, J. C. 1910. A comparison between two mountain sides. *Plant World* 13: 134~140.

Boelistorff, J. 1978. North American Pleistocene stages reconsidered in light of probable Pliocene—Pleistocene continental glaciation. *Science* 202(4365): 305~307.

Boggs, S. 1940. *International boundaries: A study of boundary functions and problems.* New York: Columbia Univ. Press. 272pp.

Bolin, B. 1950. On the influence of the earth's orography on the general character of the westerlies. *Tellus* 2(3): 184~195.

Bolt, B. A., Horn, W. L., Macdonald, G. A., and Scott, R. F. 1975. *Geological hazards.* Berlin: Springer−Verlag. 328pp.

Bonacina, L. C. W. 1945. Orographic rainfall and its place in the hydrology of the globe. *Quart. J. Royal Meteor. Soc.* 71(*307−308*): 41∼55.

Bones, J. G. 1973. Process and sediment size arrangement on high arctic talus, Southwest Devon Island, N.W.T., Canada. *Arctic and Alpine Res.* 5(1): 29∼40.

Bose, S. C. 1960. Nomadism in high valleys of Uttara Khand and Kumaon. *Geog. Rev. India* 23(3): 34∼39.

Boserup, E. 1965. *The conditions of agricultural growth.* Chicago: Aldine. 124pp.

Bouma, J. 1974. Soil dynamics in an alpine environment. *Soil Sur. Horizons* 15(3): 3∼7.

Bouma, J., Hoeks, L., and Van Scherrenburg, B. 1969. Genesis and morphology of some alpine podzol profiles. *J. Soil Sci.* 20: 384∼398.

Bouma, J., and Van Der Plas, L. 1971. Genesis and morphology of some alpine pseudogley profiles. *J. Soil Sci.* 22: 81∼93.

Bowman, R., Page, E., Remmenga, E. E., and Trump, D. 1971. Microwave vs. conventional cooking of vegetables at high altitude. *J. Amer. Diet. Assoc.* 58: 427∼433.

Boysen−Jensen, P. 1949. Causal plant−geography. *Det. kgl. Danske Videnskabernes Selskab biologiske Meddelelser* 21(3): 1∼19.

Braham, R. R., and Draginis, M. 1960. Roots of orographic cumuli. pp. 1∼3 in *Cumulus dynamics*, ed. C. E, Anderson. New York: Pergamon Press. 211pp.

Brass, L. J. 1941. Stone Age agriculture in New Guinea. *Geog. Rev.* 31(4): 555∼569.

Bratton, S. P. 1974. The effect of the European wild boar (*Sus scrofa*) on the high−elevation vernal flora in Great Smoky Mountains National Parks. *Bull. Torrey Bot. Club* 101(4): 198∼206.

Braun, C. E., and Rogers, G. E. 1971. *The white−tailed ptarmigan in Colorado.* Colo. Div. Game, Fish and Parks Tech. Publ. 27. Fort Collins, Colo. 80pp.

Braun−Blanquet, J. 1932. *Plant sociology: The study of plant communities.* Trans. G, D. Fuller and H. 5. Conrad. New York: McGraw−Hill. 439pp.

Brinck, P. 1966. Animal invasion of glacial and late glacial terrestrial environments in Scandinavia. *Oikos* 17: 250∼266.

_____. 1974. Strategy and dynamics of high altitude faunas. *Arctic and Alpine Res.* 6(2): 107∼116.

Brink, V. C. 1959. A directional change in the subalpine forest−heath ecotone in Garabaldi Park, British Columbia. *Ecol.* 40(1): 10∼11.

Brink, V. C., Mackay, J. R., Freyman, S., and Pearce, D. G. 1967. Needle ice and seedling establishment in southwestern British Columbia. *Can. J. Plant Sci,* 47: 135∼139.

Brinkman, W. A. R. 1971. What is a foehn? *Weather* 26(6): 230~239.

Broadbooks, H. E. 1965. Ecology and distribution of the pikas of Washington and Alaska. *Amer. Midl. Nat.* 73: 299~335.

Brockmann−Jerosch, H. 1919. Baumgrenze und Klimacharakter. *Ber. d. Schweiz. Bot. Gesellsch.* 26; reviewed in J. Ecol. 8: 63~65.

Brooke, R. C., Peterson, E. B., and Krajina, V. J. 1970. The subalpine mountain hemlock zone. pp. 147~348 in *Ecology of western North America*, Vol. 2, ed. V. J. Krajina and R. C. Brooke. Vancouver, B.C., Dept. Botany, University British Columbia. 348pp.

Brookfield, H. C. 1964. The ecology of highland settlement: Some suggestions. *Amer. Anthrop.* 66(4): 20~38.

_____. 1966. The Chimbu: A highland people in New Guinea. pp. 174~198 in *Geography as human ecology*, ed. S. R. Eyre and G. R. J. Jones. London: Edward Arnold. 308pp.

Brooks, C. F. 1940. The worst weather in the world. *Appalachia* 23: 194~202.

Broscoe, A. J., and Thomson, S. 1969. Observations on an alpine mudflow, Steele Creek, Yukon. Can. *J. Earth Sci.* 6(2): 219~229.

Browman, D. L. 1974. Pastoral nomadism in the Andes. *Current Anthrop.* 15: 188~196.

Brown, D. R. C. 1975. The developers' view of ski area development. pp. 23~24 in *Man, leisure and wildlands: A complex interaction*. Proc. 1st Eisenhower Consortium Res. Symp., Vail, Colo. 286pp.

Brown, F. M. 1942. *Animals above timberline*. Colorado Coll. Publ. Stud. Ser. 33. Colorado Springs, Colo. 29pp.

Brown, G. M., Bird, G. S., Boag, T. J., Boag, L. M., Delahaye, J. D., Green, J., Hatcher, J. D., and Page, J. 1954. The circulation in cold acclimatization. *Circulation* 9: 813~822.

Brown, J. H. 1971. Mammals on mountaintops: Nonequilibrium insular biogeography. *Amer. Nat.* 105(945): 467~478.

Brown, J. H., and Lasiewiski, R. C. 1972. Metabolism of weasels: The cost of being long and thin. *Ecol.* 53(5): 939~943.

Brown, J. H., and Lee, A. K. 1969. Bergmann's rule and climatic adaptation in wood rats (Neotoma). *Evolution* 23: 329~338.

Brown, M., and Powell, J. M. 1974. Frost and drought in the highlands of Papua New Guinea. *J. Trop. Geog.* 38: 1~6.

Brown, M. J., and Peck, E. L. 1962. Reliability of precipitation measurements as related to exposure. *J. Appl. Meteor.* 1: 203~207.

Brown, R. W., and Johnston, R. S. 1976. *Revegetation of an alpine mine disturbance:*

Beartooth Plateau, Montana. U.S. Dept. Agri. For. Serv. Res. Note INT−206. Ogden, Utah. 8pp.

Brown, R. W., Richardson, B., and Farmer, E. 1976. Rehabilitation of alpine disturbances: Beartooth Plateau, Montana. pp. 58~73 in *High−altitude revegetation workshop no. 2*, ed. R. H. Zuck and L. F. Brown. Fort Collins, Colo.: Colorado State University.

Brown, R. W., Johnston, R. S., and Johnson, D. A. 1978. Rehabilitation of alpine tundra disturbances. *J. Soil and Water Conserv.* 33(4): 154~160.

Brown, W. H. 1919. *Vegetation of Philippine mountains.* Bureau of Sci. Pub. 13. Manila: Dept. Agri. and Nat. Resources. 440pp.

Browning, J. M. 1973. Catastrophic rock slides, Mount Huascaran, northcentral Peru, May 31, 1970. *Amer. Assoc. Petrol. Geol. Bull.* 57: 1335~1341.

Brunhes, J. 1920. *Human geography.* Chicago: Rand McNally. 648pp.

Bryan, K. 1934. Geomorphic processes at high altitudes. *Geog. Rev.* 24: 655~656.

Bryan, M. L. 1974a. Water masses in Southern Kluane Lake. pp. 163−169 in *Icefield Ranges Res. Proj. sci. results*, Vol. 4, ed. V. C. Bushnell and M. G. Marcus. Amer. Geog. Soc. and Arctic Inst. of N.A. Washington, D.C. 384pp.

_____. 1974b. Sublacustrine morphology and deposition, Kluane Lake, Yukon Territory. pp. 171~188 in *Icefield Ranges Res. Proj. sci. results*, Vol. 4, ed. V. C. Bushnell and M. G. Marcus. Amer. Geog. Soc. and Arctic Inst. of N.A. Washington, D.C. 384pp.

Bucher, W. H. 1956. Role of gravity in orogenesis. *Geol. Soc. Amer. Bull.* 67(10): 1295~1318.

Buck, A. A., Sasak, T. T., and Anderson, R. I. 1968. *Health and disease in four Peruvian villages: Contrasts in epidemiology.* Baltimore: Johns Hopkins, 142pp.

Budowski, G. 1968. La influencia humana en la vegetacién natural de montafias tropicales americanas. pp. 157~162 in *Geoecology of the mountainous regions of the tropical Americas*, ed. C. Troll. Proc. UNESCO Mexico Symp., Aug. 1966. Bonn: Ferd. Diimmlers Verlag. 223pp.

Buettner, K. J. K., and Thyer, N. 1962. Valley winds in Mt. Rainier National Park. *Weatherwise* 15(2): 63~67.

_____. 1965. Valley winds in the Mt. Rainier area. *Archiv. Meteor. Geophys. Biokl.* (Ser. B) 14: 9~148.

Bullard, E. 1969. The origin of the oceans. *Sci. Amer.* 221(3): 66~75.

_____, Everett, J. E., and Smith, A. G. 1965. The fit of the continents around the Atlantic. pp. 41~51 in A symposium on continental drift, ed. P. M. S. Blackett, E. Bullard, and S. K. Runcorn. *Phil. Trans. Roy. Soc. London* (Ser. A) 258(1088). 323pp.

Bullard, F. M. 1962. *Volcanoes in history, in theory, in eruption.* Austin: Univ. of Texas Press. 441pp.

Bullard, R. W. 1972. Vertebrates at altitudes. pp. 209~226 in *Physiological adaptations, desert and mountain*, ed. M. K. Yousef, S. M. Horvath, and R. W. Bullard. New York: Academic Press. 258pp.

Bunting, B. T. 1965. *The geography of soil*. Chicago: Aldine. 213pp.

Burford, C. L., and Jones, T. W. 1975. Transportation system planning for wildland areas. pp. 157~163 in *Man, leisure, and wildlands: A complex interaction*. Proc. 1st Eisenhower Consortium Res. Symp., Vail, Colo. 286pp.

Burke, K. C., and Wilson, J. T. 1976. Hot spots on the earth's surface. *Sci. Amer.* 235(2): 46~59.

Burnham, C. P. 1974. The role of the soil forming factors in controlling altitudinal zonation on granite in Malaysia. pp. 59~74 in *Altitudinal zonation in Malesia*, ed. R. Flenley, Jr. Misc. Ser. 16, Univ. Hull Dept. Geog. Hull, Eng.: Univ. Hull. 109pp.

Burns, R. K. 1961. The ecological basis of French alpine peasant communities in the Dauphine. *Anthrop. Quart*, 34: 19~35.

———. 1963. The circum-Alpine culture area: A preliminary view. *Anthrop. Quart.* 36: 130~155.

Bury, B. R. 1973. The Cascade frog, *Rana cascadae*, in the North Cascade Range of Washington. *Northwest Sci.* 47(4): 228~229.

Bushnell, T. M. 1942. Some aspects of the soil catena concept. *Soil Sci. Soc. Amer. Proc.* 7: 466~476.

Buskirk, E. R. 1976. Work performance of newcomers to the Peruvian highlands. pp. 283~299 in *Man in the Andes: A multidisciplinary study of high-altitude Quechua*, ed. P. T. Baker and M. A. Little. Stroudsburg, Pa.: Dowden, Hutchinson and Ross. 482pp.

Buskirk, E. R., Kollias, J., Akers, R. F., Prokop, E. K., and Picon-Reategui, E. 1967. Maximal performance at altitude and on return from altitude in conditioned runners. *J. Appl. Physiol,* 23: 259~266.

Butcher, D. 1947. *Exploring our National Parks and Monuments*. New York: Oxford Univ. Press. 160pp.

Buurman, P., Van Der Plas, L., and Slager, S. 1976. A toposequence of alpine soils on calcareous micaschists, Northern Adula Region, Switzerland. *J. Soil Sci.* 27(3): 395~410.

Caine, N. 1974. The geomorphic processes of the alpine environment. pp. 721~748 in *Arctic and alpine environments*, ed. J. D. Ives and R. G. Barry. London: Methuen. 999pp.

———. 1976. Summer rainstorms in an alpine environment and their influence on soil erosion, San Juan Mountains, Colorado. *Arctic and Alpine Res.* 8(2): 183~196.

Caine, N., and Jennings, J. N. 1969. Some block−streams of the Toolong Range, Kosciusko State Park, New South Wales. *J. and Proc. Roy. Soc. New S. Wales* 101: 93~103.

Caldwell, M. M. 1968. Solar ultraviolet radiation as an ecological factor for alpine plants. *Ecol. Monogr.* 38: 243~268.

―――. 1970. The wind regime at the surface of the vegetative layer above timberline in the central Alps. *Zentralblatt fuer die gestamte forstund Holzwirteschaft* 87: 193~201.

Cal. Div. Mines and Geol. 1973. *Urban geology master plan for California.* Calif. Div. Mines and Geol. Bull. 198. 112pp.

Cameron, R. E. 1969. Cold desert characteristics and problems relevant to other arid lands. pp. 167~206 in *Arid lands in perspective*, ed. W. G. McGinnies and B. J. Goldman. Washington, D.C.; Amer. Assoc. Advancement Sci.; Tucson: Univ. Arizona Press. 421pp.

Campbell, J. B. 1970. New elevational records for the Boreal toad (*Bufo boreas boreas*). *Arctic and Alpine Res.* 2(2): 157~159.

Canaday, B. B., and Fonda, R. W. 1974. The influence of subalpine snowbanks on vegetation pattern, production, and phenology. *Bull. Torrey Bot. Club* 101(6): 340~350.

Carey, S. W. 1958. A tectonic approach to continental drift. pp. 117~355 in *Continental drift: A symposium.* Hobart: Univ. of Tasmania.

―――. 1976. *The expanding earth.* Amsterdam: Elsevier. 488pp.

Carlquist, S. 1974. *Island biology.* New York: Columbia Univ. Press. 660pp.

Carpenter, F. L. 1974. Torpor in an Andean hummingbird: Its ecological significance. *Science* 183: 545~547.

―――. 1976. *Ecology and evolution of an Andean hummingbird (Oreotrochilus estella).* Univ. Calif Pub. Zoology 106. Berkeley: Univ. Calif. Press. 74pp.

Carrier, E. H. 1932. *Water and grass: A study in the pastoral economy of Southern Europe.* London: Christophers. 434pp.

Carson, M. A., and Kirby, M. J. 1972. *Hillslope form and process.* London: Cambridge Univ. Press. 475pp.

Cavalli−Sforza, L. L. 1963. Genetic drift for blood groups. pp. 34~39 in *The genetics of migrant and isolate populations*, ed. E. Goldschmidt. Baltimore: Williams and Wilkins.

Chabot, B. F., and Billings, W. D. 1972. Origins and ecology of the Sierran alpine flora and vegetation. *Ecol. Monogr.* 42: 163~199.

Chapman, D. W. 1962. Effects of logging upon fish resources of the West Coast. *J.*

Forestry 60: 533~537.

Chapman, J. A. 1954. Studies on summit frequenting insects in western Montana. *Ecol.* 35: 41~49.

_____. 1957. A further consideration of summit ant swarms. *Can. Ent.* 89: 389~395.

Chapman, J. A., Romer, J. I., and-Stark, J. 1955. Ladybird beetles and army cutworm adults as food for grizzly bears in Montana. *Ecol.* 36(1): 156~158.

Chappell, C. F., Grant, C. O., and Mielke, P. W., Jr. 1971. Cloud seeding effects on precipitation intensity and duration of wintertime orographic clouds. *J. Appl. Meteor.* 10: 1006~1010.

Charlesworth, J. K. 1957. *The quaternary era*. London: Edward Arnold. 1700pp.

Chavannes, E, 1910. *Le Tai Chan*. Grimet: Annales du Musée Vol. 21.

Chiodi, H. 1964. Action of high altitude chronic. hypoxia on newborn animals. pp. 97~114 in *The physiological effects of high altitude*, ed. W. H. Weihe. New York: Macmillan. 351pp.

_____. 1970~1971. Comparative study of the blood gas transport in high altitude and sea level Camelidae and goats. *Resp. Physiol.* 11: 84~93.

Choate, T. S. 1963. Habitat and population dynamics of white-tailed ptarmigan in Montana. *J. Wildlife Mgt.* 27: 684~699.

Church, J. E. 1934. Evaporation at high altitudes and latitudes. *Trans. Amer. Geophys. Union* Part 11: 326~351.

Church, P. E., and Stephens, T. E. 1941. Influence of the Cascade and Rocky Mountains on the temperature during the westward spread of polar air. *Bull. Amer. Meteor. Soc.* 22: 25~30.

Churchill, E. D., and Hanson, H. C. 1958. The concept of climax in arctic and alpine vegetation. *Bot. Rev.* 24: 127~191.

Clapperton, C. M. 1972. Patterns of physical and human activity on Mt. Etna. *Scottish Geog. Mag.* 88(3): 160~167.

Clapperton, C. M., and Hamilton, P. 1971. Peru beneath its external threat. *Geog. Mag.* 43(9): 632~639.

Clark, E. E. 1953. *Indian legends of the Pacific Northwest*. Berkeley: Univ. of Calif. Press. 225pp.

Clark, J. 1963. Hunza in the Himalayas: Storied Shangri-La undergoes scrutiny. *Nat. Hist.* 73(8): 39~41.

Clark, J. L. 1964. *The great arc of the wild sheep*. Norman: Univ. Oklahoma Press. 247pp.

Clark, S. P., Jr., and Jager, E. 1969. Denudation rate in the Alps from geochronologic and heat flow data. *Amer. J. Sci.* 267: 1143~1160.

Clausen, J. 1963. Treelines and germ plasm: A study in evolutionary limitations. *Proc.*

Natl. Acad. Sci. 50(5): 860~868.

Clegg, E. J. 1978. Fertility and early growth. pp. 65~116 in *The biology of high altitude peoples*, ed. P. T. Baker. Int. Biol. Prog. 14. Cambridge: Cambridge Univ. Press. 357pp.

Clegg, E. J., and Harrison, G. A. 1971. Reproduction in human high altitude populations. *Hormones* 2: 13~25.

Clegg, E. J., Harrison, G. A., and Baker, P. T. 1970. The impact of high altitude on human populations. *Human Biol.* 42: 486~518.

Clegg, E. J., Pawson, I. G., Ashton, E. J., and Flinn, R. M. 1972. The growth of children at different altitudes in Ethiopia. *Phil. Trans. Roy. Soc. London* 264: 403~437.

Clifford, R. J. 1972. *The cosmic mountain in Canaan and the Old Testament*. Cambridge, Mass.: Harvard Univ. Press. 221pp.

Clyde, G. D. 1931. Relationship between precipitation in valleys and on adjoining mountains in northern Utah. *Mon. Wea. Rev.* 59: 113~117.

Coe, M. J. 1967. *The ecology of the alpine zone of Mount Kenya*. Monographiae Biologicae 17. The Hague: Junk. 136pp.

_____. 1969. Microclimate and animal life in the equatorial mountains. *Zoologica Africana* 4(2): 101~128.

Coe, M. J., and Foster, J. B. 1972. The mammals of the northern slopes of Mt. Kenya. *J. East Africa Nat. Hist. Soc. and Nat. Museum* 131: 1~18.

Cole, G. F. 1974. Management involving grizzly bears and humans in Yellowstone National Park. *BioScience* 24(1): 1~11.

Cole, J. W. 1972. Cultural adaptation in the Eastern Alps. *Anthrop. Quart.* 45(3): 158~176.

Coleman, R. A. 1977. Sample techniques for monitoring footpath erosion in mountain areas of north-west England. *Envir. Consv.* 4(2): 145~148.

Collaer, P. 1934. La réle de la lumiére dans l'établissement de la limite supérieure des foréts. *Ber. d. Schweiz. Bot. Gesellsch.* 43: 90~125.

Colson, D. 1950. Effect of a mountain range on quasi-stationary waves. *J. Meteor.* 7(4): 279~282.

_____. 1963. Analysis of clear air turbulence data for March, 1962. *Mon. Wea. Rev.* 91(2): 73~82.

_____. 1969. Detection and forecasting of clear-air turbulence and mountain waves. pp. 236~255 in World Meteor. Org. Tech. Note 95. Geneva, Switzerland.

Conrad, V. 1939. The frequency of various wind velocities on a high and isolated summit. *Bull. Amer. Meteor. Soc.* 20: 373~376.

Cook, A. W., and Topil, A. 1952. Some examples of chinooks east of the mountains in Colorado. *Bull. Amer. Meteor. Soc,* 33: 42~47.

Cook, K. L. 1972. Earthquakes along the Wasatch Front, Utah: The record and the outlook. pp. H1~29 in *Environmental geology of the Wasatch Front*. Salt Lake City, Utah: Utah Geol. Assoc.

Cook, O. F. 1916. Staircase farms of the ancients. *Nat. Geog. Mag.* 29(5): 474~476, 493~534.

Cooke, R. V., and Warren, A. 1973. *Geomorphology in deserts*. Berkeley and Los Angeles: Univ. of Calif. Press. 374pp.

Cooke, W. B. 1955. Subalpine fungi and snow—banks. *Ecol.* 36: 124~130.

Coolidge, W. A. B. 1889. *Swiss travel and Swiss guide books*. London: Longmans, Green. 336pp.

Corbel, J. 1959. Vitesse de l'érosion. *Zeits. fur Geomorph.* 3: 1~28.

Corte, A. E. 1968. Frost action and soil sorting processes: Their influence in the surface features of the tropical and sub—tropical high Andes. pp. 213~320 in *Geoecology of the mountainous regions of the tropical Americas*, ed. C. Troll. Proc. UNESCO Mexico Symp., Aug. 1966. Bonn: Ferd. Diimmers Verlag. 223pp.

Costin, A. B. 1955. Alpine soils in Australia with reference to conditions in Europe and New Zealand. *J. Soil Sci.* 6: 35~50.

_____. 1957. The high mountain vegetation of Australia. *Australian J. Bot.* 5: 173~189.

_____. 1959. Vegetation of high mountains in relation to land use. pp. 427~451 in *Biogeography and ecology in Australia*, ed. A. Keast, R. L. Crocker, and C. S. Christian. Monographiae Biologicae 8. The Hague: Junk. 640pp.

_____. 1967. Alpine ecosystems of the Australasian Region. pp. 55~58 in *Arctic and alpine environments*, ed. W. H. Osburn and H. E. Wright, Jr. Bloomington, Ind.: Indiana Univ. Press. 308pp.

Costin, A. B., Hallsworth, E. G., and Woof, M. 1952. Studies in pedogenesis in New South Wales. III: The alpine humus soils. *J. Soil Sci.* 3: 197~218.

Costin, A. B., Jennings, J. N., Bautovich, B. C., and Wimbush, D. J. 1973. Forces developed by snowpatch action, Mount Twynam, Snowy Mountains, Australia. *Arctic and Alpine Res.* 5(2): 121~126.

Costin, A. B., Thom, B. G., Wimbush, D. J., and Stuiver, M. 1967. Non—sorted steps in the Mount Kosciusko area, Australia. *Geol. Soc. Amer, Bull.* 78: 979~992.

Costin, A. B., and Wimbush, D. J. 1961. Studies in catchment hydrology in *The Australian Alps. IV: Interception by trees of rain, cloud and fog*. Div. of Plant Ind. Tech. Pap. no. 16. Commonwealth sci. and Ind. Res. Organ., Melbourne, Australia. 16pp.

Cotton, C. A. 1942. *Climatic accidents in landscape making*. New York: John Wiley and Sons. 354pp.

_____. 1960. The origin and history of central Andean relief: Divergent views. *Geog. J.*

125: 476~478.

_____. 1968. Mountain glacier landscapes. pp. 739~745 in *Encyclopedia of geomorphology*, ed. R. W. Fairbridge. New York: Reinhold. 1295pp.

Coulson, J. C., Horobin, J. C., Butterfield, J., and Smith, G. R. J. 1976. The maintenance of annual life-cycles in two species of Tipulidae (Diptera): A field study relating development, temperature, and altitude. *J. Animal Ecol.* 45(1): 215~234.

Coulter, J. D. 1967. Mountain climate. *New Zealand Ecol. Soc. Proc.* 14: 40~57.

Court, A. 1960. Reliability of precipitation data. *J. Geophys. Res.* 65(12): 4017~4024.

Cox, H. J. 1920. Weather conditions and thermal belts in the North Carolina mountain region and their relation to fruit growing. *Annals Assoc. Amer. Geog.* 10: 57~68.

_____. 1923. Thermal belts and fruit growing in North Carolina. *Mon. Wea. Rev. Suppl.* no. 19. 98pp.

Crandell, D. R. 1967. Glaciation at Wallowa Lake, Oregon. pp. C145~153 in *U.S. Geol. Surv. Prof. Pap.* 575-C.

Crandell, D. R., and Fahnestock, R. K. 1965. *Rockfalls and avalanches from Little Tahoma Peak on Mount Rainier.* U.S. Geol. Surv. Bull. 1221-A. 30pp.

Crandell, D. R., and Mullineaux, D. R. 1967. *Volcanic hazards at Mount Rainier, Washington.* U.S. Geol. Surv. Bull. 1238. 26pp.

_____. 1974. Appraising volcanic hazards of the Cascade Range of the northwestern United States. *Earthquake Info. Bull. (USGS)* 6(5): 3~10.

_____. 1975. Technique and rationale of volcanic hazards. *Envir. Geol.* 1(1): 23~32.

Crandell, D. R., Mullineaux, D. R., and Rubin, M. 1975. Mount St. Helens Volcano: Recent and future behavior. *Science* 187(4175): 438~441.

Crandell, D. R., and Waldron, H. H. 1956. A recent volcanic mudflow of exceptional dimensions from Mt. Rainier, Washington. *Amer. J. Sci.* 254: 349~362.

_____. 1969. Volcanic hazards in the Cascade Range: Conference on geologic hazards and public problems. pp. 5~18 in *Off. of emergency preparedness, May 27~28, 1969 Proc.*, ed. R. A. Olson and M. M. Wallace. Washington, D.C.: U.S. Govt. Printing Office.

Crawford, C. S., and Riddle, W. H. 1974. Cold hardiness in centipedes and scorpions in New Mexico. *Oikos* 25(1): 86~92.

Cressey, G. G. 1958. Qanats, karez, and foggaras. *Geog. Rev.* 38(1): 27~44.

Cronan, C. S., and Schofield, C. L. 1979. Aluminum leaching response to acid precipitation: Effects on high-elevation watersheds in the Northeast. *Science* 204(4390): 304~306.

Crooke, W. 1896. *The popular religion and folklore of northern India.* Vol. 1. 2nd ed. New Delhi: Munshiram Manoharlal. 294pp.

Crowley, J. M. 1975. Ranching in the mountain parks of Colorado. *Geog. Rev.* 65(4): 445~460.

Cruden, D. M. 1976. Major rock slides in the Rockies. *Can. Geotech. J.* 13: 8~20.

Cruden, R. W. 1972. Pollinators in high−elevations ecosystems: Relative effectiveness of birds and bees. *Science* 176(4042): 1439~1440.

Cruz−Coke, R. 1978. A genetic description of high−altitude populations. pp. 47~64 in *The biology of high−altitude peoples*, ed. P. T. Baker. Int. Biol. Prog. 14. Cambridge: Cambridge Univ. Press. 357pp.

Cuatrecasas, J. 1968. Paramo vegetation and its life forms. pp. 163~186 in *Geoecology of the mountainous regions of the tropical Americas*, ed. C. Troll. Proc. UNESCO Mexico Symp., Aug. 1966. Bonn: Ferd. Diimmlers Verlag. 223pp.

Currey, D. R. 1964. A preliminary study of valley asymmetry in the Ogotoruk Creek area, northwestern Alaska. *Arctic* 17: 84~98.

Curry, R. R. 1966. Observation of alpine mud−flows in the Tenmile Range, central Colorado. *Geol. Soc. Amer. Bull.* 77: 771~776.

Czeppe, Z. 1964. Exfoliation in a periglacial climate. *Geog. Polonica* 2: 5~10.

Dahl, E. 1951. On the relation between summer temperature and the distribution of alpine vascular plants in the lowlands of Fennoscandia. *Oikos* 3: 22~52.

Dahl, R. 1966a. Blockfields, weathering pits and tor−like forms in the Narvik Mountains, Nordland, Norway. *Geog. Ann.* 48A: 55~85.

_____. 1966b. Blockfields and other weathering forms in the Narvik Mountains. *Geog. Ann.* 48A: 224~227.

Dalrymple, P. C., Everett, K. R., Wollostron, S., Hastings, H. D., and Robison, W. D. 1970. *Environment of the central Asian highlands*. U.S. Army Laboratory Tech. Rep. 71−19−ES., Natick, Mass. 58pp.

Daly, R. A. 1905. The accordance of summit levels among alpine mountains: The fact and its significance. *J. Geol.* 13: 105~125.

Daly, R. A., Miller, W. G., and Rice, G. S. 1912. *Report of the commission appointed to investigate Turtle Mountain, Frank, Alberta. Canada* Geol. Surv. Mem. 27, 34pp.

Darlington, P. J. 1943. Carabidae of mountains and islands. *Ecol.* 13: 37~61.

_____. 1965. *Biogeography of the southern end of the world*. New York: McGraw−Hill. 236pp.

Dasmann, R. F. 1972. Towards a system of classifying natural regions of the world and their representation by National Parks and reserves. *Biol. Conserv.* 4: 247~255.

Daubenmire, R. F. 1938. Merriam's life zones of North America. *Quart. Rev. Biol.* 13: 327~332.

_____. 1941. Some ecological features of the subterranean organs of alpine plants. *Ecol.* 22: 370~378.

_____. 1943. Vegetational zonation in the Rocky Mountains. *Bot. Rev.* 9: 325~393.

_____. 1946. The life zone problem in the northern intermountain region. *Northwest Sci.* 20: 28~38.

_____. 1954. Alpine timberlines in the Americas and their interpretation. *Butler Univ. Bot. Stud.* 11: 119~136.

_____. 1968. *Plant communities.* New York: Harper and Row. 300pp.

Davies, D. 1975. *The centenarians of the Andes.* Garden City, N.Y.: Anchor Press, Doubleday. 150pp.

Davies, J. L. 1969. *Landforms of cold climates.* Cambridge, Mass.: M.I.T. Press. 200pp.

Davis, J., and Williams, L. 1957. Irruptions of the Clark nutcracker in California. *Condor* 59: 297~307.

_____. 1964. The 1961 irruption of the Clark nutcracker in California. *Wilson Bull.* 76: 10~18.

Davis, R. T. 1965. *Snow surveys.* U.S. Dept. Agri. Soil Cons. Serv. Agr. Info. Bull. 302. Washington, D.C. 13pp.

Davis, W. M. 1899. The peneplain. *Amer. Geol.* 23(4): 207~239.

_____. 1906. The sculpture of mountains by glaciers. *Scottish Geog. Mag.* 22: 80~83.

_____. 1911. The Colorado Front Range. *Annals Assoc. Amer. Geog.* 1: 57.

_____. 1923. The cycle of erosion and the summit level of the Alps. *J. Geol.* 31(1): 1~41.

DeBeer, G. R. 1930. *Early travellers in the Alps.* London: Sidgwick and Jackson. 204pp.

_____. 1946. Puzzles. *Alpine J.* 55(273): 405~413.

_____. 1955. *Alps and elephants: Hannibal's march.* London: Geoffrey Bles. 123pp.

Deevey, E. S., and Flint, R. F. 1957. Postglacial hypsithermal internal. *Science* 125: 182~184.

Defant, F. 1951. Local winds. pp. 655~672 in *Compendium of meteorology*, ed. T. F. Malone. Boston: Amer. Meteor. Soc. 1334pp.

Deiss, C. F. 1943. Structure of the central part of the Sawtooth Range, Montana. *Geol. Soc. Amer. Bull.* 54: 1123~1168.

DeJong, G. F. 1970. Demography and research with high altitude populations. *Soc. Biol.* 17: 114~119.

De La Rue, E. A. 1955. *Man and the winds.* New York: Philosophical Library. 206pp.

Delgado de Carvalho, C. H. 1962. Geography of languages. pp. 75~93 in *Readings in cultural geography*, ed. P. L. Wagner and M. W. Mikesell. Chicago: Univ. Chicago Press. 589pp.

Demek, J. 1969a. Cryogene processes and the development of cryoplanation terraces.

Biuletyn Peryglacjalny 18: 115~126.

_____. 1969b. *Cryoplanation terraces: Their geographical distribution, genesis and development.* Ceskoslovenske Akademie Ved Rozpravy, Rada Matematickych a Prirodnich Ved 79(4). Praha: Academia. 80pp.

_____. 1972. Cryopedimentation: An important type of slope development in cold environments. pp. 15~17 in *International geography 1972*, Vol. 1, ed. W. P. Adams and F. M. Helleiner. 22nd Int. Geog. Cong. Toronto: Univ. of Toronto Press. 694pp.

Denny, C. S. 1967. Fans and pediments. *Amer. J. Sci.* 265: 81~105.

Denton, G. H., and Karlén, W. 1973. Holocene climatic variations—their pattern and possible cause. *Quat. Res.* 3(2): 155~205.

De Planhol, X. 1966. Aspects of mountain life in Anatolia and Iran. pp. 291~308 in *Geography as human ecology*, ed. S. R. Eyre and G. R. J. Jones. London: Edward Arnold. 308pp.

_____. 1970. Demographic pressure and mountain life, with special reference to the Alpine Himalaya belt. pp. 235~248 in *Geography and a crowding world*, ed. W. Kosinski, L. A. Zelinsky, and R. M. Prothero. New York: Oxford Univ. Press. 601pp.

de Quervain, M. R. 1963. On the metamorphism of snow. pp. 377~390 in *Ice and snow properties, processes, and applications*, ed. W. D. Kingery. Cambridge, Mass.: M.I.T. Press. 684pp.

Derbyshire, E. and Evans, I. S. 1976. The climatic factor in cirque variations. pp. 447~494 in *Geomorphology and climate*, ed. E. Derbyshire. London: John Wiley and Sons.

DeSilva, A. 1967. *The art of Chinese landscape painting*. New York: Crown. 240pp.

DeSonnerville—Bordes, D. 1963. Upper Paleolithic cultures in Western Europe. *Science* 142(3590): 347~355.

Dewey, J. F. 1972. Plate tectonics. *Sci. Amer.* 226(5): 56~68.

Dewey, J. F., and Bird, J. M. 1970. Mountain belts and the new global tectonics. *J. Geophys. Res.* 75(14): 2625~2647.

Dewey, J. F., and Horsfield, B. 1970. Plate tectonics, orogeny and continental growth. *Nature* 225(5232): 521~525.

Dhar, O. N., and Narayanan, J. 1965. A study of precipitation distribution in the neighborhood of Mount Everest. *Indian J. Meteor. Geophys.* 16(2): 229~240.

Diamond, J. M. 1970. Ecological consequences of island colonization by southwest Pacific birds. I: Types of niche shifts. *Nat. Acad. Sci. Proc.* 67: 529~536.

_____. 1972. *The avifauna of the eastern highlands of New Guinea*. Cambridge, Mass.: Nuttall Ornith. Club. 438pp.

_____. 1973. Distributional ecology of New Guinea birds. *Science* 179: 759~769.

_____. 1975. The island dilemma: Lessons of modern biogeographic studies for the design of natural reserves. *Biol. Conserv.* 7: 129~146.

_____. 1976. Island biogeography and conservation: Strategy and limitations. *Science* 193: 1027~1029.

Dickson, B. A., and Crocker, R. L. 1953, 1954. A chronosequence of soil and vegetation near Mt. Shasta, California. Parts I and II. *J. Soil Sci.* 4: 123~154; 5: 173~191.

Dickson, R. R. 1959. Some climate—altitude relationships in the southern Appalachian Mountain region. *Bull. Amer. Meteor. Soc,* 40: 352~359.

Dickson, R. R., and Posey, J. 1967. Maps of snow cover probability for the northern hemisphere. *Mon. Wea. Rev.* 95: 347~353.

Dietz, R. S. 1972. Geosynclines, mountains and continent—building. *Sci. Amer.* 226(3): 30~38.

Dietz, R. S., and Holden, J. C. 1970. The breakup of Pangea. *Sci. Amer.* 223(4): 30~41.

Dillehay, T. D. 1979. Pre—Hispanic resource sharing in the central Andes. *Science* 204(4388): 24~31.

Dingwall, P. R. 1972. Erosion by overland flow on an alpine debris slope. pp. 113~120 in *Mountain geomorphology,* ed. O. Slaymaker and H. J. McPherson. Vancouver, B.C.: Tantalus Research. 274pp.

Dirks, R. A., Mahlman, J. D., and Reiter, E. R. 1967. *Evidence of a mesoscale wave phenomenon in the lee of the Rocky Mountains.* Atmosph. Sci. Paper 130. Ft. Collins, Colo.: Dept. Atmosph. Sci., Colorado State Univ. 50pp.

Dobzhansky, T. 1950. Evolution in the tropics. *Amer. Sci.* 38: 209~221.

Domin, K. 1928. The relations of the Tatra Mountain vegetation to the edaphic factors of the habitat. *Acta Botanica Bohemica* 6~7: 133~163.

Domrös, M. 1968. Uber die Beziehung zwischen aguatorialen konvektionsregen und der Meereshohe auf Ceylon. *Archiv. Meteor. Geophys. Biokl.* (Ser. B) 16: 164~173.

Donayre, J., Guerra—Garcia, R., Moncloa, F., and Sobrevilla, L. A. 1968. Endocrine studies at altitude. IV: Changes in the semen of men. *J. Reprod. Fert.* 16: 55~58.

Douguedroit, A. 1978. Timberline reconstruction in Alpes de Haute Provence and Alpes Maritimes, southern French Alps. *Arctic and Alpine Res.* 10(2): 505~517.

Dourojeanni, M. J. 1978. The rational use of wildlife in high mountains in relation to sport and tourism. pp. 191~198 in *The use of high mountains of the world.* Wellington, N.Z.: Dept. Lands and Survey Head Office, Private Bag (in assoc. with Tussock Grasslands and Mountain Lands Inst., P.O. Box 56, Lincoln College, Canterbury, N.Z., for Int. Union Cons. Nature), 223pp.

Downes, J. A. 1964. Arctic insects and their environment. *Can. Entomol.* 96: 279~307.

Downs, J. F., and Ekvall, R. B. 1965. Animals and social types in the exploitation of the Tibetan plateau. pp. 169~184 in *Man, culture, and animals: The role of animals in human ecological adjustments*, ed. A. Leeds and A. P. Vayda. Pub. 78. Washington, D.C.: American Assoc. Adv. Sci. 304pp.

Drake, J. J., and Ford, D. C. 1976. Solutional erosion in the southern Canadian Rockies. *Can. Geog.* 20(2): 158~170.

Drucker, C. B. 1977. To inherit the land: Descent and decision in northern Luzon. *Ethnol.* 16(1): 1~20.

Dubos, R. J. 1973. Humanizing the earth. *Science* 179(4075): 769~772.

Dunbar, G. S. 1966. Thermal belts in North Carolina. *Geog. Rev.* 56(4): 516~526.

Dunbar, M. J. 1968. *Ecological development in polar regions.* Englewood Cliffs, N.J.: Prentice–Hall. 119pp.

Dunmire, W. W. 1960. An altitudinal survey of reproduction in Peromyscus maniculatus. *Ecol.* 41: 174~182.

Eckel, E. B., ed. 1958. *Landslides and engineering practice.* Pub. 544. (Highway Res. Bd. Spec. Rep. 29.) Washington, D.C.: Natl. Acad. Sci., Natl. Res. Council. 232pp.

Eckholm, E. P. 1975. The deterioration of mountain environments. *Science* 189(4205): 764~770.

Eddy, J. A. 1974. Astronomical alignment of the Big Horn medicine wheel. *Science* 184(4141): 1035~1043.

Edwards, J. G. 1956. Entomology above timberline. *Mazama Club Annual* 38(13): 13~17. (Portland, Oregon.)

_____. 1957. Entomology above timberline. II: The attraction of ladybird beetles to mountain tops. *Coleopterists Bull.* 11: 41~46.

Edwards, J. S. 1972. Soil invertebrates in North American alpine tundra. pp. 93~143 in *Proc. 1972 tundra biome symposium,* ed. S. Bowen. Lake Wilderness Center, U.S. Tundra Biome Program. Seattle: Univ. Wash.

Edwards, P. J. 1977. Aspects of mineral cycling in a New Guinean montane forest. II: The production and disappearance of litter. *J. Ecol.* 65: 971~992.

Edwards, P. J., and Grubb, P. J. 1977. Studies of mineral cycling in a montané rainforest in New Guinea. I: The distribution of organic matter in the vegetation and soil. *J. Ecol.* 65: 943~969.

Edwards, R. Y., and Ritcey, R. W. 1959. Migrations of caribou in a mountainous area in Wells Gray Park, British Columbia. *Can. Field Nat.* 73: 21~25.

Ehleringer, J. R., and Miller, P. C. 1975. Water relations of selected plant species in the alpine tundra, Colorado. *Ecol.* 56: 370~380.

Ehrlich, P. R., Breedlove, D. E., Brussard, P. F., and Sharp, M. A. 1972. Weather and the "regulation" of subalpine populations. *Ecol.* 53(2): 243~247.

Eide, O. 1945. On the temperature differences between mountain peak and free atmosphere at the same level. II: Gaustatoppen–Kjeller. *Meteor. Ann.* 2(3): 183~206.

Ekblaw, W. E. 1918. The importance of nivation as an erosive factor, and of soil flow as a transporting agency, in northern Greenland. *Natl. Acad. Sci. Proc.* 4: 288~293.

Ekhart, E. 1948. De la structure de l'atmosphére dans la montagne. *La Météorologie* 3~26.

Ekvall, R. B. 1964. *Religious observances in Tibet: Pattern and function.* Chicago: Univ. Chicago Press. 313pp.

_____. 1968. *Fields on the hoof: Nexus of Tibetan pastoral nomadism.* New York: Holt, Rinehart and Winston. 100pp.

Elgmork, K., Hagen, A., and Langeland, A. 1973. Polluted snow in southern Norway during the winters 1968~1971. *Envir. Pollut.* 4: 41~52.

Ellison, L. 1946. The Pocket gopher in celation to soil erosion on mountain range. *Ecol.* 27: 101~114.

Ellison, M. A. 1968. *The sun and its influence: An introduction to the study of solar terrestrial relations.* 2nd ed. London: Routledge and Kegan Paul. 235pp.

Embleton, C., and King, C. A. M. 1975a. *Glacial geomorphology.* New York: Halsted Press. 573pp.

_____. 1975b. *Periglacial geomorphology.* New York: Halsted Press. 203pp.

Emiliani, C. 1972, Quaternary hypsithermals. *Quat. Res,* 2(2): 270~273.

Engel, A. E. J. 1963. Geological evolution of North America. *Science* 140: 143~152.

Engler, A. 1904. Plants of the northern temperate zone in their transition to the higher mountains of tropical Africa. *Ann. Bot.* 18: 523~540.

English, P. W. 1968. The origin and spread of ganats in the Old World. *Proc. Amer. Phil. Soc.* 112(3): 170~180.

Evans, I. S. 1972. Inferring process from form: The asymmetry of glaciated mountains. pp. 17~19 in *International geography,* Vol. 1, ed. W. P. Adams and F. M. Helleiner. Montreal: 22nd Int. Geog. Cong.

Eyre, S. R. 1968. *Vegetation and soils.* 2nd ed. Chicago: Aldine. 328pp.

Faegri, K. 1966. A botanical excursion to Steens Mountain, S. E. Oregon, U.S.A. *Blyttia* 24: 173~181.

Fagan, J. L. 1973. Altithermal occupation of spring sites in the northern Great Basin. Unpublished Ph.D. dissertation, Univ. of Oregon, Eugene. 309pp.

Fahey, B. D. 1973. An analysis of diurnal freeze–thaw and frost heave cycles in the Indian Peaks Region of the Colorado Front Range. *Arctic and Alpine Res.* 5(3): (Pt. 1)269~282.

_____. 1974. Seasonal frost heave and frost penetration measurements in the Indian Peaks region of the Colorado Front Range. *Arctic and Alpine Res.* 6(1): 63~70.

Fahnestock, R. K. 1963. *Morphology and hydrology of a glacial stream, White River, Mt. Rainier, Washington.* U.S. Geol. Surv. Prof. Pap. 422−A. 70pp.

Faust, R. A., and Nimlos, T. J. 1968. Soil microorganisms and soil nitrogen of the Montana alpine. *Northwest Sci.* 42: 101~107.

Fay, C. E. 1905. The mountain as an influence in modern life. *Appalachia* 11(1): 27~40.

Fenneman, N. M. 1931. *Physiography of western United States.* New York: McGraw−Hill. 534pp.

Ferguson, C. W. 1970. Dendrochronology of bristlecone pine. *Pinus aristata*: Establishment of a 7484−year chronology in the White Mountains of east−central California, U.S.A. pp. 237~259 in *Radiocarbon variations and absolute chronology,* ed. 1. U. Olsson. New York: John Wiley and Sons.

Fickeler, P. 1962. Fundamental questions in the geography of religions. pp. 94~117 in *Readings in cultural geography,* ed. P. L. Wagner and M. W. Mikesell. Chicago: Univ. Chicago Press. 589pp.

Fisher, R. L., and Revelle, R. 1955. The trenches of the Pacific. *Sci. Amer.* 193(11): 36~41.

Flint, R. F. 1971. *Glacial and Quaternary geology.* New York: John Wiley and Sons. 892pp.

Flohn, H. 1968. *Contributions to a meteorology of the Tibetan highlands.* Atmosph. Sci. Pap. 130. Fort Collins, Colo.: Dept. Atmos. Sci., Colorado State Univ. 120pp.

_____. 1969a. Zum klima und wasserhaushalt des Hindukushs und der benachbarten Gebirge. *Erdkunde* 23: 205~215.

_____. 1969b. Local wind systems. pp. 139~171 in *World survey of climatology,* Vol. 2, ed. H. E. Landsberg. New York: Elsevier. 266pp.

_____. 1970. Comments on water budget investigations, especially in tropical and subtropical mountain regions. pp. 251~262 in *Symposium on world water balance.* Int. Ass. Sci. Hydrol. Pub. 93, Vol. 2. Brussels: UNESCO.

_____. 1974. Contribution to a comparative meteorology of mountain areas. pp. 55~72 in *Arctic and alpine environments,* ed. J. D. Ives and R. G. Barry. London: Methuen. 999pp.

Folsom, M. M. 1970. Volcanic eruptions: The pioneers' attitude on the Pacific Coast from 1800 to 1875. *Ore Bin* 32(4): 61~71. (Pub. by Ore. Dept. Geol. Min. Ind., Portland.)

Fox, D. G. 1975. The impact of concentrated recreational development on air quality. pp. 259~273 in *Man, leisure, and wildlands: A complex interaction.* Proc. 1st Eisenhower Consortium Res. Symp., Vail, Colo. 286pp.

Franklin, J. F. 1977. The biosphere reserve program in the United States. *Science*

195(4275): 262~267.

Franklin, J. F., and Dyrness, C. T. 1973. *Natural vegetation of Oregon and Washington.* U.S. Dept. Agri. For. Serv. Gen. Tech. Rep. PNW−8. Portland, Or. 417pp.

Franklin, J. F., Muir, W. H., Douglas, G. W., and Wiberg, C. 1971. Invasions of subalpine meadows by trees in the Cascade Range, Washington and Oregon. *Arctic and Alpine Res,* 13: 215~224.

Frei, E. 1964. Micromorphology of some tropical mountain soils. pp. 307~311 in *Soil micromorphology,* ed. A. Jongerius. Amsterdam: Elsevier. 540pp.

French, H. M. 1972a. Asymmetrical slope development in the Chiltern Hills. *Biuletyn Peryglacjalny,* 21: 51~73.

_____. 1972b. The role of wind in periglacial environments, with special reference to Northwest Banks Island, Western Canadian Arctic. pp. 82~84 in *International geography,* Vol. 9, ed. W. P. Adams and F. M. Helleiner. 22nd Int. Geog. Cong. Toronto: Univ. of Toronto Press. 694pp.

French, N. R. 1959. Life history of the black rosy finch. *Auk* 76: 158~180.

Frenkel, R. E. 1974. Floristic changes along Everitt Memorial Highway, Mount Shasta, California. *Wasmann J. Biol.* 32(1): 105~136.

Freshfield, D. W. 1881. Notes on old tracts. IV: The mountains of Dante. *Alpine J.* 10: 400~405.

_____. 1883. The Pass of Hannibal. *Alpine J.* 11(81): 267~300.

_____. 1886. Further notes on the Pass of Hannibal. *Alpine J.* 13(93): 29~38.

_____. 1904. On mountains and mankind. *Alpine J.* 22(166): 269~290.

_____. 1914. *Hannibal once more.* London: E. Arnold, ed. 120pp.

_____. 1916. The southern frontiers of Austria. *Alpine J.* 30(211): 1~24.

Friedl, J. 1972. Changing economic emphasis in an alpine village. *Anthrop. Quart.* 45(3): 145~157.

_____. 1973. Benefits of fragmentation in a traditional society: Case from the Swiss Alps. *Human Org.* 32(1): 29~36.

_____. 1974. *Kippel: A changing village in the Alps.* New York: Holt, Rinehart and Winston. 129pp.

Frisancho, A. R. 1975. Functional adaptation to high altitude hypoxia. *Science* 187(4174): 313~319.

_____. 1976. Growth and morphology at high altitude. pp. 180~207 in *Man in the Andes: A multidisciplinary study of high−altitude Quechua,* ed. P. T. Baker and M. A. Little. Stroudsburg, Pa.: Dowden, Hutchinson and Ross. 482pp.

_____. 1978. Human growth and development among high−altitude populations. pp. 117~172 in *The biology of high altitude peoples,* ed. P. T. Baker. Int. Biol. Prog. 14.

Cambridge: Cambridge Univ. Press. 357pp.

Frisancho, A. R., and Baker, P. T. 1970. Altitude and growth: A study of the patterns of physical growth of a high altitude Peruvian Quechua population. *Amer J. Phys. Anthrop.* 32: 279~292.

Frisancho, A. R, Martinez, C., Velasquez, T., Sanchoz, J., and Montoye, H. 1973. Influence of developmental adaptation on aerobic capacity at high altitude. *J. Appl. Physiol.* 34: 176~180.

Fristrup, B. 1953. Wind erosion within the arctic deserts. Geog. *Tidsskr.* 52: 51~65.

Fritz, S. 1965. The significance of mountain lee waves as seen from satellite pictures. *J. Appl. Meteor.* 4(1): 31~37.

Frutiger, H. 1964. *Snow avalanches along Colorado Mountains highways.* U.S.Dept. Agri. For. Serv. Res. Pap. RM—7. Fort Collins, Colo. 85pp.

_____. 1975. Historical background of Swiss avalanche control projects. pp. 38~44 in *U.S. Dept. Agri. For. Serv. Gen. Tech. Rep.* RM—9, Fort Collins, Colo. 168pp.

Fryxell, F. M., and Horberg, L. 1943. Alpine mud flows in Grand Teton National Park, Wyoming. *Geol. Soc. Amer. Bull,* 54: 457~472.

Fuquay, D. M. 1962. Mountain thunderstorms and forest fires. *Weatherwise* 15: 149~452.

Fujita, T. 1967. Mesoscale aspects of orographic influences on flow and precipitation patterns. pp. 131~146 in *Proc. Symp. on mountain meteorology,* ed. E. R. Reiter and J. L. Rasmussen. Atmosph. Sci. Pap. 122. Fort Collins: Colo.: Dept. Atmos. Sci., Colorado State Univ.

Furrer, G., and Fitze, P. 1970. Treatise on the permafrost problem in the Alps. *Vierteljahrs—schrift der naturforschenden Gesellschaft in Zurich* 115(3): 353~368. (Trans. D. A. Sinclair, Nat. Res. Council Canada, Tech. Trans. 1657, 1973.)

Gade, D. W. 1969. Vanishing crops of traditional agriculture: The case of Tarwi (Lupinus mutabilis) in the Andes. *Proc. Assoc. Amer. Geog.* 1: 47~51.

_____. 1970. Coping with cosmic terror: The earthquake cult in Cuzco, Peru. *Amer. Benedictine Rev,* 21(2): 218~223.

_____. 1975. *Plants, man and the land in the Vilcanota Valley of Peru.* The Hague: Junk. 240pp.

_____. 1978. Windbreaks in the lower Rhéne Valley. *Geog. Rev.* 68(2): 127~144.

Gale, J. 1972. Elevation and transpiration: Some theoretical considerations with special reference to Mediterranean—type climate. *J. Appl. Ecol.* 9: 691~702.

Gallimore, R. G., Jr., and Lettau, H. H. 1970. Topographic influence on tornado tracks and freguencies in Wisconsin and Arkansas. *Wisconsin Acad. Sci. Arts and Letters* 58: 101~127.

Gambo, K. 1956. The topographical effect upon the jet stream in the westerlies. *Meteor. Soc. Japan J.* (Ser. 2) 34(1): 24~28.

Gardner, J. 1967. Notes on avalanches, icefalls, and rockfalls in the Lake Louise District, July and August 1966. *Can. Alpine J.* 50: 90~95.

_____. 1969. Snow patches: Their influence on mountain wall temperatures and the geomorphic implications. *Geog. Ann.* 51A: 114~120.

_____. 1970a. Rockfall: A geomorphic process in high mountain terrain. *Albertan Geog.* 6: 15~21.

_____. 1970b. A note on the supply of material to debris slopes. *Can. Geog.* 14: 369~372.

_____. 1970c. Observations of surfical talus movement. *Zeits. fur Geomorph.* 13: 317~323.

_____. 1971. Morphology and sediment characteristics of mountain debris slopes in Lake Louise District (Canadian Rockies). Zeits. fiir Geomorph. 15: 390~403.

_____. 1973. The nature of talus shift on alpine talus slopes: An example from the Canadian Rocky Mountains. pp. 95~105 in *Research in polar and alpine geomorphology*, ed. B. D. Fahey and R. D. Thompson, 3rd Guelph Symp. on Geomorph. 206pp.

Gardner, N. C., and Judson, A. 1970. *Artillery control of avalanches along mountain highways*. U.S. Dept. Agri. For. Serv. Res. Pap. RM—61. Fort Collins, Colo. 26pp.

Garner, H. F. 1959. Stratigraphic—sedimentary significance of contemporary climate and relief in four regions of the Andes mountains. *Geol. Soc. Amer. Bull.* 70: 1327~1368.

_____. 1965. Base—level control of erosional surfaces. *Arkansas Acad. Sci. Proc.* 19: 98~104.

_____. 1974. *The origin of landscapes*. New York: Oxford Univ. Press. 734pp.

Garnett, A. 1935. Insolation, topography and settlement in the Alps. *Geog. Rev.* 25: 601~617.

_____. 1937. Insolation and relief, their bearing on the human geography of alpine regions. *Proc. Inst. British Geog.* 5, 910: 6~159.

Garnier, B. J., and Ohmura, A. 1968. A method of calculating the direct shortwave radiation income of slopes. *J. Appl. Meteor.* 7: 796~800.

_____. 1970. The evaluation of surface variations in solar radiation income. *Solar Energy* 13: 21~34.

Gates, D. M., and Janke, R. 1966. The energy environment of the alpine tundra. *Oecol. Planta.* 1: 39~62.

Geiger, R. 1965. *The climate near the ground*. Cambridge, Mass.: Harvard Univ. Press. 611pp.

_____. 1969. Topoclimates. pp. 105~138 in *World survey of climatology*, Vol. 2, ed. H. E. Landsberg. Amsterdam: Elsevier. 266pp.

Geikie, A. 1912. *Love of nature among the Romans*. London: J. Murray, ed. 394pp.

Geist, V. 1971. *Mountain sheep: A study in behavior and evolution*. Chicago: Univ. of Chicago Press. 383pp.

Gersmehl, P. 1971. Factors involved in the persistence of southern Appalachian treeless balds. *Proc. Assoc. Amer. Geog.* 3: 56~61.

_____. 1973. Pseudo-timberline: The southern Appalachian grassy balds (summary). *Arctic and Alpine Res.* 5(3): (Pt. 2) A137~138.

Gilbert, G. K. 1904. Systematic asymmetry of crest lines in the High Sierra of California. *J. Geol.* 12: 579~588.

Gill, P. W., Smith, J. H., and Ziurys, E. J. 1954. *Fundamentals of internal combustion engines*. Annapolis, Md.: U.S. Naval Institute.

Gillison, A. N. 1969. Plant succession in an irregularly fired grassland area, Doma Peaks region, Papua. *J. Ecol*, 57: 415~428.

_____. 1970. Structure and floristics of a montane grassland-forest transition, Doma Peaks Region, Papua. *Blumea* 18: 71~86.

Glass, M., and Carlson, T. N. 1963. The growths. characteristics of small cumulus clouds. *J. Atmosph. Sci.* 20: 397~406.

Glenn, C. L. 1961. The chinook. *Weatherwise* 14: 175~182.

Glennie, E. A. 1941. Supposed cannibalism among spiders in high altitudes. *J. Bombay Nat. Hist. Soc.* 42(3): 667.

Godley, A. D. 1925. Mountains and the public. *Alpine J.* 37: 107~117.

Goldberg, S. R. 1974. Reproduction in mountain and lowland populations of the lizard *Sceloporus occidentalis*. *Copeia* 1: 176~182.

Goldstein, M. C. 1976. Fraternal polyandry and fertility in a high Himalayan valley in northern Nepal. *Human Ecol.* 4(3): 223~233.

Goldthwait, R. P. 1969. Patterned soils and permafrost on the Presidential Range (abs.). P. 150 in *Resumés des communications*. Paris: 8th INQUA Cong.

_____. 1970. Mountain glaciers of the Presidential Range in New Hampshire. *Arctic and Alpine Res.* 2(2): 85~102.

Gómez-Ibáñez, D. A. 1975. *The western Pyrenees*. Oxford: Clarendon Press. 162pp.

_____. 1977. Energy, economics and the decline of transhumance. *Geog. Rev.* 67(3): 284~298.

Good, R. 1953. *The geography of the flowering plants*. 2nd ed. London: Longmans, Green. 452pp.

Goodell, B. C. 1966. *Snowpack management for optimum water benefits*. ASCE Water Resource Eng. Conf. Pap. 379. Denver, Colo., May 1966. 14pp.

Gorbunov, A. P. 1978. Permafrost investigations in high-mountain regions. *Arctic and*

Alpine Res. 10(2): 283~294.

Gradwell, M. W. 1954. Soil frost studies at a high−country station. Vol. I. *New Zealand Jour. Sci. Tech.* (Sec. B) 36: 240~257.

Graf, W. L. 1976. Cirques as glacier locations. *Arctic and Alpine Res.* 8(1): 79~90.

Grahn, D., and Kratchman, J. 1963. Variation in neonatal death rate and birth weight in the United States and possible relations to environmental radiation, geology, and altitude. *Amer. J. Hum. Genet.* 15: 329~352.

Grant, L. D., and Kahan, A: M. 1974; Weather modification for augmenting orographic precipitation. pp. 282~317 in *Weather and climate modification,* ed. W. N. Hess. New York: John Wiley and Sons. 842pp.

Grant, M. C. 1980. Acid precipitation in the western United States. *Science* 207(4427): 176~177.

Grant, M. C., and Mitton, J. B. 1977. Genetic differentiation among growth forms of Engelmann spruce and subalpine fir at treeline. *Arctic and Alpine Res.* 9(3): 259~263.

Grard, R., and Mathevet, P. 1972. *Extension des précipitations "De Lombarde" sur les Alpes françaises.* Vol. II. Geilo, Norway: Proc. Int. Symp. World Meteor. Organ. 587pp.

Grauer, C. T. 1962. High altitude pole line. *Elec: Light and Power* 40(5): 34~36.

Gray, J. T. 1972. Debris accretion on talus slopes in the central Yukon Territory. pp. 75~84 in *Mountain geomorphology,* ed. O. Slaymaker and H. J. McPherson. Vancouver, B.C.: Tantalus Research. 274pp.

_____. 1973. Geomorphic effects of avalanches and rock−falls on steep mountain slopes in the central Yukon Territory. pp. 107~117 in *Research in polar geomorphology,* ed. B. D. Fahey and R. D. Thompson. 3rd Guelph Symp. Geomorph. Guelph, Ontario. 206pp.

Green, C. V. 1936. Observations on the New York weasel, with remarks on its winter dichromatism. *J. Mammal.* 17: 247~249.

Greller, A. M., Goldstein, M., and Marcus, L. 1974, Snowmobile impact on three alpine plant communities. *Envir. Consv.*.1(2): 1~110.

Gribble, F. 1899. *The early mountaineers.* London: Unwin, T. Fisher. 338pp.

Griggs, D. T. 1936. The factor of fatigue in rock exfoliation. *J. Geol.* 44: 781~796.

Griggs, R. F. 1934. The problem of arctic vegetation. *J. Wash. Acad. Sci.* 24(4): 153~175.

_____. 1938. Timberlines in the northern Rocky Mountains. *Ecol.* 19: 548~564.

Grinnell, G. B. 1922. The medicine wheel. *Amer. Anthrop.* 24: 299~310.

Grinnell, J. 1923. The burrowing rodents of California as agents in soil formation. *J. Mammal.* 4(3): 137~149.

Grove, J. M. 1972. The incidence of landslides, avalanches, and floods in western Norway during the Little Ice Age. *Arctic and Alpine Res.* A(2): 131~139.

Grover, R. F. 1974. Man living at high altitudes. pp. 817~830 in *Arctic and alpine environments*, ed. J. D. Ives and R. G. Barry. London: Methuen. 999pp.

Grover, R. F., Reeves, J. T., Grover, E. G., and Leathers, J. E. 1967. Muscular exercise in young men native to 3100m altitude. *J. Appl. Physiol.* 22: 555~564.

Grubb, P. J. 1971. Interpretation of the Massenerhebung effect on tropical mountains. *Nature* 229: 44~45.

_____. 1974. Factors controlling the distribution of forest types on tropical mountains: New facts and a new perspective. pp. 1~25 in *Altitudinal zonation in Malesia*, ed. R. Flenley, Jr. Univ. Hull Dept. Geog. Misc. Ser. 16. Hull, Eng.: Univ. Hull. 109pp.

_____. 1977. Control of forest growth and distribution on wet tropical mountains. *Ann. Rev. Ecol. and Systematics* 8: 83~107.

Grubb, P. J., and Tanner, E. V., Jr. 1976. The montane forests and soils of Jamaica: A reassessment. *J. Arnold Arbor.* 57: 313~368.

Grunow, J. 1955. Der Niederschlag im Bergwald. *Forstwiss Centrabl.* 74: 21~36.

_____. 1960. The productiveness of fog precipitation in relation to the cloud droplet spectrum. pp. 110~117 in *Physics of precipitation*, ed. H. Weickmann. Geophysical Monogr. 5. Washington, D.C.: Amer. Geophys. Union. 435pp.

Gutenberg, B., Buwalda, J. P., and Sharp, R. P. 1956. Seismic explorations on the floor of Yosemite Valley. *Geol. Soc. Amer. Bull.* 67: 1051~1078.

Gutman, G. J., and Schwerdtfeger, W. 1965. The role of latent and sensible heat for the development of a high pressure system over the subtropical Andes in the summer. *Meteor. Rund.* 18: 69~75.

Haantjens, H. A. 1970. Soils of the GorokaMount Hagen area. pp. 80~103 in *Lands of the Goroka—Mount Hagen area, Papua, New Guinea*. Land Res. Ser. 27. Melbourne, Australia: Commonwealth Sci. and Indus. Res. Organ. 159pp.

Haantjens, H. A., and Rutherford, G. K. 1965. Soil zonality and parent rock in a very wet. tropical mountain region. pp. 493~500 in *Proc. 8th Int. Congr. Soil Sci.*, Vol. 5. Bucharest, Romania.

Haas, J. D. 1976. Prenatal and infant growth and development. pp. 161~179 in *Man in the Andes: A multidisciplinary study of high—altitude Quechua*, ed. P. T. Baker and M. A. Little. Stroudsburg, Pa.: Dowden, Hutchinson and Ross. 482pp.

Habeck, J. R. 1972a. *Fire ecology investigations in Selway—Bitterroot Wilderness*. U.S. For. Serv. Publ. R1—72—001. Missoula, Mont.: Univ. of Montana. 119pp.

_____. 1972b. Glacier's Logan Pass: A case of mismanagement. *Nat. Parks and Consv. Mag.* 46(5): 10~14.

Hack, J. T. 1960. Origin of talus and scree in northern Virginia (abs.). *Geol. Soc. Amer. Bull.* 71: 1877~1878.

Hack, J. T., and Goodlett, J. C. 1960. *Geomorphology and forest ecology of a mountain region in the central Appalachians.* U.S. Geol. Surv. Prof. Pap. 347. 66pp.

Hackman, W. 1964. On reduction and loss of wings in Diptera. *Not. Ent. Helsinki* 46: 73~93.

Hafeli, H. 1968~1969. The alpine salamander. pp. 166~174 in *The mountain world*, ed. M. Barnes. owiss Found. for Alpine Res. London: George Allen and Unwin. 188pp.

Hahn, D. G., and Manabe, S. 1975. The role of mountains in the South Asian monsoon circulation. *J. Atmosph. Sci.* 32(8): 1515~1541.

Hales, W. B. 1933. Canyon winds of the Wasatch Mountains. *Bull. Amer. Meteor. Soc.* 14: 194~196.

Hall, F. G. 1937. Adaptations of mammals to high altitudes. *J. Mammal.* 18: 468~472.

Hall, F. G., Dill, D. B., and Guzman-Barron, E. S. 1936. Comparative physiology in high altitudes, *J. Cell. Comp. Physiol.* 8: 301~313.

Hallam, A. 1975. Alfred Wegener and the hypothesis of continental drift. *Sci. Amer.* 232(2): 88~97.

Hamann, R. R. 1943. The remarkable temperature fluctuations in the Black Hills region. *Mon. Wea. Rev.* 71(1): 29~32.

Hammel, H. T. 1956. Infrared emissivities of some arctic fauna. *J. Mammal.* 37(3): 375~381.

Hammond, A. L. 1975. Minerals and plate tectonics: A conceptual revolution. *Science* 189 (4205): 779~781.

Hammond, E. H. 1964. Analysis of properties in landform geography: An application to broad-scale landform mapping. *Annals Assoc. Amer. Geog.* 54(1): 11~19.

Hampel, R., Figala and Praxl. 1960. Forest practices in control of avalanches, floods and soil erosion in the Alps. pp. 1625~1629 in *Proc. Fifth Forestry Cong.*, Vol. 3. Seattle: Univ. Washington.

Hanawalt, R. B., and Whittaker, R. H. 1976. Altitudinally coordinated patterns of soil and vegetation in the San Jacinto Mountains, California. *Soil Sci.* 121(2): 114~124.

_____. 1977. Altitudinal patterns of Na, K, Ca, and Mg in soils and plants in the San Jacinto Mountains, California. *Soil Sci.* 123(1): 25~36.

Hann, J. 1866. Zur Frage iber den Ursprung des féhn. Z. *Ost. Ges. Meteor.* 1: 257~263.

_____. 1903. *Handbook of climatology.* Part 1. Trans. R. De C. Ward. London: Macmillan. 437pp.

Hanna, J. M. 1974. Coca leaf use in southern Peru: Some biological aspects. *Amer. Anthrop.* 76: 281~296.

_____. 1976. Drug use. pp. 363~378 in *Man in the Andes: A multidisciplinary study of high-altitude Quechua*, ed. P. T. Baker and M. A. Little. Stroudsburg, Pa.: Dowden, Hutchinson and Ross. 482pp.

Hansen, W.R., and Eckel, E. B. 1966. *The Alaskan earthquake, March 27, 1964: Field investigations and reconstruction effort.* U.S. Geol. Surv. Prof. Pap. 541. 37pp.

Hardin, G. 1969. The economics of wilderness. *Nat. Hist.* 78(6): 20~27.

Hardon, H. J. 1936. Podzol-profiles in the tropics. *Natuurweten-Schappelijk Tijdschrift voor Nederlandsch Indie* 96: 25~41.

Hardy, J. T., and Curl, H., Jr. 1972. The candy-colored, snow-flaked alpine biome. *Nat. Hist.* 81: 74~78.

Hargens, A. R. 1972. Freezing resistance in polar fishes. *Science* 176(4031): 184~186.

Harr, R., Harper, W. C., Krygier T., and Hsieh, F, 5S. 1975. Changes in snow hydrographs after road building and clear-cutting in the Oregon Coast Range. *Water Resources Res.* 11(3): 436~444.

Harris, S. A. 1971. Podzol development on volcanic ash deposits in the Talamanca Range, Costa Rica. pp. 191~209 in *Paleopedology: Origin, nature and dating of paleosols,* ed. D. H. Yaalon. Jerusalem: Int. Soc. Soil Sci. and Israel Univ. Press. 350pp.

Harrison, G. A., Kuchenmann, C. F., Moore, M. A. S., Bouce, A. J., Baju, T., Mourant, A. E., Godber, M. J., Glasgow, B. G., Lopec, A. C., Tills, D., and Clegg, E. J. 1969. The effects of altitudinal variation in Ethiopian populations. *Phil. Trans. Roy. Soc. London* (Ser. B) 256(805): 147~182.

Harrison, H. T., and Beckwith, W. B. 1951. Studies on the distribution and forecasting of hail in western United States. *Bull. Amer. Meteor. Soc.* 32(4): 119~131.

Harrison, J. V., and Falcon, N. L. 1937. The Saidmarreh landslip, southern Iran. *Geog. J.* 89: 42~47.

_____. 1938. An ancient landslip at Saidmarreh in southwestern Iran. *J. Geol.* 46: 296~309.

Harrold, T. W., Bussell, R., and Grinsted, W. A. 1972. The Dee Weather Radar Project. Vol. IL, pp. 47~61 in *Distribution of precipitation in. mountainous areas.* Geilo, Norway: Proc. Int. Symp. World Meteor. Organ. 587pp.

Hart, J. S. 1956. Seasonal changes in insulation of the fur. *Can. J. Zool.* 34: 53~57.

Harwood, M., and Treshow, M. 1975. Impact of ozone on the growth and reproduction of understory plants in the aspen zone of western U.S.A. *Envir. Consv,* 2(1): 17~23.

Hastenrath, S. 1967. Rainfall distribution and regime in Central America. *Archiv. Meteor. Geophys. Biokl.* 15: 202~241.

_____. 1968. Certain aspects of the three dimensional distribution of climate and vegetation belts in the mountains of Central America and southern Mexico. pp.

122~130 in *Geoecology of the mountainous regions of the tropical Americas*, ed. C. Troll. Proc. UNESCO Mexico Symp. Aug. 1966. Bonn: Ferd. Diimmlers Verlag. 223pp.

_____. 1973. Observations on the periglacial morphology of Mts. Kenya and Kilimanjaro, East Africa. pp. 161-179 in *Quaternary geomorphology*, ed. J. Hovermann and K. Kaiser. Zeits. fiir Geomorph. Suppl. 16. Berlin. 203pp.

_____. 1977. Observations on soil phenomena in the Peruvian Andes. Zeits. *fiir Geomorph.* 21(3): 357~362.

Havlik, D. 1969. Nachweis und Begriindung der hochreichenden Niederschlagszunahme in den Westalpen. *Freiburger Geographische* 7.

Hayano, D. M. 1973. Individual correlates of coffee adoption in the New Guinea highlands. *Human Org.* 32(3): 305~313.

Hayes, G. L. 1941. *Influence of altitude and aspect on daily variations in factors of forest-fire danger.* Circular 591. Washington, D.C.: U.S. Dept. Agri. 38pp.

Headley, J. T. 1855. *The sacred mountains.* New York: C. Scribner. 175pp.

Hedberg, O. 1951. Vegetation belts of the East African mountains. *Svensk. Bot. Tidskr.* 45: 140~202.

_____. 1961. The phytogeographical position of the afroalpine flora. *Rec. Adv. Botany* 1: 914~919.

_____. 1964. Features of afroalpine plant ecology. *Acta Phytogeographica Suecica* 49: 1~144.

_____. 1965. Afroalpine flora elements. *Webbia* 19: 519~529.

_____. 1969. Evolution and speciation in a tropical high mountain flora. *Biol. J. Linnean Soc.* 1(1): 135~148.

_____. 1971. Evolution of the afroalpine flora. pp. 16~23 in *Adoptive aspects of insular evolution*, ed. W. L. Stern. Pullman, Wash.: Washington State Univ. Press. 85pp.

_____. 1972. On the delimitation and subdivision of the high mountain region of Eurasian high mountains. pp. 107~109 in *Geoecology of the high mountain regions of Eurasia*, ed. C. Troll. Wiesbaden: Franz Steiner. 300pp.

_____. 1975. Studies of adaptation and specialization in the afro-alpine flora of Ethiopia. *Boissiera* 24: 71~74.

Heede, B. H. 1975. Mountain watersheds and dynamic equilibrium. pp. 407~420 in *Watershed management symposium; ASCE Irrigation and Drainage Div.* Logan, Utah,,Aug. 11~13, 1975.

Heer, D. M. 1967. Fertility differences in Andean countries: A reply to W. H. James. *Pop. Stud.* 21: 71~73.

Heine, E. M. 1937. Observations on the pollination of New Zealand flowering plants.

Royal Soc. New Zealand, Trans. 67: 133~148.

Heinrich, B. 1974. Thermoregulation in endothermic insects. *Science* 185(4153): 747~756.

Heinrich, B., and Raven, P. H. 1972. Energetics and pollination ecology. *Science* 176(4035): 597~602.

Heinselman, M. I. 1970. Preserving nature in forested wilderness areas and National Parks. *Nat. Parks and Consv. Mag.* 44(276): 8~14.

Heirtzler, J. R. 1968. Sea floor spreading. *Sci. Amer.* 219(6): 60~70.

Heizer, R. F. 1966. Ancient heavy transport, methods and, achievements. *Science* 153(3738): 821~830.

Hellriegel, K. O. 1967. Health problems at altitude. Paper presented at the WHO/ PAHO/ IBP Meeting of Investigators on Population Biology of Altitude, 13~17 Nov. Washington, D.C.

Hembree, C. H., and Rainwater, F. H. 1961. *Chemical degradation on opposite flanks of the Wind River Range, Wyoming.* U.S. Geol. Surv. Water Supply Pap. 1534 E. 9pp.

Hendee, J. C. 1974. A scientist's views on some current wilderness management issues. *Western Wildlands* (Spring): 27~32.

Hendee, J. C., and Lucas, R. C, 1973. Mandatory wilderness permits: A necessary management tool. *J. Forestry* 71(4): 206~209:

Hendee, J. C., and Stankey, G. H. 1973. Biocentricity in wilderness management. *BioScience* 23(9): 535~538.

Hendee, J. C., Stanley, G. H., and Lucas, R. C. 1978. *Wilderness management.* U.S. Dept. Agri. For. Serv. Misc. Pub. 1365. Washington, D.C. 381pp.

Henrie, R. L., and Ridd, M. K. 1977. Environmental hazards and development on the Wasatch Front. pp. 35~49 in *Perceptions of Utah: A field guide,* ed. D. C. Greer. Prepared for 1977 Nat. Meetings Assoc. Amer. Geog., Salt Lake City, Utah. Ogden, Utah: Weber State College. 115pp.

Henry, A. J. 1919. Increase of precipitation with altitude. Mon. *Wea. Rev.* 47: 33~41.

Henshaw, R. E., Underwood, L. S., and Casey, T. M, 1972. Peripheral thermoregulation: Foot temperature in two arctic canines. *Science* 175(4025): 988~990.

Henz, J. F. 1972. An operational technique of forecasting thunderstorms along the lee slopes of a mountain range. *J, Appl. Meteor.* 11(8): 1284~1292.

Herbert, D., and Bardossi, F. 1968. *Kilauea: A case history of a volcano.* New York: Harper and Row. 191pp.

Herrmann, R. 1970. Vertically differentiated water balance in tropical high mountains with special reference to the Sierra Nevada de Santa Marta, Colombia. pp. 262~273 in *Symposium on world water balance.* Int. Ass. Sci. Hydrol. Pub. 93. Vol. 2. Brussels: UNESCO.

Hess, S. L., and Wagner, H. 1948. Atmospheric waves. in the northwestern United States. *J. Meteor.* 5(1): 1~19.

Hesse, R., Allee, W. C., and Schmidt, K. P. 1951. *Ecological animal geography.* New York: John Wiley and Sons. 715pp.

Hewitt, K. 1968. The freeze—thaw environment of the Karakoram Himalaya. *Can. Geog.* 12: 85~98.

_____. 1972. The mountain environment and geomorphic processes. pp. 17~36 in *Mountain geomorphology*, ed. O. Slaymaker and H. J. McPherson. Vancouver, B.C.: Tantalus Research. 274pp.

_____. 1976. Earthquake hazards in the mountains. *Nat. Hist.* 85(5): 31~37.

Hewlett, J. F., and Helvey, J. D. 1970. Effects of forest clear—felling on the storm hydrograph. *Water Resources Res.* 6(3): 768~782.

Hickman, J. C. 1974. Pollination by ants: A low energy system. *Science* 148(4143): 1290~1292.

Highman, B., and Altland, P. D. 1964. Immunity and resistance to pathogenic bacteria at high altitude. pp. 177—180 in *The physiological effects of high altitude*, ed. W. H. Weihe. New York: Macmillan. 351pp.

Higuchi, K., and Fujii, Y. 1971. Permafrost at the summit of Mount Fuji, Japan. *Nature* 230(5295): 521.

Hill, L. E. 1924. *Sunshine and the open air: Their influence on health, with special reference to alpine climate.* London: E. Arnold. 132pp.

Hill, M. R. 1965. Earth hazards—an editorial. *Mineral Info. Serv. Calif. Div. Mines and Geol.* 18(4): 57~59.

Hindman, E. E. 1973. Air currents in a mountain valley deduced from the break—up of a stratus deck. *Mon. Wea. Rev.* 101(3): 195~200.

Hingston, R. W. G. 1925. Animal life at high altitudes. *Geog. J.* 65(3): 185~198.

Hirao, Y., and Patterson, C. C. 1974. Lead aerosol pollution in the high Sierra overrides natural mechanisms which exclude lead from a food chain. *Science* 184: 989~992.

Hobbs, P. V., and Radke, L. F. 1973. Redistribution of snowfall across a mountain range by artificial seeding: A case study. *Science* 181(4104): 1043~1045.

Hock, R. J. 1964a. Animals in high altitudes: Reptiles and amphibians. pp. 841~842 in *Handbook of physiology.* Sec. 4: *Adaptation to the environment*, ed. D. B. Dill, E. F. Adolph, and C. G. Wilber. Washington, D.C.: Amer. Physiol. Soc. 1056pp.

_____. 1964b. Terrestrial animals in cold: Reptiles. pp. 357~360 in *Handbook of physiology.* Sec. 4: *Adaptation to the environment*, ed. D. B. Dill, E. F. Adolph, and C. G. Wilber. Washington, D.C.: Amer. Physiol. Soc. 1056pp.

_____. 1964c. Physiological responses of deer mice to various native altitudes. pp. 59~72 in *The physiological effects of high altitude*, ed. W. H. Weihe. New York: Macmillan. 351pp.

_____. 1965. An analysis of Gloger's Rule. *Hoalradet Skrifter* (Oslo) 48: 214~226.

_____. 1970. The physiology of high altitude. *Sci. Amer.* 222(2): 53~62.

Hocking, B. 1968. Insect–flower associations in the high arctic with special reference to nectar. *Oikos* 19: 359~388.

Hodge, W. H. 1949. Tuber foods of the old Incas. *Nat. Hist.* 58(10): 464~470.

Hoff, C. C. 1957. A comparison of soil, climate, and biota of conifer and aspen communities in the central Rocky Mountains. *Amer. Midl. Nat.* 98: 115~140.

Hoff, C. J., and Abelson, A. E. 1976. Fertility. pp. 128~146 in *Man in the Andes: A multidisciplinary study of high–altitude Quechua*, ed. P. T. Baker and M. A. Little. Stroudsburg, Pa.: Dowden, Hutchinson and Ross. 482pp.

Hoffmann, R. S. 1974. Terrestrial vertebrates. pp. 475~568 in *Arctic and alpine environments*, ed. J. D. Ives and R. G. Barry. London: Methuen. 999pp.

Hoffmann, R. S., and Taber, R. D. 1967. Origin and history of Holarctic tundra ecosystems, with special references to their vertebrate faunas. pp. 143~170 in *Arctic and alpine environments*, ed. W. H. Osburn and H. E. Wright, Jr. Bloomington, Ind.: Indiana Univ. Press. 308pp.

Hogan, A. W. 1972. Snowmelt delay by oversnow travel. *Water Resources Res.* 8: 174~175.

Hoham, R. W. 1975. Optimum temperatures and temperature ranges for growth of snow algae. *Arctic and Alpine Res.* 7(1): 13~24.

Hoinkes, H. C. 1964. Glacial meteorology. *Res. Geophys.* 2: 391~424.

_____. 1968. Glacial variation and weather. *J. Glaciol.* 7(49): 3~19.

_____, and Rudolph, R. 1962. Mass balance studies on the Hintereisferner, Otztal Alps, 1952–1961. *J. Glaciol.* 4: 266~280.

Holdich, T. H. 1901. *The Indian borderland.* London: Methuen. 402pp.

Holdridge, L. R. 1957. *Life zone ecology.* San Jose, Costa Rica: Tropical Science Center. 206pp.

Höllermann, P. 1973. Some reflections on the nature of high mountains, with special reference to the western United States. *Arctic and Alpine Res.* 5(3): (Pt. 2)A149~160.

Holmes, A. 1931. Radioactivity and earth movements. *Geol. Soc. Glasgow Trans.* 18: 559~606.

_____. 1965. Principles of physical geology. 2nd ed. New York: Ronald Press. 1288pp.

Holmes, R. T. 1966. Molt cycle of the Red–backed sandpiper (*Calidris alpina*) in western North America. *Auk* 83: 517~533.

Holtmeier, F. K. 1972. The influence of animal and man on the alpine timberline.

pp. 93~97 in *Geoecology of the high mountain regions of Eurasia*, ed. C. Troll. Wiesbaden: Franz Steiner. 299pp.

_____. 1973. Geoecological aspects of timberlines in northern and central Europe. *Arctic and Alpine Res.* 5(3): (Pt. 2)45~54.

Hope, G. S. 1976. The vegetational history of Mt. Wilhelm, Papua, New Guinea. *J. Ecol.* 64(2): 627~664.

Hope, J. 1968. The king besieged. *Nat. Hist.* 77(9): 52~57.

Horton, R. E. 1934. Water–losses in high latitudes and at high elevations. *Trans. Amer. Geophys. Union* (Pt. II): 351~379.

Horvath, S. M. 1972. Physiology of work at altitude. pp. 183~190 in *Physiological adaptations, desert and mountain*, ed. M. K. Yousef, S. M. Horvath, and R. W. Bullard. New York: Academic Press. 258pp.

Hough, A. F. 1945. Frost pockets and other microclimates in forests of the northern Allegheny plateau. *Ecol.* 26: 235~250.

House, J. W. 1959. The Franco–Italian boundary in the Alps Maritimes. *Trans. and Pap. Inst. British Geog.* 26: 107~131.

Houston, C. S. 1964. Effects of high altitude (oxygen lack). pp. 469~493 in *Medical climatology*, ed. S. Licht. Baltimore: Waverly Press. 793pp.

_____. 1972. High–altitude pulmonary and cerebral edema. *Amer. Alpine J.* 18(1): 83~92.

Houston, D. 1971. Ecosystems of national parks. *Science* 172: 648~651.

Hovind, E. L. 1965. Precipitation distribution around a windy mountain peak. *J. Geophys. Res.* 70: 3271~3278.

Howard, A. D. 1967. Drainage analysis in geologic interpretation: A summation. *Amer. Assoc. Petrol. Geol. Bull.* 51: 2246~2259.

Howard, G. E. 1949. Alpine uplift. *Alpine J.* 57(278): 1~9.

Howard, R. A. 1971. The "alpine" plants of the Antilles. pp. 24–28 in *Adoptive aspects of insular evolution*, ed. W. L. Stern. Pullman, Wash.: Washington State Univ. Press. 85pp.

Howe, E. 1909. *Landslides in the San Juan Mountains, Colorado: Including a consideration of their causes and their classification.* U.S. Geol. Surv. Prof. Pap. 67. 58pp.

Howe, J. 1971. Temperature readings in test bore holes. *Mt. Washington Observatory News Bull.* 12(2): 37~40.

Howell, W. E. 1953. Some measurements of ablation, melting, and solar absorption on a glacier in Peru. *Trans. Amer. Geophys. Union.* 34(6): 883~888.

Hsu, K. J. 1975. Catastrophic debris streams (Sturzstroms) generated by rockfalls. *Geol. Soc. Amer. Bull.* 86: 129~140.

Hudson, G. V. 1905. Notes on insect swarms on mountain tops in New Zealand. *Royal Soc. New Zealand, Trans.* 38: 334~336.

Hunt, C. B. 1958. *How to collect mountains.* San Francisco: W. H. Freeman. 38pp.

Hurd, W. E. 1929. Northers of the Gulf of Tehuantepec. *Mon. Wea. Rev.* 57: 192~194.

Hurley, P. 1968. The confirmation of continental drift. *Sci. Amer.* 218(4): 52~64.

Hurtado, A. 1955. Pathological aspects of life at high altitudes. *Military Med.* 117: 272~284.

_____. 1960. Some clinical aspects of life at high altitudes. *Ann. Int. Med.* 53: 247~258.

_____. 1964. Animals in high altitudes: Resident man. pp. 843~860 in *Handbook of physiology.* Sec. 4: *Adaptation to the environment*, ed. D. B. Dill, E. F. Adolph, and C. G. Wilber. Washington, D.C.: Amer. Physiol. Soc. 1056pp.

Husted, W. M. 1965. Early occupation of the Colorado Front Range. *Amer. Antiqui ty* 30(4): 494~498.

_____. 1974. Prehistoric occupation in the Rocky Mountains. pp. 857~872 in *Arctic and alpine environments*, ed. J. D. Ives and R. G. Barry. London: Methuen. 999pp.

Huxley, T. 1978. Tourism—Uses and abuses of mountain resources. pp. 199~208 in *The use of high mountains of the world.* Wellington, N.Z.: Dept. Lands and Survey Head Office, Private Bag (in assoc. with Tussock Grasslands and Mountain Lands Inst., P.O. Box 56, Lincoln College, Canterbury, N.Z., for Int. Union Cons. Nature). 223pp.

Hyde, W. W. 1915~1916. The ancient appreciation of mountain scenery. *Classical J.* 11: 70~84.

_____. 1917. The development of the appreciation of mountain scenery in modern times. *Geog. Rev.* 3: 107~118.

Imeson, A. C. 1976. Some effects of burrowing animals on slepe processes in Luxembourg Ardennes. *Geog. Ann.* 58A(1–2): 115~125.

Imhof, E. 1900. Die Waldgrenze in der Schweiz. *Beiträge zur Geophysic* 4: 241~330.

Ingles, L. G. 1952. The ecology of the mountain Pocket gopher, *Thomomys monticola. Ecol.* 33(1): 87~95.

Irving, L. 1960. Human adaptation to cold. *Nature* 185: 572~574.

_____. 1964. Terrestrial animals in cold: Birds and mammals. pp. 361~378 in *Handbook of physiology.* Sec. 4: *Adaptation to the environment*, ed. D. B. Dill, E. F. Adolph, and C. G. Wilber. Washington, D.C.: Amer. Physiol. Soc. 1056pp.

_____. 1966. Adaptations to cold. *Sci. Amer.* 214: 94~101.

_____. 1972. *Arctic life of birds and mammals.* New York: Springer–Verlag. 192pp.

_____, and Krog, J. 1955. Temperature of skin in the Arctic as a regulator of heat. *J. Appl. Physiol.* 7: 355~364.

Irving, L., Krog, H., and Monson, M. 1955. Insulation and metabolism of some Alaskan animals in winter and summer. *J. Physiol. Zool.* 28: 173~185.

Isacks, B., Oliver, J., and Sykes, L. R. 1968. Seismology and the new global tectonics. *J. Geophys. Res.* 73(18): 5855~5899.

I.U.C.N. 1978. *The use of high mountains of the world.* Wellington, N.Z.: Dept. Lands and Survey, Head Office, Private Bag (in assoc. with Tussock Grasslands and Mountain Lands Inst., P.O. Box 56, Lincoln College, Canterbury, N.Z., for Int. Union Cons. Nature), 223pp.

Ives, J. D. 1958. Mountain top detritus and the extent of the last glaciation in northeastern Labrador-Ungava. *Can. Geog.* 12: 25~31.

_____. 1966. Blockfields, associated weathering forms on mountain tops and the Nunatak hypothesis. *Geog. Ann.* 48A: 220~223.

_____. 1973. Permafrost and its relationship to other environmental! parameters in a midlatitude, high-altitude setting, Front Range, Colorado Rocky Mountains. pp. 121~125 in *North Amer, Contr. Perm. Second Int. Conf.* Washington, D.C.: Nat. Acad. Sci.

_____. 1974a. Permafrost. pp. 159~194 in *Arctic and alpine environments,* ed. J. D. Ives and R. G. Barry. London: Methuen. 999pp.

_____. 1974b. Biological refugia and the Nunatak hypothesis. pp. 605-636 in *Arctic and alpine environments,* ed. J. D. Ives and R. G. Barry. London: Methuen. 999pp.

_____. 1974c. The UNESCO Man and the Biosphere Programme and INSTAAR. *Arctic and Alpine Res.* 6(3): 241~244.

_____. 1974d. The UNESCO Man and the Biosphere Programme (MAB) Project 6: Regional Meeting, La Paz, June 9 to 16, 1974. *Arctic and Alpine Res.* 6(4): 419~420.

_____. 1974e. The impact of motor vehicles. pp. 907~910 in *Arctic and alpine environments,* ed. J. D. Ives and R. G. Barry. London: Methuen. 999pp.

_____. 1975. The development of mountain environments, Munich International Workshop. *Arctic and Alpine Res.* 7(1): 101~102.

_____. 1979. Applied high altitude geoecology: Can the scientist assist in the preservation of the mountains? pp. 9~45 in *High altitude geoecology,* ed. P. J. Webber. Amer. Assoc. Adv. Sci. Selected Symp. 12. Boulder, Colo.: Westview Press. 188pp.

Ives, J. D., and Barry, R. G., eds. 1974. *Arctic and alpine environments.* London: Methuen. 999pp.

Ives, J. D., and Bovis, M. J. 1978. Natural hazards maps for land-use planning, San Juan Mountains, Colorado, U.S.A. *Arctic and Alpine Res.* 10(2): 185~212.

Ives, J. D., Mears, A. R., Carrara, P. E., and Bovis, M. J. 1976. Natural hazards in mountain Colorado. *Annals Assoc. Amer. Geog.* 66(1): 129~144.

Ives, R. L. 1941. Vegetative indicators of solifluction. *J. Geom.* 4: 128~132.

_____. 1950. Frequency and physical effects of chinook winds in the Colorado high plains region. *Annals Assoc. Amer. Geog.* 40: 293~327.

Jackson, E. P. 1930. Mountains and the aborigines of the Champlain lowland. *Appalachia* 24(70): 121~136.

Jacobs, A. H. 1965. African pastoralists: Some general remarks. *Anthrop. Quart.* 38: 144~154.

Jahn, A. 1967. Some features of mass movement on Spitsbergen slopes. *Geog. Ann.* 49A: 213~225.

James, P. E. 1959. *A geography of man.* 2nd ed. Boston: Ginn and Co. 656pp.

James, W. H. 1966. The effect of high altitude on fertility in Andean countries. *Pop. Stud.* 20: 97~101.

Janetschek, H. 1956. Das problem de inneralpinen Eiszeitstiberdauerung durch Tiere: Ein Beitrag zur Geschichte der nival Fauna. *Osterr. Zool. Inst.* 6(3/5): 421~596.

Janzen, D. H. 1967. Why mountain passes are higher in the tropics. *Amer. Nat.* 101(919): 233~249.

_____. 1973. Rate of regeneration after a tropical high elevation fire. *Biotropica* 5(2): 117~122.

Jaworowski, Z., Bilkiewicz, J., Dobosz, E., and Wodkiewicz, L. 1975. Stable and radioactive pollutants in a Scandinavian glacier. *Envir. Pollut.* 9(4): 305~316.

Jenny, H. 1930. Hochgebirgsboden. pp. 96~118 in *Handbuch de Bodenlehre*, Vol. 3, ed. E. Blanck. Berlin.

_____. 1941. *Factors of soil formation.* New York: McGraw—Hill. 281pp.

_____. 1946. Arrangement of soil series and types according to functions of soil forming factors. *Soil Sci.* 61: 375~391.

_____. 1948. Great soil groups in the equatorial regions of Colombia, South America. *Soil Sci.* 66: 5~28.

_____. 1958. Role of the plant factor in the pedogenic functions. *Ecol.* 39: 5~16.

Jerstad, L. 1969. *Mani—Rimdu: A Sherpa dance drama.* Seattle: Univ. Wash. Press. 192pp.

Johnson, D. D., and Cline, A. J. 1965. Colorado mountain soils. *Adv. Agronomy* 17: 233~281.

Johnson, D. R. 1976. Mountain caribou: Threats to survival in the Kootenay Pass region, British Columbia. *Northwest Sci.* 50(2): 97~101.

_____, and Maxwell, M. H. 1966. Energy dynamics of Colorado pikas. *Ecol.* 47: 1059~1061.

Johnson, D. W., Cole, D. W., Gessel, S. P., Singer, M. J., and Minden, R. V. 1977.

Carbonic acid leaching in a tropical temperate, subalpine and northern forest soil. *Arctic and Alpine Res.* 9(4): 329~343.

Johnson, J. P. 1973. Some problems in the study of rock glaciers. pp. 84~94 in *Research in polar and alpine geomorphology*, ed. B. D. Fahey and R. D. Thompson. 3rd Guelph Symp. on Geomorphology. Guelph, Ontario.

Johnson, N. K. 1975. Controls of number of bird species on montane islands in the Great Basin. *Evolution* 29: 545~567.

Johnson, P. C., and Denton, R. E. 1975. *Outbreaks of the western spruce budworm in the American northern Rocky Mountain area from 1922 through 1971.* U.S. Dept. Agri. For. Serv. Gen. Tech. Rep. INT−20. Ogden, Utah. 144pp.

Johnson, R. E. 1968. Temperature regulation in the white−tailed ptarmigan, *Lagopus leucurus. Comp. Biochem. Physiol.* 24: 1003~1014.

Johnson, W. D. 1931. *Stream sculpture on the Atlantic slope.* New York: Columbia Univ. Press. 142pp.

Johnson, W. M. 1965. *Rotation, rest−rotation, and season−long grazing on a mountain range in Wyoming.* U.S. For. Serv. Res. Pap. RM−14. Fort Collins, Colo. 16pp.

Johnston, R. S., Brown, R. W., and Cravens, J. 1975. Acid mine rehabilitation problems at high elevations. pp. 66~79 in *Proc. Amer. Soc. Civ. Eng. Watershed Management Symp.*, Logan, Utah. New York.

Jonca, E. 1972. Winter denudation of molehills in mountainous areas. *Acta Theriologica* 17(31): 407~412.

Judson, A. 1965. *The weather and climate of a high mountain pass in the Colorado Rockies.* U.S. For. serv. Res. Paper RM−16. Fort Collins, Colo. 28pp.

Julian, R. W., Yevjevich, V., and Morel−Seytoux, H. J. 1967. *Prediction of water yield in high mountain watersheds based on physiography.* Hydrol. Pap. 22. Fort Collins, Colo.: Colorado State Univ. 20pp.

Juvik, J. O., and Perreira, D. J. 1974. Fog interception on Mauna Loa, Hawaii. *Proc. Assoc. Amer. Geog.* 6: 22~25.

Juvik, J. O., and Ekern, P. C. 1978. *A climatology of mountain fog on Mauna Loa, Hawaii Island.* Water Resources Center Tech. Rep. 118. Manoa, Hawaii: Univ. Hawaii. 63pp.

Kaith, D. C. 1960. Forest practices in control of avalanches, floods, and soil erosion in the Himalayan Front. pp. 1640~1643 in *Proc. Fifth World Forestry Cong.*, Vol. 3. Seattle: Univ. Washington. 1341~2066pp.

Kalabukov, N. J. 1937. Some physiological adaptations of the mountain and plain forms of the Wood mouse (*Apodemus syloaticus*) and of other species of mouse−like rodents. *Animal Ecol.* 6: 254~274.

Karan, P. P. 1960a. *Nepal: A cultural and physical geography.* Lexington, Ky.: Univ. of Kentucky Press. 101pp.

_____. 1960b. The India—China boundary dispute. *J. Geog.* 59: 16~21.

____ . 1963. *The Himalayan kingdoms: Bhutan, Sikkim and Nepal.* Princeton, N.J.: Van Nostrand, 144pp.

_____. 1967. *Bhutan: A physical and cultural geography.* Lexington, Ky.: Univ. of Kentucky Press. 103pp.

_____. 1973. The changing geography of Tibet. *Asian Profile* 1(1): 39~48.

_____. 1976. *The changing face of Tibet: The impact of Chinese Communist ideology on the landscape.* Lexington, Ky.: Univ. of Kentucky Press. 114pp.

Karan, P. P., and Mather, C. 1976. Art and geography: Patterns in the Himalaya. *Annals Assoc. Amer. Geog.* 66(4): 487~515.

Karlstrom, E. L. 1962. *The toad genus* Bufo *in the Sierra Nevada of California.* Univ. Calif. Publ. Zool, 62. Berkeley, Ca. 104pp.

Karrasch, H. 1972. The planetary and hypsometric variation of valley asymmetry. pp. 31~33 in *International geography* 1972, Vol. 1, ed. W. P. Adams and F. M. Helleiner. 22nd Int. Geog. Cong. Toronto: Univ. of Toronto Press. 694pp.

_____. 1973. Microclimatic studies in the Alps. *Arctic and Alpine Res.* 5(3): (Pt. 2)55~64.

Kasahara, A. 1967. The influence of orography on: the global circulation patterns of the atmosphere. pp. 193~221 in *Proc. symp. mountain meteor., Atmos. Sci.* Paper 122. Fort Collins, Colo.: Dept. of Atmos. Sci., Colorado State Univ.

Kaushic, S. D. 1959. Human settlement and occupational economy in Garhual—Bhot Himalayas. *J. Asiatic Soc.* 1(1): 23~34.

Keeler, C. M. 1969. Snow accumulation on Mount Logan, Yukon Territory, Canada. *Water Resources Res.* 5: 719~723.

Keenlyside, F. H. 1957. The influence of mountains upon the development of human intelligence. *Alpine J.* 62(295): 192~194.

Kehrlein, O., Serr, S., Tarble, R. D., and Wilson, W. T. 1953. High Sierra snow ablation observations. pp. 47~50 in *Proc. Amer. Met. Soc,* Fort Collins, Colo.: Western Snow Conf.

Kelsall, J. P., and Telfer, E. S. 1971. Studies of the physical adaptations of big game for snow. pp.134—46 in *Proc. snow and ice in relation to wildlife and recreation symp.* Ames, Iowa: Iowa State Univ. 280pp.

Kendeigh, S. C. 1932. A study of Merriam's temperature laws. *Wilson Bull.* 44(3): 129~143.

_____. 1954. History and evaluation of various concepts of plant and animal communities in North America. *Ecol.* 35: 152~171.

_____. 1961. *Animal ecology.* Englewood Cliffs, N.J.: Prentice-Hall. 468pp.

_____. 1969. Tolerance of cold and Bergmann's Rule. *Auk* 86: 13~25.

Kendrew, W. G. 1961. *The climates of the continents.* 5th ed. Oxford: Clarendon. 608pp.

Kennedy, B. A. 1976. Valley-side slopes and climate. pp. 171~202 in *Geomorphology and climate,* ed. E. Derbyshire. London: John Wiley and Sons. 512pp.

Kennedy, B. A., and Melton, M. A. 1972. Valley asymmetry and slope forms of a permafrost area in the Northwest Territories, Canada. pp. 107~121 in *Polar geomorphology,* ed. R. J. Price and D. E. Sugden. Spec. Pub. 4. London: Inst. Brit. Geog. 215pp.

Kent, P. E. 1966. The transport mechanism in catastrophic rock falls. *J. Geol.* 74: 79~83.

Kesseli, J. E. 1941. Rock streams in the Sierra Nevada, California. *Geog. Rev.* 31: 203~227.

Khurshid Alam, F. C. 1972. Distribution of precipitation in mountainous areas of west Pakistan. Vol. II, pp. 290~306 in *Distribution of precipitation in mountainous areas.* Geilo, Norway: World Meteor. Organ. 587pp.

Kikkawa, J., and Williams, W. T. 1971. Altitudinal distribution of land birds in New Guinea. *Search* 2: 64~69.

Kilgore, B. M., and Briggs, G. S. 1972. Restoring fire to high elevation forests in California. *J. Forestry* 70(5): 266~271.

King, L. C. 1967. *The morphology of the earth.* Edinburgh: Oliver and Boyd. 726pp.

_____. 1976. Planation remnants upon high lands. *Zeits. für Geomorph.* 20(2): 133~148.

King, R. H., and Brewster, G. R. 1976. Characteristics and genesis of some subalpine podzols(spodosols), Banff National Park, Alberta. *Arctic and Alpine Res.* 8(1): 91~104.

Kirby, M. J., and Statham, I. 1975. Surface stone movement and scree formation. *J. Geol.* 83(3): 349~362.

Klein, W. H. 1974. From Zermatt to Utah: Autofree environment in ski resort areas. *Amer. Forests* 80(7): 14~18.

Klikoff, L. G. 1965. Microenvironmental influence on vegetational pattern near timberline in the central Sierra Nevada. *Ecol. Monogr.* 35(2): 187~211.

Klock, G. 1973. *Mission Ridge: A case history of soil disturbance and revegetation of a winter sports area development.* U.S. Dept. Agri. For. Serv. Res. Note PNW-199. Portland, Or. 10pp.

Köhler, H. 1937. Rauhreifstudien. *Bull. Geol. Inst. Uppsala* 26: 279~308.

Kollias, J., Buskird, E. R., Akers, R. F., Prokop, E. K., Baker, P. T., and Picon-Reategui, E. 1968. Work capacity of long time residents and newcomers to altitude. *J. Appl. Physiol.* 24: 792~799.

Komarkova, V. 1974. Plant ecology of mylonitic soils in the alpine belt of the Tatra

Mountains (Carpathians). *Arctic and Alpine Res.* 6(2): 205~216.

Krader, L. 1955. Ecology of Central Asian pastoralism. *Southwestern J. Anthrop.* 11(4): 301~326.

_____. 1959. The ecology of nomadic pastoralism. *Int. Soc. Sci.* J. 11: 499~510.

Kruckeberg, A. R. 1954. The ecology of serpentine soils. II: Plant species in relation to serpentine soils. *Ecol.* 35: 267~274.

_____. 1969. Plant life on serpentinite and other ferromagnesian rocks in northwestern North America. *Syesis* 2: 15~114.

Kriger, H., and Arias-Stella, J. 1970. The placenta and the newborn infant at high altitude. *Amer. J. Obstet. Gynec.* 106: 486~551.

Kubiena, W. L. 1953. *The soils of Europe.* London: Thomas Murphy. 317pp.

_____. 1970. *Micromorphological features of soil geography.* New Brunswick, N.J.: Rutgers Univ. Press. 254pp.

Kulas, M. W. 1950. Food preparation at high altitudes. *J. Amer. Diet. Assoc.* 26: 510~513.

LaChapelle, E. 1966. The control of snow avalanches. *Sci. Amer,* 214: 92~101.

_____. 1968. Snow avalanches. pp. 1020~1025 in *The encyclopedia of geomorphology,* ed. R. W. Fairbridge. New York: Reinhold. 1295pp.

_____. 1969. *Field guide to. snow crystals.* Seattle: Univ. of Washington Press. 101pp.

LaChapelle, E., Johnson, J. B., Langdon, J. A., Morig, C. R., Sackett, E. M., and Taylor, P. L. 1976. *Alternate methods of avalanche control.* Res. Prog. Rep. 19.2. Olympia, Wash.: Wash. State Highway Dept. 95pp.

LaChapelle, E., Bell, D. B., Johnson, J. B., Lindsey, R. W., Sackett, E. M., and Taylor, P. L. 1978, *Alternate methods of avalanche control, final report, phase IV.* Res. Prog. Rep. 19.3. Olympia, Wash.: Wash. State Highway Dept. 54pp.

Lachman, R., and Bonk, W. 1960. Behavior and beliefs during the recent volcanic eruption at Kapoho, Hawaii. *Science* 13(3407): 1095~1096.

Lack, D. 1948. The significance of clutch size. III: Some interspecific comparisons. *Ibis* 90: 25~45.

_____. 1954. *The natural regulation of animal numbers.* Oxford: Oxford Univ. Press. 343pp.

Lackey, E. E. 1949. Mountain passes in the Colorado Rockies. *Econ. Geog,* 25: 211~215.

Lahiri, S., Milledge, A. S., Challopadhyay, H. T., Bhattacharyya, A. K., and Sinha, A. K. 1967. Respiration and heart rate of Sherpa highlanders during exercise. *J. Appl. Physiol.* 23: 945~954.

LaMarche, V. C., Jr. 1967. Spheroidal weathering of thermally metamorphosed limestone and dolomite, White Mountains, California. pp. C32~37 in *U.S. Geol. Suro. Prof.*

Pap. 575−C.

LaMarche, V. C., Jr., and Mooney, H. A. 1972. Recent climatic change and development of the Bristlecone pine (*P. longaeva Bailey*) krummbholz zone, Mt. Washington, Nevada. *Arctic and Alpine Res.* 4(1): 61~72.

Lamb, H. H. 1965. The early medieval warm epoch and its sequel. *Paleogeog., Paleoclimatol., Paleoecol.* 1: 13~37.

Landsberg, H. 1962. *Physical climatology.* 2nd ed. DuBois, Penn.: Gray Printing. 439pp.

Lange, I. M., and Avent, J. C. 1973. Ground based thermal infrared surveys as an aid in predicting volcanic eruptions in the Cascade Range. *Science* 182(4109): 279~281.

Langtvet, O. 1974. The farm−seter system in Ausdal, Norway: An analysis of change. *Norsk. Geografisk Tidsskrift* 28: 167~180.

Lauer, W. 1973. The altitudinal belts of the vegetation in the central Mexican highlands and their climatic condition. *Arctic and Alpine Res.* 5(3): (Pt. 2)A99~114.

Lawrence, D. B. 1938. Trees on the march. *Mazama* 20(12): 49~54.

_____. 1939. Some features of the vegetation of the Columbia River Gorge with special reference to asymmetry in forest trees. *Ecol. Monogr.* 9: 217~257.

Lawrence, D. B., and Lawrence, E. G. 1958. Bridge of the Gods legend: Its origin, history, and dating. *Mazama* 40: 33~41.

Laycock, W. A., and Richardson, B. Z. 1975. Long−term effects of Pocket gopher control on vegetation and soils of a subalpine grassland. *J. Range Management* 2.8(6): 458~462.

Leaf, A. 1973. Every day is a gift when you are over 100. *Nat. Geog. Mag.* 143(1): 93~119.

Leaf, C. F. 1966. *Sediment yields from high mountain watersheds, Central Colorado.* U.S. Dept. Agri. For. Serv. Res, Pap. RM−23. Fort Collins, Colo. 15pp.

_____. 1974. More water from mountain watersheds. *Colo. Rancher Farmer* 28(7): 11~12.

_____. 1975. *Watershed management in the Rocky Mountain subalpine zone: The status of our knowledge.* U.S. Dept. Agri. For. Serv. Res. Pap. RM−137. Ft. Collins, Colo. 31pp.

Le Drew, E. F. 1975. The energy balance of a mid−latitude alpine site during the growing season, 1973. *Arctic and Alpine Res.* 7(4): 301~314.

Lee, C. H. 1911. Precipitation and altitude in the Sierra. *Mon. Wea. Rev.* 39: 1092~1099.

Lee, R. 1972. An optographic technique for evaluating the exposure of precipitation gauge sites in mountainous areas. Vol. II, pp. 62~72 in *Distribution of precipitation in mountainous areas.* Geilo, Norway: Proc. Int. Symp. World Meteor. Organ. 587pp.

Lefevre, R. 1972. Aspect de la pluriométrie dans la region du Mont Cameroun. Vol. II, pp. 373~382 in *Distribution of precipitation in mountainous areas.* Geilo, Norway: Proc. Int. Symp. World Meteor. Organ. 587pp.

Leopold, A. S., Cain, S. A., Cottam, C. H., Gabrielson, I. N., and Kimball, T. L. 1963. Wildlife management in the National Parks. *Amer. Forests* 69(4): 32~35, 61~63.

Leopold, L. B., and Miller, J. P. 1956. *Ephemeral streams—hydraulic factors and their relation to the drainage net.* U.S. Geol. Surv. Prof. Pap. 282-A. 32pp.

Leopold, L. B., Wolman, M. G., and Miller, J. P. 1964. *Fluvial processes in geomorphology.* San Francisco: W. H. Freeman. 522pp.

Lester, P. F., and Fingerhut, W. A. 1974. Lower turbulent zones associated with mountain lee waves. *J. Appl. Meteor.* 13(1): 54~61.

Lettau, H. H. 1967. Small to large—scale features of boundary layer structure over mountain slopes. pp. 1~74 in *Proc. symp. mountain meteor.,* ed. E. R. Reiter and J. L. Rasmussen. Atmosph. oci. Paper 122, Fort Collins, Colo.: Dept. of Atmosph. Sci., Colorado State Univ.

Levi, W. 1959. Bhutan and Sikkim: Two buffer states. *The World Today* 15(12): 492~500.

Lewis, N. N. 1953. Lebanon—The mountains and its terraces. *Geog. Rev.* 43(1): 1~14.

Lewis, W. V. 1939. Snow—patch erosion in Iceland. *Geog. J.* 94: 153~161.

Lichtenberger, E. 1975. *The eastern Alps.* London: Oxford University Press. 48pp.

Lichty, J. A., Ting, R. Y., Burns, P. D., and Dyar, E. 1957. Studies of babies born at high altitude. *Amer. Med. Assoc. J. Dis. Child* 93: 666~667.

Likens, G. E., and Bormann, F. H. 1974. Acid rain: A serious regional environmental problem. *Science* 184: 1176~1179.

Lilly, D. K. 1971. Observation of mountain induced turbulence. *J. Geophys. Res.* 76(27): 6585~6588.

Linares, O. F., Sheets, P. D., and Rosenthal, E. J. 1975. Prehistoric agriculture in tropical highlands. *Science* 187(4172): 137~145.

Lipman, P. W., Prostka, H. J., and Christiansen, R. L. 1971. Evolving subduction zones in the western United States, as interpreted from igneous rocks. *Science* 174(4011): 821~825.

List, R. J. 1958. *Smithsonian meteorological tables.* Pub. 4014. Washington, D.C.: Smithsonian Institution. 527pp.

Little, M. A. 1970. Effects of alcohol and coca on foot temperature responses of highland Peruvians during a localized cold exposure. *Amer. J. Phys. Anthrop.* 32: 233~242.

Little, M. A., and Baker, P. T. 1976. Environmental adaptations and perspectives. pp. 405~428 in *Man in the Andes: A multidisciplinary study of high—altitude Quechua,* ed. P. T. Baker and M. A. Little. Stroudsburg, Pa.: Dowden, Hutchinson and Ross. 482pp.

Livingston, D. A. 1963. *Chemical composition of rivers and lakes.* U.S. Geol. Surv. Prof. Pap. 440G. 64pp.

Lliboutry, L. 1953. Internal moraines and rock glaciers. *J. Glaciol.* 2: 296.

_____. 1977. Glaciological problems: set by the control of dangerous lakes in Cordillera Blanca, Peru. II: Movement of a covered glacier embedded within a rock glacier. *J. Glaciol.* 18(79): 255~273.

Lliboutry, L., Morales Arnao, B., Pautre, A., and Schneider, B. 1977. Glaciological problems set by the control of dangerous lakes in Cordillera Blanca, Peru. 1: Historical failures of morainic dams, their causes and prevention. *J. Glaciol.* 18(79): 239~254.

Lobeck, A. K. 1939. *Geomorphology.* New York: McGraw–Hill. 731pp.

Lockhart, J. A., and Franzgrote, U. B. 1961. The effects of ultraviolet radiation on plants. pp. 532~554 in *Encyclopedia of plant physiology*, ed. W. Ruhland. Berlin: Springer–Verlag.

Lomnitz, C. 1970. Casualties and behavior of population during earthquakes. *Bull. Seismol. Soc. Amer*, 60: 1309~1313.

Longacre, L. L., and Blaney, H. F. 1962. Evaporation at high elevations in California. *J. Irrig. Drainage Div.* (Proc. Amer. Soc. Civil Engr.) 3172: 33~54.

Longley, R. W. 1966. The frequency of chinooks in Alberta. *Albertan Geog.* 3: 20~22.

_____. 1967. The frequency of winter chinooks in Alberta. *Atmos.* 5(4): 4~16.

Lopez, M. E., and Howell, W. E. 1967. Katabatic winds in the equatorial Andes. *J. Atmosph. Sci.* 24: 29~35.

Lord, R. D., Jr. 1960. Litter size and latitude in North American mammals. *Amer. Midl. Nat.* 64(2): 488~499.

Lorenz, K. 1975a. High altitude food preparation and processing. *CRC Critical Reviews in Food Technology* (April): 403~441.

_____. 1975b. High altitude cooking, baking: Some tips for the housewife. pp. 281~288 in *That we may eat.* Washington, D.C.: U.S. Dept. Agri. 362pp.

Lorenz, K., Bowman, F., and Maga, J. 1971. High altitude baking. *Bakers' Digest* 45(2): 39~41, 44~45, 73.

Loucks, O. L. 1970. Evaluation of diversity, efficiency, and community stability. *Amer. Zool*, 10: 17~25.

Love, D. 1970. Subarctic and subalpine: Where and what? *Arctic and Alpine Res.* 2: 63~73.

Lucas, R. C. 1973. Wilderness: A management framework. *J. Soil and Water Conserv.* 28(4): 150~154.

Luckman, B. H. 1971. The role of snow avalanches in the evolution of alpine talus slopes. pp. 93~110 in *Inst. British Geog. Spec. Pub.* 3. London.

_____. 1972. Some observations on the erosion of talus slopes by snow avalanches in Surprise Valley, Jasper National Park, Alberta. pp. 85~92 in *Mountain geomorphology*, ed. H. O. Slaymaker and H. J. McPherson. Vancouver, B.C.: Tantalus Research. 274pp.

_____. 1976. Rockfalls and rockfall inventory data: Some observations from Surprise Valley, Jasper National Park, Canada. *Earth Surface Processes* 1(3): 287~298.

_____. 1978. Geomorphic work of snow avalanches in the Canadian Rocky Mountains. *Arctic and Alpine Res*, 10(2): 261~276.

Ludlam, F. H., and Scorer, R. S. 1953. Convection in the atmosphere. *Quart. J. Royal Meteor. Soc.* 79: 317~341.

Luft, U. C. 1972. Principles of adaptations to altitude. pp. 143~156 in *Physiological adaptations, desert and mountain*, ed. M. K. Yousef, S. M. Horvath, and R. W. Bullard. New York: Academic Press. 258pp.

Lull, H. W., and Ellison, L. 1950. Precipitation in relation to altitude in central Utah. *Ecol.* 31: 479~484.

Lunn, A. H. M. 1912. An artist of mountains—C. J. Holmes. pp. 3~34 in *Oxford mountaineering essays*, ed. A. H. M. Lunn. London: Edward Arnold.

_____. 1939. Alpine mysticism and cold philosophy. *Alpine J.* 51(259): 284~292.

_____. 1950. Alpine puritanism. *Alpine J.* 57(280): 341~351.

Lynch, D. L. 1974. *An ecosystem guide for mountain land planning, Level I*. Fort Collins, Colo.: Colorado State For. Serv., Colorado State Univ. 94pp.

Lynott, Robert E. 1966. Weather and climate of the Columbia Gorge. *Northwest Sci.* 40: 129~132.

MacArthur, R. H. 1972. *Geographical ecology*. New York: Harper and Row. 269pp.

McClain, E. P. 1952. Synoptic investigation of a typical chinook situation in Montana. *Bull. Amer. Meteor. Soc.* 33: 87~94.

_____. 1958. *Some effects of the western cordillera of North America on cyclonic activity in the United States and southern Canada*. Tech. Rep. 12. Tallahassee, Fla.: Dept. Meteorology, Florida State Univ.

McClung, J. 1969. *Effects of high altitude on human birth*. Cambridge, Mass.: Harvard Univ. Press. 150pp.

McConnell, R. G., and Brock, R. W. 1904. *Report on the great landslide at Frank, Alberta*. Canada Dept. Interior Ann. Rep. 1902~1903, Pt. 8. 17pp.

McCraw, J. D. 1962. Sequences in the mountain soil pattern of central and western Otago. *New Zealand Soc. Soil Sci. Proc.* 5: 1~3.

MacCready, P. B. 1955. High and low elevations as thermal source regions. *Weather* 10: 35~40.

McDonald, A. H. 1956. Hannibal's passage to the Alps. *Alpine J.* 61(292): 93~101.

Macdonald, G. A. 1972. *Volcanoes.* Englewood Cliffs, N.J.: Prentice—Hall. 510pp.

McFarland, R. A. 1972. Psychophysiological implications of life at altitude and including the role of oxygen in the process of aging. pp. 157~182 in *Physiological adaptations, desert and mountain,* ed. M. K. Yousef, S. M. Horvath, and R. W. Bullard. New York: Academic Press. 258pp.

McKain, W. C. 1967. Are they really that old? *Gerontol.* 7(1): 70~72, 80.

McKay, G. A., and Thompson, H. A. 1972. Mapping of snowfall and snowcover in North America. Vol. I,pp. 598~607 in *The role of snow and ice in hydrology.* Proc. Banff Symp., Sept. 1972. Paris: UNESCO.

Mackay, J. R., and Mathews, W. H. 1974. Needle ice striped ground. *Arctic and Alpine Res.* 6(1): 79~84.

Maclean, S. F., Jr., and Pitelka, F. A. 1971. Seasonal patterns of abundance of tundra arthropods near Barrow. *Arctic* 24: 19~40.

McNab, B. K. 1971. On the ecological significance of Bergmann's Rule. *Ecol.* 52: 845~854.

MacNeish, R. 5. 1971. Early man in the Andes. *Sci. Amer.* 22.4(4): 36~55.

McPherson, H. J. 1971a. Dissolved, suspended and bedload movement patterns in Two O' Clock Creek, Rocky Mountains, Canada, summer 1969. *J. Hydrol.* 12: 221~233.

_____. 1971b. Downstream changes in sediment character in a high energy mountain stream channel. *Arctic and Alpine Res.* 3: 65~79.

McPherson, H. J., and Hirst, F. 1972. Sediment changes on two alluvial fans—in the Canadian Rocky Mountains. pp. 161~176 in *Mountain geomorphology,* ed. H. O. Slaymaker and H. J. McPherson. Vancouver, B.C.: Tantalus Research. 274pp.

McVean, D. N. 1968. A year of weather records at 3,480m on Mt. Wilhelm, New Guinea. *Weather* 23: 377~381.

_____. 1974. Mountain climates of the Southwest Pacific. pp. 47~58 in *Altitudinal zonation in Malesia,* ed. R. Flenley, Jr. Misc. Ser. 16. Univ. Hull Dept. Geog. Hull, Eng.: Univ. Hull. 109pp.

Macior, L. W. 1970. The pollination ecology of Pedicularis in Colorado. *Amer. J. Bot.* 57: 216~278.

Maga, J., and Lorenz, K. 1972. Effect of altitude on taste thresholds. *Percept. Motor Skills* 34: 667~670.

Major, J., and Bamberg, S. A. 1967. Comparison of some North American and Eurasian alpine ecosystems. pp. 89~118 in *Arctic and alpine environments,* ed. W. H. Osburn and H. E. Wright, Jr. Bloomington, Ind.: Indiana Univ. Press. 308pp.

Man and Biosphere. 1973a. *Impact of human activities on mountain ecosystems.* Man and Biosphere Report 8, Programme on Man and the Biosphere(MAB). Expert Panel on

Project 6, Salzburg, 29 Jan.−4 Feb. 1973. Final Report, May 1973. Paris: UNESCO. 69pp.

_____. 1973b. *Conservation of natural areas and of the genetic material they contain.* Man and Biosphere Report 12, Programme on Man and the Biosphere(MAB). Expert Panel on Project 8, Morges, 25∼27 Sept. 1973. Final Report, 27 Dec. 1973. Paris: UNESCO. 64pp.

_____. 1974a. *Impact of human activities on mountain and tundra ecosystems.* Man and Biosphere Report 14, Programme on Man and the Biosphere(MAB). Working Group on Project 6, Lillehammer, 20∼23 Nov. 1973. Final Report, March 1974. Paris: UNESCO. 132pp.

_____. 1974b. *Criteria and guidelines for the choice and establishment of biosphere reserves.* Man and Biosphere Report 22, Programme on Man and the Biosphere (MAB). Tash Force, Paris, 20∼24 May, 1974. Final Report, 30 July−1974. Paris: UNESCO. 61pp.

_____. 1975. *Impact of human activities on mountain and tundra ecosystems,* ed. J. D. Ives and Ann otites, Man and Biosphere Final Report, Programme on Man and the Biosphere(MAB). Project 6, Proc. Boulder, Colo., Workshop, July 1974, Boulder, Colo.: INSTAAR Spec. Pub. 122pp.

Mani, M. S. 1962. *Introduction to high altitude entomology.* London: Methuen. 302pp.

_____. 1968. *Ecology and biogeography of high altitude insects.* The Hague: Junk. 527pp.

Manning, H., ed. 1967. *Mountaineering: The freedom of the hills.* Seattle, Wash.: The Mountaineers. 485pp.

Manville, R. H. 1959. The Columbian ground squirrel in northwestern Montana: *J. Mammal.* 40: 26∼45.

Marchand, D. E. 1970. Soil contamination in the White Mountains, eastern California. *Geol. Soc. Amer. Bull.* 81(8): 2497∼2505.

_____. 1971. Rates and modes of denudation, White Mountain, eastern California. *Amer. J. Sci.* 270: 109∼135.

_____. 1974. Chemical weathering, soil development, and geochemical fractionation in a part of the White Mountains, Mono and Inyo counties, California. pp. 379∼424 in *U.S. Geol. Surv. Prof. Pap.* 352−J.

Marchand, W. 1917. Notes on the habits of snowfly (Chiona). *Psyche* 24: 142∼153.

Marcus, M. G. 1969. Summer temperature relationships along a transect in the St. Elias Mountains. Vol. 1, pp. 23∼32 in *Icefield Ranges Res. Proj. sci. results,* ed. V. C. Bushnell and R. H. Ragle. Amer. Geog. Soc. and Arctic Inst. of N.A. Washington, D.C. 234pp.

_____. 1974a. Investigations in alpine climatology: The 5t. Elias Mountains, 1963∼1971.

Vol. 4, pp. 13~26 in *Icefield Ranges Res. Proj. sci. results*, ed, V. C. Bushnell and M. G. Marcus. Amer. Geog. Soc. and Arctic Inst. of N.A. Washington, D.C. 385pp.

_____. 1974b. A note on snow accumulation and climatic trends in the Icefield Ranges, 1969~1970. Vol. 4, pp. 219~224 in *Icefield Ranges Res. Proj. sci. results*, ed. V. C. Bushnell and M. G. Marcus. Amer. Geog. Soc. and Arctic Inst. of N.A. Washington, D.C. 385pp.

Marcus, M. G., and Ragle, R. H. 1970. Snow accumulation in the Icefield Ranges, St. Elias Mountains, Yukon. *Arctic and Alpine Res.* 2(4): 277~292.

Marcus, M. G., and Brazel, A. 1974. Solar radiation measurements at 5365meters, Mt. Logan, Yukon. Vol. 4, pp. 117~210 in *Icefield Ranges Res. Proj. sci. results*, ed. V. C. Bushnell and M. G. Marcus. Amer. Geog. Soc. and Arctic Inst. of N.A. Washington, D.C. 385pp.

Mark, A. F., and Bliss, L. C. 1970. The high–alpine vegetation of central Otago, New Zealand. *New Zealand J. Bot.* 8(4): 381~451.

Marr, J. W. 1961. *Ecosystems of the east slope of the Front Range in Colorado*. Univ. Colorado Stud. Ser. Biol. 8. Boulder, Colo. 134pp.

_____. 1964. Utilization of the Front Range tundra, Colorado. pp. 109~118 in *Grazing in terrestrial and marine environments*, ed. D. J. Crisp. Oxford: Blackwells Scientific Publications.

_____. 1967. *Data on mountain environments. I: Front Range, Colorado, sixteen sites, 1952~1953*. Univ. Colorado Stud. Ser. Biol. 27. Boulder, Colo. 110pp.

Marr, J. W., Johnson, W., Osburn, W. S., and Knorr, O. A. 1968b. *Data on mountain environments. II: Front Range, Colorado, four climax regions, 1953~1958*. Univ. Colorado Stud. Ser. Biol. 28. Boulder, Colo. 170pp.

Marr, J. W., Clark, J. M., Osburn, W. S., and Paddock, M. W. 1968a. *Data on mountain environments. III: Front Range, Colorado, four climax regions, 1959~1964*, Univ. Colorado Stud. Ser. Biol. 29. Boulder, Colo. 181pp.

Marsell, R. E. 1972. Cloudburst and snowmelt floods. pp. N1~18 in *Environmental geology of the Wasatch Front*. Salt Lake City, Utah: Utah Geol. Assoc.

Marsh, J. S. 1969. Maintaining wilderness experience in Canada's National Parks. pp. 313~323 in *Vegetation, soils, and wildlife*, ed. J. G. Nelson and M. J. Chambers. Toronto: Methuen. 372pp.

Marticorena, E., Ruiz, L., Severino, J., Galvez, J., and Penaloza, D. 1969. Systemic blood pressure in white men born at sea level: Changes after long residence at high altitudes. *Amer. J. Cardiol.* 23: 364~368.

Martin, W. P., and Fletcher, J. E. 1943. Vertical zonation of great soil groups on Mt. Graham, Arizona, as correlated with climate, vegetation, and profile characteristics.

pp. 89~153 in Univ. Arizona Agr. Exp. Sta. Tech. Bull. 99. Tucson.

Martinelli, M., Jr. 1960. Moisture exchange between the atmosphere and alpine snow surfaces under summer conditions. *J. Meteor.* 17: 227~231.

_____. 1967. Possibilities of snowpack management in alpine areas. pp. 225~231 in *Int. symp. on forest hydrology*, ed. W. E. Sopper and H. W. Lull. Oxford: Pergamon. 818pp.

_____. 1972. *Simulated sonic boom as an avalanche trigger*. U.S. Dept. Agri. Serv. Res. Note RM 224, Fort Collins, Colo. 7pp.

_____. 1974. *Snow avalanche sites*. U.S. Dept. Agri. For. Serv. Agr. Info. Bull. 360. Washington, D.C. 27pp.

_____. 1975. *Water—yield improvement from alpine areas: The status of our knowledge*. Dept. Agri. For. Serv. Res. Pap. RM—138. Fort Collins, Colo. 16pp.

_____. 1976. Meteorology and ski area development and operation. pp. 142~146 in *Proc. Fourth Nat. Conf. Fire and Forest Meteorology*, St. Louis, Mo. U.S. Dept. Agri. For. Serv. Gen. Tech. Rep. RM—32. Fort Collins, Colo. 239pp.

Martof, B. S., and Humphries, R. L. 1959. Geographic variation in the wood frog, *Rana sylvatica. Amer. Midl. Nat.* 6: 350~389.

Mason, A. C., and Foster, H. L. 1953. Diversion of lava flows at O Shima, Japan. *Amer. J. Sci.* 251: 249~258.

Math, F. A. 1934. Battle of the chinook at Havre, Montana. *Mon. Wea. Rev.* 62(2): 54~57.

Mathews, W. H. 1955. Permafrost and its occurrence in the southern coast mountains of British Columbia. *Can. Alpine J.* 28: 94~98.

Matley, I. M. 1968. Transhumance in Bosnia and Herzegovina. *Geog. Rev.* 58(2): 231~261.

Matthes, F. E. 1934. Ablation of snow—fields at high altitudes by radiant solar heat. *Trans. Amer. Geophys. Union* (Pt. IJ): 380~385.

_____. 1937. Exfoliation of massive granite in the Sierra Nevada of California. *Geol. Soc. Amer. Proc. 1936*, pp. 342~343.

_____. 1938. Avalanche sculpture in the Sierra Nevada of California. pp. 631~637 in Int. Union Geod. and Geophys., *Int. Assoc. Sci. Hydrology Bull.* 23. Beltsville, Md.

Mayer—Oakes, W. J. 1963. Early man in the Andes. *Sci. Amer.* 208(5): 117~128.

Mayr, E. 1956. Geographical character gradients and climatic adaptation. *Evolution* 10: 105~108.

Mayr, E., and Diamond, J. M. 1976. Birds on islands in the sky: Origin of the montane avifauna of Northern Melanesia. *Proc. Natl. Acad. Sci.* (U.S.A.) 73(5): 1765~1769.

Mazess, R. B. 1965. Neonatal mortality and altitude in Peru. *Amer. J. Phys. Anthrop.* 23: 209~214.

_____. 1968. The oxygen cost of breathing in man: Effects of altitude, training, and race.

Amer. *J. Phys. Anthrop.* 29: 365~375.

Meade, R. H. 1969. Errors in using modern stream—load data to estimate natural rates of denudation. *Geol. Soc. Amer. Bull.* 80: 1265~1274.

Medvedev, Z. A. 1974. Caucasus and Altai longevity: A biological or social problem. *Gerontol.* 14: 381~387.

Megahan, W. F. 1972. Sedimentation in relation to logging activities in the mountains of central Idaho. pp. 74~82 in *Present and prospective technology for predicting sediment yields and sources.* Proc. Sediment—Yield Workshop, U.S. Dept. Agri. Sediment Lab. U.S. Agri. Res. Serv. Rep. ARS—S—40, Oxford, Miss. 285pp.

Megahan, W. F., and Kidd, W. J. 1972. Effects of logging and logging roads on erosion and sediment deposition from steep terrain. *J. Forestry* 70: 136~141.

Meier, M. F. 1962. Proposed definitions for glacier mass budget terms. *J. Glaciol.* 4: 252~265.

_____. 1965. Glaciers and climate. pp. 795~805 in *The quaternary of the United States,* ed. H. E. Wright and D. G. Frey. Princeton, N. J.: Princeton Univ. Press. 922pp.

_____. 1969. Seminar on the causes and mechanics of glacier surges, St. Hilaire, Canada, september 10~11, 1968: A summary. *Can. J. Earth Sci.* 6(4): 987~989.

Meinertzhagen, R. 1928. Some biological problems connected with the Himalaya. *Ibis*(Ser. 12) 4: 480~533.

Melton, M. A. 1960. Intravalley variations in slope angles related to microclimate and erosional environment. *Geol. Soc. Amer. Bull.* 71: 133~144.

Merriam, A. C. 1890. Telegraphing among the ancients. *Pap. Amer. Arch. Inst.* III: 1~32.

Merriam, C. H. 1890. *Results of a biological survey of the San Francisco mountain region and desert of the Little Colorado.* North American Fauna No. 3, U.S. Dept. Agri. Washington, D.C.: U.S. Govt. Printing Off. 136pp.

_____. 1894. The geographic distribution of animals and plants in North America. pp. 203~214 in *U.S. Dept. Agri. Yearbook.* Washington, D.C.: U.S. Govt. Printing Off.

_____. 1898. Life zones and crop zones of the United States. pp. 9~79 in *U.S. Dept. Agri. Biol. Suro. Bull. No. 10.* Washington, D.C.: U.S. Govt. Printing Off.

Mesinger, J. 1973. The living cultural landscape in National Parks. pp. 49~53 in *Alpine landscape preservation in Slovenia.* Syracuse Univ. Envir. Policy Rep. Syracuse, N.Y. 53pp.

Messerli, B. 1973. Problems of vertical and horizontal arrangement in the high mountains of the extreme arid zone (Central Sahara). *Arctic and Alpine Res.* 5(3): (Pt. 2) A139~148.

Messerli, B., Messerli, P., Pfister, C., and Zumbuhl, H. J. 1978. Fluctuations of climate and glaciers in the Bernese Oberland, Switzerland, and their geoecological significance,

1600 to 1975. *Arctic and Alpine Res.* 10(2): 247~260.

Meyerhoff, H. A., and Olmsted, E. W. 1934. Wind gaps and water gaps in Pennsylvania. *Amer. J. Sci.* (Ser. 5) 27: 410~416.

Mielke, P. W., Jr., Grant, L. O., and Chappell, C. F. 1970. Elevation and spatial variation in effects from wintertime orographic cloud seeding. *J. Appl. Meteor.* 9: 476~488.

Mikesell, M. W. 1969. The deforestation of Mount Lebanon. *Geog. Rev.* 59(1): 1~28.

Miles, S. R., and Singleton, P. C. 1975. Vegetative history of Cinnabar Park in Medicine Bow National Forest, Wyoming. *Soil Sci. Soc. Amer. Proc.* 39: 1204~1208.

Miller, A. H. 1961. Molt cycles in equatorial Andean sparrows. *Condor* 63: 143~161.

Miller, D. H. 1955. *Snow cover and climate in the Sierra Nevada, California.* Univ. of Calif. Publ. in Geog. II. Berkeley, Ca. 218pp.

_____. 1959. Transmission of insolation through pine forest canopy, as it affects the melting of snow. *Mitteilungen der Schweizerischen Anstalt fir das forstliche Versuchswesen* 35(1): 57~79.

_____. 1965. The heat and water budget of the earth's surface. Vol. II, pp. 176~302, in *Advances in geophysics*, ed. H. E. Landsberg and J. Van Mieghem. New York: Academic Press. 349pp.

_____. 1977. *Water at the surface of the earth.* New York: Academic Press. 557pp.

Miller, J. P. 1958. *High mountain streams: Effect of geology on channel characteristics and bed material.* Socorro, N.M.: New Mexico State Bur. Mines and Mineral Resources Mem. 4. 53pp.

_____. 1961. *Solutes in small streams draining single rock types, Sangre de Cristo Range, New Mexico.* U.S. Geol. Surv. Water Supply Pap. 1535~E. 23pp.

Miller, P. C. 1970. Age distributions of spruce and fir in beetle~killed forests on the White River Plateau, Colorado. *Amer. Midl. Nat.* 83: 206~212.

Miller, R. P., Parmeter, J. R., Jr., Taylor, O. C., and Cardiff, E. A. 1963. Ozone injury to foliage of *Pinus ponderosa. Phytopathology* 53: 1072~1076.

Milne, L. J., and Milne, M. 1962. *The mountains.* New York: Life Nature Library, Time~Life. 192pp.

Minger, T. 1975. The Vail story. pp. 31~36 in *Man, leisure and wildlands: A complex interaction.* Proc. 1st Eisenhower Consortium Res. Symp., Vail, Colo. 286pp.

Mishkin, B. 1940. Cosmological ideas among the Indians of the southern Andes. *J. Amer. Folklore* 53: 225~241.

Mitchell, A. H., and Reading, H. G. 1971. Evolution of island arcs. *J. Geol.* 79: 253~284.

Mitchell, W. P. 1976. Irrigation and community in the central Peruvian highlands. *Amer. Anthrop.* 78: 25~44.

Mohr, E. C. J. 1945. The relationship between soil and population density in the

Netherlands. Indies. pp. 254~262 in *Science and scientists in the Netherlands Indies*, ed. P. Honig and F. Verdoorn. New York: Board for the Netherlands Indies, Surinam and Curacao. 491pp.

Molloy, B. P. J. 1964. Soil genesis and plant succession in the subalpine and alpine zones of Torlesse Range, Canterbury, New Zealand. Part 2: Introduction and description. *New Zealand J. Bot.* 1: 137~148.

Molloy, B. P. J., Burrows, C. J., Cox, J. E., Johnston, J. A., and Wardle, P. 1963. Distribution of subfossil forest remains, eastern South Island, New Zealand. *New Zealand J. Bot.* 1: 68~77.

Monge, C. M. 1948. *Acclimatization in the Andes*. Baltimore: Johns Hopkins Press. 130pp.

Monge, C. M., and Monge, C. C. 1966. *High−altitude diseases, mechanism and management*. Springfield, Ill.: Charles C. Thomas. 97pp.

Montieth, J. L. 1965. Evaporation and environment. *Symp. Soc. Exp. Biol.* 19: 205~234.

Mooney, H. A., and Billings, W. D. 1961. Comparative physiological ecology of arctic and alpine populations of *Oxyria digyna*. *Ecol. Monogr.* 31: 1−29.

Moorbath, S. 1977. The oldest rocks and the growth of continents. *Sci. Amer.* 236(3): 92~105.

Moores, E. M., and Vine, F. J. 1971. The Troodoes Massif, Cyprus, and other ophiolites as oceanic crust: Evaluation and implications. *Phil, Trans. Roy. Soc. London* (Ser. A.) 268: 443~466.

Moreau, R. E. 1951. The migration system in perspective. pp. 245~248 in *Proc. 10th Int. Ornith. Cong.* (1950).

_____. 1966. *The bird faunas of Africa*. New York: Academic Press. 424pp.

Morgan, W. J. 1972. Deep mantle convection plumes and plate margins. *Amer. Assoc. Petrol. Geol. Bull.* 56: 203~213.

Morris, E. A. 1976. The Colorado Mountains: An aboriginal refuge during periods of climatic fluctuation. P. 154 in Amer. Quat. Assoc. *Abstract* of 4th biennial meeting. Tempe, Ariz: Ariz. State Univ. 170pp.

Morrison, P. R. 1964. Wild animals at high altitudes. pp. 49~55 in *The biology of survival*, ed. O. G. Edholm. Loridon: Zool. Soc. London Symp. 13.

_____. 1966. Insulative flexibility in the guanaco. *J. Mammal.* 47: 18~23.

Morrison, P. R., and Elsner, R. 1962. Influence of altitude on breathing rates in some Peruvian rodents. *J. Appl. Physiol.* 17: 467~470.

Morrison, P. R., Kerst, K., and Rosenmann, M. 1963a. Hematocrit and hemoglobin levels in some Chilean rodents from high and low altitude. *Inter. J. Biometeor.* 7: 44~50.

Morrison, P. R., Kerst, K., Reynafarje, C., and Ramos, J. 1963b. Hematocrit and hemoglobin levels in some Peruvian rodents from high and low altitude. *Inter. J.*

Biometeor. 7: 51~58.

Morrow, P. A., and LaMarche, V. C., Jr. 1978. Tree ring evidence for chronic insect suppression of productivity in subalpine eucalyptus. *Science* 201(4362): 1244~1246.

Morton, N. E., Yasuda, N., Miki, C., and Yee, S. 1968. Population structure of the ABO blood groups in Switzerland, *Amer. J. Hum. Genet.* 20: 420~429.

Moyer, D. B. 1976. Acclimatization and high altitude medical problems in Antarctica. *U.S. Navy Med.* 67(11): 19~21.

Müller, H. 1969. North America. pp. 147~229 in *Pre–Colombian American religions*, ed. W. Krickenberg, H. Trimborn, W. Miller, and O. Zerries. Trans. S. Davis. New York: Holt, Rinehart and Winston. 365pp.

Muller, S. W. 1947. *Permafrost or permanently frozen ground and related engineering problems.* Ann Arbor, Mich.: Edwards Bros. 231pp.

Mullikin, M. A., and Hotchkis, A. M. 1973. *The nine sacred mountains of China.* Hong Kong: Vetch and Lee. 156pp.

Mumm, A. L. 1921. A history of the Alpine Club. *Alpine J.* 34(223): 1~18.

Murphy, T. D., and Schamach, S. 1966. Mountain versus sea level rainfall measurements during storms at Juneau, Alaska. *J. Hydrol.* A(1): 12~20.

Murra, J. 1965. Herds and herders in the Inca state. pp. 185~216 in *Man, culture, and animals: The role of animals in human ecological adjustments*, ed. A. Leeds and A. Vayda. Amer. Assoc. Adv. Sci. Pub. 78. Washington, D.C. 304pp.

Murray, G. 1912. *Greek and English tragedy: A contrast.* pp. 7~24 in English literature and the classics. Oxford: Oxford Univ. Press.

Myers, A. M. 1962. Airflow on the windward side of a large ridge. *J. Geophys. Res.* 67: 4267~4291.

Myers, C. W. 1969. The ecological geography of cloud forest in Panama. *Amer. Museum Novitates* 2396: 1~52.

Myers, J. S. 1976. Erosion surfaces and ignimbrite eruption, measures of Andean uplift in northern Peru. *J. Geol.* 11(1): 29~44.

Nagel, J. F. 1956. Fog precipitation on Table Mountain. Quart. *J. Royal Meteor. Soc.* 82: 452~460.

Nanson, G. C. 1974. Bedload and suspended–load transport in a small, steep, mountain stream. *Amer. J. Sci.* 274(5): 471~486.

Nash, R. 1973. *Wilderness and the American mind.* Rev. ed. New Haven, Conn.: Yale Univ. Press. 300pp.

Nebesky–Wojkowitz. 1956. *Where the gods are mountains.* London: Weidenfeld and Nicolson. 256pp.

Netting, R. 1972. Of men and meadows: Strategies of alpine land use. *Anthrop. Quart.* 45(3): 132~144.

_____. 1976. What alpine peasants have in common: Observations on communal tenure in a Swiss village. *Human Ecol.* 4(2): 135~146.

Newcomb, R. M. 1972. Has the past a future in Denmark? The preservation of landscape history within the Nature Parks. *Geoforum* 3: 61~67.

Newman, M. T. 1956. Adaptation of man to cold climates. *Evolution* 10: 101~105.

_____. 1958. Man and the heights: A study of response to environmental extremes. *Nat. Hist.* 67: 9~19.

Nicholls, J. M. 1973. *The airflow over mountains: Research 1958~1972.* World Meteor. Org. Tech. Note 127, WMO 355. Geneva, Switzerland. 73pp.

Nicolson, M. H. 1959. *Mountain gloom and mountain glory.* New York: W. W. Norton. 403pp.

Nienaber, J. 1972. The Supreme Court and Mickey Mouse. *Amer. Forests* 78(7): 28~43.

Nilsson, M. P. 1972. *Mycenaean origins of Greek mythology.* Berkeley: Univ. of Calif. Press. 258pp.

Nimlos, T. J., and McConnell, R. C. 1962. The morphology of alpine soils in Montana. *Northwest Sci.* 36: 99~112.

North Carolina Dept. Admin. 1974. *A quest for mountain resources management policies.* Raleigh, *N.C.: North* Carolina Dept. Admin., Office State Planning. 83pp.

Noyce, W. 1950. *Scholar mountaineers, pioneers of Parnassus.* London: Dennis Dobson. 164pp.

Oakeshott, G. B. 1976. *Volcanoes and earthquakes, geologic violence.* New York: McGraw–Hill. 143pp.

Oberlander, T. 1965. *The Zagros streams: A new interpretation of transverse drainage in an orogenic zone.* Syracuse Geographical Series 1. Syracuse, New York: Syracuse Univ. Press. 168pp.

Ogden, H. V. S. 1945. Thomas Burnet's Telluris theoria sacra and mountain scenery. *English Lit. Hist.* 14: 139~150.

Ohi, J. M. 1975. Colorado's winter resource management plan: The state's responsibility for comprehensive planning. pp. 127~133 in *Man, leisure, and wildlands: A complex interaction.* Ist Eisenhower Consortium Res. Symp., Vail, Colo. 286pp.

Olgeirson, E. 1974. Parallel conditions and trends in vegetation and soil on a bald near tree line, Boreas Pass, Colorado. *Arctic and Alpine Res.* 6(2): 185~204.

Ollier, C. D. 1969a. *Volcanoes.* Cambridge, Mass.: M.I.T. Press. 177pp.

_____. 1969b. *Weathering.* Edinburgh: Oliver and Boyd. 304pp.

_____. 1976. Catenas in different climates. pp. 137~170 in *Geomorphology and climate*, ed. E. Derbyshire. London: John Wiley and Sons. 512pp.

Oosting, H. J. 1956. *The study of plant communities*. San Francisco: W. H. Freeman. 440pp.

Orowan, E. 1969. The origin of the oceanic ridges. *Sci. Amer.* 221(5): 102~119.

Orr, H. K. 1975. *Watershed management in the Black Hills: The status of our knowledge*. Dept. Agri. For. Serv. Res. Pap. RM—141. Fort Collins, Colo. 12pp.

Orville, H. D. 1965. A photogrammetric study of the initiation of cumulus clouds over mountainous terrain. *J. Atmosph. Sci.* 22(6): 700~709.

Osburn, W. S. 1963. The dynamics of fallout distribution in a Colorado alpine snow accumulation ecosystem. pp. 51~71 in *Radioecology*, ed. V. Schultz and A. W. Klement. New York: Reinhold. 746pp.

_____. 1967. Ecological concentration of nuclear fallout in a Colorado mountain watershed. pp. 675~709 in *Radioecological concentration processes*, ed. B. Aberg and F. P. Hungate. Proc. Int. Symp., Stockholm, April 1966. London: Pergamon. 1040pp.

_____. 1974. Radioecology. pp. 875—903 in *Arctic and alpine environments*, ed. J. D. Ives and R. G. Barry. London: Methuen. 999pp.

Ostrem, G. 1964. Ice—cored moraines in Scandinavia. *Geog. Ann.* 64A: 228~337.

_____. 1971. Rock glaciers and ice—cored moraines, a reply to D. Barsch. *Geog. Ann.* 53A(3—A4): 207~213.

_____. 1973. The transient snowline and glacier mass balance in southern British Columbia and Alberta, Canada. *Geog. Ann.* 55A(2): 93~106.

_____. 1974. Present alpine ice cover. pp. 225~252 in *Arctic and alpine environments*, ed. J. D. Ives and R. G. Barry. London: Methuen. 999pp.

Outcalt, S. I. 1971. An algorithm for needle ice growth. *Water Resources Res.* 7: 394~400.

Ovington, J. D. 1978. The rational use of high mountain resources in timber harvesting and other corisumptive uses of natural plant products. pp. 184~190 in *The use of high mountains of the world*. Wellington, N.Z.: Dept. Lands and Survey Head Office, Private Bag (in assoc. with Tussock Grasslands and Mountain Lands Inst., P.O. Box 56, Lincoln College, Canterbury, N.Z., for Int. Union Cons. Nature). 223pp.

Pagliuca, S. 1937. Icing measurement on Mount Washington. *J. Aeronautical Serv.* 4: 399~402.

Palmieri, R. P. 1976. Domestication and exploitation of livestock in the Nepal Himalaya and Tibet: An ecological, functional, and culture historical study of yak and yak hybrids in society, economy and culture. Unpub. Ph.D. dissertation, Dept. of

Geog., Univ. of Calif., Davis. 304pp.

Pant, S. D. 1935. *The social economy of the Himalayans*. London: G. Allen and Unwin. 264pp.

Papp, R. P. 1978. A nival aeolian ecosystem in California. *Arctic and Alpine Res.* 10: 117~131.

Parizek, E. J., and Woodruff, J. F. 1957. Mass wasting and the deformation of trees. *Amer. J. Sci.* 255: 63~70.

Park, O. 1949. Application of the converse Bergmann Principle to the carabid beetle, *Dicaelus purpuratus. Physiol. Zool.* 22: 359~372.

Parsons, R. B. 1978. Soil—geomorphology relations in mountains of Oregon. *Geoderma* 21: 25~39.

Paterson, W. S. B. 1969. *The physics of glaciers*. London: Pergamon. 250pp.

Patric, J. H., and Reinhart, K. G. 1971. Hydrologic effects of deforesting two mountainsheds in West Virginia. *Water Resources Res.* 7(5): 1182–1188.

Pattie, D. L. 1967. Observations on an alpine population of Yellow—bellied marmots (*Marmota flaviventris*). *Northwest Sci.* 41: 96~102.

Pattie, D. L., and Verbeek, N. A. M. 1966. Alpine birds of the Beartooth Mountains. *Condor* 67: 167~176.

_____. 1967. Alpine mammals of the Beartooth Mountains. *Northwest Sci.* 41: 110~117.

Pawson, I. G. 1972. Growth and development in a Himalayan population. *Amer. J. Phys. Anthrop.* 37: 447~448.

Pears, N. V. 1968. The natural altitudinal limit of forest in the Scottish Grampians. *Oikos* 19: 71~80.

Pearsall, W. H. 1960. *Mountains and moorlands*. London: Collins. 312pp.

Pearson, O. P. 1948. Life history of mountain viscachas in Peru. *J. Mammal.* 29: 345~374.

_____. 1951. Mammals of the highlands of southern Peru. *Harvard Univ. Museum Comp. Zool. Bull.* 106: 117~174.

_____. 1954. Habits of the lizard *Liolaemus multiformis multiformis* at high altitudes in southern Peru. *Copeia* 2: 111~116.

Pearson, O. P., and Bradford, D. F. 1976. Thermoregulation of lizards and toads at high altitudes in Peru. *Copeia* 1: 155~169.

Pearson, O. P., and Ralph, C. P. 1978. *The diversity and abundance of vertebrates along an altitudinal gradient in Peru*. Memorias del Museo de historia natural "Javier Prado" 18. Lima, Peru. 97pp.

Peattie, R. 1929. Andorra: A study in mountain geography. *Geog. Rev.* 19: 218~233.

_____. 1931. Height limits of mountain economies. *Geog. Rev.* 21: 415~428.

_____. 1936. *Mountain geography*. Cambridge, Mass.: Harvard Univ. Press. 239pp.

Peck, E. L. 1972. Relation of orographic winter precipitation patterns to meteorological parameters. Vol. II, pp. 234~242 in *Distribution of precipitation in mountainous areas.* Geilo, Norway: Proc. Int. Symp. World Meteor. Organ. 587pp.

_____. 1972b. Discussion of problems in measuring precipitation in mountainous areas. Vol. I, pp. 5~16 in *Distribution of precipitation in mountainous areas.* Geilo, Norway: Proc. Int. Symp. World Meteor. Organ. 228pp.

Peck, E. L., and Brown, M. J. 1962. An approach to the development of isohyetal maps for mountainous areas. *J. Geophys. Res.* 67(2): 681~694.

Peck, E. L., and Pfankuch, D. J. 1963. Evaporation rates in mountainous terrain. pp. 267~278 in *Int. Assoc. Sci. Hydrol. Pub.* 62. Beltsville, Md.

Peltier, L. 1950. The geographic cycle in periglacial regions as it is related to climatic geomorphology. *Annals Assoc. Amer. Geog.* 40: 214~236.

Penaloza, D., Sime, F., Banchero, N., Gamboa, R., Cruz, J., and Martiocorena, E. 1963. Pulmonary hypertension in healthy man born and living at high altitudes. *Amer. J. Cardiol.* 11: 150.

Penck, A. 1919. Die Gipfelflur der Alpen. *Sitzungsber. preuss. Akad.* 17: 256~268.

Perla, R. 1978. Artificial release of avalanches in North America. *Arctic and Alpine Res.* 10(2): 235~240.

Perla, R., and Martinelli, M. 1976. *Avalanche handbook.* U.S. Dept. Agri. Handbook 489. Washington, D.C. 238pp.

Perov, V. F. 1969. Block fields in the Khibiny Mtns. *Biuletyn Peryglacjalny* 19: 381~389.

Perry, T. S. 1879. Mountains in literature. *Atl. Monthly* 44: 302~311.

Perry, W. J. 1916. The geographical distribution of terraced cultivation and irrigation. *Mem. and Proc. Manchester Literary Phil. Soc.* 60(6): 1~25.

Pewe, T. L. 1970. Altiplanation terraces of early Quaternary age near Fairbanks, Alaska. *Acta Geog. Lodz.* 24: 357~363.

Phillips, E. L. 1972. The climate of Washington. pp. 935~960 in *Climates of the states. 2: Western states.* Port Washington, N.Y.: Water Information Center Inc. *481~975pp.*

Phipps, R. L. 1974. The soil–creep–curved tree fallacy. *J. Res. U.S. Geol. Surv.* 2(3): 371~378.

Pierce, W. G. 1957. Heart Mountain and South Fork detachment thrusts of Wyoming. *Amer. Petrol. Geol. Bull.* 41: 591~626.

_____. 1961. Permafrost and thaw depressions in a peat deposit in the Beartooth Mountains, northwestern Wyoming. pp. 154~156 in *U.S. Geol. Surv. Prof. Pap.* 424–B.

Pinczes, Z. 1974. The cryoplanation steps in the Tokai Mountains. *Studia Geomorphologica Carpatho–Balcania* 8: 27~46.

Plafker, G. 1965. Tectonic deformation associated with the 1964 Alaska earthquake. *Science* 148(3678): 1675~1687.

Platt, C. M. 1966. Some observations on the climate of Lewis Glacier, Mount Kenya, during the rainy season. *J. Glaciol.* 6(44): 267~287.

Platts, W. S. 1970. The effects of logging and road construction on the aquatic habitat of the south Fork Salmon River, Idaho. pp. 182~185 in Proc. *50th ann. conf. Western Assoc. State Game and Fish Comm.* Sacramento, Calif.

Plesnik, P. 1973. La limite supérieure de la forét dans les hautes Tatras. *Arctic and Alpine Res.* 5(3): (Pt. 2)A37~44.

_____. 1978. Man's influence on the timberline in the West Carpathian Mountains, Czechoslovakia. *Arctic and Alpine Res.* 10(2): 491~504.

Pollock, R. 1970. What colors the mountain snow? *Sierra Club Bull.* 55: 18~20.

Polunin, N. 1960. *Introduction to plant geography.* New York: McGraw-Hill. 640pp.

Porter, S. C. 1975a. Glaciation limit in New Zealand's Southern Alps. *Arctic and Alpine Res.* 7(1): 33~38.

_____. 1975b. Weathering rinds as a relativeage criterion: Application to subdivision of glacial deposits in the Cascade Range. *Geol.* 3(3): 101~104.

_____. 1977. Present and past glaciation threshold in the Cascade Range, Washington, U.S.A.: Topographic and climatic controls, and paleoclimatic implications. *J. Glaciol.* 18(78): 101~115.

Posamentier, H. W. 1977. A new climatic model for glacier behavior of the Austrian Alps. *J. Glaciol.* 18(78): 57~65.

Potter, N., Jr. 1969. Tree-ring dating of snow avalanche tracks and geomorphic activity of avalanches, northern Absaroka Mountains, Wyoming. pp. 141~165 in *U.S. contributions to Quaternary research*, ed. S. A. Schumm and W. C. Bradley. Geol. Soc. Amer. Spec. Pap. 123.

_____. 1972. Ice-cored rock glacier, Galena Creek, northern Absaroka Mountains, Wyoming. *Geol. Soc. Amer. Bull.* 83: 3025~3057.

Potter, N., Jr., and Moss, J. H. 1968. Origin of the Blue Rocks block field and adjacent deposits, Berks County, Pennsylvania. *Geol. Soc. Amer. Bull.* 79: 255~262.

Potts, A. S. 1970. Frost action in rocks: Some experimental data. *Inst. British Geog. Trans.* 49: 109~224.

Powell, J. W. 1876. *Report on the geology of the eastern portion of the Uinta Mountains.* U.S. Geol. and Geog. Survey Terr. 218pp.

Preston, D. A. 1969. The revolutionary landscape of highland Bolivia. *Geog. J.* 135(1): 1~16.

Price, L. W. 1969. The collapse of solifluction lobes as a factor in vegetating blockfields.

Arctic 22(4): 395~402.

_____. 1970. Up-heaved blocks: A curious feature of instability in the tundra. *Proc. Assoc. Amer. Geog.* 2: 106~110.

_____. 1971a. *Biogeography field guide to Cascade Mountains, transect along U.S. Highway 26 in Oregon.* Occ. Pap. in Geog. Pub. 1. Portland, Or.: Portland State Univ. 35pp.

_____. 1971b. Vegetation, microtopography, and depth of active layer on different exposures in subarctic alpine tundra. *Ecol.* 52(4): 638~647.

_____. 1971c. Geomorphic effect of the arctic ground squirrel in an alpine environment. *Geog. Ann.* 53A(2): 100~106.

_____. 1972. *The periglacial environment, permafrost and man.* Assoc. Amer. Geog. Resource Pap. 14. Washington, D.C. 88pp.

_____. 1973. Rates of mass wasting in the Ruby Range, Yukon Territory. pp. 235~245 in *North American contr. permafrost, second int. conf.* Washington, D.C.: Nat. Acad. Sci. 783pp.

_____. 1978. Mountains of the Pacific Northwest: A study in contrast. *Arctic and Alpine Res.* 10(2): 465~478.

Price, R., and Evans, R. B. 1937. Climate of the west front of the Wasatch Plateau in central Utah. *Mon. Wea. Rev.* 65: 291~301.

Price, R. J. 1973. *Glacial and fluvialglacial landforms.* Edinburgh: Oliver and Boyd. 242pp.

Price Zimmerman, T. C. 1976. The AAC and American mountaineering. *Amer. Alpine News* 138(3): 9~14.

Prohaska, F. 1970. Distinctive bioclimatic parameters of the subtropical-tropical Andes. *Inter. J. Biometeor.* 14(1): 1~12.

Pruitt, W. O., Jr. 1960. Animals in the snow. *Sci. Amer.* 203(1): 61~68.

_____. 1970. Some ecological aspects of snow. pp. 83~99 in *Ecology of the subarctic regions.* Proc. Helsinki Symp. Paris: UNESCO, 364pp.

Pugh, L. G. C. E. 1963. Tolerance to extreme cold at altitude in a Nepalese pilgrim. *J. Appl. Physiol,* 18: 1234~1238.

_____. 1964. Muscular exercise at great altitudes. pp. 209~210 in *The physiological effects of high altitude,* ed. W. H. Weihe. New York: Macmillan. 351pp.

Putnam, W. C. 1971. *Geology.* 2nd ed., rev. Ann B. Bussett. New York: Oxford Univ. Press. 586pp.

Quaritch-Wales, H. G. 1953. *The mountain of God.* London: B. Quaritch. 174pp.

Rall, C. 1965. Soil fungi from the alpine zone of the Medicine Bow Mountains, Wyoming. *Mycologia* 57: 872~881.

Rao, K. S., Wyngaard, J. C., and Cote, O. R. 1975. Local advection of momentum, heat, and moisture in microclimatology. *Bound. Layer Meteor.* 7: 331~348.

Rapp, A. 1960. Recent development of mountain slopes in Karkevagge and surroundings, northern Scandinavia. *Geog. Ann.* 42(2~3): 65~201.

_____. 1974. Slope erosion due to extreme rainfall, with examples from tropical and arctic mountains. pp. 118~136 in *Geomorphologische Prozesse und Prozesskombinationen unter verschiedenen Klimabedingungen*, ed. H. Poser. Gottingen: Abhand. der Akademie der Wissenschaften.

Rapp, A., Berry, L., and Temple, P., eds. 1972. Studies of soil erosion and sedimentation in Tanzania. *Geog. Ann.* 54(3~4): 105~379.

Rapp, A., and Strémquist, L. 1976. Slope erosion due to extreme rainfall in the Scandinavian Mountains. *Geog. Ann.* 58A(3): 193~200.

Raven, P. H. 1973. Evolution of subalpine and alpine plant groups in New Zealand. *New Zealand J. Bot.* 11: 177~200.

Rees, R. 1975a. The taste for mountain scenery. *History Today* 25(5): 305~312.

_____. 1975b. The scenery cult: Changing landscape tastes over three centuries. *Landscape* 19(3): 39~47.

Reger, R. D., and Pewe, T. L. 1976. Cryoplanation terraces: Indicators of a permafrost environment. *Quat. Res.* 6(1): 99~110.

Reider, R. G. 1975. Morphology and genesis of soils on the Prairie Divide Deposit (Pre-Wisconsin), Front Range, Colorado. *Arctic and Alpine Res.* 7(4): 353~372.

Reider, R. G., and Uhl, P. J. 1977. Soil differences within spruce-fir forested and century-old burned areas of Libby Flats, Medicine Bow Range, Wyoming. *Arctic and Alpine Res.* 9(4): 383~392.

Reinelt, E. R. 1968. The effect of topography on the precipitation regime of Waterton Lakes National Park. *Albertan Geog.* 4: 19~30.

Reiners, W. H., Marks, R. H., and Vitousek, P. M. 1975. Heavy metals in subalpine and alpine soils of New Hampshire. *Oikos* 26: 264~275.

Reiter, E. R. 1963. *Jet-stream meteorology*. Chicago: Univ. of Chicago Press. 515pp.

Reiter, E. R., Beran, D. W., Mahlman, J. D., and Wooldridge, G. 1965. *Effect of large mountain ranges on atmospheric flow patterns as seen from Tiros satellites*. Atmos. Sci. Tech. Pap. 69. Fort Collins, Colo.: Colorado State Univ. 111pp.

Reiter, E. R., and Foltz, H. P. 1967. The prediction of clear air turbulence over mountainous terrain. *J. Appl. Meteor.* 6(3): 549~556.

Rensch, B. 1959. *Evolution above the species level*. London: Methuen. 419pp.

Retzer, J. L. 1954. Glacial advances and soil development, Grand Mesa, Colorado. *Amer. J. Sci.* 252: 26~37.

_____. 1965. Alpine soils of the Rocky Mountains. *J. Soil Sci.* 7: 22~32.

_____. 1962. *Soil Survey, Fraser Alpine Area, Colorado.* U.S. Dept. Agri. Ser. 1956, no. 20. Washington, D.C. 47pp.

_____. 1965. Present soil—forming factors and processes in arctic and alpine regions. *Soil Sci.* 99(1): 38~44.

_____. 1974. Alpine soils, pp. 771~804 in *Arctic and alpine environments*, ed. J. D. Ives and R. G. Barry. London: Methuen. 999pp.

Reynolds, R. C. 1971. Clay mineral formation in an alpine environment. *Clays and Clay Minerals* 19: 361~374.

Reynolds, R. C., and Johnson, N. M. 1972. Chemical weathering in the temperate glacial environment of the northern Cascade Mountains. *Geochim. et Cosmochim. Acta* 36: 537~554.

Ricciuti, E. R. 1976. Mountains besieged. *Int. Wildlife* 6(6): 24~34.

Richards, P. W. 1966. *The tropical rain forest: An ecological study.* Cambridge: Cambridge Univ. Press, 450pp.

Richmond, G. M. 1962. *Quaternary stratigraphy of the La Sal Mountains, Utah.* U.S. Geol. Surv. Prof. Pap. 324. 15pp.

Riehl, H. 1974. On the climatology and mechanism of Colorado chinook winds. *Bonner Met. Abh.* 17: 493~504.

Roberts, D. 1968. Occurrences of weathering pits from Sdrdy, northern Norway. *Geog. Ann.* 50(1): 60~63.

Rochow, T. F. 1969. Growth, caloric content, and sugars in *Caltha leptosepala* in relation to alpine snow melt. *Bull. Torrey Bot. Club* 96: 689~698.

Rodda, J. C. 1971. *The precipitation measurement paradox—the instrument accuracy problem.* Rep. 16. Geneva, Switzerland: WMO/IHD World Meteor. Organ.

Roderick, J., and Roderick, D. 1973. Africa's puzzle animal. *Pacific Discovery* 26(4): 26~28.

Romashkevich, A. J. 1964. Micromorphological indications of the processes associated with the formation of the krasnozems (red earths) and the red—coloured crust of weathering in the Transcaucasus. pp. 261~268 in *Soil micromorphology*, ed. A. Jongerius. Amsterdam: Elsevier. 540pp.

Rona, P. A. 1973. Plate tectonics and mineral resources. *Sci. Amer.* 231 (July): 86~95.

Rooney, J. F. 1969. The economic and social implications of snow and ice. pp. 389~401 in *Water, earth, and man*, ed. R. J. Chorley. London: Methuen. 206pp.

Rosenfeld, C. L., and Schlicker, H. G. 1976. The significance of increased fumarolic activity at Mount Baker, Washington. *Ore Bin* 38(2): 23~35. (Pub. by Oregon Dept. Geol. Min. Ind., Portland.)

Roundy, R. W. 1976. Altitudinal mobility and disease hazards for Ethiopian populations. *Econ. Geog.* 52: 103~115.

Roy, S. B., and Singh, I. 1969. Acute mountain sickness in Himalayan terrain: Clinical and physiologic studies. pp. 32~41 in *Biomedicine of high terrestrial elevations*, ed. A. H. Hegnauer. Natick, Mass.: U.S. Army Res. Inst. Envir. Med. 323pp.

Rubey, W. W. 1951. Geologic history of sea water—an attempt to state the problem. *Geol. Soc. Amer. Bull.* 62: 1111~1147.

Rudberg, S. 1968. Wind erosion—preparation of maps showing the direction of eroding winds. *Biuletyn Peryglacjalny* 17: 181~194.

Rumney, G. R. 1968. *Climatology and the world's climates.* New York: Macmillan. 656pp.

Rusinow, D. I. 1969. *Italy's Austrian heritage, 1919–1946,* London: Oxford Univ. Press. 423pp.

Ruskin, J. 1856. *Modern painters.* Vol. 3, part 4. Chicago: Belford Clarke. 431pp.

Russell, R. J. 1933. Alpine landforms of western United States. *Geol. Soc. Amer. Bull.* 44: 927~950.

Rutherford, G. K. 1964. The tropical alpine soils of Mt. Giluwe, Australian New Guinea. *Can. Geog.* 8: 27~33.

Ruxton, B. P., and McDougall, I. 1967. Denudation rates in northeast Papua from potassium—argon dating of lavas. *Amer. J. Sci.* 265: 945~961.

Saint Girons, H., and Duguy, R. 1970. Le cycle sexuel de Lacerta muralis L. en plaine et en montagne. *Bull. Mus. Nat. d'Hist. Natur.* 42: 609~625.

Sakai, A. 1970. Mechanism of desiccation damage of conifers wintering in soil—frozen areas. *Ecol.* 51: 657~664.

Salisbury, F. B., and Spomer, G. G. 1964. Leaf temperatures of alpine plants in the field. *Planta.* 60: 497~505.

Salmon, J. T. 1975. The influence of man on the biota. Chapter 17 in *Biogeography and ecology in New Zealand*, ed. G. Kuschel. The Hague: Junk. 689pp.

Salt, G. 1954. A contribution to the ecology of Upper Kilimanjaro, *J. Ecol.* 42: 375~423.

Salt, R. W. 1956. Influence of moisture content and temperature on cold hardiness of hibernating insects. *Can. J. Zool.* 34: 283~294.

———. 1961. Principles of insect cold—hardiness. *Ann. Rev. Entomol.* 6: 55~74.

———. 1969. The survival of insects at low temperatures. pp. 331~350 in *Dormancy and survival, 23rd symp. soc. exper. biol.* London: Cambridge Univ. Press. 599pp.

Samson, C. A. 1965. A comparison of mountain slope and radiosonde observations. *Mon.*

Wea. Rev. 93: 327~330.

Sarker, R. P. 1966. Adynamic model of orographic rainfall. *Mon. Wea. Rev.* 94(9): 555~572.

———. 1967. Some modifications in a dynamical model of orographic rainfall. *Mon. Wea. Rev.* 95: 673~684.

Sauer, C. 1936. American agricultural origins: A consideration of nature and culture. pp. 279~297 in *Essays in anthropology*, ed. A. L. Kroeber. Berkeley, Ca.: Univ. of Calif. Press.

Sawkins, F. J. 1972. Sulfide ore deposits in relation to plate tectonics. *J. Geol.* 80: 377~397.

Sawyer, J. S. 1956. The physical and dynamical problems of orographic rain. *Weather* 11(12): 375~381.

Sayward, P. 1934. High points of the forty–eight states. Appalachia 20(78): 206~215.

Scaétta, H. 1935. Les avalanches d'air dans les Alps et dans les hautes montagnes de l' Afrique centrale. *Ciel et Terre* 51: 79~80.

Schaerer, P. A. 1972. Terrain and vegetation of snow avalanche sites of Rogers Pass, British Columbia. pp. 215~222 in *Mountain geomorphology*, ed. O. Slaymaker and H. J. McPherson. Vancouver, B.C.: Tantalus Research. 274pp.

Schell, I. I. 1934. Differences between temperatures, humidities, and winds on the White Mountains and in the free air. *Trans. Amer. Geophys. Union* (Pt. I): 118~124.

———. 1935. Free–air temperatures from observations on mountain peaks with application to Mt. Washington. *Trans. Amer. Geophys. Union* (Part ǁ): 126~141.

———. 1936. On the vertical distribution of wind velocity over mountain summits. *Bull. Amer. Meteor. Soc.* 17: 295~300.

Schlesinger, W. H., Reiners, W. A., and Knopman, D. S. 1974. Heavy metal concentrations and deposition in bulk precipitation in montane ecosystems of New Hampshire, U.S.A. *Envir. Pollut.* 6: 39~47.

Schmid, E. 1972. A mousterian silex mine and dwelling–place in the Swiss Jura. pp. 129~132 in *The origin of homo sapiens*, ed. F. Bordes. Paris: UNESCO. 321pp.

Schmid, J. M., and Frye, R. H. 1977. *Spruce beetle in the Rockies*. U.S. Dept. Agri. For. Serv. Gen. Tech. Rep. RM–49. Fort Collins, Colo: Rocky Mt. Forest and Range Experiment Station. 38pp.

Schmid, W. D. 1971. Modification of the subnivean microclimate by snowmobiles. pp. 251~257 in *Proc. snow and ice symp.* Ames, Iowa: Jowa State Univ. 250pp.

Schmidt, K. P. 1938. A geographic variation gradient in frogs. *Zool. Ser. Field Mus. Nat. Hist.* 20: 377~382.

Schmidt, W. 1934. Observations on local climatology in Austrian mountains. *Quart. J.*

Royal Meteor. Soc. 60: 345~351.

Schmoller, R. 1971. Nocturnal arthropods in the alpine tundra of Colorado. *Arctic and Alpine Res*, 3(4): 345~352.

Scholander, P. F. 1955. Evolution of climatic adaptation in homeotherms. *Evolution* 9(1): 15~26.

_____. 1957. The wonderful net. *Sci. Amer.* 196: 97~107.

Scholander, P. F., Hock, R., Walters, V., and Irving, L. 1950a. Adaptation to cold in arctic and tropical mammals and birds in relation to body temperature, insulation, and basal metabolic rate. *Biol. Bull.* 99: 259~271.

Scholander, P. F., Hock, R., Walters, V., Johnson, F., and Irving, L. 1950b. Heat regulation in some arctic and tropical mammals and birds. *Biol. Bull.* 99: 237~258.

Scholander, P. F., Walters, V., Hock, R., and Irving, L. 1950c. Body insulation of some arctic and tropical mammals and birds. *Biol. Bull.* 99: 225~236.

Schramm, J. R. 1958. The mechanism of frost heaving of tree seedlings. *Proc. Amer. Phil. Soc.* 102(4): 333~350.

Schumm, S. A. 1956. The movement of rocks by wind. *J. Sed. Pet.* 26: 284~286.

_____. 1963. The disparity between present rates of denudation and orogeny. pp. 1~13 in *U.S. Geol. Surv. Prof. Pap.* 454H.

Schweinfurth, U. 1972. The eastern marches of high Asia and the river gorge country. pp. 276~287 in *Geoecology of the high mountain regions. of Eurasia*, ed. C. Troll. Wiesbaden: Franz Steiner. 300pp.

Scorer, R. S, 1952. Soaring in Spain. *Weather* 7: 373~376.

_____. 1955. The growth of cumulus over mountains. *Archiv. Meteor. Geophys. Biokl.* (Ser. A) 8: 25~34.

_____. 1961. Lee waves in the atmosphere. *Sci. Amer.* 204: 124~134.

_____. 1967. Causes and consequences of standing waves. pp. 75~101 in *Proc. symp. mountain meteor.*, ed. E. R. Reiter and J. L. Rassmussen. Atmosph. Sci. Pap. 122. Fort Collins, Colo.: Dept. of Atmosph. Sci., Colorado State Univ. 221pp.

Scorer, R. S., and Klieforth, H. 1959. Theory of mountain waves of large amplitude. *Quart. J. Royal Meteor. Soc.* 85(364): 131~143.

Scott, D., and Billings, W. D. 1964. Effects of environmental factors on standing crop and productivity of an alpine tundra. *Ecol. Monogr.* 34: 243~270.

Scott, J. D. 1962. What do snow worms eat? *Summit* (Big Bear City, Calif.) 8: 8~9.

Scott, W. H. 1958. A preliminary report on upland rice in northern Luzon. *Southwestern J. Anthrop.* 14: 87~105.

Scotter, G. W. 1975. Permafrost profiles in the continental divide region of Alberta and British Columbia. *Arctic and Alpine Res.* 7(1): 93~96.

Seidensticker, J. C., Hornock, M. G., Wiles, W. V., and Messick, J. P. 1973. *Mountain lion social organization in the Idaho Primitive Area.* Wildlife Monogr. 35. 60pp.

Seligman, G. 1936. *Snow structure and ski fields; with an appendix on alpine weather by C. K. M. Douglas.* London: Macmillan. 555pp.

Semple, E. C. 1897. The influence of the Appalachian barrier upon colonial history. *J. of School Geog.* 1: 33~41.

_____. 1911. *Influences of geographic environment.* New York: Henry Holt. 683pp.

_____. 1915. The barrier boundary of the Mediterranean Basin and its northern breaches as factors in history. *Annals Assoc. Amer. Geog.* 9: 27~59.

Sevruk, B. 1972. Precipitation measurements by means of storage gauges with stereo and horizontal orifices in Baye de Montreaux watershed. Vol. II, pp. 86~102 in *Distribution of precipitation in mountainous areas.* Geilo, Norway: Proc. Int. Symp. World Meteor. Organ. 587pp.

Sharp, R. P. 1942. Mudflow levees. *J. Geom.* 5: 22.2~27.

_____. 1949, Pleistocene ventifacts east of the Big Horn Mountains, Wyoming. *J. Geol.* 57: 175~195.

_____. 1960. *Glaciers.* Eugene, Or.: Univ. of Oregon Press. 78pp.

Sharpe, C. F. S. 1938. *Landslides and related phenomena.* New York: Columbia Univ. Press. 137pp.

Shaw, C. H. 1909. Causes of timber line on mountains: The role of snow. *Plant World* 12: 169~181.

Shaw, R. B. 1872. Religious cairns of the Himalayan region. *British Assoc. Advancement Sci. Rep.* 42: 194~197.

Shields, E. T. 1913. Omei San: The sacred mountain of West China. *Royal Asiatic Soc., North China Branch,* J. 44: 100~109.

Shields, O. 1967. Hilltopping. *J. Res. Lepidoptera* 6: 71~178.

Shreve, F. 1915. *The vegetation of a desert mountain range as conditioned by climatic factors.* Pub. 217. Washington, D.C.: Carnegie Inst. 112pp.

Shreve, R. L. 1966. Sherman landslide, Alaska. *Science* 154: 1639~1643.

_____. 1968. Leakage and fluidization in air−layer lubricated avalanches. *Geol. Soc. Amer. Bull.* 79: 653~658.

Shryock, J. 1931. *The temples of Anking and their cults.* Paris: Librairie Orientaliste P. Guethner. 206pp.

Shulls, W. A. 1976. Microbial population of the Colorado alpine tundra. *Arctic and Alpine Res.* 8(4): 387~391.

Sliger, H. 1952. A cult for the god of Mount Kanchenjunga among the Lepcha of northern Sikkim. Vol. 2, pp. 185~189, in *Congress. Int. Des. Sci. Anthro. et Ethnol.* Vienna,

1~9 Sept., Actes Dv. IV.

Sillitoe, R. H. 1972. A plate tectonics model for the origin of porphyry copper deposits. *Econ. Geol.* 67: 184~197.

Simoons, F. J. 1960. *Northwest Ethiopia, peoples and economy.* Madison, Wis.: Univ. Wisconsin Press. 250pp.

Simpson, B. B. 1974. Glacial migrations of plants: Island biogeographical evidence. *Science* 185: 698~700.

_____. 1975. Pleistocene changes in the flora of the high tropical Andes. *Paleobiology* 1(3): 273~294.

Singer, M. and Ugolini, F. C. 1974. Genetic history of two well−drained subalpine soils formed on complex parent materials. *Can. J. Soil Sci.* 54: 475~489.

Singh, I., Khanna, P. K., Srivastava, M. C., Lal, M., Roy, S. B., and Subramanyan, C. S. V. 1969. Acute mountain sickness. *New Eng. J. Med.* 280: 175~184.

Slaymaker, H. O. 1972. Sediment yield and sediment control in the Canadian cordillera. pp. 235~245 in *Mountain geomorphology*, ed. O. Slaymaker and H. J. McPherson. Vancouver, B.C.: Tantalus Research. 274pp.

_____. 1974. Alpine hydrology. pp. 133~158 in *Arctic and alpine environments*, ed. J. D. Ives and R. G. Barry. London: Methuen. 999pp.

Slaymaker, H. O., and McPherson, H. J. 1977. An overview of geomorphic processes in the Canadian cordilerra. *Zeits. für Geomorph.* 21(2): 169~186.

Sleeper, R. A., Spencer, A. A., and Steinhoff, H. W. 1976. Effects of varying snowpack on small mammals. pp. 437~485 in *Ecological impacts of snowpack augmentation in the San Juan Mountains, Colorado*, ed. H. W. Steinhoff and J. D. Ives. Colo. State Univ., prepared for U.S. Bur. of Reclamation. Springfield, Va.: Nat. Tech. Info. Serv. PB255 012. 489pp.

Sleumer, H. 1965. The role of Ericaceae in the tropical montane and subalpine forest of Malaysia. pp. 179~184 in *Symposium on ecological research in humid tropics vegetation.* Paris: UNESCO.

Smith, A. T. 1974. The distribution and dispersal of pikas: Consequences of insular population structure. *Ecol.* 55(5): 1112~1119.

_____. 1978. Comparative demography of pikas (*Ochotona*): Effect of spatial and temporal age−specific mortality. *Ecol.* 59(1): 133~139.

Smith, A. V. 1958. The resistance of animals to cooling and freezing. *Biol. Rev.* 33: 197~253.

Smith, A. W. 1975. Mineral King. *Nat. Parks and Consv. Mag.* 49(6): 2.

Smith, D. R. 1969. *Vegetation, soils, and their inter−relationships at timberline in the Medicine Bow Mountains, Wyoming.* Sci. Monogr. 17. Laramie, Wyo.: Agri. Exp.

Sta., Univ. Wyoming. 13pp.

Smith, H. T. U. 1953. The Hickory Run boulder field, Carbon County, Pennsylvania. *Amer. J. Sci.* 251: 625~642.

_____. 1973. Photogeologic study of periglacial talus glaciers in northwestern Canada. *Geog. Ann.* 55A(2): 69~84

Smith, J. M. B. 1975. Mountain grasslands of New Guinea. *J. Biogeog.* 2(1): 27~44.

_____. 1977a. Vegetation and microclimate of east− and west−facing slopes in the grasslands of Mt. Wilhelm, Papua, New Guinea. *J. Ecol.* 65: 39~53.

_____. 1977b. An ecological comparison of two tropical high mountains. *J. Trop. Geog.* 44: 71~80.

Smith, M. E. 1966. Mountain mosquitos of the Gothic, Colorado, area. *Amer. Midl. Nat.* 76: 125~150.

Smith, R. B. 1976. The generation of lee waves by the Blue Ridge. *J. Atmosph. Sci.* 33(3): 507~519.

Sneddon, J. L., Lavkulich, L. M., and Farstad, L. 1972. The morphology and genesis of some alpine soils in British Columbia, Canada. I: Morphology, classification, and genesis. II: Physical, chemical, and mineralogical determinations and genesis. *Soil Sci. Soc. Amer. Proc.* 36: 100~110.

Soil Survey Staff. 1960. *Soil classification, a comprehensive system (7th approximation)*. Washington, D.C.: U.S. Dept. Agri. Soil Cons. Serv. 265pp.

_____. 1974. *Soil taxonomy, a basic system of soil classification for making and interpreting soil surveys*. Handbook 436. Washington, D.C.: U.S. Dept. Agri. 754pp.

Solon, L. R., Lowder, W. M., Shambon, A., and Blatz, H. 1960. Investigations of natural environmental radiation. *Science* 131(3404): 903~906.

Sömme, A. 1949. Recent trends in transhumance in Norway. *Comptes Rendus du Congr. Int. de Geog., Lisbonne* 3: 83~93.

Sommerfeld, R., and LaChapelle, E. 1970. The classification of snow metamorphism. *J. Glaciol.* 9(55): 3~17.

Soons, J. M. 1968. Erosion by needle ice in the southern Alps, New Zealand. pp. 217~228 in *Arctic and alpine environments*, ed. W. H. Osburn and H. E. Wright, Jr. Bloomington, Ind.: Indiana Univ. Press. 308pp.

Soons, J. M, and Rayner, J. N. 1968. Micro−climate and erosion processes in the Southern Alps, *New Zealand. Geog. Ann.* 50A: 1~15.

Sowerby, A. 1940. *Nature in Chinese Art.* New York: John Day. 203pp.

Spalding, J. B. 1979. The aeolian ecology of White Mountain Peak, California: Windblown insect fauna. *Arctic and Alpine Res.* 11(1): 83~94.

Spencer, A. W., and Steinhoff, H. W. 1968. An explanation of geographic variation in litter size. *J. Mammal.* 49: 281~286.

Spencer, J. E., and Hale, G. A. 1961. The origin, nature and distribution of agricultural terracing. *Pacific Viewpoint* 2(1): 1~4.

Spurr, J. E. 1923. *The ore magmas.* New York: McGraw—Hill. 915pp.

Standley, S. 1975. The Aspen story. pp. 17~19 in *Man, leisure, and wildlands: A complex interaction.* Proc. ist Eisenhower Consortium Res. Symp., Vail, Colo. 286pp.

Stankey, G. H. 1971. Wilderness carrying capacity and quality. *Naturalist* 22(3): 7~13.

_____. 1973. *Visitor perception of wilderness recreation carrying capacity.* U.S. Dept. Agri. For. Serv. Res. Pap. INT—142. Ogden, Utah. 61pp.

Stankey, G. H., Lucas, R. C., and Lime, D. W. 1976. Crowding in parks and wilderness. *Design and Environment* 7: 1~3.

Stankey, G. H., and Baden, J. 1977. *Rationing wilderness use: Methods, problems, and guidelines.* U.S. Dept. Agri. For. Serv. Res. Pap. INT—192. Ogden, Utah. 20pp.

Starkel, L. 1976. The role of extreme (catastrophic) meteorological events in contemporary evolution of slopes. pp. 203~246 in *Geomorphology and climate,* ed. E. Derbyshire. London: John Wiley and Sons. 512pp.

Stauffer, T. R. 1965. The economics of nomadism in Iran. *Middle East J.* 19: 284~302.

Steinhoff, H. W., and Ives, J. D., eds. 1976. *Ecological impacts of snowpack augmentation in the San Juan Mountains, Colorado.* Colo. State Univ., prepared for the U.S. Bur. Reclamation. Springfield, Va.: Nat. Tech. Info. Serv. PB—255 012. 489pp.

Steward, J. H. 1955. Introduction: The irrigation civilizations,pp. 1~6 in *Irrigation civilizations: A comparative study,* ed. J. H. Steward et al. Soc. Sci. Monogr. 1. Washington, D.C.: Pan Amer. Union. 78pp.

Stewart, G. R. 1960. *Ordeal by hunger: The story of the Donner Party.* Boston: Houghton Mifflin. 394pp.

Stewart, J. H., and LaMarche, V. C., Jr. 1967. *Erosion and deposition produced by the flood of December 1964 on Coffee Creek, Trinity County, California.* U.S. Geol. Surv. Prof, Pap. 422—K. 22pp.

Stewart, N. R., Belote, J., and Belote, L. 1976. Transhumance in the Central Andes. *Annals Assoc. Amer. Geog.* 66(3): 377~397.

Stoecker, R. E. 1976. Pocket gopher distribution in relation to snow in the alpine tundra. pp. 281~288 in *Ecological impacts of snowpack augmentation in the San Juan Mountains, Colorado,* ed. H. W. Steinhoff and J. D. Ives. Colo. State Univ., prepared for U.S. Bur. of Reclamation. Spring—field, Va.: Nat. Tech. Info. Serv. PB—255 012. 489pp.

St. Onge, D. A. 1969. *Nivation landforms.* Geol. Surv. Can. Pap. 69—30. 12pp.

Storey, H. C., and Wilm, H. G. 1944. A comparison of vertical and tilted rain gauges in estimated precipitation on mountain watersheds. *Trans. Amer. Geophys.* Union 3: 518~523.

Strahler, A. N. 1965. *Introduction to physical geography.* New York: John Wiley and Sons. 455pp.

Street, J. M. 1969. An evaluation of the concept of carrying capacity. *Prof. Geog.* 21: 104~107.

Strickland, M. D., and Diem, K. 1975. The impact of snow on mule deer. pp. 135~174 in *The Medicine Bow ecology project.* Prepared for Off. U.S. Atmosph. Water Resources. Laramie, Wyo.: Univ. of Wyoming, in cooperation with Rocky Min. Forest and Range Experiment Station. 397pp.

Strickler, G. S. 1961. *Vegetation and soil condition changes on a subalpine grassland in eastern Oregon.* U.S. Dept. Agri. For. Serv. Pac. N.W. Range Expt. Sta. Res. Pap. 40. Portland, Or. 46pp.

Strong, D. F., ed. 1976. *Metallogeny and plate tectonics.* Geol. Assoc. Can. Spec. Pap. 14. 660pp.

Strong, J. 1894. *The exhaustive concordance of the Bible.* New York: Abingdon–Cokesbury Press. 1545pp.

Strutfield, H. E. M. 1918. Mountaineering as a religion. *Alpine J.* 32: 241~247.

Stuart, D. G. 1975. Community and regional implications of large scale resort developments: Big Sky of Montana. pp. 121~126 in *Man, leisure, and wildlands: A complex interaction.* Proc. 1st Eisenhower Consortium Res. Symp., Vail, Colo. 286pp.

Sullivan, M. 1962. *The birth of landscape painting in China.* Berkeley, Ca.: Univ. of Calif. Press. 213pp.

Sushkin, P. 1925. Outlines of the history of the Recent fauna of Palearctic Asia. *Proc. Natl. Acad. Sci.* 11: 299~302.

Sutton, C. W. 1933. Andean mud slide destroys lives and property. *Eng. News–Record* 110: 562~563.

Suzuki, S. 1965. On the mechanism of a miniature frost shelter. *Meteor. Runds.* 17: 171~173.

Svihla, A. 1956. The relation of coloration in mammals to low temperature. *J. Mammal.* 37: 378~381.

Swan, L. W. 1952. Some environmental conditions influencing life at high altitudes. *Ecol.* 33: 109~111.

_____. 1961. The ecology of the high Himalayas. *Sci. Amer.* 205: 68~78.

_____. 1963a. Aeolian zone. *Science* 140: 77~78.

_____. 1963b. Ecology of the heights. *Nat. Hist.* 72: 22~29.

_____. 1967. Alpine and aeolian regions of the world. pp. 29~54 in *Arctic and alpine environments*, ed. H. E. Wright and W. H. Osburn, Jr. Bloomington, Ind.: Indiana Univ. Press. 308pp.

_____. 1970. Goose of the Himalayas. *Nat. Hist.* 79(10): 68~75.

Swan, L. W., and Leviton, A. E. 1962. The herpetology of Nepal: A history, checklist, and zoogeographical analysis of the herpetofauna. *Calif. Acad. Sci. Proc.* 32: 103~147.

Swanson, E. 1955. Terrace agriculture in the Central Andes. *Davidson J. Anthrop.* 1(2): 123~132.

Swanson, F. T., and Dyrness, C. T. 1975. Impact of clear-cutting and road construction on soil erosion by landslides in the western Cascade Range, Oregon. *Geol.* 3(7): 393~396.

Swanston, D. N. 1974. *Slope stability problems associated with timber harvesting in mountainous regions of the western United States*. U.S. Dept. Agri. For. Serv. Gen. Tech. Rep. PNW-21. Portland, Or. 14pp.

Sweeney, J. M., and Steinhoff, H. W. 1976. Elk movements and calving as related to snow cover. pp. 415~436 in *Ecological impacts of snow-pack augmentation in the San Juan Mountains, Colorado*, ed. H. W. Steinhoff and J. D. Ives. Colo. State Univ., prepared for U.S. Bur. of Reclamation. Springfield, Va.: Nat. Tech. Info. Serv. PB-255 012. 489pp.

Swift, L. W., Jr. 1976. Algorithm for solar radiation on mountain slopes. *Water Resources Res.* 12(1): 108~112.

Taber, S. 1929. Frost heaving. *J. Geol.* 37: 428~461.

_____. 1930. The mechanics of frost heaving. *J. Geol.* 38: 303~317.

Tanner, C. B., and Fuchs, M. 1968. Evaporation from unsaturated surfaces: A general combination method. *J. Geophys. Res.* 73: 1299~1304.

Tanner, J. T. 1963. Mountain temperatures in the southeastern and southwestern U.S. during late spring and early summer. *J. Appl. Meteor.* 2: 473~483.

Taylor-Barge, B. 1969. *The summer climate of the St. Elias mountain region*. Arctic Inst. N.A. Res. Pap. 53. 265pp.

Tazieff, H. 1970. The Afar triangle. *Sci. Amer.* 222(2): 32~40.

Tedrow, J. C. F., and Brown, J. 1962. Soils of the northern Brooks Range, Alaska: Weakening of the soil forming potential at high arctic altitudes. *Soil Sci.* 93: 254~261.

Teichert, C. 1939. Corrasion by wind-blown snow in polar regions. *Amer. J. Sci.* 237: 146~148.

Terborgh, J. 1971. Distribution on environmental gradients: Theory and a preliminary interpretation of distributional patterns in the avifauna of the Cordillera Vilcabamba, Peru. *Ecol.* 52: 23~40.

Terjung, W. H., Kickert, R. N., Potter, G. L., and Swarts, S. W. 1969a. Energy and moisture balances of an alpine tundra in mid—July. *Arctic and Alpine Res.* 1: 247~266.

_____. 1969b. Terrestrial, atmospheric, and solar radiation fluxes on a high desert mountain in mid—July: White Mtn. Peak, California. *Solar Energy* 12: 363~375.

Terzaghi, K. 1950. Mechanism of landslides. pp. 83~123 in *Geol. Soc. Amer., Berkley Volume.* New York.

Thams, J. C. 1961. The influence of the Alps in the radiation climate. pp. 76~91 in *Progress in photobiology,* ed. B. Christensen and B. Buchmann. Proc. 3rd Int. Congr. Photobiol. Amsterdam: Elsevier. 628pp.

Thomas, R. B. 1976. Energy flow at high altitude. pp. 379~404 in *Man in the Andes: A multidisciplinary study of high—altitude Quechua,* ed. P. T. Baker and M. A. Little. Stroudsburg, Pa.: Dowden, Hutchinson and Ross. 482pp.

Thomas, W. H. 1972. Observations on snow algae in California. *J. Phycol.* 8: 1~9.

Thompson, A. H. 1967. Surface temperature inversions in a canyon. *J. Appl. Meteor.* 6(2): 287~296.

Thompson, B. W. 1966. The mean annual rainfall of Mount Kenya. *Weather* 21: 48~49.

Thompson, W. F. 1960~1961. The shape of New England mountains. *Appalachia* 33: 145~159, 316~335, 458~478.

_____. 1962a. Preliminary notes on the nature and distribution of rock glaciers relative to true glaciers and other effects of the climate on the ground in N.A. pp. 212~219 in *Int. Assoc. Sci. Hydrol. Symp. of Obergurgl Pub.* 58. Paris.

_____. 1962b. Cascade alp slopes and gipfelfluren as climageomorphic phenomena. *Erdkunde* 16: 81~93.

_____. 1964. How and why to distinguish between mountains and hills. *Prof. Geog.* 16(6): 6~8.

_____. 1967. Military significance of mountain environmental studies. *Army Res. and Develop. News Mag.* (May issue): 1~2.

_____. 1968. New observations on alpine accordances in the western United States. *Annals Assoc. Amer. Geog.* 58(4): 650~669.

_____. 1970. Airmobile warfare in the mountains. *Military Rev.* 50(7): 57~62.

Thorington, J. M. 1957. As it was in the beginning. *Alpine J.* 62(295): 4~15.

Thorn, C. E. 1975. Influence of late—lying snow on rock—weathering rinds. *Arctic and Alpine Res.* 7(4): 373~378.

_____. 1976. Quantitative evaluation of nivation in the Colorado Front Range. *Geol. Soc.*

Amer. Bull. 87(8): 1169~1178.

_____. 1978a. The geomorphic role of snow. *Annals Assoc. Amer. Geog.* 68(3): 414~425.

_____. 1978b. A preliminary assessment of the geomorphic role of Pocket gophers in the alpine zone of the Colorado Front Range. *Geog. Ann.* 60A(3~4): 181~187.

_____. 1979a. Bedrock freeze-thaw weathering regime in an alpine environment, Colorado Front Range. *Earth Surface Processes* 4: 211~228.

_____. 1979b. Ground temperatures and surficial transport in colluvium during snowpatch meltout, Colorado Front Range. *Arctic and Alpine Res.* 11(1): 41~52.

Thornbury, W. D. 1965. *Regional geomorphology of the United States.* New York: John Wiley and Sons. 609pp.

_____. 1969. *Principles of geomorphology.* New York: John Wiley and Sons. 594pp.

Thornthwaite, C. W. 1961. *The measurement of climatic fluxes.* Tech. Rep. 1. Centerton, N.J.: Lab. Climatol. 19pp.

Thornthwaite, C. W., and Mather, J. R. 1951. The role of evapotranspiration in climate. *Archiv. Meteor. Geophys. Biokl.* (Ser. B) 3: 16~39.

Thorp, J. 1931. The effects of vegetation and climate upon soil profiles in northern and north-western Wyoming. *Soil Sci.* 32: 283~301.

Thorp, J., and Bellis, E. 1960. Soils of the Kenya highlands in relation to landforms. Vol. 4,pp. 329~334, in *Trans. 7th Int. Cong. Soil Sci.* Madison, Wis.

Timiras, P. S. 1964. Comparison of growth and development of the rat at high altitude and at sea level. pp. 21~32 in *The Physiological effects of high altitude,* ed. W. H. Weihe. New York: Macmillan. 351pp.

Toksoz, M. N. 1975. The subduction of the lithosphere. *Sci. Amer.* 233(5): 88~101.

Tolbert, W. W., Tolbert, V. R., and Ambrose, R. E. 1977. Distribution, abundance, and biomass of Colorado alpine tundra arthropods. *Arctic and Alpine Res.* 9(3): 221~234.

Townsend, C. H. T. 1926. Vertical life zones of Northern Peru with crop correlations. *Ecol.* 7: 440~444,

Tozer, H. F. 1935. *A history of ancient geography.* Cambridge: Cambridge Univ. Press. 370pp.

Tranquillini, W. 1964. The physiology of plants at high altitudes. *Ann. Rev. Plant Physiol.* 15: 345~362.

_____. 1979. *Physiological ecology of the Alpine timberline.* New York: Springer-Verlag. 137pp.

Tricart, J. 1969. *Geomorphology of cold environments.* Trans, E. Watson. London: Macmillan. 320pp.

_____. 1974. *Structural geomorphology.* New York: Longman. 305pp.

Tricart, J., et collaborateurs. 1961. Mécanismes normaux et phénoménes catastrophiques dans l'évolution des versants du bassin du Guil (Hautes—Alpes, France). *Zeits. fir Geomorph.* 5: 276~301.

Trimble, 5. W. 1977. The fallacy of stream equilibrium in contemporary denudation studies. *Amer. J, Sci.* 277: 876~887.

Trimborn, H. 1969. South Central America and the Andean civilizations. pp. 83~146 in *Pre—Colombian American religions*, ed. W. Krickeberg, H. Trimborn, W. Miller, and O. Zerries. New York: Holt, Rinehart and Winston. 365pp.

Troll, C. 1948. Der asymmetrische Aufbau der Vegetationszonen und Vegetationsstufen auf der Nord— und Sudhalbkugel. *Ber. Geobot. Forsch, Inst. Rubel.* 1947: 46~83.

———. 1952. Die Lokalwinde der Tropengebirge und ihr Einfluss auf Niederschlag und Vegetation. Bonner *Geog. Abh.* (K6ln) 9: 124~182.

———. 1958a. *Structure soils, solifluction, and frost climates of the earth.* Trans. H. E. Wright and associates. U.S. Army Snow, Ice and Permafrost Res. Est. Trans. 43. Wilmette, Ill.: Corps of Engineers. 121pp.

———. 1958b. Tropical mountain vegetation. *Proc. 9th Pac. Sci. Cong.* 20: 37~45.

———. 1959. Die tropischen Gebirge. Ihre dreidimensionale Klimatische und pflanzengeographischen Zonierung. *Bonner Geog. Abh.* 29: 1~93.

———. 1960. The relationship between climates and plant geography of the southern cold temperate zone and of the tropical high mountains. *Proc. Roy. Soc. Medicine, London* B—152: 529~532.

———. 1968. The cordilleras of the tropical Americas: Aspects of climatic, phytogeographical and agrarian ecology. pp. 15~56 in *Geoecology of the mountainous regions of the tropical Americas*, ed. C. Troll. Proc. UNESCO Mexico Symp. Aug. 1966. Bonn: Ferd. Dimmers Verlag. 22,3pp.

———. 1972a. Geoecology and the world—wide differentiation of high mountain ecosystems. pp. 1~16 in *Geoecology of the high mountain regions of Eurasia*, ed. C. Troll. Wiesbaden: Franz Steiner. 300pp.

———. 1972b. The three—dimensional zonation of the Himalayan system. pp. 264~275 in *Geoecology of the high mountain regions of Eurasia*, ed. C. Troll. Wiesbaden: Franz Steiner. 300pp.

———. 1972c. The upper limit of aridity and the arid core of high Asia. pp. 237~243 in *Geoecology of the high mountain regions of Eurasia*, ed. C. Troll. Wiesbaden: Franz Steiner. 300pp.

———. 1973a. The upper timberlines in different climatic zones. *Arctic and Alpine Res.* 5(3): (Pt. 2)3~18.

———. 1973b. High mountain belts between the polar caps and the equator: Their definition and lower limit. *Arctic and Alpine Res.* 5(3): (Pt. 2)19~28.

Tuan, Y. 1964. Mountains, ruins, and the sentiment of melancholy. *Landscape* 14(1): 27~30.

_____. 1974. Topophilia: *A study of environmental perception, attitudes, and values.* Englewood Cliffs, N.J.: Prentice-Hall. 260pp.

Tuck, R. 1935. Asymmetrical topography in high altitudes resulting from glacial erosion. *J. Geol.* 43: 530~538.

Turner, G. T., Hansen, R. M., Reid, V. H., Tietjen, H. P., and Ward, A. L. 1973. *Pocket gophers and Colorado mountain rangeland.* Colo. State Univ. Exp. Sta. Bull. 5545, Fort Collins, Colo. 90pp.

Turner, H. 1958a. Uber das Licht und Strahlungsklima einer Hanglage der Otztaler Alpen bei Obergurgl und seine Auswirkung auf das Mikroklima und auf die Vegetation. *Archiv. Meteor. Geophys. Biokl.* (Ser. B.) 8: 273~325.

_____. 1958b. Maximaltemperaturen oberflachennaher Bodenschichten am der alpinen Waldgrenze. *Wetter und Leben* 10: 1~12.

Turner, P. R. 1977. Intensive agriculture among the highland Tzeltals. *Ethnol.* 16(2): 167~174.

Twidale, C. R. 1971. *Structural landforms.* Cambridge, Mass.: M.I.T. Press. 247pp.

_____. 1976. *Analysis of landforms.* New York: John Wiley. 572pp.

Tyler, J. E. 1930. *The Alpine passes, the Middle Ages (962~1250).* Oxford, England: Basil Blackwell. 188pp.

Udvardy, M. D. F. 1969. *Dynamic zoogeography.* New York: Van Nostrand Reinhold. 445pp.

Ugolini, F. C., and Tedrow, J. C. F. 1963. Soils of the Brooks Range, Alaska. 3: Rendzina of the Arctic. *Soil Sci.* 96: 121~127.

Uhlig, H. 1969. Hill tribes and rice farmers in the Himalayas and southeast Asia. *Inst. British Geog. Trans.* 47: 1~23.

_____. 1978. Geoecological controls on high-altitude rice cultivation in the Himalayas and mountain regions of southeast Asia. *Arctic and Alpine Res.* 10(2): 519~529.

U.S. Dept. Agriculture. 1968. *Snow avalanches.* U.S. Dept. Agri. Handbook 194. Revised. Washington, D.C. 84pp.

_____. 1972. *Snow survey and water supply forecasting.* U.S. Dept. Agri. Soil Cons. Ser., Nat. Engr. Handbook Sec. 22. Washington, D.C.

_____. *Avalanche protection in Switzerland.* U.S. Dept. Agri. For. Serv. Gen. Tech. Pap. RM-9. Fort Collins, Colo. 168pp.

U.S. Dept. Army. 1972. *Medical problems of man at high terrestrial elevations.* U.S. Dept.

Army Tech. Bull. TB MED 288. 21pp.

U.S. Dept. Interior. 1904~1970. *Public use of the National Parks: A statistical report*. U.S. Dept. Interior, Nat. Park Serv. Washington, D.C. 1904~1940, 12pp.; 1941~1953, 7pp.; 1960~1970, 11pp.

U.S. Dept. Transportation. 1977. *F.A.A. seeks advice on ozone irritation*. Washington, D.C.: U.S. Dept. Trans., Off. Pub. Affairs, 18 Oct. 1977. 2pp.

Utah Geol. Assoc. 1972. *Environmental geology of the Wasatch Front*, Pub. 1. Salt Lake City, Utah: Utah Geol. Assoc.

Valcarcel, L. E. 1946. Indian markets and fairs in Peru. pp. 477~482 in *Handbook of South American Indians*, ed. J. Steward. Washington, D.C.: Smithsonian Institution.

Van Buren, E. D. 1943. Mountain-gods. *Orientalia* 12: 76~84.

Vance, J. E. 1961. The Oregon Trail and the Union Pacific Railroad—a contrast in purpose. *Annals Assoc. Amer. Geog.* 51(4): 357~379.

Vandeleur, C. R. P. 1952. The love of mountains. *Alpine J.* 58(284): 505~510.

Van der Hammen, T. 1968. Climatic and vegetational succession in the equatorial Andes of Colombia. pp. 187~194 in *Geoecology of the mountainous regions of the tropical Americas*, ed. C. Troll. Proc. UNESCO Mexico Symp., Aug. 1966. Bonn: Ferd. Dimmers Verlag. 223pp.

Vander Wall, S. B., and Balda, R. P. 1977. Coadaptations of the Clark's nutcracker and the Pinon pine for efficient seed harvest and dispersal. *Ecol. Monogr.* 47: 89~111.

Van Dyke, E. C. 1919. A few observations on the tendency of insects to collect on ridges and mountain snow fields. *Ent. News* 30(9): 241.

Van Ryswyk, A. L., and Okazaki, R. 1979. Genesis and classification of modal subalpine and alpine soil pedons of south-central British Columbia, Canada. *Arctic and Alpine Res.* 11(1): 53~67.

Van Steenis, C. G. G. J. 1934. On the origin of the Malaysian mountain flora. Part 1: Facts and statements of the problem. *Bull. Jardin Botan. Buitenzorg.* 13(2): 135~262.

_____. 1935. On the origin of the Malaysian mountain flora. Part 2: Altitudinal zones, general considerations and renewed statement of the problem. *Bull. Jardin Botan. Buitenzorg.* 13(3): 289~417.

_____. 1961. An attempt towards an explanation of the effect of mountain mass elevation. *Proc. Koninklijke Nederlandse Akademie van Wetenschappen* (Ser. C) 64: 435~442.

_____. 1962. The mountain flora of the Malaysian tropics. *Endeavor* 21: 183~193.

_____. 1964. Plant geography of the mountain. flora of Mt. Kinabalu. *Proc. Roy. Soc. London* (Ser. B) 161: 7~38.

_____. 1972. *The mountain flora of Java*. Amsterdam: Brill. 90pp.

Vaughan, T. A. 1969. Reproduction and population densities in a montane small mammal fauna. pp. 51~74 in Univ. of Kansas Misc. Pub. 51. Lawrence, Kansas.

Vaurie, C. 1972. *Tibet and its birds.* London: H. F. Witherby. 407pp.

Veblen, T. T. 1975. Alien weeds in the tropical highlands of western Guatemala. *J. Biogeog.* 2(1): 19~26.

Verbeek, N. A. M. 1970. Breeding ecology of the water pipit. *Auk* 87: 425~451.

VerSteeg, K. 1930. Wind gaps and water gaps of the northern Appalachians. *Ann. N.Y. Acad. Sci.* 32: 87~220.

Vitaliano, D. B. 1973. *Legends of the earth: Their geologic origins.* Bloomington, Ind.: Indiana Univ. Press. 320pp.

Vitousek, P. M. 1977. The regulation of element concentration in mountain streams in the northeastern United States. *Ecol. Monogr.* A7(1): 65~87.

Vogelmann, H. W. 1973. Fog precipitation in the cloud forests of eastern Mexico. *BioScience* 2.3: 96~100.

Vogelmann, H. W., Siccama, T., Leedy, D., and Ovitt, D. C. 1968. Precipitation from fog moisture in the Green Mountains of Vermont. *Ecol.* 49: 1205~1207.

Von Muralt, A. 1964. Introduction: Where are we? A short review of high altitude physiology. pp. xvii~xxiii in *The physiological effects of high altitude,* ed. W. H. Weihe. New York: Macmillan. 351pp.

Vuilleumier, B. S. 1971. Pleistocene changes in the fauna and flora of South America. *Science* 173: 771~780.

Vuilleumier, F. 1969. Pleistocene speciation in birds living in the high Andes. *Nature* 223: 1179~1180.

_____. 1970. Insular biogeography in continentail regions.: The northern Andes of South America. *Amer. Nat.* 104: 373~388.

Waddell, E. 1975. How the Enga cope with frost: Response to climatic perturbations in the central highlands. *Human Ecol.* 3(4): 249~273.

Wade, L. K., and McVean, D. N. 1969. *Mt. Wilhelm Studies.* I: *The alpine and subalpine vegetation.* Research School of Pacific Studies Pub. BG/1. Canberra: Australian Natl. Univ. 225pp.

Wagar, J. A. 1964. *The carrying capacity of wild lands for recreation.* Forest Sci. Monogr. 7. Washington, D.C. 24pp.

Wahl, E. W. 1966. *Windspeed on mountains.* Final Report AF 19(628)−3873. Madison: Univ. of Wisconsin. 57pp.

Wahrhaftig, C. 1965. Stepped topography of the southern Sierra Nevada, California. *Geol. Soc. Amer. Bull.* 76: 1165~1190.

Wahrhaftig, C., and Cox, A. 1959. Rock glaciers in the Alaska Range. *Geol. Soc. Amer. Bull.* 70: 383~436.

Waibel, K. 1955. Die meteorologischen Bedingungen fur Nebelfrostablagerungen an Hoch–spannungsleitungen im Gebirge. *Archiv. Meteor. Geophys. Biokl.* (Ser. B) 7: 74~83.

Walshingham, L. 1885. On some probable causes of a tendency to melanic variation in Lepidoptera of high altitudes. *Entomologist* 18: 81~87.

Walter, H. 1971. *Ecology of tropical and subtropical vegetation.* Trans. D. Mueller–Dombois. New York: Van Nostrand Reinhold. 539pp.

Ward, A. L., Diem, K., and Weeks, R. 1975. The impact of snow on elk. pp. 105~133 in *The Medicine Bow ecology project.* Prepared for Off. U.S. Atmosph. Water Resources. Laramie, Wyo.: Univ. of Wyoming in cooperation with Rocky Forest and Range Experiment Station. 397pp.

Ward, R. T., and Dimitri, M. J. 1966. Alpine tundra on Mt. Cathedral in the southern Andes. *New Zealand J. Bot.* 4: 42~56.

Wardle, P. 1963. Growth habits of New Zealand subalpine shrubs and trees. *New Zealand J. Bot.* 1: 18~47.

_____. 1965. A comparison of alpine timber lines in New Zealand and North America. *New Zealand J. Bot.* 3: 113~135.

_____. 1968. Engelmann spruce (*Picea engelmannii engel.*) at its upper limits on the Front Range, Colorado. *Ecol.* 49: 483~495.

_____. 1971. An explanation for alpine timberline. *New Zealand J. Bot.* 9: 371~402.

_____. 1973a. New Guinea: Our tropical counterpart. *Tuatara* 20(3): 113~124.

_____. 1973b. New Zealand timberlines. *Arctic and Alpine Res.* 5(3): (Pt. 2)A127~136.

_____. 1974. Alpine timberlines. pp. 371~402 in *Arctic and alpine environments,* ed. J. D. Ives and R. G. Barry. London: Methuen. 999pp.

Warren–Wilson, J. 1952. Vegetation patterns associated with soil movement on Jan Mayen Island. *J. Ecol.* 40: 249~264.

_____. 1958. Dirt on snow patches. *J. Ecol.* 46: 191~198.

_____. 1959. Notes on wind and its effects in arctic alpine vegetation. *J. Ecol.* 47: 415~427.

Washburn, A. L. 1956. Classification of patterned ground and review of suggested origins. *Geol. Soc. Amer. Bull.* 67: 823~866.

_____. 1967. Instrumental observations of mass wasting in the Mesters Vig district, northeast Greenland. *Meddelelser om Grgnland* 166(4). 296pp.

_____. 1969. Weathering, frost action, and patterned ground in the Mesters Vig district, northeast Greenland. *Meddelelser om Gronland* 176(4). 301pp.

_____. 1970. An approach to a genetic classification of patterned ground. *Acta Geog.* Lodz. 24: 437~446.

_____. 1973. *Periglacial processes and environments.* London: Edward Arnold. 320pp.

Waters, A. C. 1973. The Columbia River Gorge: Basalt stratigraphy, ancient lava dams, and landslide dams. pp. 133~162 in *Geologic field trips in northern Oregon and southern Washington.* Oregon State Dept. Geol. Min. Ind. Bull. 77. Portland. 206pp.

Watson, J. B. 1965. From hunting to horticulture in the New Guinea highlands. *Ethnol.* 4: 295~309.

Watson, R. A., and Wright, H. E., Jr. 1969. The Saidmarreh landslide, Iran. pp. 115~140 in *United States contributions to Quaternary research*, ed. S. A. Schumm and W. C. Bradley. Geol. Soc. Amer. Spec. Pap. 123. New York. 305pp.

Way, A. B. 1976. Morbidity and postneonatal mortality. pp. 147~160 in *Man in the Andes: A multidisciplinary study of high-altitude Quechua*, ed. P. T. Baker and M. A. Little. Stroudsburg, Pa.: Dowden, Hutchinson and Ross. 482pp.

Weatherwise. 1961. Waiting for the chinook. *Weatherwise* 14(5): 174.

Webber, P. J. 1974. Tundra primary productivity. pp. 445~473 in *Arctic and alpine environments*, ed. J. D. Ives and R. G. Barry. London: Methuen. 999pp.

Webber, P. J., Emerick, J. C., May, D. C., and Komarkova, V. 1976. The impact of increased snowfall on alpine vegetation. pp. 201~264 in *Ecological impacts of snowpack augmentation in the San Juan Mountains, Colorado*, ed. H. W. Steinhoff and J. D. Ives. Colorado State Univ., prepared for U.S. Bur. of Reclamation. Springfield, Va.: Nat. Tech. Info. Serv. PB-255 012. 489pp.

Webber, P. J., and May, E. E. 1977. The distribution and magnitude of belowground plant structures in the alpine tundra of Niwot Ridge, Colorado. *Arctic and Alpine Res.* 9(2): 157~174.

Weber, W. A. 1965. Plant geography in the southern Rocky Mountains. pp. 453~468 in *The Quaternary of the United States*, ed. H. E. Wright and D. G. Frey. Princeton, N.J.: Princeton Univ. Press. 922pp.

Webster, G. L. 1961. The altitudinal limits of vascular plants. *Ecol.* 42: 587~590.

Webster, S. 1973. Native pastoralism in the south Andes. *Ethnol.* 12: 115~133.

Wedel, W. R., Husted, W. M., and Moss, J. H. 1968. Mummy Cave: Prehistoric record from Rocky Mountains of Wyoming. *Science* 160: 184~186.

Weertman, J. 1957. On the sliding of glaciers. *J. Glaciol.* 3: 33~38.

_____. 1964. The theory of glacial sliding. *J. Glaciol.* 5: 287~303.

Wegener, A. 1924. *The origin of continents and oceans.* London: Methuen. 212pp.

Weinberg, D. 1972. Cutting the pie in the Swiss Alps. *Anthrop. Quart.* 45(3): 125~131.

_____. 1975. *Peasant wisdom: Cultural adaptations in a Swiss village.* Berkeley, Ca.:

Univ. Calif. Press. 214pp.

Weisbecker, L. W. 1974. *The impacts of snow enhancement: Technology assessment of winter orographic snow augmentation in the upper Colorado River basin.* Norman, Okla: Univ. Oklahoma Press. 624pp.

Weischet, W. 1969. Klimatologische Regeln zur Vertikalverteilung der Niederschlage in Tropengebirgen. *Die Erde* 100: 287~306.

Weisskopf, V. F. 1975. Of atoms, mountains, and stars: A study in qualitative physics. *Science* 187(4177): 605~612.

Welin, C. 1974. Cultural problems and approaches in a ski area. pp. 64~70 in *Proc. workshop on revegetation of high–altitude disturbed lands,* ed. W. A. Berg, J. A. Brown, and R. L. Cuany. Info. Ser. 10, Envir. Resources Center. Fort Collins, Colo.: Colorado State Univ. 88pp.

Went, F. W. 1948. Some parallels between desert and alpine flora in California. *Madrono* 9: 241~249.

Wertz, J. B. 1966. The flood cycle of ephemeral mountain streams in the southwestern United States. *Annals Assoc. Amer. Geog.* 56(4): 598~633.

Westervelt, W. D. 1963. *Hawaiian legends of volcanoes.* Rutland, Vt.: Charles F. Tuttle. 205pp.

White, C. L., and Renner, G. T. 1936. *Geography: An introduction to human ecology.* New York: Appleton–Century. 790pp.

White, R. M. 1949. The role of mountains in the angular momentum balance of the atmosphere. *J. Meteor.* 6(5): 353~355.

White, S. E. 1971a. Rock glacier studies in the Colorado Front Range, 1961 to 1968. *Arctic and Alpine Res.* 3(1): 43~64.

_____. 1971b. Debris falls at the front of Arapaho rock glacier, Colorado Front Range, U.S.A. *Geog. Ann.* 53A(2): 86~91.

_____. 1976a. Is frost action really only hydration shattering? A review. *Arctic and Alpine Res.* 8(1): 1~6.

_____. 1976b. Rock glaciers and block fields, review and new data. *Quat. Res.* 6(1): 77~98.

Whitehead, L. 1968. Altitude, fertility, and mortality in Andean countries. *Pop. Stud.* 22: 335~346.

Whitney, M. I, and Dietrich, R. V. 1973. Ventifact sculpture by windblown dust. *Geol. Soc. Amer, Bull.* 84: 2561~2582.

Whittaker, R. H. 1954. The ecology of serpentine soils. IV: The vegetational response to serpentine soils. *Ecol.* 35: 275~288.

Whittaker, R. H., Buol, S. W., Niering, W. A., and Havens, Y. H. 1968. A soil and vegetation pattern in the Santa Catalina Mountains, Arizona. *Soil Sci.* 105: 440~451.

Wilbanks, T. J., Mioric, P., and Gerson, J. 1973. Economic development and scenic landscape preservation: The case of Bovec. pp. 16~35 in *Alpine landscape preservation in Slovenia*. Syracuse, N.Y.: Syracuse Univ. Envir. Policy Proj. 53pp.

Wilcox, R. E. 1959. Some effects of recent ash falls, with especial reference to Alaska. pp. 409~476 in *U.S. Geol. Surv. Bull.* 1028-N.

Willard, B. E., and Marr, J. W. 1970. Effects of human activities on alpine tundra ecosystems in Rocky Mountain National Park, Colorado. *Biol. Conserv.* 2(4): 257~265.

_____. 1971. Recovery of alpine tundra under protection after damage by human activities in the Rocky Mountains, Colorado. *Biol. Conserv.* 3(3): 181~190.

Williams, H. 1942. *The geology of Crater Lake National Park, Oregon.* Publ. 540. Washington, D.C.: Carnegie Inst. 162pp.

_____. 1951. Volcanoes. *Sci, Amer.* 185(5): 45~53.

Williams, H., and Goles, G. 1968. Volume of the Mazama ash-fall and the origin of the Crater Lake, Oregon. pp. 37~41 in *Andesite Conf. Guidebook*, Or. Dept. Geol. Min. Ind. Bull. 62. Portland, Or.

Williams, J. E. 1949. Chemical weathering at low temperatures. *Geog. Rev.* 39: 129~135.

Williams, J. H. 1911. *The mountain that was God.* New York: G. P. Putnam's Sons. 142pp.

Williams, K. 1975a. *The snowy torrents: Avalanche accidents in the United States 1967-71.* U.S. Dept. Agri. For. Serv. Gen. Tech. Rep. RM-8. Fort Collins, Colo. 190pp.

_____. 1975b. *Avalanche fatalities in the United States, 1950-1975.* U.S, Dept. Agri. For. Serv. Res. Note RM-300. Fort Collins, Colo. 4pp.

Williams, P., Jr., and Peck, E. L. 1962. Terrain influences on precipitation in the intermountain West as related to synoptic situation. *J. Appl. Meteor.* 1: 343~347.

Williams, P. J. 1957. Some investigations into solifluction features in Norway. *Geog. J.* 72: 42~58.

Wilson, J. T. 1966. Did the Atlantic close and then reopen? *Nature* 211(5050): 676~681.

_____, ed. 1976. *Continents adrift and continents aground: Readings from Scientific American.* San Francisco: W. H. Freeman. 230pp.

Windom, H. L. 1969. Atmospheric dust records in permanent snowfields: Implications to marine sediments. *Geol. Soc. Amer. Bull.* 80: 761~782.

Winterhalder, B., Larsen, R., and Thomas, R. B. 1974. Dung as an essential resource in a highland Peruvian community. *Human Ecol.* 2(2):

Wittfogel, K. A. 1955. Developmental aspects of hydraulic societies. pp. 43~52 in *Irrigation civilizations: A comparative study*, ed. J. H. Steward et al. Soc. Sci. Monogr. 1. Washington, D.C.: Pan Amer. Union. 78pp.

Woillard, G. M. 1978. Grande Pile peat bog: A continuous pollen record for the last 140,000. years. *Quat. Res.* 9(1): 1~2.

Wolf, E. R. 1970. The inheritance of land among Bavarian and Tyrolese peasants. *Anthropologica* N.S. 12(1): 99~114.

Wolman, M. G., and Miller, J. P. 1960. Magnitude and frequency of forces in geomorphic processes. *J. Geol.* 68: 54~74.

Wood, T. G. 1970. Decomposition of plant litter in montane and alpine soils on Mt. Kosciusko, Australia. *Nature* 226: 541~562.

_____. 1974. The distribution of earthworms in relation to soils, vegetation and altitude on the slopes of Mt. Kosciusko, Australia. *J. Animal Ecol.* 43(1): 87~106.

Woodcock, A. H. 1974. Permafrost and climatology of a Hawaii crater. *Arctic and Alpine Res.* 6: 49~62.

Woodcock, A. H., Furumoto, A. S., and Woollard, G. P. 1970. Fossil ice in Hawaii. *Nature* 226: 873.

Woodman, D. 1969. *Himalayan frontiers.* New York: Frederick A. Praeger. 423pp.

Wooldridge, G. L., and Ellis, R. I. 1975. Stationarity of mesoscale airflow in mountainous terrain. *J. Appl. Meteor.* 14(1): 124~218.

Worsley, P., and Harris, C. 1974. Evidence for neoglacial solifluction at Okstindan, north Norway. *Arctic* 27(2): 128~144.

Wright, H. E., Jr. 1974. Landscape development, forest fires, and wilderness management. *Science* 186: 487~495.

Wright, H. E., Jr., and Osburn, W. H. 1968. *Arctic and alpine environments.* Bloomington, Ind.: Indiana Univ. Press. 308pp.

Wright, H. E., Jr., and Heinselman, M. L., eds. 1973. The ecological role of fire in natural conifer forests of western and northern America. *Quat, Res.* 3(3): 317~513.

Wright, J. B., ed. 1977. *Mineral deposits, continental drift, and plate tectonics.* New York: Dowden, Hutchinson and Ross. 416pp.

Wright, K. R., and Fricke, O. W. 1966. Water–freezing problems in mountain communities. pp. 447~449 in *Permafrost international conference*, Lafayette, Ind., 1963. Proc. Natl: Acad. Sci. Natl, Res. Coun. Pub. 1287. Washington, D.C. 563pp.

Wulff, H. E. 1968. The qanats of Iran. *Sci. Amer.* 218: 94~105.

Wyllie, P. J. 1975. The earth's mantle. *Sci. Amer.* 232(3): 50~63.

Yeend, W. E. 1972. Winter protalus mounds: Brooks Range, Alaska. *Arctic and Alpine Res.* 4(1): 85~88.

Yen, D. E. 1974. *The sweet potato and Oceania.* Bernice P. Bishop Museum Bull. 236: Honolulu, Hawaii: Bishop Museum Press. 389pp.

Yoshino, M. M. 1964a. Some aspects of air temperature climate of the high mountains of Japan. pp. 147~153 in *Sonderdruck aus Carinthia II*, 24. Sonderheft, Bericht Uber die VIII. International Tagung fiir Alpine Meteorologie, Villach, 9~12 Sept. 1964.

_____. 1964b. Some local characteristics of the winds as revealed by wind-shaped trees in the Rhone Valley in Switzerland. *Erdkunde* 18: 28~39.

_____. 1975. *Climate in a small area*. Tokyo: Univ. of Tokyo Press. 549pp.

Young, G. W. 1943. Mountain prophets. *Alpine J.* 54(267): 97~116.

_____. 1957. *The influence of mountains upon the development of human intelligence*. Glasgow University Publ., W. P. Ker Memorial Lecture 17. Glasgow: Jackson, Son and Co. 30pp.

Young, N. E. 1912. The mountains in Greek poetry. pp. 59~89 in *Oxford mountaineering essays*, ed. A. H. M. Lunn. London: E. Arnold.

Young, T. C., and Smith, P. E. L. 1966. Research in the prehistory of central western Iran. *Science* 153(3734): 386~391.

Zeman, L. J., and Slaymaker, H. O. 1975. Hydrochemical analysis to discriminate variable runoff source areas in an alpine basin. *Arctic and Alpine Res.* 7(4): 341~352.

Zeuner, F. E. 1949. Frost soils on Mt. Kenya and the relation of frost soils to aeolion deposits. *J. Soil Sci.* 1: 20~32.

Zimina, R. P. 1967. Main features of the fauna and ecology of the alpine vertebrates of the U.S.S.R. pp. 137~142 in *Arctic and alpine environments*, ed. W. H. Osburn and H. E. Wright, Jr. Bloomington, Ind.: Indiana Univ. Press. 308pp.

_____. 1973. Upper forest boundary and the subalpine belt in the mountains of the southern U.S.S.R. and adjacent countries (summary). *Arctic and Alpine Res.* 5(3): (Pt. 2)A29~32.

_____. 1978. The main features of the Caucasian natural landscapes and their conservation, U.S.S.R. *Arctic and Alpine Res.* 10(2): 479~488.

Zimina, R. P., and Panfilov, D. V. 1978. Geographical characteristics of the high-mountain biota within nontropical Eurasia. *Arctic and Alpine Res.* 10(2): 435~439.

Zimmermann, A. 1953. The highest plants in the world. pp. 130~136 in *The mountain world*. New York: Harper. Swiss Foundation for Alpine Research.

다음은 이 책이 처음 출판된 이후 나온 산에 관한 더 유용한 책들을 선별한 목록이다.

Arno, S. R. and Hammerly, R. P. 1984. *Timberline—Mountain and Arctic Forest Frontiers*. Seattle: The Mountaineers. 294pp.

Barry, Roger G. 1981. *Mountain Weather and Climate*. London: New York: Methuen. 313pp.

Beaver, P. D. and Purrington, B. L. 1984. *Cultural Adaptation to Mountain Environments*. Athens: University of Georgia press. 197pp.

Brugger, E., Gurrer, G., Messerli, B., and Messerli, P. 1984. *The Transformation of Swiss Mountain Regions*. Berne: Paul Haupt. 699pp.

Hastenrath, Stefan, 1984. *The Glaciers of Equatorial East Africa*. Dordrecht: Reidel, 353pp.

Heath, D. and Williams, D. R. 1977. *Man at High Altitude*. Edinburgh: Churchill Livingstone, 348pp.

Houston, Charles S. 1983. *Going Higher: The Story of Man and Altitude*. Burlington, VT.: Charles S. Houston. 273pp.

Ives, J. D. (ed). 1980. *Geoecology of the Colorado Front Range: A Study of Alpine and Subalpine Environments*. Boulder: Westview Press. 484pp.

Lauer, Wilhelm. (ed). 1984. *Natural Environment and Man in Tropical Mountain Ecosystems*. Proceedings Symposium Akad. d. Wiss. Literatur, Mainz, Erdwiss. Forschung Band 18. Stuttgart: Franz Steiner Verlag Wiesbaden GMBH. 354pp.

Mani, M. S. and Giddings, L. E. 1980. *Ecology of Highlands*. The Hague: Dr. W. Junk Publishers. 249pp.

Messerli, Bruno and Ives, Jack D. (eds). 1984. *Mountain Ecosystems: Stability and Instability*. Special paper, Commission on Mountain Geoecology, Int. Geog. Union, International Mountain Society, Boulder, CO. 205pp.

Mitchel, Richard G. 1983. *Mountain Experience: The Psychology and Sociology of Adventure*. Chicago: University of Chicago Press. 272pp.

Netting, Robert McC. 1981. *Balancing on an Alp: Ecological Change and Continuity in a Swiss Mountain Community*. Cambridge: New York: Cambridge University Press. 278pp.

Singh, T. V. and Kaur, J. (eds). 1985. *Integrated Mountain Development*. New Delhi: Himalayan Books. 516pp.

Tobias, M. C. And Drasdo, H. 1979. *The Mountain Spirit*. New York: Viking–Overlook Press. 256pp.

Webber, P. J. (ed). 1979. *High Altitude Geoecology*, American Association Advancement Science Selected Symposia Series. Boulder, Co.: Westview Press. 188pp.

　산은 인류가 출현한 이래 의식주 및 생계유지에 필요한 물자를 공급하는 터전이었고, 동시에 세상을 지배하는 정령이 머무는 신성한 장소로 신앙과 경배의 대상이기도 하였다. 근래에는 산이 인간에게 휴식과 치유를 제공하는 안식의 공간으로 자리매김하고 있다. 이러한 산에 대한 이해는 오늘날 순전히 학문적인 관점뿐만 아니라 환경적인 측면에서 지속 가능한 미래에 산이 필수라는 사실에서 세계적인 관심사로 더욱 주목받고 있다.

　과거 산에 대한 연구는 비교적 형식적인 주제에 국한되었지만, 최근 들어서는 산악환경 및 산속 사람들의 정치, 경제, 문화, 사회의 측면을 다루기 시작했으며, 자연과학과 인문 사회 분야를 포괄적으로 연구하고 있다. 이와 함께 수십 개의 산악 단체 및 산악 관련 포럼, 출판물, 협의회, 웹사이트, 비영리 단체가 새로이 설립되었다. 동시에 산에 대한 교육은 산의 복잡한 환경문제에 대해 광범위한 재평가를 제시함으로써 다음 세대가 산의 세계, 인간과 자연 및 사회 전체에 미치는 영향을 더 잘 이해할 수 있는 토대를 마련하였으며, 산의 보존 및 지속 가능한 개발을 제시하였다. 나아가 미래의 세대가 산악 세계를 올바르게 이해하고 평가할 수 있을 정도로 새로운 과학 정보를 제공하고 있다.

　이러한 과정에 래리 프라이스(Larry Price)의 『산과 사람(*Mountains and Man*)』(1981)은 로더릭 피티(Roderick Peattie)의 『산악지리학(*Mountain*

Geography)』(1936) 이후 최초로 대학에서 산의 교육에 전념한 교과서이다. 풍부한 정보와 지식을 바탕으로 산의 자연환경과 사람에 대한 과학적인 관계를 설명하는 데 상당히 이바지했다.

산과 산악 생태학

산은 보통 주변보다 눈에 띄게 돌출되어 있고 언덕보다 높은 땅덩어리이다. 평원에서는 작은 돌출부라도 지역 주민들에게 인상적이며 상징적인 역할을 한다면, 사람들은 대체로 산으로 평가할 가능성이 높다. 하지만 산은 고도, 기복, 지면의 기울기 등의 객관적 근거로 정의한다. 고도는 최소한 특정 높이, 보통 300m에 도달해야 한다. 이는 중요한 기준이지만, 그 자체로는 충분하지 않다. 때로는 산소 부족(oxygen depletion)으로 인간의 생리적 기능이 영향을 받는 (2,500m 이상의) 높은 곳만을 산이라 부르기도 한다. 기복은 어느 지역의 최고 지점과 최저 지점 사이의 고도 차이를 말하나, 적용되는 상황에 따라 다르다. 초기 유럽에서는 최소 900m의 기복이 있는 지역을 산으로, 미국의 지리학자들은 300m의 기복만으로도 산이라고 생각했다. 유엔 환경계획(UNEP)과 세계자연보전연맹(IUCN)은 최소 1,500m의 기복이 있는 지역만을 산으로 인정한다(Thorsell 1997). 이처럼 산의 특징은 기본적으로 수직성에 있으나, 지표면은 주로 기울어져 저지대보다 가파르다(보통 10~30°의 경사각). 이와 함께 산은 비교적 짧은 거리 내에서 큰 환경적 대조를 보인다(이 책의 9, 11장). 일반적으로, 고도 100m 상승은 위도 100km의 변화와 같다. 광범위한 생태적 지위(ecological niches)의 다양성은 산이 여러 소규모 지위로 다양한 식물과 동물을 지탱한다는 것을 의미한다.

함축적으로 산은 대부분 어떤 내적 영력에 의한 조산작용에서 비롯한 지형이다. 따라서 산은 지질학적 기준, 특히 단층이나 습곡 지층, 변성암, 화강암 저반(batholith)에 의해 구분된다(이 책의 3, 5, 6장). 동시에 침식작용으로 현저히 개석된 고원도 산이다(이 책의 6장). 산의 또 다른 기준은 기후와 식물의 특성이다. 고도에 따라 다른 기후는 보통 식생에 반영되므로 생물 기후대는 기저에서 정상까지 수직으로 변한다. 대부분 지역에서는 600m의 국지적인 기복만으로도 뚜렷한 식생 변화가 나타나지만, 항상 명확한 것은 아니다.

최근에는 원격탐사(remote sensing) 기법을 이용해 지역적, 전 지구적 규모로 산을 정의한다. 미국지질조사국(USGS)은 약 1km 공간 해상도의 글로벌 디지털 고도 모델(global digital elevation model)인 GTOPO30을 이용해 지표면의 고도와 경사도 및 지역 고도의 교차(local elevation range, LER)를 기반으로 산을 정의하고 분류하였다(Kapos et al. 2000). 지구 육지 면적의 24%(3,580만 km²)가 산이며, 이곳에 세계 인구의 26%가 살고 있는 것으로 추정한다(Meybeck et al. 2001). 이에 비해 현장 조사와 지형도 및 인구 자료를 분석한 결과에 따르면 세계 인구의 약 10%가 산에 거주하는 것으로 추산된다(Huddleston et al. 2003).

산은 전 세계 거의 모든 국가의 사람들에게 매우 중요하다. 오늘날 전 세계 인구의 절반 이상이 식량, 물, 목재, 광물 자원을 산에 의존한다. 특히 식수, 가정용 용수, 관개, 수력발전, 산업용수 및 운송을 목적으로 산에 있는 수자원을 이용한다(이 책의 12장). 특히 산에서의 수력 발전량은 전 세계 전력 생산의 19%를 차지하며, 또한 태양열, 풍력, 지열, 바이오매스 등으로 생산되는 전력량을 합친 것과 같다(Schweizer and Preiser 1997). 그리고 산악림은 수백만 명에게 목재 및 비목재 임산물(예: 버섯, 약용 식물)을 제공하고, 물을 저장하며, 수질을 유지하고, 강의 흐름을 조절하며 침식과 하류 퇴적물을 줄임으로써 하류 보호에 중요한 역할을 한다. 아울러 지구 조적 조산(造山)작용으로 인간에게 유용한 광물이 집적된다. 현재 산악 광산은 전략적인 비철과 귀금속의 주요 공급원이다.

이러한 산은 동시에 복잡한 지형, 다양한 생태학적 지대(ecological zone), 고유의 생물학적 다양성을 특징으로 하는 정교한 환경이다. 이러한 특성은 서로 연결되어 있고, 산을 이해하는 데 주요한 역할을 한다. 또한 산은 광대한 평원 위에 솟아 있는 생물다양성의 섬이다(이 책의 8, 9장). 일반적으로 고도에 따라 다양성은 감소하지만, 기온의 계절적 변동이 큰 열대의 산에서는 온난해지면서 식물의 다양성이 증가한다. 예를 들어, 고유종의 새가 발견되는 247개 지역 중 131개 지역이 열대의 산에 있다(Blythe 1994). 또한 산속의 암말(mare)은 열대우림의 경우에 비해 유전적으로 한층 더 다양하다. 종의 수는 열대우림에 더 많지만, 대부분 곤충이다. 높은 고도의 초지와 같은 생태계에서는 종의 수가 적을 수 있지만 한층 더 많은 속, 과, 문을 나타내 유전적으로 다양하다. 고도에 따른 온도와 수분 및 토양의 변화는 때로 다양한 생태학적 군락이 밀생하는 환경을 만든다. 네팔 동부 마칼루에서는 고도 8,000m에서 100m 올라가는 동안 여섯 개의 생물 기후지역 및 3,000종 이상의 식물이 발견된다(Shrestha 1989). 이러한 생물다양성은 고유의 가치뿐만 아니라 경제적 가치가 크다. 게다가 저지대에서는 예전에 사라진 동식물종이 산속에 고립되어 특수한 산악환경에 맞게 진화한 고유종으로 현재도 발견된다. 이 때문에 산은 한때 저지대에 있던 종들에게 피난처가 되는 경우가 많다. 따라서 산은 동물과 식물의 보호 구역이며, 동시에 산맥은 고립된 서식지나 보호지역을 연결하고 종의 이동을 허용하는 생물학적인 통로 역할을 한다.

산, 미지와 탐구의 대상

예전 서양에서는 산의 정상 어딘가에 사람을 해치는 용(dragon)이 살고 있어서 그것을 물리쳐야 한다는 생각이 지배적이었고(이 책의 2장), 따라서 산을 등반하면서 산정을 '정복한다'는 사고가 우세하였다. 이는 산에 대한 과학적 분석과 함께 등산으로 산과 자연을 극복하려는 자연관으로 이어졌다. 이에 비해 동양에서는 산을 정복의 대상이 아니라 산과 주변을 다스리는 신비한 능력을 갖춘 존재(산신山神)가 거주하는 신성한 공간으로 보았다. 따라서 등산이라는 용어 대신에 '잠시 산신의 허락을 받아 산에 든다'고 하여 입산(入山)이라는 단어를 사용하였다. 입산할 때는 예를 갖추고 정숙을 유지하며 신발에 작은 미물이 밟혀 죽는 것을 막기 위해 발바닥을 성기게 삼은 '오합혜'라는 짚신을 신었다. 이처럼 산과 인간은 서로 밀접하게 연결되었고, 결국 산을 과학적으로 분석하는 연구가 체계화되었다.

서양의 과학자들은 19세기 제국주의 시대에 산을 공식적으로 연구하기 시작했다. 초기에는 생태학, 즉 생물군집과 물리적 환경 사이의 관계에 관한 연구를 주로 했다. 제국에게는 산이 경제, 사회, 정치적으로, 그리고 자연적으로 중요하지 않았기에 생태학이 산의 연구에 적합했다(Smethurst, 2000). 산은 별개의 생태학적인 섬으로 분리되어 있지만, 확장하는 현대 세계로부터 영향받지 않는 곳으로 간주하였다. 하지만 생태학자는 인간의 사회, 문화적인 과정이 산을 침입하는 것으로 보아서 최근까지 산에 관한 연구는 생태학을 기반으로 하는 경향이 뚜렷하였다(Knapp 1988). 이에 지난 수 세기 동안 산에 관한 연구는 종종 비교적 형식적이고 제한된 주제, 예를 들어, 물리적 과정, 생태학 연구(지생태학으로 융합), 자연재해 평가, 산악 생태계 모델링, 재해 연구 등을 다루었다. 따라서 연구의 대부분은 환경적이고 생태적인 과정에 크게 초점을 맞추고 있다. 산의 물리적, 생태적, 환경적 과정을 이해하는 것은 중요하지만, 이러한 접근법은 산악환경에 대한 제한된 이해로 이어진다. 이 때문에 산에 대한 문헌의 상당수는 생태학의 연구 방법에 기초하며, 생태학은 그 자체로 상당히 불완전한 연구이다.

지금까지 산악환경의 독특한 측면은 간과되었으며, 그 결과 산의 연구에 내재된 방법론적 편향을 초래했다(Smethurst, 2000). 잘못된 이해는 산악환경의 변형이나 훼손에 관여한 요인을 잘못 해석하는 결과로 이어졌다. 그 결과 이렇게 인식된 산악환경 파괴의 위기의식은 오늘날 산에 대한 연구의 상당수가 환경 보존에 집중하도록 하고 있다. 주요 연구 주제는 특별히 아홉 가지 영역에 집중된다. 즉 문화적 다양성; 지속 가능한 개발; 생산 시스템과 대체 생계 프로그램(alternative livelihood programs); 산에서의 국지적인 에너지 수요와 공급; 관광; 산의 신성하고 영적이며 상징적인 의미; 수원(水源)으로서의 산; 산의 생물다양성; 기후변화와 자연재해에 관심을 두고 있다(Mountain Institute 1995). 동시에 산을 독특한 환경으로 만드는 근본적인 문화, 정치, 사회, 경제적 관점을 다루는 것과 함께 과학 분야의 통합(integration)을 강화해야 한다는 주장이 제기되었고, 산에 대한 폭넓은 연구의 필요성이 강조되고 있다. 그리고 최근 산악환경 및 산속 사람들의 정치, 문화, 경제, 사회의 측면이 취급되기 시작했지만, 여전히 자연과학과 인문, 사회 분야의 포괄적인 연구와 함께 상세한 검토가 필요하다.

산의 정치, 문화, 경제

산은 정치적, 문화적, 경제적 관점에서 독특하다. 전 세계적으로 국경 지대와 산은 동의어이다. 산은 강과 함께 전통적으로 지방과 국가를 나누는 경계이고, 소통, 이동, 통행을 제한하는 장애물이다. 이러한 산은 때로는 군사적으로 방어를 위한 보루였고, 위급할 때 잠시 피하는 피난처였으며, 억압과 핍박을 면할 수 있는 도피의 장소였다. 이것은 문자 그대로 오랜 기간 정치지리학의 기본이었다. 그러나 국경으로서 산은 정치적, 문화적, 경제적 불확실성과 불안정성으로 특징지어진다. 산은 종종 국가 간의 정치적 구분을 나타낼 뿐만 아니라 한 국가 내의 지역 단위 사이의 정치적 구분을 나타낸다. 국경은 종종 대외 경계(international borders)에 위치하며 갈등과 충돌의 지대이다. 네 번의 아프가니스탄 전쟁(1839~1842, 1878~1880, 1919, 1979~1988), 1816년에 끝난 동인도회사와 네팔 간의 전쟁, 1886년 이전에 미얀마의 언덕 사람들을 상대로 한 세 번의 전쟁 등 국가와 산속 사람들 간에 전쟁이 있었다(Smethurst, 2000). 이것은 단지 역사적인 현상이 아니다. 2000년에 발발한 28개의 무력 충돌 중 18개가 주로 산에서 일어났다(Peace Pledge Union 2000). 지금도 주요 분쟁이 산악지역에서 진행 중이다. 한편 산과 고지대가 경계 또는 국경을 형성할 때, 보호지역을 설정하는 데 어려움이 있을 수 있다. 생물군계(biome)로 분류된 자연보호 국제연맹의 카테고리 I~VI 보호지역은 전 세계에 1만 6,636개소가 있다. 이 중 최대 2,766개(9.1%)가 산에 있고, 이 가운데 단지 25개소만이 국제적인 산악보호지역이다(Stone 1992). 종종 산악보호지역은 대외 경계를 넘지 않는다. 따라서 산악환경의 보호는 관리가 부재하거나 파편화되어 정치적인 고려 사항에 종속된다.

높고 인상적인 경관이 있는 산은 세계 문화의 가장 핵심적인 가치와 믿음을 반영한다. 산은 오랫동안 숭배와 경외의 대상이었으며, 강인함, 자유, 영원의 상징으로 여겨져 왔다. 이러한 산악환경은 사회의 기본적인 문화, 정신 가치의 전당이자 고유의 신성함을 내포한다. 특히 산의 아름다움은 종교적인 관찰과 숭배의 대상이며, 동시에 민족의 정체성을 상징한다(이 책의 10장). 따라서 산에서의 종교적 준행은 필수적이다. 아메리카 인디언부터 중국인, 잉카인에 이르기까지 전 세계의 다양한 사람들이 산을 숭배한다. 산은 구약성경, 그리스 로마 신화 및 전 세계의 종교에서 두드러지게 나타난다. 티베트의 카일라스산(6,705m)은 10억 명 이상의 힌두교, 불교, 자이나교(Jain), 본 종교(Bon religion)의 추종자들에게 신성한 곳이다(Mathieu 2011). 한편 문화적 다양성은 종종 생물다양성과 밀접하게 연관되어, 산악지역의 문화는 매우 다양하다. 뉴기니에서는 1,054개 언어 중 738개가 산악지역에서 유래했다(Stepp et al. 2005). 문화적 다양성은 지역 주민들이 산의 특별한 생물학적 다양성과 조화를 이루며 생존하는 법을 익힌 직접적인 결과이다.

일반적으로 복잡한 지형 및 산사태, 눈사태, 홍수와 같은 자연재해로 인해 산에는 통신시설이 빈약하고 도로와 기반 시설이 존재하지 않는다(이 책의 12장). 산악지역에서는 흔히 작업 기간이 짧으며, 숙련된 노동력이 부족한 경우가 많다(이 책의 10, 11, 12장). 그러나 최근 인터넷과 휴대전화 같은 현대적인 통신 기술의 빠른 확산과 함께 관광객의 유입으로 전통적인 산악문화가 주류 문화에 빠르게 동화되었다. 이는 산악지역 고유의 고품질, 고부가 가치의 특산품을 생산하고 마케팅하는 새로운 수단이 되었고, 종종 지속 가능한 발전에 이바지하였다. 또한 산에서의 소규모 풍력, 태양열, 수력 등의 현대적인 대체 에너지 생산으로 산속 주민들이 주요 에너지원인 목재 기반 연료의 만성적인 부족을 해결하였으며, 이는 지역의 산업 발전 및 새로운 수입원의 창출로 이어졌다.

산은 대체로 생산적인 농업과 가축 사육을 억제하거나 제한한다. 하지만 산속 사람들은 고도 및 생태 지역에 기반한 정교한 농업 시스템과 전략으로 감자, 밀, 옥수수, 콩 같은 주식 대부분을 산에서 재배하고(이 책의 11장), 인구 증가에 맞춰 식량으로 공급한다. 이와 함께 산에서 발견되는 수많은 약용 및 식용 식물도 활용한다. 인도 히말라야에서는 962종의 약용 식물 중 175종을 상업적으로 개발해 상당한 소득을 창출하고 있다(Purohit 2002). 이에 비해 오늘날 사람들이 산을 찾는 것은 이곳이 먹을거리, 목재, 물, 지하자원, 관광, 레저, 스포츠, 휴양에 적합한 공간이기 때문이다. 관광의 경우 고유한 자연과 문화적 다양성이 주요 대상이며, 관광객은 주로 모험, 레크리에이션, 아름다운 경치, 고독 및 지역 주민과의 협력 증진을 목적으로 한다(이 책의 12장). 이들의 활동은 지역 사회의 경제적 이익으로 이어져, 지속 가능한 발전의 촉진 및 환경 보존이 균형을 이루도록 한다. 하지만 취약한 고고도 환경에 미치는 사람과 가축의 영향이나 전통문화의 가치 상실과 같은 부정적인 환경적, 문화적 결과도 있다. 따라서 산은 개발과 환경의 측면에서 언제나 중요하고, 산의 문제는 정치적 의제(agenda)가 된다. 유럽에서는 산의 범위에 관한 결정이 산악 농부들에게 지급해야 할 보조금과 밀접하게 연결된다.

산, 도전과 공존의 장소

산은 과거 동서양을 막론하고 인간의 능력을 시험하는 도전의 대상이자 새로운 경험을 할 수 있는 미지의 장소였으며, 인간의 삶과 오랫동안 서로 밀접하게 연결되었다. 그리고 오늘날에도 여전히 많은 영향을 미치고 있다.

산은 자연적으로 역동적인 환경이고, 화산 분출, 산사태, 암설류 및 빙하호 범람 같은 낮은 빈도의 대규모 사건이 막대한 피해를 일으킬 수 있다(이 책 7장). 보통 느슨한 바위와 흙으로 이루어진 빙하호는 범람의 위험이 크다. 빙하호 범람은 주로 호수의 확장, 융빙 작용, 삼출, 수위 변화, 낙석과 산사태 및 빙하 분리(ice calving)에 의한 해일로 촉발된다(Watanabe et al. 2009). 빙하호 범람은 종종 수많은 사망자 및 농경지와 기반 시설(수력 발전 시설, 도로, 다리)의 파괴를 일으킨다. 하지만 향후 20년 이내에 빙하호 범람으로 인한 홍수가 갠지스강의 주요 도시들을 휩쓸어 버리거나, 히말라야산맥의 눈과 빙하가 모두 사라져 갠지스강과 거대 하천들의 흐름이 바뀌어 기아로 인해 수억 명의 목숨을 앗아갈 가능성은 매우 낮을 것이다. 한편 가파른 유년기 토양의 사면은 식생 피복이 교란되는 경우 토양 침식의 가속화, 우곡 형성, 산사태, 사막화에 특히 취약하다. 무분별한 산림 채집, 과잉 방목, 대규모 관광, 부적합한 도로 건설, 채굴 작업은 산을 더욱 황폐하게 만들고 서식지 파괴를 초래하는 가장 빈번한 토지이용의 형태이다. 또한 높은 고도에서 비도로용 차량의 운행, 과잉 방목, 화재의 영향을 복원하는 데 수십 년이 걸릴 수 있다. 한편 산성비, 스모그, 강수로 인한 금속 침전물의 영향은 모두 저지대의 산업에서 유래하지만, 이들 영향은 종종 산악지역에서 먼저 나타난다.

산속 사람들은 전형적으로 독립적이고, 혁신적이며, 적응력이 뛰어나지만, 종종 빈곤 수준이 예외적으로 높으며, 교육, 의사 결정권, 재정 지원, 보건 서비스 등이 열악한 생활 환경에 노출된다(Pratt 2004). 높은 고도에서는 종종 산소 부족으로 급성 고산병 같은 건강 문제가 일어나고, 3,000m

이하에서는 경미한 두통이나 식욕 감퇴가 발생한다(West 2004). 최근까지도 힌두쿠시-히말라야산맥의 주민에게서는 식단의 요오드 부족으로 갑산선종(goiter)이 비교적 흔하게 발생했다(Fisher 1990). 땔감으로 나무를 사용하는 산악 가정에서는 기관지염 및 기타 호흡기 질환이 높은 비율로 나타난다. 따라서 인구는 산재하고, 보상이나 장기적인 이익이 거의 없으므로 중앙 정부와 외부 사람들을 불신한다(이 책의 12장). 20세기 말 전 세계적으로 빈곤 및 역사적 소외와 관련한 갈등과 충돌의 절반 이상이 산에서 발생했다(Libiszewski and Bächler 1997). 이는 인명 손실 및 전례 없는 수준의 환경 악화를 초래하였다.

특히 지구온난화는 현재 가장 중심적인 이슈 가운데 하나이다. 지구온난화의 잠재적 영향은 심각하고, 고고도 및 고위도 환경에서 가장 뚜렷하게 나타날 것으로 예견되었다. 그리고 산악 생태계는 전 세계적으로 기후변화에 가장 취약한 것으로 확실하게 입증되었다(Jodha 1997). 지구온난화가 산악 생태계에 미치는 영향은 영구 동토층의 융해 작용; 암설류와 산사태 같은 대규모 사건의 위험 증가; 빙하 유출 증가로 인한 침식의 가속화; 농업 패턴의 변화; 빙하후퇴에 따른 수력, 농업, 식수용 담수의 부족; 산악 관광에 미치는 부정적 영향; 과거 저지대에 국한된 전염병의 증가가 대표적이다(이 책의 4, 5, 8, 12장). 특히 지난 100년 동안 발생한 전 세계 산악 빙하의 후퇴 및 담수 공급의 변화에 최근 크게 관심이 쏠리고 있다. 또한 고산 동식물은 대체로 적합한 서식지를 찾아 빠르게 이동할 수 없으므로, 멸종 위기에 처해 있다.

산과 사람

지난 수십 년 동안 산 및 산속 사람들에 대한 인식은 크게 개선되었지만(이 책의 12장), 여전히 산악지역의 생태계와 관련해 많은 것이 논의 중이다. 특히 산의 물리적 속성은 단기적으로 산의 지속 가능성을 주장하는 정책 입안자들에게, 그리고 중장기적으로 산의 지속적인 이용이 필요한 하류의 사람들에게 중요하다. 따라서 산을 해양, 열대우림, 습지, 사막과 동일한 수준의 보호지역으로 설정하고, 보존하기 위한 국제적인 노력이 필요하다. 이러한 과정에 산에 대한 교육과 함께 주요 연구 성과를 고찰하는 것이 중요하다.

이러한 측면에서 『산과 사람』은 학제간 과학(transdisciplinary science)의 영역으로 자연과학과 인문학의 측면에서 산에 관한 연구와 관련된 서로 다른 주제들을 수집하고 통합한 산학(montology) 교과서이다. 과학적인 관점에서 산에서 일어나고 있는 복잡하고 다양한 자연현상과 발달 과정 및 그 영향을 체계적으로 다루었다. 전 지구적 규모에서 산의 자연과학적 내용과 함께 산에 대한 문화인류학적 관점도 포함하고 있다. 동시에 산에서 발생하는 산사태, 눈사태, 농업, 토지이용, 문화, 이용, 보전 등을 종합적으로 다루고 있는 전문서이다. 실례로 과거부터 현재까지 세계 여러 나라에서 산지를 잘못 개발하거나 이용하면서 발생한 다양한 사례를 바탕으로 지속 가능한 산지의 이용과 보전 방안을 제시하고 있다. 이처럼 『산과 사람』은 산악 이론과 실천에 대한 지식의 범주와 그 상태를 소개하고, 산악 시스템의 이해에 영향을 미치는 수많은 요소를 설명한다. 특히 학문적으로만 사고하는 것에서 벗어나 보다 통합적인 방식으로 산에 관한 연구와 이해를 포괄적으로 다루며, 동시에 사회적 차원도 다룬다.

현재 대부분의 교과서는 기초, 방법론, 사례연구 부분을 제공하는 경향이 있다. 하지만 이 책은 서론에서 종합한 후에 산의 기원(3장), 날씨와 기후(4장), 눈과 얼음(5장), 지형(6장), 토양(7장), 식생(8장), 야생 동물(9장)과 같은 자연 과학의 주제를 논하는 흐름으로 이어진다. 이와 함께 서양과 동양의 전통적인 시각으로 본 산에 대한 태도(2장), 인구와 생계(10장), 농업과 토지이용(11장), 산악 개발(12장)과 같은 인문사회학적인 주제를 다룬다. 이러한 이 책의 비절적(non sectional) 구성은 제안된 순서를 따르지 않아도 유연하게 필요한 장을 사용할 수 있으며, 다른 관련 자료를 병행할 수 있다. 각 장에서 다루고 있는 주제와 내용 및 좀 더 논의해야 할 점을 간략히 살펴보면 다음과 같다.

먼저 1장에서는 주로 산의 정의와 산의 위치 등에 대하여 깊이 있게 논의한다. 그리고 이후 각 장에서 다룰 계통적 분류상의 여러 주제를 위한 토대를 제시한다.

2장은 인문사회학의 측면에서 산을 다룬다. 북미 원주민과 잉카의 고고학적 기록부터 서구 전통에서 성경 시대 및 그리스와 로마 시대 사람들이 가졌던 산을 향한 경외와 숭배의 모습을 상세히 소개한다. 그리고 중국, 인도, 일본, 티베트의 경우를 중심으로 동양 전통에서 보이는 산을 향한 태도를 서양의 그것과 비교해 다룬다. 이어서 근대에는 또 다른 산악숭배의 모습으로 관광이 증가하고 산악회가 형성되는 과정과 그 의미를 설명한다. 동시에 산악 탐험과 등반에 관한 내용도 다룬다.

3장은 산의 기원에 대한 주제를 다룬다. 먼저 다양한 유형의 산맥을 소개하고, 판구조론과의 연관성을 설명한다. 호상열도, 충돌산맥(collisional mountain ranges), 산의 침식과 지각 평형(isostatic) 융기 사이의 연관성에 대해서도 논의한다. 특히 환태평양 조산대는 화산이 주요 지형으로, 이 지

역의 거주민에게 중대한 위험이 되고 있다. 이와 관련하여 앞으로 미국지
질조사국의 화산 위험 예측 프로그램을 살펴볼 필요가 있다. 또한 단층 경
계의 산을 유년기 단층작용의 형태와 시기에 대한 다수의 연구 결과와 함
께 설명한다. 이들 연구 결과는 네오텍토닉스(neotectonics) 분야에 해당한
다(McCalpin 2009). 이와 관련한 산의 위험은 대규모 인구가 거주하는 지역
에서 특히 치명적이다. 이러한 위험은 10장에서 언급되지만, 특정 위험의
유형과 예측을 상세히 논의해보아도 좋겠다. 하지만 제시된 몇 가지 지형
의 구분 및 분류(예: 단층애와 습곡 유형 등)는 너무 상세한 것이 사실이다.

4장에서는 산악기후를 설명한다. 산악지역의 날씨와 기후에 관해 기본
개념부터 상세히 서술하고, 핵심 주제를 깊이 있게 논의한다. 특히 전 세
계적으로 산악기후를 특징짓는 주요 요인과 요소를 구체적인 사례와 함
께 심층적으로 설명한다. 이와 함께 기후변화가 산에 미치는 영향을 추가
로 논의할 필요가 있다. 빙하의 융빙작용, 야생 동식물에 미치는 영향, 물
의 공급과 하천 유량 및 강의 하류에서의 움직임 등에 미치는 기후변화의
역할도 살펴보아야 한다. 또한 생태계에 미치는 영향에 대한 고찰과 함께
야생 동식물의 적응에 관한 논의도 필요하다. 나아가 기후변화의 영향을
이 책의 여러 주제와 관련해 다룰 필요가 있다. 즉 기후는 과거의 빙하작용
(5장), 지형학적 과정(6장), 토양의 형성(7장), 동식물의 진화와 발달(8, 9장)
등에 중요하기 때문에 신생대 제4기의 지역적, 세계적 기후에 대한 논의를
추가해야 한다.

5장은 눈, 빙하, 눈사태 및 빙하 지형을 도표와 함께 상세히 설명한다.
눈 및 적설 후 눈의 변화, 수자원으로서의 눈의 중요성, 결빙수(freezing
water) 현상을 다룬다. 이어서 눈사태 및 눈사태의 원인, 분류, 움직임, 그
리고 눈사태의 경로와 완화에 대해 심층적으로 논의한다. 다음으로 빙하

의 형성과 이동, 빙하의 침식과 퇴적작용의 효과를 논의한다. 여기에 빙퇴석(moraine)에 근거한 과거 빙하작용과 고기후에 대한 논의를 추가할 필요가 있다.

6장은 산, 기후, 삭박작용 사이의 연관성에 기초하여 산악지형 및 지형학적 과정에 대하여 논의한다. 풍화작용의 다양한 메커니즘 및 그에 따른 지표면 물질의 내리막사면 이동을 설명하고, 남겨진 주요 특징적인 지형을 논의한다. 특히 영구동토, 구조토, 암석빙하(rock glaciers)와 같은 동결작용과 관련된 지형들에 대한 설명도 포함한다. 아울러 유수와 풍성(eolian)의 작용 및 침식과 퇴적을 다룬다. 그리고 여기에 기후와 구조 지형, 산악 경관의 발달 및 건조 지역에서의 산에 대한 상세한 논의(Bull 1991, 2007)를 추가할 필요가 있다.

7장에서는 산악 토양을 소개하고 일반적인 토양 형성의 인자를 설명한다. 또한 영미권의 교과서에서 다루는 미국의 토양분류법(U.S. Soil Taxonomy)에 기초해 산악 토양을 분류하고 논의한다. 이러한 토양 분류는 유용하며, 여기에 더해 세계적인 관점에서의 토양 분류 및 토양도(soil map) 제시가 필요해 보인다. 그리고 토양 설명에 유용한 토양층과 토양 단면도(예: 층서)를 토양분류법의 논의에 추가할 필요가 있다. 또한 이 장에서는 토양 이용과 그에 따른 잠재적 문제를 다룬다. 여기에 토양과 풍화 현상을 이용한 산악 경관과 퇴적물의 연대 추정(Tonkin and Basher 1990)에 대한 고찰도 필요해 보인다. 한 가지 살피자면 토양층의 명칭에 따옴표를 사용하는 것(예. "A층", "B층" 등)은 표준이 아니므로 주의해야 한다. 그리고 E층은 많은 산에서 흔히 볼 수 있는 만큼 정확히 정의하고 사용해야 한다. 또한 식생에 유용한 토양 단면의 형태를 추가해 토양과 식생의 관계를 논의해야 한다. 동시에 토양에 대한 한층 더 깊이 있는 이해와 심화 학습에는 토양의 형성 과정을 일반화한 모델(Simonson 1978)에 관한 논의가 필요해 보인다.

8장은 산악식생을 논의한다. 여러 기후 환경에서 조사한 산악식생의 특성을 상당히 깊이 있게 설명하고, 전 지구적인 사례를 제시한다. 이와 함께 횡방향과 종방향의 다양한 그림을 제시하며 산악환경과 식생의 전반적인 관계를 구체적으로 설명한다. 이어서 고도와 기후 조건에 따른 다양한 산악림에 대해 소개하고, 다음으로 수목한계선의 위치, 이유, 특성을 구체적으로 설명하며, 고산 식생을 상세히 다룬다. 여기에 더해 기후변화 및 인간의 교란에 따른 식생의 미래를 논의하는 것이 필요해 보인다.

9장에서는 산악식생과 유사한 패턴을 보이는 야생 동물을 설명한다. 전체적으로 기후, 영양소, 고립, 고도 증가에 따른 산소 감소 등 야생 동물이 대응해야 하는 환경에 대해 논의한다. 또한 일부 동물이 보이는 생존을 위한 이동, 동면, 눈에 띄는 번식 시기 등 야생 동물의 여러 생존 전략을 다룬다. 그리고 생존을 가능하게 하는 다양한 형태학적, 생리학적 적응과 관련한 복잡한 주제를 구체적으로 상세히 제시한다. 하지만 일부 주제는 너무 방대한 내용을 다루고 있으므로, 다소 간결하게 정리하여 이해하는 것이 필요해 보인다.

10장에서는 사람에게 미치는 산의 영향을 다룬다. 산속의 인구, 영구 정착지와 반영구 정착지 및 최근 산악지역의 도시화 등을 소개한다. 다음으로 지질, 지형, 고도에 따른 산소 감소의 영향, 그리고 날씨, 수문, 식생 및 야생 동물 등을 포함해 산속 사람들이 대처해야 하는 환경에 관한 논의가 뒤따른다. 사람들에게 미치는 영향도 적절하게 언급되었다. 그리고 사람들의 다양한 생계 활동(예: 광업, 임업 등) 및 그 활동이 환경에 미치는 영향을 다룬다. 뒤이어 지진, 화산, 산사태, 이상 기상 현상 및 생물학적 위험

(산불 포함)과 같이 사람들이 직면한 위험을 소개하고 사람들이 어떻게 적응하는지 토론한다.

11장에서는 농업의 수직적 분포를 초래하는 환경의 수직적 분포와 함께 근대화가 산에서의 농업 활동에 어떤 영향을 주었는지 중점적으로 논의한다. 산악지역 거주민의 정주농업, 목축, 혼합 농업, 농림업(agroforestry) 등 다양한 토지이용 전략을 다룬다.

마지막 12장에서는 산악환경에 미치는 인간 활동의 다양한 영향에 대하여 논의한다. 국립공원과 야생보호구역 등을 소개하고, 산악 개발에서 일부 토지가 제외된 것에 대해 언급한다. 교통, 통신, 빈곤, 이주, 분쟁과 같은 주요 문제가 뒤따른다. 최근 관광이 산에 미치는 영향과 산악환경의 보존이나 보호지역 지정의 움직임에 관해 설명한다. 아울러 이 문제를 다루는 여러 정부 기관의 대응을 사례로 언급하고 있다. 여기에 더하여 산의 개발과 관련한 지속 가능성의 개념 및 개발과 관련한 기술에 대한 논의가 필요하다. 특히 최근 산에서의 인구 증가가 지속 가능성에 미치는 영향을 추가로 논의해야 한다.

뒤이은 참고 문헌의 목록은 산에 대한 다양한 분야의 연구 성과와 사고를 종합적으로 정리하고 집필한 수많은 전문적인 논문이나 문헌이 수십 페이지를 가득 채운다. 하지만 대부분 20세기 중후반 이전의 것으로 최근의 자료는 아니다. 따라서 이러한 참고 문헌 목록은 DOIs, 웹사이트 링크, URL 등을 이용해 인터넷 소스를 찾는 것에 비해 원문 확인에 용이하지는 않을 점이 아쉽다.

한편 현대의 교재와 달리 이 책의 각 장에서는 비판적 사고, 사건이나 주요 발견의 명확한 타임라인, 실험이나 실습, 추가 읽을거리, 요약 등을 볼 수 없다. 또 본문에 텍스트 상자와 인포그래픽, 그리고/또는 컬러 그래프, 지도, 이미지 등은 없다. 그럼에도 다른 유익한 정보가 가득 차 있으므로 선 그림과 흑백 사진만으로도 읽기에 충분하다. 여기에 산과 관련한 최신의 정보와 다양한 자료를 병행하는 것만으로도 독자가 느끼는 부족한 점을 충분히 보완할 수 있다.

『산과 사람』은 전반적으로 사실에 대한 교조주의적 성향이 두드러지며, 산에 대한 대안적 인식론(epistemographies)이 지배적이다. 따라서 기술과학과 자연적, 인문적 영역이 혼합적, 통합적, 학제간 접근법으로 맞물린 원칙이나 법칙에 대한 고찰이 필요하다. 또한 샤토야마 이니셔티브(Satoyama Initiative)(Dunbar and Ichikawa 2020)와 같이 산에 대한 사회생태학적 체계의 복잡성 및 전통적인 생태학 지식을 병행하면 유용할 것이다. 나아가 지리적 공간, 경관 고고학, 비판적 생물지리학, 정치생태학, 생물문화, 경관 디자인 등 산과 관련한 사회과학의 사고방식을 토대로『산과 사람』을 도전적이고 비판적으로 접근하기를 권한다. 이 책은 히말라야와 안데스의 산맥에 관한 사례를 많이 소개하지만, 이 지역과 관련된 실증주의적 설명은 북반구의 신식민지 세계와 과학적 지식의 이분법에 기초해 산에 대한 헤게모니적 관점과 이해만을 다루고 있다. 따라서 아시아-아프리카-라틴 아메리카 세 대륙의 학자들이 제시하는 다양한 관점을 참조하기를 바란다.

산을 연구하는 연구자는 산을 보존하고 보호하는 법을 가장 잘 배워야만 계속해서 산을 연구할 수 있다(Mountain Institute 1995). 이러한 점에서 산에 관한 연구는 오늘날 산악환경의 보존 및 개발에 집중하여 환경적이고 생태학적인 과정에 크게 초점을 맞추고 있다. 하지만 이 접근법은 산악환경에 대한 제한된 이해로 이어진다. 산의 물리적, 생태학적, 환경적 과정을 이해하는 것과 함께 산을 독특한 환경으로 만드는 근본적인 문화, 정치, 사회, 경제적 측면을 다루는 것이 중요하다. 아울러 산에 대한 폭넓은 통합(integration)적인 연구가 필요하다.

이 책은 산과 관련된 현안에 있어 정부, 의사결정자, 정책개발자, 언론, 교육기관, 연구소, 군사, 민간기업, 공공단체, NGO 등 각계각층에서 참고할 수 있는 모범적인 교과서이자 학술서가 될 것이다. 특히 대학에서는 산과 환경에 관하여 통합적인 관점을 제공하는 교과서로 학문적 발전을 촉진할 것이며, 다양한 산악교육의 프로그램, 교사 훈련, 현장 조사법 등을 개발하고 산을 바르게 이해하는 데 도움이 될 것이다. 동시에 이 책은 자연을 좋아하고 산을 찾는 일반 시민들에게도 산의 자연환경과 인문사회적 영향을 종합적으로 다룬 수준 높은 읽을거리가 되리라 확신한다.

참고 문헌

Blythe, S. H. 1994. *Unpublished printout and map*. World Conservation Monitoring Centre, Habitats Department. Cambridge. England.

Bull, W. B. 1991. *Geomorphic Responses to Climate Change*. New York: Oxford University Press.

Bull, W. B. 2007. *Tectonic Geomorphology of Mountains*. Malden, Massachusetts: Blackwell Publishing.

Dunbar, W. and K. Ichikawa, 2020. The Satoyama Initiative for landscape/seascape sustainability, In F. Sarmiento, L. M. Frolich, eds., *The Elgar Companion to Geography, Transdisciplinarity and Sustainability* (pp. 155~171). England; Edward Elgar Publishing.

Fisher, J. 1990. *Sherpas: Reflections on Change in Himalayan Nepal*. Berkclcy: University of California Press.

Huddleston, B., Ataman, E., de Salvo, P., Zanetti, M., Bloise, M., Bel, J.,

Franceschini G., and Fe d'Ostiani, L. 2003. *Towards a GIS−Based Analysis of Mountain Environments and Populations*. Rome: FAO.

Jeník, J. 1997. The diversity of mountain life. In B. Messerli and J. D. Ives, eds., *Mountains of the World: A Global Priority* (pp. 199~235). New York: Parthenon.

Jodha, N. S. 1997. Mountain agriculture. In B. Messerli and J. D. Ives, eds., *Mountains of the World: A Global Priority* (pp. 313~335). New York: Parthenon.

Kapos, V., Rhind, J., Edwards, M., Price, M. F., and Ravilious, C. 2000. Developing a map of the world's mountain forests. In M. F. Price and N. Butt, eds., *Forests in Sustainable Mountain Development: A State−of−Knowledge Report for 2000* (pp. 4~9). Wallingford: CAB International.

Knapp, G. W. 1988. Methodologies for Examining Mountain Life and Habitat: Introduction. In N. J. R. Allan, G. W. Knapp, and C. Stadel, eds., *Human Impact on Mountains* (pp. 129~132). Totowa, N.J.: Roman & Littlefield.

Libiszewski, S., and Bächler, G. 1997. Conflicts in mountain areas: A predicament for sustainable development In B. Messerli and J. D. Ives, eds., *Mountains of the World: A Global Priority* (pp. 103~130). New York: Parthenon.

Mathieu, J. 2011. *The Third Dimension: A Comparative History of Mountains in the Modern Era*. Cambridge, UK: White Horse Press.

McCalpin, J. P. 2009. *Paleoseismology*. 2nd edition. Amsterdam: Elsevier.

Meybeck, M., Green, P., and Vörösmarty, C. 2001. A new typology for mountains and other relief classes: An application to global continental water resources and population distribution. *Mountain Research and Development* 21(1): 34~45.

Mountain Institute. 1995. *International NGO Consultation on the Mountain Agenda: Summary Report and Recommendations to the U.N. Commission on Sustainable Development*, April 1995. Franklin, Wyo.: Mountain

Institute.

Peace Pledge Union. 2000. *Wars and Armed Conflicts 2000.* [http://www.ppu. org.uk/wars/n-text/n-index.html]. (accessed date: 2023. 5. 30)

Pratt, J. D. 2004. Democratic and decentralized institutions for sustainability in mountains. In M. F. Price, L. Jansky, and A. A. Iatsenia, eds., *Key Issues for Mountain Areas* (pp. 149~168). Tokyo: UNU Press.

Purohit, A. N. 2002. Biodiversity in mountain medicinal plants and possible impacts of climatic change. In C. Körner and E. M. Spehn, eds., *Mountain Biodiversity: A Global Assessment* (pp. 267~273). New York and London: Parthenon.

Schweizer, P., and Preiser, K. 1997. Energy resources for remote highland areas. In B. Messerli and J. D. Ives, eds., *Mountains of the World: A Global Priority* (pp. 157~170). New York: Parthenon.

Shrestha, T. B. 1989. *Development Ecology of the Arun River Basin in Nepal.* Kathmandu: International Centre for Integrated Mountain Development.

Simonson, R. W. 1978. A multiple-process model of soil genesis. In Mahaney, W. C. (ed.), *Quaternary Soils.* Norwich, England: University of East Anglia, Geo Abstracts, 1~25.

Smethurst, D. 2000. Mountain Geography, *Geographical Review*, 90(1): 35~56.

Stepp, J. R., Castaneda, H., and Cervone, S. 2005. Mountains and biocultural diversity. *Mountain Research and Development* 25: 223~227.

Stone, P. B., ed. 1992. *The State of the World's Mountains: A Global Report.* London, England, and Atlantic Highlands, N. J.: Zed Books.

Thorsell, J. 1997. Protection of nature in mountain regions. In B. Messerli and J. D. Ives, eds., *Mountains of the World: A Global Priority* (pp. 237~248). New York: Parthenon.

Tonkin, P. J., and Basher, L. R. 1990. Soil-stratigraphic techniques in the study of soil and landform evolution across the Southern Alps, New Zealand. *Geomorphology* 3: 547~575.

Watanabe, T., Lamsal, D., and Ives, J. D. 2009. Evaluating the growth characteristics of a glacial lake and its degree of danger of outburst flooding: Imja Glacier, Khumbu Himal, Nepal. *Norsk Geografisk Tidsskrift — Norwegian Journal of Geography* 63: 255~267.

West, J. B. 2004. The physiologic basis of high−altitude diseases. *Annals of Internal Medicine* 141: 789~800.

찾아보기

지은이

:: 래리 프라이스 Larry Price

미국 포틀랜드 주립대학교 지리학과에서 자연지리학을 연구하고 후학들을 가르쳤다. 국제지리학연합(IGU)의 고고도지생태학(이후 산악지생태학으로 명칭 변경) 위원회의 일원으로 거주 가능한 산악환경 및 산속 사람들에 관한 연구에 전념하였다. 이후 산악환경, 자원 개발, 산속 사람들의 복지(well-being) 사이에 균형을 잡기 위해 노력하였다. 현재는 같은 학교의 명예교수이다. 생태계의 균형과 조화, 산지 개발에 따른 부담과 위험성에 대한 관심을 촉구하며 산의 보전과 이용을 결정할 근거가 되는 학술 정보를 망라하여 산에 관한 통합적 교과서인『산과 사람』을 저술하였다.

옮긴이

:: 이준호

경희대학교 지리학과 및 동 대학원에서 자연지리학을 전공했고, 영국 레딩대학교 인문환경과학대학 지리학 및 환경과학과에서 기후학을 전공하여 박사 학위를 취득했다. 프랑스 국립과학연구센터(CNRS)에서 박사후 연구원을 지냈으며 현재 국내외 주요 대학과 대학원에서 기후학 및 기후변화를 강의하고 있다. 관심 분야는 기후학 일반, 기후변화, 고기후학 및 기후와 문화사다. 주요 역서로『빙하여 잘 있거라』,『일반기후학개론』(공역),『지구의 기후변화: 과거와 미래』(공역) 등이 있으며 주요 논문으로「도시 기온의 3D 시뮬레이션」,「한반도의 기후변화와 식생」,「19세기 농민운동의 기후학적 원인」등이 있다.

한국연구재단총서 학술명저번역 **657**

산과 사람 ❷
산의 과정과 환경에 관한 연구

1판 1쇄 찍음 │ 2024년 8월 9일
1판 1쇄 펴냄 │ 2024년 8월 30일

지은이 │ 래리 프라이스
옮긴이 │ 이준호
펴낸이 │ 김정호

책임편집 │ 박수용
디자인 │ 이대웅

펴낸곳 │ 아카넷
출판등록 │ 2000년 1월 24일(제406-2000-000012호)
주소 │ 10881 경기도 파주시 회동길 445-3
전화 │ 031-955-9510(편집) · 031-955-9514(주문)
팩시밀리 │ 031-955-9519
www.acanet.co.kr

Printed in Paju, Korea.

ISBN 978-89-5733-937-4 (94980)
ISBN 978-89-5733-214-6 (세트)

이 번역서는 2019년 대한민국 교육부와 한국연구재단의 지원을 받아 수행된 연구임.
(NRF-2019S1A5A7069404)
This work was supported by the Ministry of Education of the Republic of Korea
and the National Research Foundation of Korea. (NRF-2019S1A5A7069404)